运动控制系统

第2版

宋文祥◎主编

清華大學出版社
北京

内容简介

本书属于全国高等学校自动化专业系列教材，按照《全国高等学校自动化专业系列教材》编审委员会制定的要求编写，适用于高等院校自动化专业以及电气工程与自动化、电气工程及其自动化专业本科“运动控制系统”课程，也可供电力电子与电力传动研究生和从事运动控制系统的工程技术人员参考。

本书分3篇共7章，内容涵盖：可控电源-电动机系统的特殊问题及机械特性，开环调速系统的性能指标；交、直流调速系统及无传感器控制的工作原理、系统结构，静态和动态性能指标及分析方法，反馈控制的基本特点，调节器结构及参数的设计方法，控制系统的实现等。本书以控制规律为主线，按照从直流到交流、从开环到闭环、从有传感器到无传感器循序渐进的原则编写。

本书反映了技术进步与发展的五个特征：(1)全控型电力电子器件取代半控型器件，功率变换技术由相位控制转变成脉宽调制；(2)模拟电子控制让位于计算机数字控制；(3)交流运动控制系统逐步取代直流运动控制系统；(4)交流调速系统的无传感器控制广泛应用；(5)将计算机仿真与辅助设计融入运动控制系统的性能分析与设计。

图书在版编目(CIP)数据

运动控制系统/宋文祥主编. —2版. —北京：清华大学出版社，2024.5(2025.3重印)
ISBN 978-7-302-66053-8

Ⅰ. ①运… Ⅱ. ①宋… Ⅲ. ①自动控制系统－高等学校－教材 Ⅳ. ①TP273

中国国家版本馆CIP数据核字(2024)第070818号

责任编辑：曾 珊
封面设计：李召霞
责任校对：李建庄
责任印制：杨 艳

出版发行：清华大学出版社
网 址：https://www.tup.com.cn，https://www.wqxuetang.com
地 址：北京清华大学学研大厦A座 **邮 编**：100084
社 总 机：010-83470000 **邮 购**：010-62786544
投稿与读者服务：010-62776969，c-service@tup.tsinghua.edu.cn
质量反馈：010-62772015，zhiliang@tup.tsinghua.edu.cn
课件下载：https://www.tup.com.cn，010-83470236
印 装 者：三河市君旺印务有限公司
经 销：全国新华书店
开 本：175mm×245mm **印 张**：17.5 **字 数**：354千字
版 次：2006年9月第1版 2024年5月第2版 **印 次**：2025年3月第3次印刷
印 数：2501～4000
定 价：69.00元

产品编号：104706-01

第2版前言

PREFACE 

本书第1版属于全国高等学校自动化专业系列教材，按照《全国高等学校自动化专业系列教材》编审委员会制定的要求编写，适用于高等院校自动化专业以及电气工程与自动化、电气工程及其自动化专业本科“运动控制系统”课程，也可供电力电子与电力传动硕士研究生和从事运动控制系统的工程技术人员参考。

本书第2版反映了技术进步与发展的五个特征：(1)全控型电力电子器件取代半控型器件，功率变换技术由相位控制转变成脉宽调制；(2)模拟电子控制让位于计算机数字控制；(3)交流运动控制系统逐步取代直流运动控制系统；(4)交流调速系统的无传感器控制广泛应用；(5)将计算机仿真与辅助设计融入运动控制系统的性能分析与设计。

新版教材的内容涵盖：可控电源—电动机系统的特殊问题及机械特性，开环调速系统的性能指标；交、直流调速系统及伺服系统的工作原理、系统结构，静态和动态性能指标及分析方法，反馈控制的基本特点，调节器结构及参数的设计方法，控制系统的实现，计算机仿真软件在运动控制系统中的应用等。以控制规律为主线，按照从直流到交流、从开环到闭环、从有传感器到无传感器循序渐进的原则编写。

直流控制系统是运动控制系统的基础，因此本书第2版依然由直流系统入门，通过讲解控制系统分析与设计的概念和方法，再进入交流控制系统的学习。考虑到高性能的交流调速系统已被广泛应用，根据实际教学经验，诸如异步电动机的动态模型、矢量控制系统与直接转矩控制系统等内容对本科教学难度较大，读者在实际教学中应灵活掌握。在掌握调速系统的基本规律和设计方法的基础上，进一步学习无传感器控制系统的原理与设计方法。

考虑到各个学校相应专业对课程的要求不同，在实际教学中可选用部分内容，对于学时较少的学校，可删去带“*”号的选学内容。教材的每章都附有思考题和习题，其中思考题难度较大，供教学参考使用，读者不必全部求解。

“运动控制课程”是一门实践性很强的课程，一方面实验是学好本门课程必不可少的重要环节，另一方面学生利用电脑进行MATLAB仿真练习也是一个有效且比较普及的手段，因此在第2版设计了相关习题，在教学中可灵活选择布置给学生利用 MATLAB/Simulink 进行仿真实践。同时,在附录中还提供了部分典型系统的仿真模型,有利于学生学习和参考。为了便于实施教学,作者还编制了教学课件,供任课教师和读者使用。

本书由上海大学宋文祥教授主编,上海应用技术大学宗剑副教授、南通大学吴晓新副教授、苏州大学杨勇教授参编。本书由哈尔滨工业大学王高林教授主审,并请电力传动学科的老前辈上海大学陈伯时先生对书稿进行了审阅,感谢陈老先生提出的诸多宝贵建议。

上海大学阮毅教授和上海交通大学陈维钧副教授是本书第 1 版的主编,对本教材具有不可磨灭的贡献,值得后辈永远铭记。在本书的修订之初,阮毅教授对教材的修订给出了很多极有价值的指导和支持,在此本书第 2 版的全体作者谨向阮老师致以崇高的敬意和衷心的感谢。

感谢清华大学出版社曾珊编辑给予的理解、支持和帮助。感谢上海大学电气工程系宋文祥课题组的研究生。感谢他们为本书做出的贡献。

新版教材仍难免有缺点和不足,期望读者批评指正。

编　者

2024 年 1 月

第1版前言

PREFACE 

本书属于《全国高等学校自动化专业系列教材》，按照系列教材编审委员会制定的要求编写，适用于高等院校自动化专业以及电气工程与自动化、电气工程及其自动化专业本科“运动控制系统”课程，也可供电力电子与电力传动硕士研究生和从事运动控制系统的工程技术人员参考。

“运动控制系统”是电气工程与自动化专业、电气工程及其自动化专业和自动化专业的专业主干课，综合利用前期课程“自动控制理论”“电力电子技术”“电机与拖动基础”“计算机控制系统”的基础知识，培养学生理论联系实际的能力，掌握运动控制系统的工作原理和设计方法。课程的要点是：从实际出发，深入地进行理论分析，应用理论解决运动控制系统中的实际问题，以计算机仿真和实验等手段验证理论分析结果，提高学生分析问题和解决问题的能力。因此，“运动控制系统”是培养自动化专业学生理论联系实际的关键课程。

本书反映了技术进步与发展的 4 个特征：①全控型电力电子器件取代半控型器件，变换技术由相位控制转变成脉宽调制；②模拟电子控制基本上让位于计算机数字控制；③交流运动控制系统逐步取代直流运动控制系统；④计算机仿真与辅助设计逐步融入运动控制系统的性能分析与设计中。

本书的内容涵盖：可控电源-电动机系统的特殊问题及机械特性，开环调速系统的性能指标，交、直流调速系统及伺服系统的工作原理、系统结构，静态和动态性能指标及分析方法，反馈控制的基本特点，调节器结构及参数的设计方法，控制系统的实现，计算机仿真软件在运动控制系统中的应用等。本书以控制规律为主线，按照从直流到交流、从开环到闭环、从调速到伺服循序渐进的原则编写。

在内容的安排上，本书避免与前期课程简单的重复，对前期课程的交叉点、复合面，结合本课程的需要做必要的论述，引导读者综合利用前期基础知识，分析与解决新的问题。在经典或传统内容中融入新的方法或新的特点，如计算机数字控制，用计算机仿真来分析和设计系统。

直流控制系统，是运动控制系统的基础，所以本书从直流系统入门，建立了扎实的控制系统分析与设计的概念和能力以后，再进入交流系统的学习。鉴于篇幅与学时上的限制，删去转差功率消耗型和转差功率馈送型异步电动机调速系统等内容，着重论述交流电动机的变频调速。考虑到高性能的交流调速系统已被广泛应用，根据实际教学经验，诸如异步电动机的动态模型、矢量控制系统与直接转矩控制系统等内容教学难度较大，在实际教学中应灵活掌握。在掌握调速系统的基本规律和设计方法的基础上，进一步学习伺服系统的分析与设计方法。

根据编者的教学经验，在48学时内，难以完成全部7章内容的教学。考虑到各个学校相应专业对课程的要求不同，在实际教学中可选用部分内容，对于学时较少的学校，可删去带*的选学内容。本书每章附有思考题和习题，其中思考题难度较大，供教学参考，读者不必全部求解。

本课程是一门实践性很强的课程，实验是学好本课程必不可少的重要环节，可以随课堂教学过程进行，也可以开设单独的实验课，其目的在于培养学生掌握实验方法和运用理论分析并解决实际问题的能力。

为了便于使用本书实施教学，减少板书的时间，缓解学时少、内容多的矛盾，我们编制了课堂教学演示软件，供任课教师和读者使用。直流调速系统由陈维钧副教授编制，交流调速系统和伺服系统由阮毅教授编制。

本书由上海大学陈伯时教授主审，陈伯时教授认真仔细地审阅了书稿，在内容编排、概念论述、文字润饰等方面提出了许多宝贵而中肯的修改意见，在此谨致深切的感谢。

本书编写工作得到《全国高等学校自动化专业系列教材》编审委员会，清华大学萧德云教授，上海交通大学陈敏逊教授，上海大学龚幼民教授、高艳霞副教授和沙立民副教授，清华大学出版社王一玲主任的关心和支持，在此表示谢意。

我们在编写过程中虽然花了不少精力，仍难免有错误与不足之处，殷切期望广大读者批评指正。

编　者

2006年6月

常用符号表

一、元件和装置用的文字符号

A	放大器同,调节器,电枢绕组
ACR	电流调节器
AE	电动势运算器
AER	电动势调节器
AFR	励磁电流调节器
APR	位置调节器
AR	反号器
ASR	转速调节器
ATR	转矩调节器
AVR	电压调节器
AΨR	磁链调节器
BQ	位置传感器,转子位置检测器
C	电容器
CD	电流微分环节
CU	功率变换单元
DLC	逻辑控制环节
DSP	数字转速信号形成环节
F	励磁绕组
FA	具有瞬时动作的限流保护
FBC	电流反馈环节
FBS	测速反馈环节
G	发电机
GD	驱动电路
GE	励磁发电机
GT	触发装置
GTF	正组触发装置
GTR	反组触发装置
HBC	滞环控制器

K	继电器,接触器
L	电感,电抗器
M	电动机(总称)
MA	异步电动机
MD	直流电动机
MS	同步电动机
R	电阻器、变阻器
RP	电位器
SA	控制开关,选择开关
SAF	正组电子模拟开关
SAR	反组电子模拟开关
SM	伺服电机
T	变压器
TA	电流互感器,霍尔电流传感器
TAF	励磁电流互感器
TG	测速发电机
TI	逆变变压器
U	变换器,调制器
UCR	可控整流器
UI	逆变器
UPE	电力电子变换器
UPW	PWM 波生成环节
UR	整流器
V	晶闸管整流装置
VBT	晶体三极管
VD	二极管
VF	正组晶闸管整流装置
VR	反组晶闸管整流装置
VST	稳压管
VT	功率开关器件

二、常用缩写符号

CFPWM	电流跟踪 PWM(Current Follow PWM)
CHBPWM	电流滞环跟踪 PWM(Current Hysteresis Band PWM)
CVCF	恒压恒频(Constant Voltage Constant Frequency)

GTO	门极可关断晶闸管(Gate Turn-off Thyristor)
IGBT	绝缘栅双极晶体管(Insulated Gate Bipolar Transistor)
PD	比例微分(Proportion, Differentiation)
PI	比例积分(Proportion, Integration)
PID	比例积分微分(Proportion, Integration, Differentiation)
P-MOSFET	场效应晶闸管(Power Mos Field Effect Transistor)
PWM	脉宽调制(Pulse Width Modulation)
SHEPWM	消除指定次数谐波的 PWM(Selected Harmonics Elimination PWM)
SPWM	正弦波脉宽调制(Sinusoidal PWM)
SVPWM	电压空间矢量 PWM(Space Vector PWM)
VR	矢量旋转变换器(Vector Rotator)
VVVF	变压变频(Variable Voltage Variable Frequency)

三、参数和物理量文字符号

A_d	动能
B	磁通密度
C	电容；输出被控变量
C_e	直流电机在额定磁通下的电动势系数
C_m	直流电机在额定磁通下的转矩系数
D	调速范围；摩擦转矩阻尼系数；传递函数分母
E,e	反电动势,感应电动势(大写为平均值或有效值,小写为瞬时值,下同)；误差
e_s	系统误差
e_{sf}	扰动误差
e_{sr}	给定误差
F	磁动势,扰动量
f	频率
f_t	开关频率
g	重力加速度
GD^2	飞轮惯量
GM	增益裕度
h	开环对数频率特性中频宽
I,i	电流,电枢电流
I_a,i_a	电枢电流
I_d,i_d	整流电流,直流平均电流

I_{dL}	负载电流
I_f, i_f	励磁电流
J	转动惯量
K	控制系统各环节的放大系数(以环节符号为下角标);闭环系统的开环放大系数;扭转弹性转矩系数
K_e	直流电机电动势的结构常数
K_m	直流电机转矩的结构常数
K_s	电力电子变换器放大系数
k	谐波次数;振荡次数
k_N	绕组系数
L	电感,自感;对数幅值
L_l	漏感
L_m	互感
M	闭环系统频率特性幅值;调制度
M_r	闭环系统频率特性峰值
m	整流电压(流)一周内的脉冲数;典型Ⅰ型系统两个时间常数之比
N	匝数;载波比;传递函数分子
n	转速
n_0	理想空载转速;同步转速
n_{syn}	同步转速
n_p	极对数
P, p	功率
$p=\frac{d}{dt}$	微分算子
P_m	电磁功率
P_s	转差功率
P_{mech}	机械功率
R_s	采样电阻
R	电阻;电枢回路总电阻;输入变量
R_a	直流电机电枢电阻
R_L	电抗器电阻
R_{pc}	电力电子变换器内阻
R_{rec}	整流装置内阻
R_0	限流电阻
s	转差率;静差率
$s=\sigma+j\omega$	拉普拉斯变量

T	时间常数；开关周期
t	时间
T_e	电磁转矩
T_l	电枢回路电磁时间常数
T_L	负载转矩
T_m	机电时间常数
t_m	最大动态降落时间
T_0	滤波时间常数
t_{on}	开通时间
t_{off}	关断时间
t_p	峰值时间
t_r	上升时间
T_s	电力电子变换器平均失控时间,电力电子变换器滞后时间常数
t_s	调节时间
t_v	恢复时间
U, u	电压,电枢供电电压
U_2	变压器二次侧(额定)相电压
U_{bs}	自整角机输出电压
U_c	控制电压
U_d, u_d	整流电压；直流平均电压
U_{d0}, u_{d0}	理想空载整流电压
U_f, u_f	励磁电压
U_g	栅极驱动电压
U_m	峰值电压
U_s	电源电压
U_x	变量 x 的反馈电压(x 可用变量符号替代)
U_x^*	变量 x 的给定电压(x 可用变量符号替代)
v	速度,线速度
$W(s)$	传递函数，开环传递函数
$W_{cl}(s)$	闭环传递函数
$W_{obj}(s)$	控制对象传递函数
W_m	磁场储能
$W_x(s)$	环节 x 的传递函数
X	电抗
Z	电阻抗
z	负载系数

α	转速反馈系数；可控整流器的控制角
α_m	机械角加速度
β	电流反馈系数；可控整流器的逆变角
γ	电压反馈系数；相角裕度；PWM电压系数
δ	转速微分时间常数相对值；脉冲宽度
Δn	转速降落
ΔU	偏差电压
$\Delta\theta_m$	角差
ξ	阻尼比
η	机械传动比
θ	电角位移；可控整流器的导通角
θ_m	机械角位移
λ	电机允许过载倍数
ρ	占空比；电位器的分压系数
σ	漏磁系数；转差功率损耗系数
σ	超调量
τ	时间常数,积分时间常数,微分时间常数
Φ	磁通
Φ_m	每极气隙磁通量
ω_c	开环频率特性截止频率
φ	相位角,阻抗角；相频
ω_m	机械角转速
Ψ	磁链
ω_n	二阶系统的自然振荡频率
ω	角转速,角频率
ω_s	转差角转速
ω_b	闭环频率特性带宽
ω_1	同步角转速,同步角频率

四、常见下角标

add	附加(additional)
av	平均值(average)
bl	堵转,封锁(block)
c	环流(circulating current)；控制(control)
cl	闭环(closed loop)

com	比较(compare);复合(combination)
cr	临界(critical)
d	延时,延滞(delay);驱动(drive)
er	偏差(error)
ex	输出,出口(exit)
f	正向(forward);磁场(field);反馈(feedback)
g	气隙(gap);栅极(gate)
in	输入,入口(input)
i,inv	逆变器(inverter)
k	短路
L	负载(load)
l	线值(line);漏磁(leakage)
lim	极限,限制(limit)
m	极限值,峰值;励磁(magnetizing)
max	最大值(maximum)
min	最小值(minimum)
N	额定值,标称值(nominal)
obj	控制对象(object)
off	断开(off)
on	闭合(on)
op	开环(open loop)
p	脉动(pulse)
r	转子(rotator);上升(rise);反向(reverse)
r,ref	参考(reference)
rec	整流器(rectifier)
s	定子(stator);电源(source)
sam	采样(sampling)
syn	同步(synchronous)
t	力矩(torque);触发(trigger);三角波(triangular wave)
∞	稳态值,无穷大处(infinity)
Σ	和(sum)

目录

CONTENTS

第2篇 交流调速系统

注：带“*”号为选学内容，学时较少的学校可以不讲。详见“第2版前言”中的说明。

绪论

运动控制系统(motion control system)也可称作电力拖动控制系统(control systems of electric drive)。运动控制系统的任务是通过对电动机电压、电流、频率等输入电量的控制,来改变工作机械的转矩、速度、位移等机械量,使各种工作机械按人们期望的要求运行,以满足生产工艺及其他应用的需要。工业生产和科学技术的发展对运动控制系统提出了日益复杂的要求,同时也为研制和生产各类新型的控制装置提供了可能。

0.1 运动控制及其相关学科

现代运动控制已成为电机学、电力电子技术、微电子技术、计算机控制技术、控制理论、信号检测与处理技术等多门学科相互交叉的综合性学科,如图 0-1 所示。

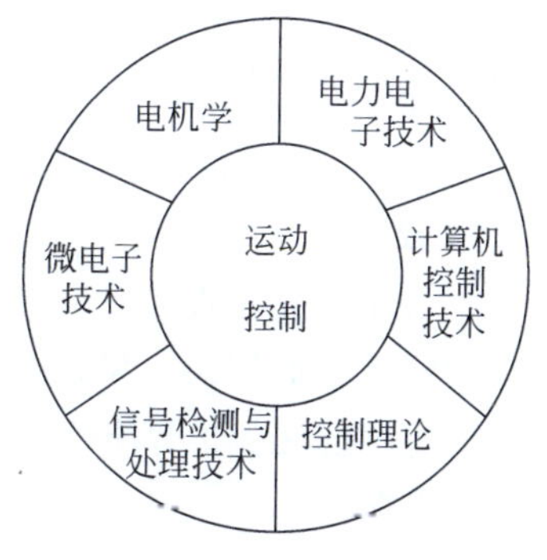

图 0-1 运动控制及其相关学科

1. 电机学

电动机是运动控制系统的执行机构,电动机的结构和原理决定了运动控制系统的设计方法和运行性能,新型电机的发明就会带出新的运动控制系统。

2. 电力电子技术

以电力电子器件为基础的功率放大与变换装置是弱电控制强电的媒介,在运动控制系统中作为电动机的可控电源,其输出电源质量直接影响运动控制系统的运行状态和性能。新型电力电子器件的诞生必将产生新型的功率放大与变换装置,对改善电动机供电电源质量,提高系统运行性能,起到积极的推进作用。

3. 微电子技术

微电子技术的快速发展,导致各种高性能的大规模或超大规模的集成电路层出不穷,方便和简化了运动控制系统的硬件电路设计及调试工作,提高了运动控制系统的可靠性。高速、大内存容量、多功能的微处理器或单片微机的问世,使各种复杂的控制算法在运动控制系统中的应用成为可能,并大大提高了控制精度。

4. 计算机控制技术

计算机具有强大的逻辑判断、数据计算和处理、信息传输等能力,能进行各种复杂的运算,可以实现不同于一般线性调节的控制规律,达到模拟控制系统难以实现的控制功能和效果。计算机控制技术的应用使对象参数辨识、控制系统的参数自整定和自学习、智能控制、故障诊断等成为可能,大大提高了运动控制系统的智能化和系统的可靠性。

在工程实际中,对于一些难以求得其精确解析解的问题,可以通过计算机求得其数值解,这就是计算机数字仿真。计算机数字仿真具有成本低、结构灵活、结果直观、便于存储和进行数据分析等优点。计算机辅助设计(CAD)是在数字仿真的基础上发展起来的,在系统数学模型基础上进行仿真,按给定指标寻优进行计算机辅助设计,已成为运动控制系统常用的分析和设计工具。

5. 信号检测与处理技术

运动控制系统的本质是反馈控制,即根据给定和输出的偏差实施控制,最终缩小或消除偏差,运动控制系统需通过传感器实时检测系统的运行状态,构成反馈控制,并进行故障分析和故障保护。

实际检测信号往往带有随机的扰动,这些扰动信号对控制系统的正常运行产生不利的影响,严重时甚至会破坏系统的稳定性。为了保证系统安全可靠地运行,必须对实际检测的信号进行滤波等处理,提高系统的抗干扰能力。此外,传感器输出信号的电压、极性和信号类型往往与控制器的需求不相吻合。所以,传感器输出信号一般不能直接用于控制,需要进行信号转换和数据处理。

6. 控制理论

控制理论是运动控制系统的理论基础,是指导系统分析和设计的依据。控制系统实际问题的解决常常能推动理论的发展,而新的控制理论的诞生,诸如非线性控制、自适应控制、智能控制等,又为研究和设计各种新型的运动控制系统提供了理论依据。

0.2 运动控制系统及其组成

运动控制系统由电动机及负载、功率放大与变换装置、控制器及相应的传感器等构成,其结构如图 0-2 所示,下面分别介绍各组成部分。

1. 电动机及负载

运动控制系统的控制对象为电动机,从电动机类型上可分为直流电动机、交

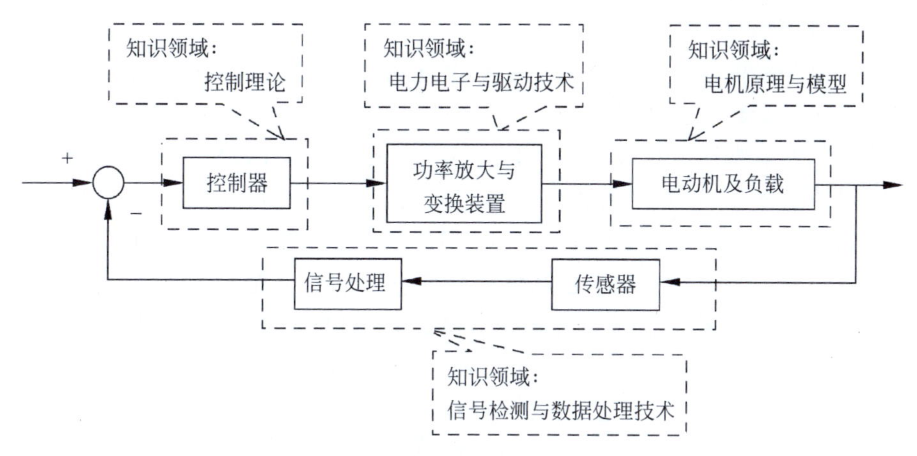

图 0-2　运动控制系统及其组成

流感应电动机(又称作交流异步电动机)和交流同步电动机,从用途上可分为用于调速系统的驱动电动机和用于伺服系统的伺服电动机。

直流电动机结构复杂,制造成本高,电刷和换向器限制了它的转速与容量。交流电动机(尤其是笼型感应电动机)具有结构简单、制造容易等优点,无须机械换向器,其允许转速与容量均大于直流电动机。同步电动机的转速等于同步转速,具有机械特性硬等优点,但在恒频电源供电时调速较为困难。变频器的诞生不仅解决了同步电动机的调速,还解决了其启动和失步问题,有效地促进了同步电动机在运动控制中的应用。

2. 功率放大与变换装置

功率放大与变换装置有电机型、电磁型、电力电子型等,现在多用电力电子型的。电力电子器件经历了由半控型向全控型、由低频开关向高频开关、由分立的器件向具有复合功能的功率模块发展的过程,电力电子技术的发展,使功率放大与变换装置的结构趋于简单、性能趋于完善。

晶闸管(SCR)是第一代电力电子器件的典型代表,属于半控型器件,通过门极只能使晶闸管开通,而无法使它关断。该类器件可方便地应用于相控整流器(AC→DC)和有源逆变器(DC→AC),但用于无源逆变(DC→AC)或直流 PWM 方式调压(DC→DC)时,必须增加强迫换流回路,使电路结构复杂。

第二代电力电子器件是全控型器件,通过门极既可以使器件开通,也可以使它关断,例如 GTO、BJT、IGBT 等。此类器件用于无源逆变(DC→AC) 和直流调压(DC→DC)时,无须强迫换流回路,主回路结构简单。第二代电力电子器件的另一个特点是可以大大提高开关频率,用脉宽调制(PWM)技术控制功率器件的开通与关断,可大大提高可控电源的质量。

第三代电力电子器件的特点是由单一的器件发展为具有驱动、保护等功能的复合功率模块,提高了使用的安全性和可靠性。

3. 控制器

控制器分模拟控制器和数字控制器两类，也有模数混合的控制器，现在已越来越多地采用全数字控制器。

模拟控制器常用运算放大器及相应的电气元件实现，具有物理概念清晰、控制信号流向直观等优点，其控制规律体现在硬件电路和所用的器件上，因而线路复杂，通用性差，控制效果受到器件性能、温度等因素的影响。

以微处理器为核心的数字控制器的硬件电路标准化程度高，制作成本低，而且不受器件温度漂移的影响。控制规律体现在软件上，修改起来灵活方便。此外，还拥有信息存储、数据通信和故障诊断等模拟控制器无法实现的功能。

模拟控制器的所有运算能在同一时刻并行运行，控制器的滞后时间很小，可以忽略不计；而一般的微处理器在任何时刻只能执行一条指令，属串行运行方式，其滞后时间比模拟控制器大得多，在设计系统时应予以考虑。

4. 信号检测与处理

运动控制系统中常用的反馈信号是电压、电流、转速和位置，为了真实可靠地得到这些信号，并实现功率电路(强电)和控制器(弱电)之间的电气隔离，需要相应的传感器。电压、电流传感器的输出信号多为连续的模拟量，而转速和位置传感器的输出信号因传感器的类型而异，可以是连续的模拟量，也可以是离散的数字量。由于控制系统对反馈通道上的扰动无抑制能力，所以，信号传感器必须有足够高的精度，才能保证控制系统的准确性。

信号转换和数据处理包括电压匹配、极性转换、脉冲整形等，对于计算机数字控制系统而言，必须将传感器输出的模拟或数字信号变换为可用于计算机运算的数字量。数据处理的另一个重要作用是去伪存真，即从带有随机扰动的信号中筛选出反映被测量的真实信号，去掉随机扰动信号，以满足控制系统的需要。常用的数据处理方法是信号滤波，模拟控制系统常采用模拟器件构成的滤波电路来实现，而计算机数字控制系统往往采用模拟滤波电路和计算机软件数字滤波相结合的方法。

0.3 运动控制系统的转矩控制规律

运动控制系统的基本运动方程式如下：

$$
\begin{aligned}
J\frac{\mathrm{d}\omega_{\mathrm{m}}}{\mathrm{d}t} &= T_{\mathrm{e}} - T_{\mathrm{L}} - D\omega_{\mathrm{m}} - K\theta_{\mathrm{m}} \\
\frac{\mathrm{d}\theta_{\mathrm{m}}}{\mathrm{d}t} &= \omega_{\mathrm{m}}
\end{aligned}
\tag{0-1}
$$

式中，J——机械转动惯量，ω_{m}——转子的机械角速度，θ_{m}——转子的机械转角，T_{e}——电磁转矩，T_{L}——负载转矩，D——阻尼转矩系数，K——扭转弹性转矩

系数。

若忽略阻尼转矩和扭转弹性转矩，或者将其归入负载转矩，则运动控制系统的基本运动方程式可简化为

$$
\begin{aligned}
J\frac{d\omega_m}{dt} &= T_e - T_L \\
\frac{d\theta_m}{dt} &= \omega_m
\end{aligned}
\tag{0-2}
$$

此时，T_L 可以是包含阻尼转矩和扭转弹性转矩的广义负载转矩。

运动控制的目的是控制电动机的转速和转角，对于直线电动机来说是控制速度和位移。由式(0-1)或式(0-2)可知，要控制转速和转角，唯一的途径就是控制电动机的电磁转矩 T_e，使转速变化率按人们期望的规律变化。因此，转矩控制是运动控制的根本问题。

在高性能的运动控制系统中，采用转速闭环控制，用转速偏差来调节系统的动态转矩。为了有效地控制电磁转矩，充分利用电机铁心，在一定的电流作用下尽可能产生最大的电磁转矩，以加快系统的过渡过程，必须在控制转矩的同时也控制磁通(或磁链)。因为当磁通(或磁链)很小时，即使电枢电流(或交流电机定子电流的转矩分量)很大，实际转矩仍然很小。何况由于物理条件限制，电枢电流(或定子电流)总是有限的。因此，磁链控制与转矩控制同样重要，不可偏废。通常在基速以下采用恒磁通(或磁链)控制，而在基速以上采用弱磁控制[18]。

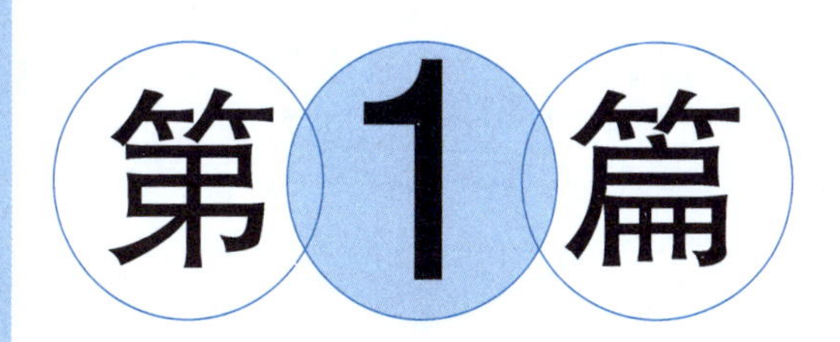

第1篇 直流调速系统

直流电动机转速和其他参量之间的稳态关系可表示为

$$n=\frac{U-I_{\mathrm{d}}R}{K_e\Phi}=\frac{U}{K_e\Phi}-\frac{R}{K_e\Phi}I_{\mathrm{d}}=n_0-\Delta n \tag{1-1}$$

式中，n——转速(r/min)，U——电枢电压(V)，I_{d}——电枢电流(A)，R——电枢回路总电阻(Ω)，Φ——励磁磁通(Wb)，K_e——由电机结构决定的电动势常数。

由式(1-1)可知，调节直流电动机的转速有三种方法：改变电枢回路电阻调速法、减弱磁通调速法和调节电枢电压调速法。

1. 改变电枢回路电阻调速法

保持直流电动机外加电枢电压与励磁磁通为额定值，改变电枢回路电阻而实现调速。把电枢回路总电阻 R 分为两部分：电枢电阻 R_{a} 和电枢回路串接外加电阻 R_{add}。由于电枢电阻 R_{a} 不能改变，只能通过增大外加电阻 R_{add} 的方法实现直流电动机的调速。

$$n=\frac{U-I_{\mathrm{d}}(R_{\mathrm{a}}+R_{\mathrm{add}})}{K_e\Phi}=\frac{U}{K_e\Phi}-\frac{R_{\mathrm{a}}+R_{\mathrm{add}}}{K_e\Phi}I_{\mathrm{d}}=n_0-\Delta n \tag{1-2}$$

比较式(1-1)和式(1-2)，改变外加电阻时，直流电动机的理想空载转速 n_0 不变，但在相同的转矩下，直流电动机转速降落 Δn 将随 R_{add} 的增加而增大，其机械特性如图 1-1 所示。外加电阻 R_{add} 的阻值越大，机械特性的斜率就越大，相同转矩下电动机的转速也越低。

2. 减弱磁通调速法

保持电枢电压为额定值，电枢回路不加入附加电阻，而靠减小直流电动机的励磁电流以减弱磁通。这时，机械特性方程式(1-1)可写成

$$n=\frac{U}{K_e\Phi}-\frac{R}{K_eK_m\Phi^2}T_e=n_0-\Delta n \tag{1-3}$$

由式(1-3)可知,直流电动机的理想空载转速 n_0 将随 Φ 的减少而增大,而且电动机带负载时的速降 Δn 与 Φ^2 成反比,即减弱磁通时有更大的转速降落,相应的机械特性如图 1-2 所示。由图可见,弱磁调速只能在额定转速以上的范围内调节转速。

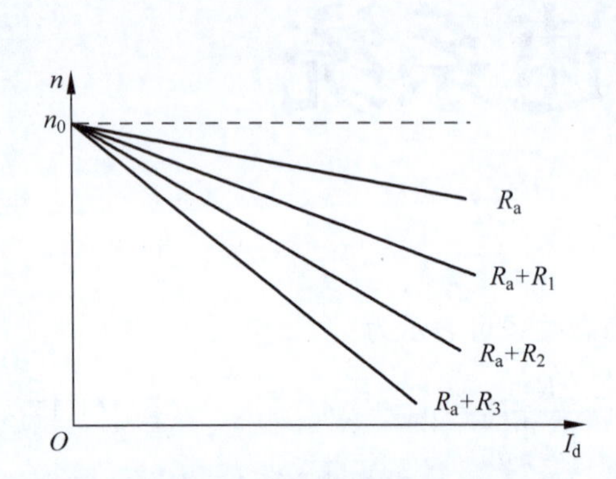

图 1-1 直流电动机调阻调速时的机械特性

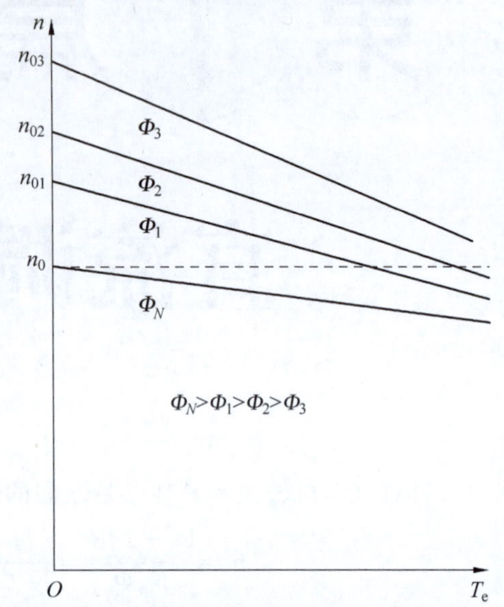

图 1-2 直流电动机弱磁调速时的机械特性

3. 调节电枢电压调速法

若保持直流电动机的磁通为额定值,电枢回路不串入外加电阻,仅改变电动机电枢的外加电压,也能实现直流电机的调速。

由式(1-1)可知,直流电动机的理想空载转速 n_0 将随 U 的减少而成比例地降低,而转速降落 Δn 则与 U 的大小无关,相应的机械特性见图 1-3。

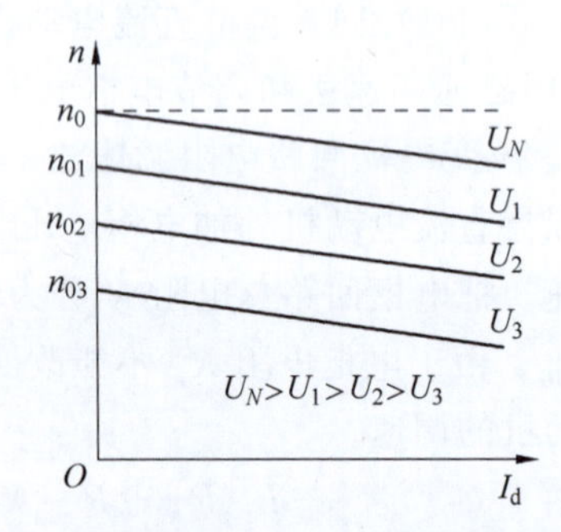

图 1-3 直流电动机调压调速时的机械特性

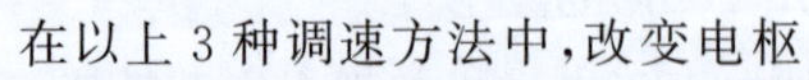

在以上 3 种调速方法中,改变电枢回路电阻调速只能对电动机转速作有级的调节,转速的稳定性差,调速系统效率低。减弱磁通调速能够实现平滑调速,但只能在基速(额定转速)以上的范围内调节转速。调节电枢电压调速所得到的人为机械特性与电动机的固有机械特性平行,转速的稳定性好,能在基速(额定转速)以下实现平滑调速。所以,直流调速系统往往以调压调速为主,只有当转速要达到基速以上时才辅以弱磁调速。本书以后讨论的直流他励电动机调速系统都是基于调压调速方法,不经特别指出时都是在额定磁通下运行。

第1章 可控直流电源-电动机系统

内容提要

变压调速是直流调速系统的主要方法，系统的硬件结构至少包含了两部分：能够调节直流电动机电枢电压的直流电源和产生被调节转速的直流电动机。随着电力电子技术的发展，可控直流电源主要有两大类，一类是相控整流器，它把交流电源直接转换成可控的直流电源；另一类是直流脉宽变换器，它先把交流电整流成不可控的直流电，然后用PWM方式调节输出直流电压。

本章1.1节和1.2节将分别说明此两类可控直流电源的特性和数学模型。当用可控直流电源和直流电动机组成一个直流调速系统时，它们所表现出来的性能指标和人们的期望值必然存在不小的差距，1.3节将对此做出分析，解决此问题的方法将是第2章的主题。

1.1 相控整流器-电动机系统

直流电动机应用调压调速可以获得良好的调速性能，调节电枢供电电压首先要解决的是可控直流电源。随着电力电子技术的发展，近代直流调速系统常使用以电力电子器件组成的静止式可控直流电源作为电动机的供电电源装置。使用可控晶闸管作为整流器的是相控整流器-电动机系统，它们从20世纪60年代起已经得到广泛的应用。用全控型电力电子器件组成的是直流PWM变换器-电动机系统，特别在中小功率的直流调速系统中已经逐步取代相控整流器-电动机系统。

1.1.1 相控整流器

图1-4给出了相控整流器-直流电动机调速系统（简称V-M系统）的原理图，图中VT是相控整流器，通过调节触发装置GT的控制电压U_c来移动触发脉冲的相位，改变可控整流器平均输出直流电压U_d，从

而实现直流电动机的平滑调速。

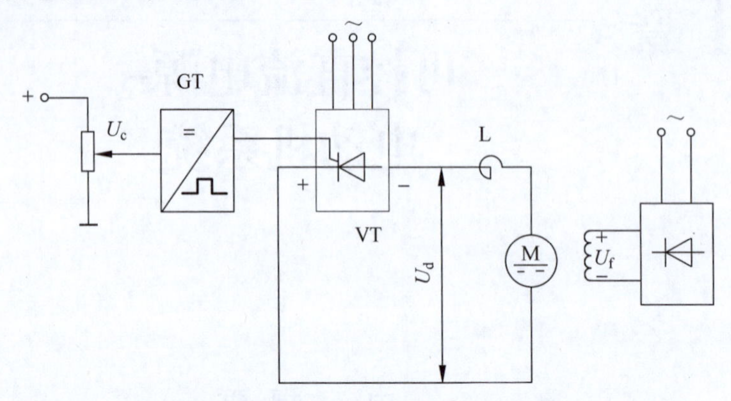

图 1-4 相控整流器-直流电动机调速系统(V-M 系统)的原理图

1956 年美国贝尔实验室发明了相控整流器,1958 年得到了商业化的应用。它能承受的电压和电流容量是目前电力电子器件中最高的,而且工作可靠,因此在大容量的应用场合仍然具有比较重要的地位。

晶闸管可控整流器的功率放大倍数在 10^4 以上,其门极电流可以直接用电子控制。通过移相触发作用,使可控整流器输出所需的直流电压,供给直流电动机带动负载在一定的转速下运行。晶闸管的控制作用是毫秒级的,而早期使用在直流调速系统上的旋转变流机组是秒级的,因此系统的动态性能得到了很大的改善。

晶闸管可控整流器组成的直流电源也有不足之处:

(1) 晶闸管是单向导电的,不允许电流反向,给电机的可逆运行带来困难。在可逆系统中,需要采用正反两组可控整流电路。在本书的第 3 章中,将深入讨论直流可逆调速系统。

(2) 晶闸管对过电压、过电流和过高的 du/dt 与 di/dt 都十分敏感,其中任一指标超过允许值都可能在很短的时间内损坏晶闸管。不过,现代的晶闸管应用技术已经成熟,在装置设计合理、保护电路合理的前提下,晶闸管可控整流器的运行已是十分可靠了。

(3) 晶闸管的可控性是基于对其门极的移相触发控制,在较低速运行时,晶闸管的导通角很小,使得系统的功率也随之减少,在交流侧会产生较大的谐波电流,引起电网电压的畸变,被称为"电力公害",需要在电网中增设无功补偿装置和谐波滤波装置。

1.1.2 相控整流器-电动机系统的特殊问题

相控整流器是通过调节触发装置 GT 的控制电压 U_c 来移动触发脉冲的相位,改变可控整流输出平均直流电压 U_d,从而实现直流电机的平滑调速。理想的状况是 U_c 和 U_d 之间呈线性关系:

$$U_d = K_s U_c \tag{1-4}$$

式中，U_d——整流电压，U_c——控制电压，K_s——相控整流器放大系数。

实际的相控整流器-电动机系统存在着由于相控整流器的应用而带来的几个问题，从而必须在相控整流器-电动机系统设计中引起重视。

1. 触发脉冲相位控制

用触发脉冲的相位角 α 控制整流电压的平均值 U_{d0} 是相控整流器的特点。U_{d0} 与触发脉冲相位角 α 的关系因整流电路的形式而异，当电流波形连续时，不同整流电路的整流电压波峰值、脉冲数及平均整流电压如表 1-1 所示。

表 1-1　不同整流电路的整流电压波峰值、脉冲数及平均整流电压

整 流 电 路	单 相 全 波	三 相 半 波	三 相 桥 式
U_m	$\sqrt{2}U_2$	$\sqrt{2}U_2$	$\sqrt{6}U_2$
m	2	3	6
U_{d0}	$0.9U_2\cos\alpha$	$1.17U_2\cos\alpha$	$2.34U_2\cos\alpha$

表中，U_2——整流变压器二次侧额定相电压的有效值，U_m——$\alpha=0$ 时的整流电压波形峰值，m——交流电源一周内的整流电压脉波数，U_{d0}——整流电压的平均值。

从表中的 U_{d0} 公式可知，当 $0<\alpha<\pi/2$ 时，$U_{d0}>0$，相控整流器处于整流状态，电功率从交流侧输送到直流侧；当 $\pi/2<\alpha<\alpha_{max}$ 时，$U_{d0}<0$，相控整流器处于有源逆变状态，电功率从直流侧输送到交流侧，其中有源逆变状态只能控制到某一个最大的移相角 α_{max}，$\alpha_{max}<\pi$，以免逆变颠覆。

2. 电流脉动及其波形的连续与断续

相控整流器把交流电源整流成直流电源，根据整流电路的形式，在交流电源一周内存在的脉波数为 m，如表 1-1 所示的 $m=2,3,6$。因此，相控整流器输出的直流电压不可能像直流发电机那样平直，除非主电路电感 $L=\infty$，否则输出电流总是脉动的。图 1-5(a)所示的是 V-M 系统中的瞬时电流 i_d 波形，它是连续的脉动波形。从图中可以发现整流电流是大于 0 的某一个数值，电流脉动的幅度受到了主电路电感 L 的影响，随着 L 的增大而减少。

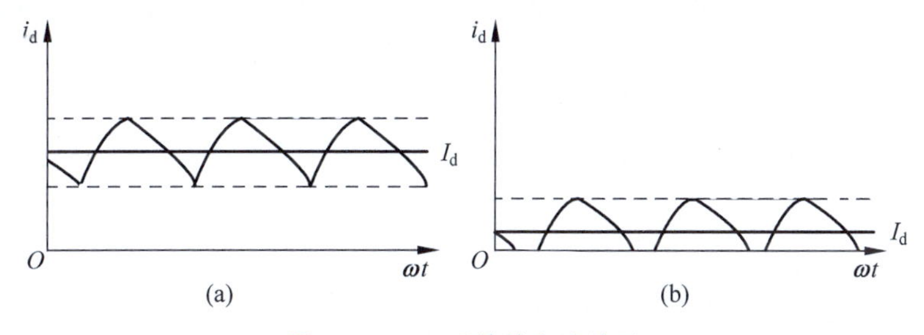

图 1-5　V-M 系统的电流波形

(a) 电流连续；(b) 电流断续

在直流电动机中,电枢电流平均值 I_d 由负载转矩决定,称为负载电流。当电动机的负载较轻时,对应的负载电流 I_d 较小。根据相控整流器的特点,瞬时电流 i_d 始终在脉动,在 i_d 上升阶段,电感储能;等到 i_d 下降时,电感中的能量将释放出来维持电流连续。当负载电流 I_d 较小时,电感中的储能较少,等到 i_d 下降而下一相尚未被触发之前,i_d 已衰减到零,于是造成电流波形断续的情况,如图 1-5(b)所示。

电流连续时,V-M 系统的机械特性呈线性关系;而电流波形断续时,V-M 系统的机械特性有显著的非线性因素,影响相控整流器-电动机的运行性能。实际运行中常希望尽量避免或减少发生电流断续的现象。

避免电流断续的条件是系统在低速轻载时尽量使电流连续,通常的方法是设置平波电抗器。对于三相桥式整流电路,总电感量的计算公式为

$$L = 0.693 \frac{U_2}{I_{d\min}} \tag{1-5}$$

式中,L——总电感(mH),U_2——整流变压器二次侧额定相电压的有效值(V),$I_{d\min}$——最小连续电流(A),一般取为电动机额定电流的 5%~10%。

对于三相半波整流电路,总电感量的计算公式为

$$L = 1.46 \frac{U_2}{I_{d\min}} \tag{1-6}$$

对于单相桥式整流电路,总电感量的计算公式为

$$L = 2.87 \frac{U_2}{I_{d\min}} \tag{1-7}$$

1.1.3 相控整流直流调速系统的机械特性及数学模型

1. 相控整流器-电动机系统的机械特性

当电流连续时,V-M 系统的机械特性方程式为

$$n = \frac{1}{C_e}(U_{d0} - I_d R) \tag{1-8}$$

式中,C_e——电机在额定磁通下的电动势系数,$C_e = K_e \Phi_N$,电枢回路总电阻 $R = R_a + R_L + R_{rec}$,R_a——电枢回路电阻,R_L——电抗器电阻,R_{rec}——整流装置内阻。

整流电压的平均值 U_{d0} 是用触发脉冲的相位角 α 来控制的,当电流波形连续时,$U_{d0} = f(\alpha)$ 可用下式表示:

$$U_{d0} = \frac{m}{\pi} U_m \sin\frac{\pi}{m} \cos\alpha \tag{1-9}$$

改变控制角 α 可得到不同的 U_{d0},相应的机械特性为一族平行的直线,与图 1-3 的直流电机调压调速特性一致。

当电流断续时,由于非线性因素,机械特性方程要复杂得多。以三相半波整

流电路构成的 V-M 系统为例，电流断续时的机械特性可用下列方程组表示：

$$n=\frac{\sqrt{2}U_2\cos\varphi\left[\sin\left(\frac{\pi}{6}+\alpha+\theta-\varphi\right)-\sin\left(\frac{\pi}{6}+\alpha-\varphi\right)\mathrm{e}^{-\theta\cot\varphi}\right]}{C_e(1-\mathrm{e}^{-\theta\cot\varphi})} \tag{1-10}$$

$$I_{\mathrm{d}}=\frac{3\sqrt{2}U_2}{2\pi R}\left[\cos\left(\frac{\pi}{6}+\alpha\right)-\cos\left(\frac{\pi}{6}+\alpha+\theta\right)-\frac{C_e}{\sqrt{2}U_2}\theta n\right] \tag{1-11}$$

式中，$\varphi=\arctan\frac{\omega L}{R}$——阻抗角，$\theta$——一个电流脉波的导通角。

根据已知的阻抗角 φ，对于不同的控制角 α，可用数值解法求出一族电流断续时的机械特性曲线。电流断续区与电流连续区的分界线是 $\theta=2\pi/3$ 的曲线，当 $\theta=2\pi/3$ 时，电流便开始连续了。

图 1-6 画出了完整的 V-M 系统机械特性，当 $\alpha<\pi/2$ 时，相控整流器处于整流状态，直流电动机工作在电动状态。当 $\alpha>\pi/2$ 时，相控整流器处于逆变状态，直流电动机工作在回馈制动状态。在电流连续区，显示出较硬的机械特性；在电流断续区，机械特性很软，理想空载转速翘得很高。一般分析调速系统时，只要主电路电感足够大，可以近似地只考虑连续段。

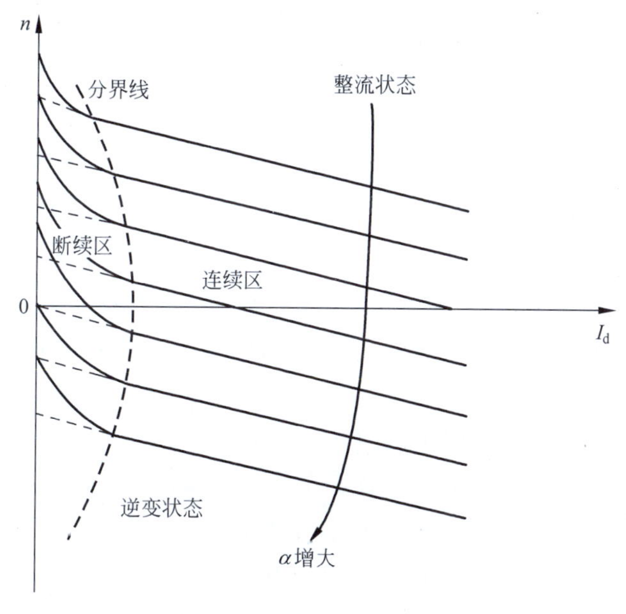

图 1-6　V-M 系统机械特性

2. 晶闸管触发电路和整流装置的数学模型

晶闸管触发电路和整流电路涉及电子器件的特性，它实际是非线性的。在设计调速系统时，只能在一定的工作范围内近似地看成线性环节，得到了它的放大系数和传递函数后，用线性控制理论分析整个调速系统。

分析放大系数的方法的前提是把整个调速范围的工作点都落在晶闸管触发和整流装置的特性的近似线性范围内，并有一定的调节余量。晶闸管触发和整流装置的输入量是ΔU_c，输出量是ΔU_d，晶闸管触发电路和整流装置的放大系数

$$K_s=\frac{\Delta U_d}{\Delta U_c} \tag{1-12}$$

图1-7是用实验方法得到的晶闸管触发与整流装置的输入输出特性，用实测的方法可以计算出方法系数K_s。如果没有得到实测特性，也可根据装置的参数估算。例如控制电压U_c的调节范围是0～10V，对应的整流电压U_d的变化范围是0～220V时，可取$K_s=\frac{220}{10}=22$。

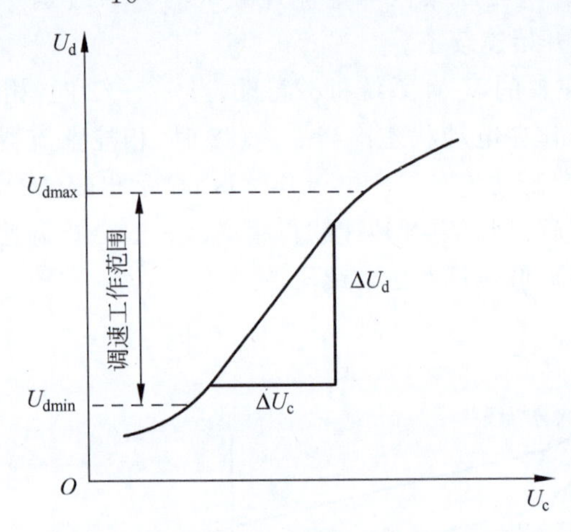

图1-7 晶闸管触发与整流装置的输入输出特性和K_s的测定

晶闸管触发与整流装置是一个纯滞后环节，其滞后作用是由晶闸管整流装置的失控时间引起的。晶闸管一旦导通，控制电压的变化在该晶闸管关断以前就不起作用了，要等到下一个自然换相点以后，控制电压所对应的控制角才起作用，使U_{d0}发生变化。

图1-8是单相全波纯电阻负载的整流波形。原先的控制电压是U_{c1}，控制角为α_1。在t_2时刻，控制电压由U_{c1}改变为U_{c2}，必须等到下一个自然换相点以后，U_{c2}所对应的控制角α_2才起作用。将平均整流电压计算的起始点定在自然换相点，从U_c发生变化的时刻t_2到U_{d0}发生变化的时刻t_3之间，便有一段失控时间T_s。由于U_c发生变化的时刻具有不确定性，故失控时间T_s是个随机值。

最大失控时间T_{smax}是两个相邻自然换相点之间的时间，它与交流电源频率和晶闸管整流器的类型有关：

$$T_{smax}=\frac{1}{mf} \tag{1-13}$$

式中，f——交流电源频率(Hz)，m——一周内整流电压的脉波数。

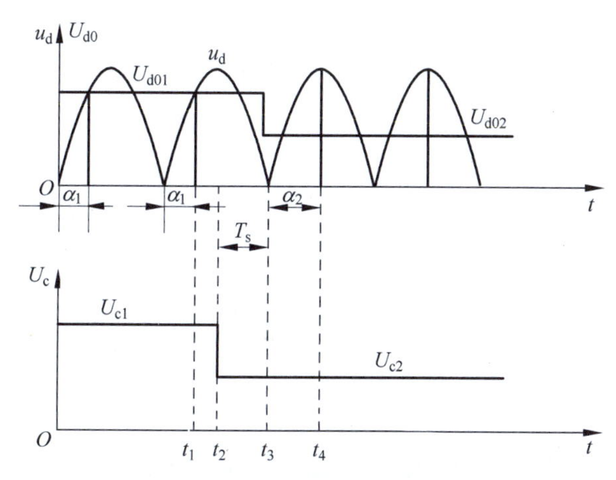

图 1-8　晶闸管触发与整流装置的失控时间

在实际计算中一般采用平均失控时间 $T_s=\frac{1}{2}T_{smax}$。如果按最严重情况考虑,则取 $T_s=T_{smax}$。表 1-2 列出了不同整流电路的失控时间。

表 1-2　晶闸管整流器的失控时间($f=50$Hz)

整流电路形式	最大失控时间 T_{smax}/ms	平均失控时间 T_s/ms
单相半波	20	10
单相桥式(全波)	10	5
三相半波	6.67	3.33
三相桥式	3.33	1.67

当滞后环节的输入为阶跃信号 $1(t)$,输出要隔一定时间后才出现响应 $1(t-T_s)$,所以晶闸管触发与整流装置的输入输出关系为

$$U_{d0}=K_sU_c\times 1(t-T_s)$$

经过拉氏变换,晶闸管触发电路与整流装置的传递函数为

$$W_s(s)=\frac{U_{d0}(s)}{U_c(s)}=K_s e^{-T_s s} \tag{1-14}$$

将式(1-14)按泰勒级数展开,可得

$$\begin{aligned} W_s(s) &= K_s e^{-T_s s}=\frac{K_s}{e^{T_s s}} \\ &= \frac{K_s}{1+T_s s+\frac{1}{2!}T_s^2 s^2+\frac{1}{3!}T_s^3 s^3+\cdots} \end{aligned} \tag{1-15}$$

考虑到 T_s 很小,依据工程近似处理的原则,可忽略高次项,把整流装置近似看作一阶惯性环节,其传递函数可表示为

$$W_s(s) \approx \frac{K_s}{1 + T_s s} \tag{1-16}$$

其动态结构框图示于图 1-9。

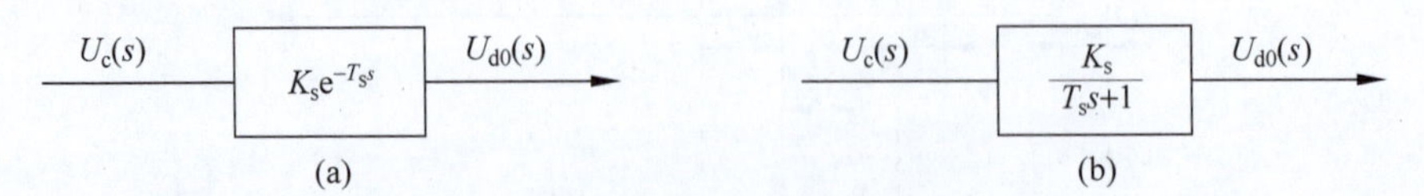

图 1-9 晶闸管触发与整流装置动态结构图

(a) 准确的；(b) 近似的

1.2 直流 PWM 变换器-电动机系统

1.2.1 直流 PWM 变换器

直流脉宽变换器，或称直流 PWM 变换器，是在全控型电力电子器件问世以后出现的能取代相控整流器的直流电源。根据 PWM 变换器主电路的形式可分为可逆和不可逆两大类。

1. 不可逆 PWM 变换器

图 1-10(a)是简单的不可逆 PWM 变换器-直流电动机系统主电路原理图，图中 VT 是全控型的开关器件，开关频率可达 1～20kHz，比晶闸管提高了近一个数量级。当然，电路的单向导电性没有改变，也因为如此，在需要改变电流方向的场合，必须增加其他的电力电子器件。图中 U_s 为直流电源，一般由交流电源整流后得到，也可以是直流供电母线，电容 C 用来滤波，续流二极管 VD 在 VT 关断时为电枢回路提供续流回路。

VT 的控制门极由脉宽可调的脉冲电压 U_g 驱动，在一个开关周期 T 内，当 $0 \leqslant t < t_{on}$ 时，U_g 为正，VT 饱和导通，电源电压 U_s 通过 VT 加到直流电动机电枢两端。当 $t_{on} \leqslant t < T$ 时，U_g 为负，VT 关断，电枢电路中的电流通过续流二极管 VD 续流，直流电动机电枢电压等于零。因此，直流电动机电枢两端的平均电压为

$$U_d = \frac{t_{on}}{T} U_s = \rho U_s \tag{1-17}$$

改变占空比 $\rho(0 \leqslant \rho \leqslant 1)$，即可改变直流电动机电枢平均电压，实现直流电动机的调压调速。若令 $\gamma = U_d / U_s$ 为 PWM 电压系数，则在不可逆 PWM 变换器中

$$\gamma = \rho \tag{1-18}$$

图 1-10(b)绘出了稳态时电枢两端的电压波形 $u_d = f(t)$、平均电压 U_d、电动机的感应电动势 E 和电枢电流 $i_d = f(t)$ 的波形。电枢电流 i_d 是脉动的，它的脉动幅度和开关频率有关，由于 PWM 变换器的开关频率较高，所以电流的脉

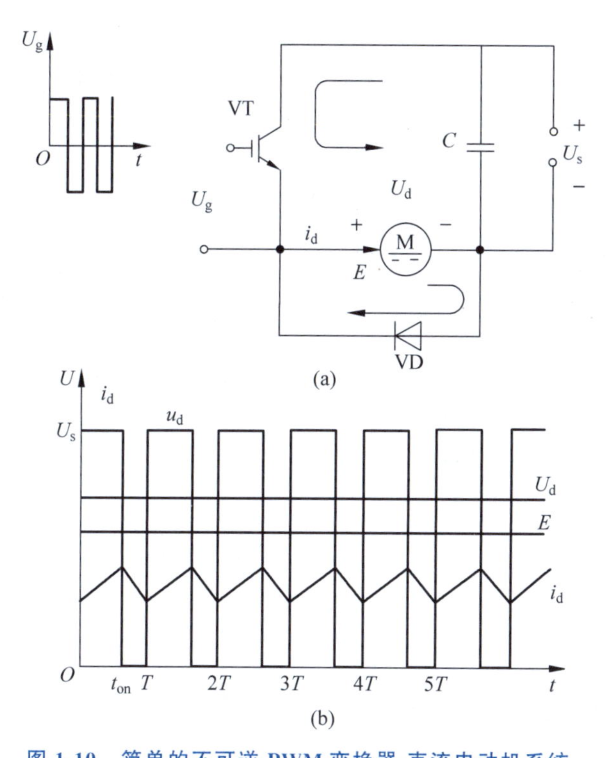

图 1-10　简单的不可逆 PWM 变换器-直流电动机系统

(a) 主电路原理图；(b) 电压和电流波形

U_s——直流电源电压　C——滤波电容器　VT——功率开关器件

VD——续流二极管　M——直流电动机

动幅度不大，再影响到转速和感应电动势时，其波动就更小了，一般可以忽略不计。

图 1-10 所示系统为不可逆电路，即电枢电流 i_d 不能反向，续流二极管 VD 的作用是为 i_d 提供一个续流通道。如果要提高电机的制动能力，必须为其提供反向电流通道，图 1-11 所示的是有制动电流通路的不可逆 PWM-直流电动机系统。将图 1-10 中的 VT 和 VD 改为图 1-11 中的 VT_1 和 VD_2，并增加了 VT_2 和 VD_1，用来构成反向电枢电流通路，因此 VT_2 被称为辅助管，而 VT_1 被称为主管，VT_1 和 VT_2 的驱动电压大小相等极性相反。

在电动状态下运行时，U_{g1} 的正脉冲比负脉冲宽，i_d 始终为正。当 $0 \leqslant t < t_{on}$ 时，U_{g1} 为正，VT_1 饱和导通，U_{g2} 为负，VT_2 截止，电源电压 U_s 通过 VT_1 加到直流机电枢两端，电流沿图 1-11(a)中的回路 1 流通。当 $t_{on} \leqslant t < T$ 时，U_{g1} 为负，VT_1 截止，U_{g2} 为正，但 VT_2 却不能导通，电枢电路中的电流是通过续流二极管 VD_2 续流。因此，实际上是 VT_1 和 VD_2 交替导通，而 VT_2 和 VD_1 始终关断，其电压和电流波形如图 1-11(b)所示。电动状态下的电压和电流波形和图 1-10 所示的简单的不可逆电路的波形完全一致，VT_2 和 VD_1 在电动状态下不起作用。

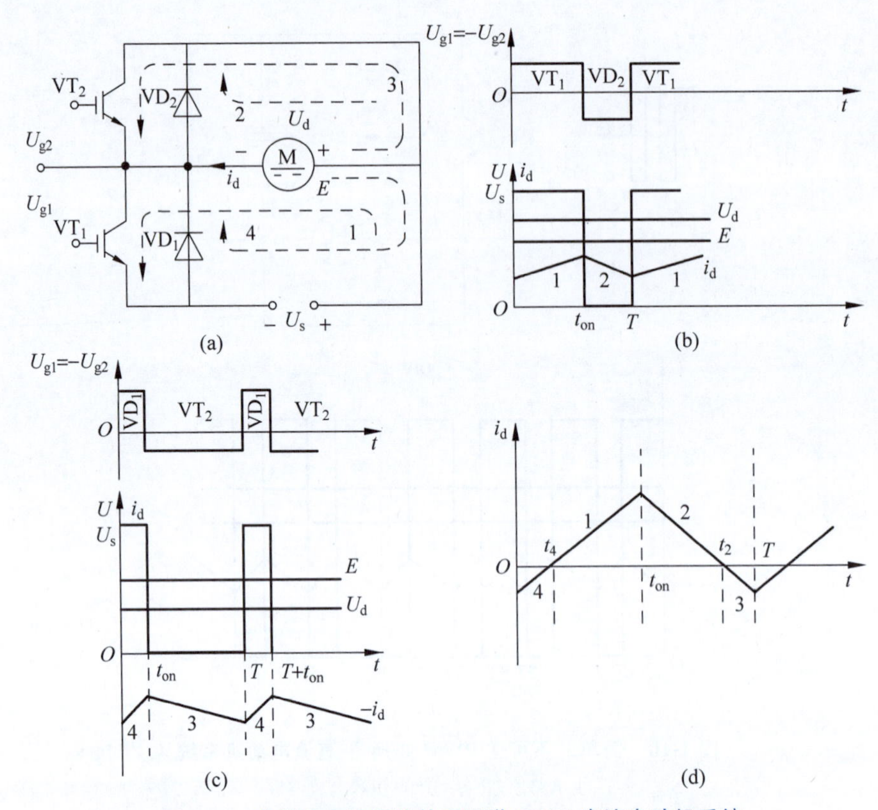

图 1-11 有制动电流通路的不可逆 PWM-直流电动机系统

(a) 电路原理图;(b) 一般电动状态的电压、电流波形;

(c) 制动状态的电压、电流波形;(d) 轻载电动状态的电流波形

在电动运行中要降低转速,应降低平均电压U_d,使U_{g1}的正脉冲变窄,负脉冲变宽。由于机械惯性作用,转速和反电势不能迅速减小,使得$E>U_d$,进入了制动状态。此时VT_2将发挥作用,提供了反向制动电流。

在制动过程中,在$t_{on} \leqslant t < T$阶段,由于U_{g2}为正,VT_2导通,在感应电动势E的作用下产生反向电流,沿回路3通过VT_2流通,产生能耗制动作用。在$T \leqslant t < T+t_{on}$(即下一周期的$0 \leqslant t < t_{on}$)阶段,VT_2截止,反向电流沿回路4经过VD_1流通,电动机工作在回馈制动状态,将能量回馈至电源U_s,VD_1的导通压降使VT_1截止。所以在制动过程中,VT_2和VD_1交替导通,而VT_1和VD_2不工作,电压和电流的波形如图1-11(c)所示,反向电流的作用加快了制动的速度。

第三种情况是轻载电动状态,此时的特征是负载电流较小,当VT_1关断后通过VD_2续流的正向电流很快就衰减到零,即图1-11(d)中的$t=t_2$时刻,这时VD_2两端的电压也降为零,使VT_2得以导通,反电动势E沿回路3输送反向电流,产生局部时间的制动作用。到了$t=T$(相当于$t=0$)时,VT_2关断,反向电流开始沿回路4经VD_1续流,直到$t=t_4$时,反向电流衰减到零,VT_1才开始导通,并产生正向电流。因此,当直流电动机工作在轻载电动状态时,在一个开关周期内VT_1、VD_2、VT_2和VD_1 4个管子轮流导通,其电流波形示于图1-11(d)。

图1-11(a)所示电路之所以不可逆是因为平均电压U_d始终大于零,电流能够反向,而电压和转速不可反向。

2. 桥式可逆PWM变换器

可逆PWM变换主电路有多种形式,最常用的是桥式(亦称H形)变换器,如图1-12所示。它是由四个功率开关器件和四个续流二极管组成的电路,其特点是可以改变电机电枢上的电源电压的正负极,使得直流电机可以在四象限中运行。根据功率开关器件的驱动方式不同,可分为双极式、单极式、受限单极式等多种,本书着重分析双极式H形PWM变换器。

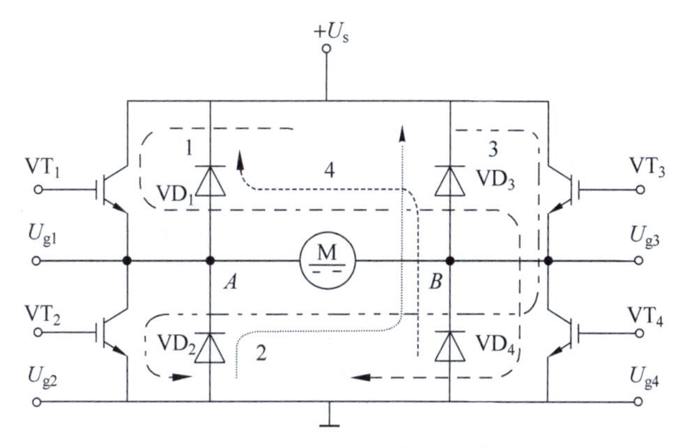

图1-12 桥式PWM变换器电路

双极式桥式可逆PWM变换器的四个功率开关器件的基极驱动电压分为两组。VT_1和VT_4同时导通或关断,驱动电压$U_{g1}=U_{g4}$;VT_2和VT_3同时动作,驱动电压$U_{g2}=U_{g3}=-U_{g1}=-U_{g4}$。在一个开关周期内,当$0\leqslant t<t_{on}$时,$U_{g1}=U_{g4}$为正,$VT_1$和$VT_4$导通,而$U_{g2}=U_{g3}$为负,$VT_2$和$VT_3$截止。电枢电压$U_{AB}=+U_s$,电枢电流$i_d$沿回路1流通。当$t_{on}\leqslant t<T$时,驱动电压反相,但$VT_2$和$VT_3$并不能立即导通,在电枢电感释放储能的作用下,$i_d$沿回路2经二极管但$VD_2$和$VD_3$续流,$U_{AB}=-U_s$。因此,$U_{AB}$在一个周期内具有正负相间的脉冲波形,这就是双极式名称的由来。

上述情况的过程是VT_1、VT_4和VD_2、VD_3在一个周期内交替工作,它们的先决条件有两条:

(1) 正脉冲电压的宽度大于负脉冲的宽度,$t_{on}>T/2$,U_{AB}的平均值大于零;

(2) 负载电流不是轻载。

当正脉冲较窄时,$t_{on}<T/2$,将是VT_2、VT_3和VD_1、VD_4在一个周期内交替工作,U_{AB}的平均值为负,电机反转。如果正、负脉冲相等,$t_{on}=T/2$,平均输出

电压 U_{AB} 等于零,电动机停转。

当负载电流轻载时,在续流阶段电流很快衰减到零,VD_2、VD_3 两端的电压也降为零,VT_2、VT_3 导通,电枢电流 i_d 反向,电动机处于制动状态。与此相仿,在 $0 \leqslant t < t_{on}$ 其间,电流也有一次倒向,沿回路4进行续流。

双极式控制可逆PWM变换器的输出平均电压为

$$U_d = \frac{t_{on}}{T}U_s - \frac{T - t_{on}}{T}U_s = \left(\frac{2t_{on}}{T} - 1\right)U_s \\ = (2\rho - 1)U_s = \gamma U_s \tag{1-19}$$

若占空比 ρ 和电压系数 γ 的定义与不可逆PWM变换器中的相同,则在双极式控制的可逆PWM变换器中

$$\gamma = 2\rho - 1 \tag{1-20}$$

调速时 ρ 的变化范围仍为 $0 \sim 1$,$\gamma = -1 \sim +1$。当 $\rho > \frac{1}{2}$ 时,$\gamma > 0$,电动机正转;当 $\rho < \frac{1}{2}$ 时,$\gamma < 0$,电动机反转;当 $\rho = \frac{1}{2}$ 时,$\gamma = 0$,电动机停止。电机虽然不动,电枢两端的瞬时电压和瞬时电流却都不是零,而是交变的,它们的平均值为零,不产生平均转矩。它的缺点是增大了电动机的损耗;好处是使电动机在停止时仍有高频微振电流,从而消除了正、反向时的静摩擦死区,起着所谓"动力润滑"的作用。

双极式控制的桥式可逆PWM变换器有以下优点:

(1) 电流一定连续;

(2) 电动机能在四象限运行;

(3) 电动机停止时有微振电流,消除了静摩擦死区;

(4) 低速平稳性好,系统的调速范围可达1∶20000;

(5) 低速时,每个开关器件的驱动脉冲仍较宽有利于保证器件的可靠导通。

双极式控制方式的不足之处是:四个开关器件在工作中都处于开关状态,开关损耗大,而且在切换时容易发生上、下桥臂直通的事故,为了防止直通,在上、下桥臂的驱动脉冲之间,应设置逻辑延时。单极式控制方式的特点是使部分器件处于常通或常断状态,减少了开关次数和开关损耗,提高了可靠性,花出的代价是略微降低了系统的静、动态性能。关于单极性控制,可参见参考文献[2]。

1.2.2 直流PWM变换器-电动机系统的能量回馈问题

直流PWM变换器的作用是用脉冲宽度调制的方法,把恒定的直流电源电压调制成频率一定、宽度可变的脉冲序列,从而可以改变平均输出电压的大小,以调节直流电动机的转速。

首先用整流管把交流电整流成直流电,常采用不可控整流,所以电网侧功率因数比相控整流器高。采用IGBT或Power-MOSFET等全控型电力电子器件,

开关频率高，电流容易连续。所以在相控整流器-电动机系统里出现的电流断续等问题不复存在，它表现出的新的问题是电能回馈问题。

图 1-13 所示是桥式可逆直流脉宽调速系统主电路的原理图(略去吸收电路)，图中的左半部分是由 6 个二极管组成的整流器，它把电网提供的交流电整流成直流电。直流电源采用了大电容滤波。当电动机工作在回馈制动状态时，将动能变为电能回馈到直流侧，但由于二极管整流器的能量单向传递性，电能不可能通过整流装置送回交流电网，只能向滤波电容充电，这就是直流 PWM 变换器-电动机系统特有的电能回馈问题。

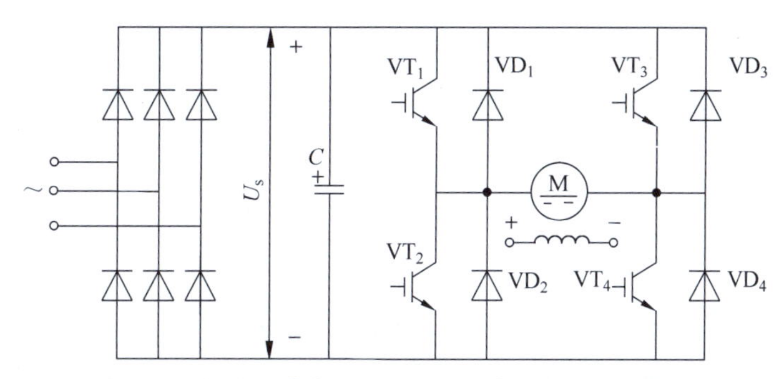

图 1-13　桥式可逆直流脉宽调速系统主电路的原理图

对滤波电容充电的结果造成直流侧电压升高，称作“泵升电压”。系统在制动时释放的动能将表现为电容储能的增高，所以要适当地选择电容的电容量，或采取其他措施，以保护电力电子功率开关器件不被泵升电压击穿。如果直流电源电压为 U_s，在电能回馈以后，电压泵升到 U_{sm}，则电容储能由 $1/2\ CU_s^2$ 增加到 $1/2\ CU_{sm}^2$，储能的增量约等于电动机系统在制动时释放的全部动能 A_d

$$\frac{1}{2}CU_{sm}^2-\frac{1}{2}CU_s^2=A_d$$

如按此来选择电容，它的电容量应为

$$C=\frac{2A_d}{U_{sm}^2-U_s^2} \tag{1-21}$$

过高的泵升电压将超过电力电子器件的耐压限制值，因此电容量不能太小，一般几千瓦的调速系统需要几千微法的电容。在大容量或负载有较大惯量的系统中，不可能只靠电容器来限制泵升电压，关于泵升电压的限制及电容储能的释放将在第 3 章可逆直流调速系统中做详细的讨论。

1.2.3　直流 PWM 调速系统的数学模型及机械特性

1. PWM 控制与变换器的数学模型

前已指出，晶闸管相控整流电源的数学模型可表示带有滞后作用的比例环节,并在一定条件下可等效视为惯性环节$\frac{K_s}{T_s s+1}$,在采用三相桥式整流时,$T_s=1.67\text{ms}$,PWM控制与变换器的动态数学模型和晶闸管相控整流电源基本一致。

在图1-14中,当控制电压U_c改变时,PWM输出电压平均值U_d需要延迟一段时间后才能达到变化后的U_c所对应的电压平均值,最大的延迟时间是一个开关周期T。因此,PWM控制与变换器的动态数学模型亦可用带有滞后作用的比例环节来描述:

$$W_s(s)=\frac{U_d(s)}{U_c(s)}=K_s e^{-T_s s} \tag{1-22}$$

式中,K_s——PWM控制与变换器的放大系数,T_s——PWM控制与变换器的延迟时间。

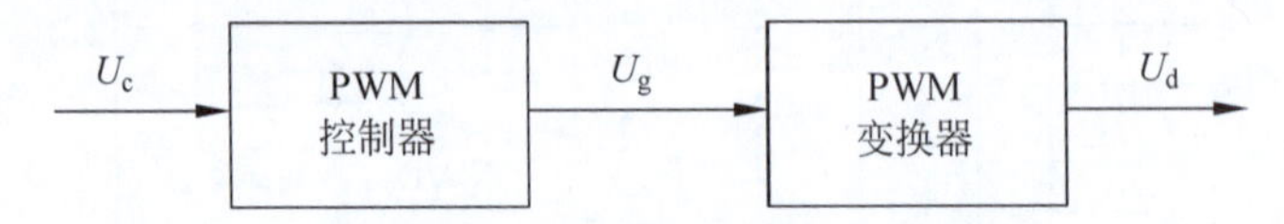

图1-14 PWM控制器与变换器的框图

在与晶闸管相控整流电源相同的近似条件下,其传递函数可以表示为一个惯性环节:

$$W_s(s)\approx\frac{K_s}{T_s s+1} \tag{1-23}$$

当开关频率为10kHz时,滞后时间$T_s=0.1\text{ms}$,明显小于相控整流电源。

2. PWM调速系统的机械特性

脉宽调制变换器的输出电压是高度和频率一定、宽度可变的脉冲序列,从而可以改变平均输出的电压的大小,以调节电机的转速,脉动的电压将导致转矩和转速的脉动。在脉宽调速系统中,开关频率一般在10kHz左右,使得最大电流脉动量在额定电流的5%以下,转速脉动量不到额定转速的万分之一,可以忽略不计。

在1.2.1节中,讲述了3种形式的直流PWM变换器,当形式不同时,系统的机械特性也有某些差异。现以使用较多的带制动电流通路的不可逆电路和双极性控制的可逆电路为例,分析它们的机械特性。这两种直流PWM变换器的特点是电流的方向可逆,不管负载是轻载还是重载,电流波形都是连续的,因而机械特性关系式比相控整流器简单。

先分析带制动电流通路的不可逆电路(见图1-11),电压平衡方程式为

$$U_s=Ri_d+L\frac{\mathrm{d}i_d}{\mathrm{d}t}+E \qquad (0\leqslant t<t_{on}) \tag{1-24}$$

$$0=Ri_d+L\frac{\mathrm{d}i_d}{\mathrm{d}t}+E \qquad (t_{on}\leqslant t<T) \tag{1-25a}$$

式中的 R、L 分别为电枢电路的电阻和电感。

再分析双极式控制的可逆电路(见图 1-12),由于它的电源极性可以改变,只要将式(1-25a)中的电源电压由 0 改为 $-U_s$,其他均不变,即

$$-U_s = Ri_d + L\frac{di_d}{dt} + E \qquad (t_{on} \leqslant t < T) \tag{1-25b}$$

根据电压方程可求出电枢两端在一个周期内的平均电压。在上述的两种类型中,平均电压都是 $U_d = \gamma U_s$,只是 γ 与占空比 ρ 的关系不同,分别为式(1-18)和式(1-20)。平均电流用 I_d 来表示,此时电枢电感压降 $L\frac{di_d}{dt}$ 的均值应为零。转速用 n 来表示,它和反电动势关系为 $n = \frac{E}{C_e}$。所以无论上述的哪一组电压方程,其平均值方程都可写成

$$\gamma U_s = RI_d + E = RI_d + C_e n \tag{1-26}$$

由此得到机械特性方程式为

$$n = \frac{\gamma U_s}{C_e} - \frac{R}{C_e}I_d = n_0 - \frac{R}{C_e}I_d \tag{1-27}$$

也可用转矩 T_e 来表示为

$$n = \frac{\gamma U_s}{C_e} - \frac{R}{C_e C_m}T_e = n_0 - \frac{R}{C_e C_m}T_e \tag{1-28}$$

式中,$C_m = K_m \Phi_N$——电机在额定磁通下的转矩系数,n_0——理想空载转速,与电压系数 γ 成正比,$n_0 = \gamma U_s / C_e$。

对于带制动作用的不可逆电路,$0 \leqslant \gamma \leqslant 1$,可以得到图 1-15 所示的机械特性,它位于第一、二象限。

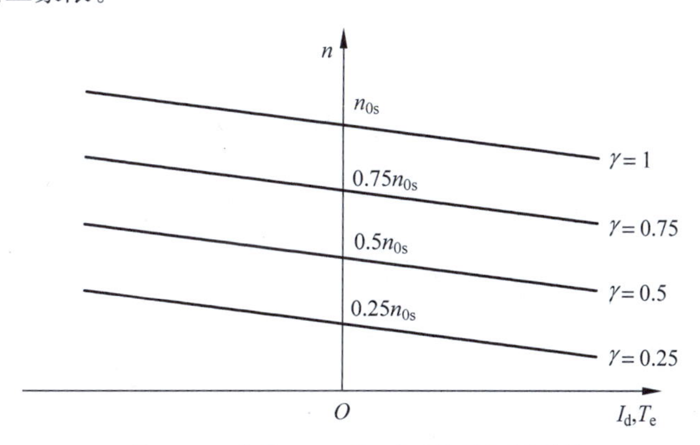

图 1-15　直流 PWM 调速系统的机械特性

在双极性控制可逆电路中,$-1 \leqslant \gamma \leqslant 1$,它的机械特性与图 1-15 相仿,只是把机械特性扩展到了第三、四象限。

1.3 调速系统性能指标

1.3.1 调速范围和静差率

直流调速系统是性能良好、应用广泛的可调传动系统,它主要用于转速或位置的控制。工程上对它的要求可分为两方面:稳定性和动态品质。稳定性是指系统在进入稳定运行时所表现出来的特性;而动态品质是指运行状态发生变化时,系统在变化过程中所表现出来的特性,将在第2章中另行讨论。

在调速系统的稳态性能中,主要有两个要求。

(1) 调速,要求系统能够在指定的范围内的转速上运行;

(2) 稳速,要求系统调速的重复性和精确度要好,不允许有过大的转速波动。

为了进行定量分析,特定义两个稳态性能指标:调速范围、静差率。

1. 调速范围

生产机械要求电动机在额定负载情况下所需的最高转速 n_{max} 和最低转速 n_{min} 之比称为调速范围,用字母 D 来表示,即

$$D=\frac{n_{max}}{n_{min}} \tag{1-29}$$

对于基速以下的调速系统而言,$n_{max}=n_N$。需要说明的是,对于少数负载很轻的机械,如精密磨床,也可用实际负载时的转速来定义最高转速 n_{max} 和最低转速 n_{min}。

2. 静差率

当系统在某一转速下运行时,负载由理想空载增加到额定值时电动机转速的变化率,称为静差率 s,即

$$s=\frac{\Delta n_N}{n_0} \tag{1-30}$$

或用百分数表示

$$s=\frac{\Delta n_N}{n_0}\times 100\% \tag{1-31}$$

式中,n_0——理想空载转速,Δn_N——负载从理想空载增大到额定值时电机所产生的转速降落。

直流电动机调速系统的机械特性为

$$n=\frac{U-I_d R}{C_e}=\frac{U}{C_e}-\frac{R}{C_e}I_d=n_0-\Delta n$$

在调压调速时,它的额定转速降 $\Delta n_N=\frac{R}{C_e}I_N$ 是一个恒值。改变电枢电压

U_d，可以得到调速系统在不同电压下的机械特性，如图 1-16 所示，它们是互相平行的，两者的硬度相同。

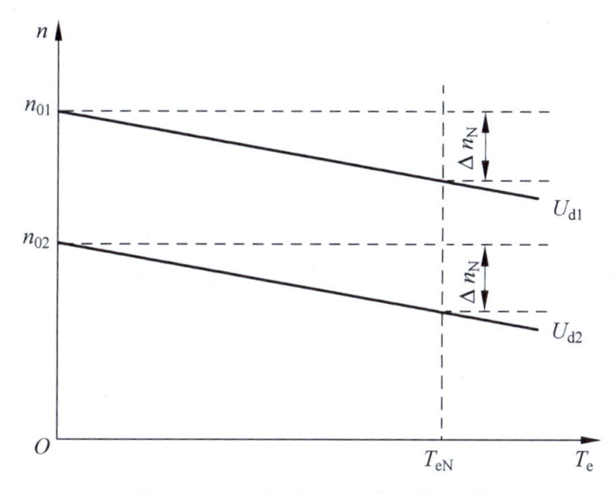

图 1-16　不同转速下的机械特性

设 $U_{d1}=U_{dN}$，$U_{d2}=U_{dN}/2$，理想空载转速分别为 $n_{01}=1000\text{r/min}$，$n_{02}=500\text{r/min}$，设额定负载时转速降 $\Delta n_N=100\text{r/min}$。按式(1-30)，可求出它们的静差率分别为 $s_1=0.1$，$s_1=0.2$，这就是说，理想空载转速越低时，静差率越大。在不考虑调速对静差率的要求时，如果 U_{d2} 是最低电枢电压，则此时的调速范围 $D=\frac{n_{N1}}{n_{N2}}=\frac{900}{400}=2.25$。但生产工艺上要求的调速范围是指在该范围内都应满足一定的静差率要求，若要求在整个调速范围内 $s\leqslant 0.15$，系统的调速范围就应以能满足此 s 时的机械特性所对应额定负载时的转速为最低转速，调速范围将明显缩小。因此，调速系统的静差率指标应以最低速时能达到的数值为准。

必须指出，静差率与机械特性的硬度是不同的概念。硬度是指机械特性的斜率，一般说硬度大静差率也大；但同样硬度的机械特性，随着其理想空载转速的降低，其静差率会随之增大，如图 1-16 所示。

3. D 与 s 的相互约束关系

调速范围和静差率这两项指标并不是彼此孤立的，必须同时考虑才有意义。在直流机调速系统中，系统的静差率应该是最低速时的静差率，即

$$s=\frac{\Delta n_N}{n_{0\min}}=\frac{\Delta n_N}{n_{\min}+\Delta n_N}$$

于是，最低转速为

$$n_{\min}=\frac{\Delta n_N}{s}-\Delta n_N=\frac{(1-s)\Delta n_N}{s}$$

而调速范围为

$$D=\frac{n_{\max}}{n_{\min}}=\frac{n_N}{n_{\min}}$$

将 $n_{\min}$ 代入调速范围 D,得

$$D=\frac{n_{\mathrm{N}}s}{\Delta n_{\mathrm{N}}(1-s)} \tag{1-32}$$

式(1-32)反映了 D 与 s 间的约束关系。在直流机变压调速系统中,对于某一台确定的电动机,其 n_{N} 和 Δn_{N} 都是常数,按式(1-32)可知,对系统的调速精度要求越高,即要求 s 越小,则可达到的 D 必定越小。反之,当要求的 D 越大时,则所能达到的调速精度就越低,即 s 越大,所以这是一对矛盾的指标。

1.3.2 开环调速系统的机械特性及性能指标

图1-4给出了相控整流器-直流电动机调速系统的原理图,图1-12给出了可逆直流脉宽调速系统原理图,它们都是开环调速系统,调节控制电压 U_{c} 就可以改变电动机的转速。相控整流器和PWM变换器都是可控的直流电源,它们的输入是交流电源,输出是可控的直流电压 U_{d},用UPE来统一表示可控直流电源,则开环调速系统的结构原理如图1-17所示。

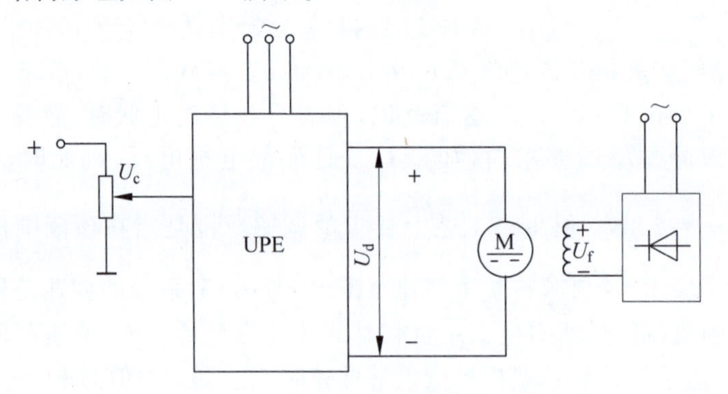

图1-17 开环调速系统的原理图

下面分析开环调速系统的机械特性,以确定它们的稳态性能指标。为了突出主要矛盾,先作如下假定。

(1) 忽略各种非线性因素,假定系统中各环节的输入输出关系都是线性的,或者只取其线性工作段;

(2) 忽略控制电源和电位器的内阻。

开环调速系统中各环节的稳态关系如下:

$$U_{\mathrm{d0}}=K_{\mathrm{s}}U_{\mathrm{c}} \quad \text{(电力电子变换器)}$$

$$n=\frac{U_{\mathrm{d0}}-I_{\mathrm{d}}R}{C_e} \quad \text{(直流电动机)}$$

由此两个关系式得到开环调速系统的机械特性为

$$n=\frac{U_{\mathrm{d0}}-RI_{\mathrm{d}}}{C_e}=\frac{K_{\mathrm{s}}U_{\mathrm{c}}}{C_e}-\frac{RI_{\mathrm{d}}}{C_e} \tag{1-33}$$

开环调速系统的稳态结构框图如图1-18所示。

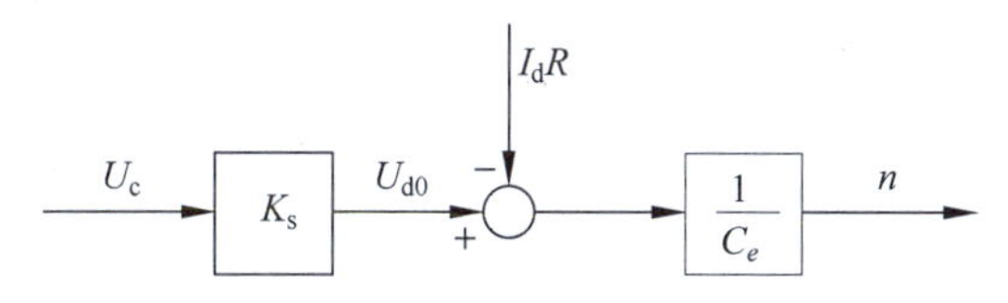

图 1-18　开环调速系统稳态结构框图

由于给定电压 U_c 可以线性平滑地调节，所以 UPE 的输出电压 U_{d0} 也平滑可调，就能实现直流电动机平滑地调速，在不计 UPE 装置在电动势负载下引起的轻载工作电流断续现象时，则随着给定电压 U_c 的不同，可获得一簇平行的机械特性，如图 1-19 所示，其中电动机在额定电压和额定励磁下的机械特性称作电动机固有机械特性。由图 1-19 可以看出，这些机械特性都有较大的由于负载引起的转速降落，从式(1-33)可知，$\Delta n_N = RI_d/C_e$。它制约了开环调速系统中的调速范围 D 和静差率 s，用反馈控制的方法构成转速闭环控制系统，可减小转速降落，减小静差率、扩大调速范围，有关转速闭环控制系统的内容在第 2 章作详细的讨论。

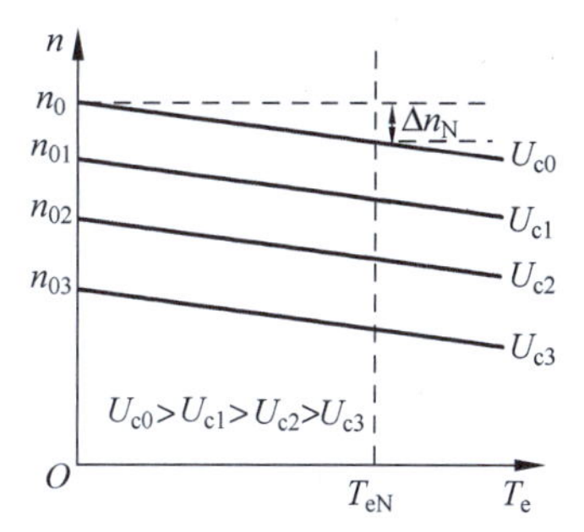

图 1-19　直流电动机的机械特性

例题 1-1　某直流调速系统电动机额定转速为 $n_N=1000\text{r/min}$，额定速降 $\Delta n_N=105\text{r/min}$，当要求静差率 $s\leqslant30\%$时，其调速范围 D 为多大？如果要求静差率 $s\leqslant20\%$，则调速范围 D 是多少？如果希望调速范围达到 10，所能满足的静差率是多少？

解　要求 $s\leqslant30\%$时，调速范围为

$$D=\frac{n_N s}{\Delta n_N(1-s)}=\frac{1000\times0.3}{105\times(1-0.3)}=4.08$$

若要求 $s\leqslant20\%$，则调速范围为

$$D=\frac{n_N s}{\Delta n_N(1-s)}=\frac{1000\times0.2}{105\times(1-0.2)}=2.38$$

若调速范围达到 10，则静差率为

$$s=\frac{D\Delta n_N}{n_N+D\Delta n_N}=\frac{10\times105}{1000+10\times105}=0.512-51.2\%$$

例题 1-2　某直流电动机的额定数据如下：额定功率 $P_N=60\text{kW}$，额定电压 $U_N=220\text{V}$，额定电流 $I_{dN}=305\text{A}$，额定转速 $n_N=1000\text{r/min}$，采用 V-M 系统，主电路总电阻 $R=0.18\Omega$，电动机电势系数 $C_e=0.2\text{V}\cdot\text{min/r}$。如果要求调速范围 $D=20$，静差率 $s\leqslant5\%$，则采用开环调速系统能否满足？若要满足这个要求，系统的额定速降 Δn_N 最多允许多少？

解　当电流连续时，V-M 系统的额定速降为

$$\Delta n_{\mathrm{N}}=\frac{I_{\mathrm{dN}}R}{C_e}=\frac{305\times 0.18}{0.2}=275(\mathrm{r/min})$$

开环系统在额定转速时的静差率为

$$s_{\mathrm{N}}=\frac{\Delta n_{\mathrm{N}}}{n_{\mathrm{N}}+\Delta n_{\mathrm{N}}}=\frac{275}{1000+275}=0.216=21.6\%$$

在额定转速时已不能满足 $s\leqslant 5\%$ 的要求。

如要求 $D=20, s\leqslant 5\%$,则要求

$$\Delta n_{\mathrm{N}}=\frac{n_{\mathrm{N}}s}{D(1-s)}\leqslant\frac{1000\times 0.05}{20\times(1-0.05)}=2.63(\mathrm{r/min})$$

可见,开环调速系统的额定速降太大,无法满足 $D=20$、$s\leqslant 5\%$ 的要求,采用反馈控制的闭环调速系统将是解决此类问题的一种方法。

思考题

1.1 直流电动机有哪几种调速方法?各有哪些特点?

1.2 为什么直流 PWM 变换器-电动机系统比相控整流器-电动机系统能够获得更好的动态性能?

1.3 直流 PWM 变换器驱动电路的特点是什么?

1.4 简述直流 PWM 变换器电路的基本结构。

1.5 PWM 变换器在双极性工作制下会不会产生电流断续现象?为什么?

1.6 PWM 变换器主电路在什么情况下会出现直通?线路上可采取什么措施防止直通现象?

1.7 静差率与调速范围有什么关系?静差率与机械特性硬度是一回事吗?

1.8 脉宽调速系统的开关频率是否越高越好?为什么?

1.9 泵升电压是怎样产生的?对系统有何影响?如何抑制?

1.10 V-M 开环调速系统中为什么转速随负载增加而降低?

1.11 调速范围和静差率的定义是什么?调速范围与静态速降和最小静差率之间有什么关系?为什么说“脱离了调速范围,要满足给定的静差率也就容易得多了”?

习题

1.1 试分析有制动通路的不可逆 PWM 变换器进行制动时,两个 VT 是如何工作的?

1.2 在双极性 PWM 变换器中,同一边上、下两个电力晶体管在导通和关断的转换过程中,为什么要设置先关后开的死区时间?在控制电路中如何

实现？

1.3　在直流脉宽调速系统中，当电动机停止不动时，电枢两端是否还有电压？电路中是否还有电流？为什么？

1.4　系统的调速范围是 1000～100r/min，要求静差率 $s=2\%$，那么系统允许的静差转速降是多少？

1.5　某一调速系统，测得的最高转速特性为 $n_{0\max}=1500\text{r/min}$，最低转速特性为 $n_{0\min}=150\text{r/min}$，带额定负载时的速度降落 $\Delta n_{\mathrm{N}}=15\text{r/min}$，且在不同转速下额定速降 Δn_{N} 不变，试问系统能够达到的调速范围有多大？系统允许的静差率是多少？

1.6　直流电动机为 $P_{\mathrm{N}}=74\text{kW}$，$U_{\mathrm{N}}=220\text{V}$，$I_{\mathrm{N}}=378\text{A}$，$n_{\mathrm{N}}=1430\text{r/min}$，$R_{\mathrm{a}}=0.023\Omega$。相控整流器内阻 $R_{\mathrm{s}}=0.022\Omega$。采用降压调速。当生产机械要求 $s=20\%$ 时，求系统的调速范围。如果 $s=30\%$，则系统的调速范围又为多少？

1.7　某龙门刨床工作台采用 V-M 调速系统。已知直流电动机 $P_{\mathrm{N}}=60\text{kW}$，$U_{\mathrm{N}}=220\text{V}$，$I_{\mathrm{N}}=305\text{A}$，$n_{\mathrm{N}}=1000\text{r/min}$，主电路总电阻 $R=0.18\Omega$，$C_e=0.2\text{V}\cdot\text{min/r}$，求：

（1）当电流连续时，在额定负载下的转速降落 Δn_{N} 为多少？

（2）开环系统机械特性连续段在额定转速时的静差率 s_{N} 为多少？

（3）若要满足 $D=20$，$s\leqslant5\%$ 的要求，额定负载下的转速降落 Δn_{N} 又为多少？

1.8　有一晶闸管稳压电源，其稳态结构图如图 1-20 所示，已知给定电压 $U_{\mathrm{u}}^{*}=8.8\text{V}$、比例调节器放大系数 $K_{\mathrm{p}}=2$、晶闸管装置放大系数 $K_{\mathrm{s}}=15$、反馈系数 $\gamma=0.7$。求：

（1）输出电压 U_{d}；

（2）若把反馈线断开，U_{d} 为何值？开环时的输出电压是闭环时的多少倍？

（3）若把反馈系数减至 $\gamma=0.35$，当保持同样的输出电压时，给定电压 U_{u}^{*} 应为多少？

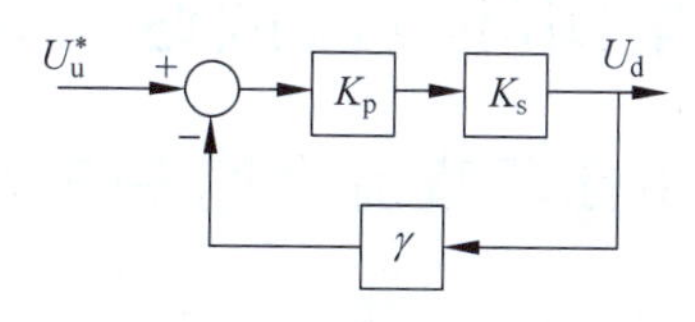

图 1-20　习题 1.8 图

第2章 闭环控制的直流调速系统

内容提要

开环调速系统无法满足人们期望的性能指标，本章就闭环控制的直流调速系统展开分析和讨论。2.1节论述了转速单闭环直流调速系统的控制规律，分析了系统的静差率，介绍了PI调节器和P调节器的控制作用。转速单闭环直流调速系统能够提高调速系统的稳态性能，但动态性能仍不理想，转速、电流双闭环直流调速系统是静动态性能良好、应用最广的直流调速系统；2.2节介绍了转速、电流双闭环系统的组成及其静特性，转速、电流双闭环系统的数学模型，并对双闭环直流调速系统的动态性能进行了详细的分析；2.3节对直流调速系统的数字实现进行了讨论，论述了与调速系统紧密关联的数字测速方法和数字PI调节器的实现方法；2.4节应用工程设计方法解决双闭环调速系统的两个调节器的设计问题；2.5节介绍用MATLAB仿真软件对转速、电流双闭环调速系统的仿真。

2.1 转速单闭环直流调速系统

2.1.1 转速单闭环直流调速系统的控制规律

调速范围和静差率是一对互相制约的性能指标，解决的唯一途径是减少负载引起的转速降落Δn_{N}。但是在转速开环的直流调速系统中，$\Delta n_{\mathrm{N}}=RI_{\mathrm{N}}/C_e$是由直流电动机的参数决定的，无法改变。必须采用反馈控制技术，构成转速闭环控制系统，才能有效地解决调速范围和静差率的矛盾。

在第1章所述的开环直流调速系统中，给定量（输入量）是转速给定电压U_{c}，被调节量（输出量）是直流电动机的转速n。被调节量受控于给定量，而对给定量无反作用，故被称为开环控制系统。自动控制理论告诉我们，将系统的被调节量作为反馈量引入系统中，使之与给定量进行比较，用比较后的差值对系统进行控制，可以有效地抑制直至消除扰动造成的影响，而维持被调节量很少变化或不变，这就是反馈控制的基本思想。

基于负反馈(输入量与输出量相减)基础上的“检测误差，用以纠正误差”这一原理组成的系统，对于输出量反馈的传递途径有一个闭合的环路，因此被称作闭环控制系统。

1. 系统工作原理

图 2-1 所示的是具有转速负反馈的直流电动机调速系统，被调量是转速 n，给定量是给定电压 U_n^*，在电动机轴上安装测速发电机是为了得到与被测量转速成正比的反馈电压 U_n，U_n^* 与 U_n 相比较后，得到转速偏差电压 ΔU_n，经过比例放大器 A，产生电力电子变换器 UPE 所需的控制电压 U_c，比例放大器称作比例(P)调节器。从 U_c 开始后，系统的结构与第 1 章所述的开环调速系统相同，闭环控制系统和开环控制系统的主要差别就在于转速 n 经过测量元件反馈到输入端参与控制。

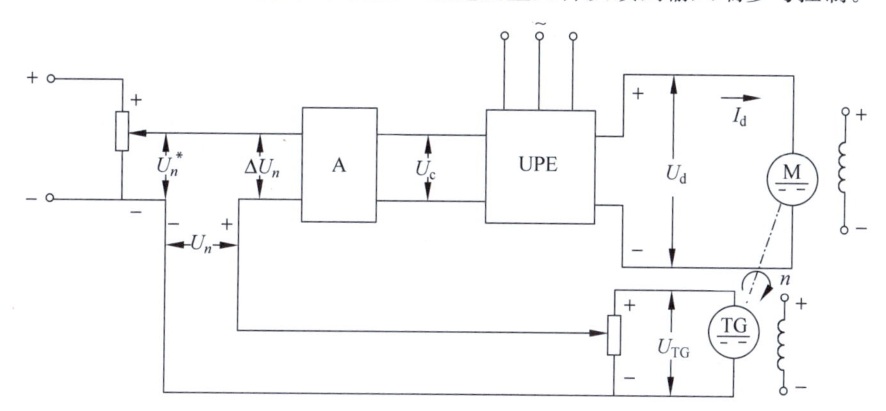

图 2-1　带转速负反馈的闭环直流调速系统原理框图

在第 1 章分析开环系统的机械特性时，已得到了开环调速系统中各环节的稳态关系如下：

$$U_{d0} = K_s U_c \qquad \text{(电力电子变换器)}$$

$$n = \frac{U_{d0} - I_d R}{C_e} \qquad \text{(直流电动机)}$$

在图 2-1 所示的闭环调速系统中又增加了以下环节：

$$\Delta U_n = U_n^* - U_n \qquad \text{(电压比较环节)}$$

$$U_c = K_p \Delta U_n \qquad \text{(比例调节器)}$$

$$U_n = \alpha n \qquad \text{(测速反馈环节)}$$

以上各关系式中新出现的系数为 K_p——比例调节器的比例系数，α——转速反馈系数(V・min/r)，U_{d0}——电力电子变换器理想空载输出电压(V)(变换器内阻已并入电枢回路总电阻 R 中)。

从上述5个关系式中消去中间变量，整理后，即得到转速负反馈闭环直流调速系统的静特性方程式

$$n=\frac{K_{\mathrm{p}}K_{\mathrm{s}}U_{n}^{*}-I_{\mathrm{d}}R}{C_{e}(1+K_{\mathrm{p}}K_{\mathrm{s}}\alpha/C_{e})}=\frac{K_{\mathrm{p}}K_{\mathrm{s}}U_{n}^{*}}{C_{e}(1+K)}-\frac{RI_{\mathrm{d}}}{C_{e}(1+K)} \tag{2-1}$$

式中 $K=\frac{K_{\mathrm{p}}K_{\mathrm{s}}\alpha}{C_{e}}$ 是闭环系统的开环放大系数，它相当于在转速采样电阻的输出端把反馈回路断开，从放大器的输入端到转速采样电阻输出的各环节放大系数的乘积。

式(2-1)表示了闭环系统电动机转速与电流(或转矩)间的稳态关系。在形式上它与开环系统的机械特性相同，式(2-1)右第一项可看作是电动机的理想空载转速，第二项是由负载引起的电动机转速降落。但本质上两者是有区别的，式(2-1)是考虑了反馈控制作用后的调速系统静态特性表达式，故把式(2-1)称为闭环调速系统的静特性，以示区别。

利用各环节的稳态关系式可以画出闭环系统的稳态结构图，如图2-2(a)所示。在图2-2(a)中有两个输入量：给定量 U_{n}^{*} 和扰动量 $-I_{\mathrm{d}}R$，如果把它们作为独立的输入量，画出各自的稳态结构图，如图2-2(b)、(c)所示，可求出各自的输出与输入的关系式。根据线性控制理论，把两项关系式叠加起来，得到与式(2-1)一致的系统静特性方程。

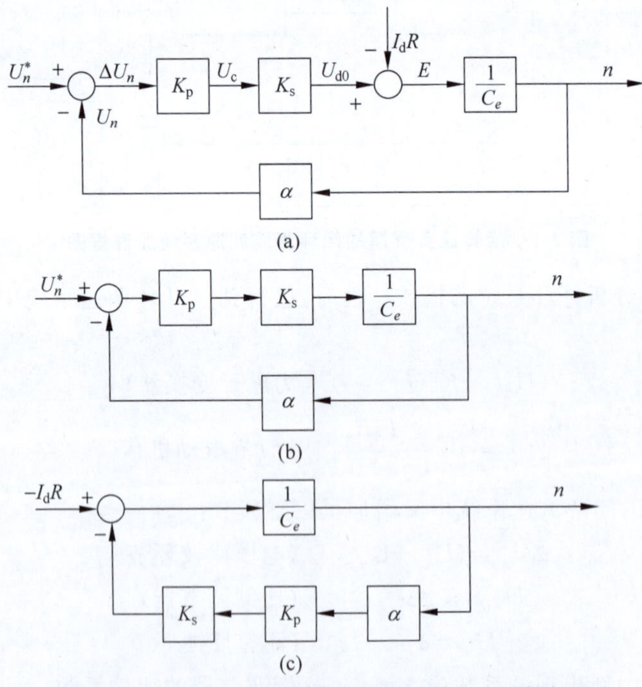

图2-2 转速负反馈闭环直流调速系统稳态结构框图

(a) 闭环调速系统；(b) 只考虑给定作用 U_{n}^{*} 时的闭环系统；

(c) 只考虑扰动作用 $-I_{\mathrm{d}}R$ 时的闭环系统

2. 系统静特性分析

采用带有比例调节器的转速负反馈闭环直流调速系统的目的，是为了减少负载引起的转速降落 Δn_N。现比较一下系统的开环机械特性和闭环静特性，就能清楚地看出闭环调速控制的优越性所在，以及它与哪些参数有关。

闭环系统的静特性方程式可写成

$$n=\frac{K_pK_sU_n^*}{C_e(1+K)}-\frac{RI_d}{C_e(1+K)}=n_{0cl}-\Delta n_{cl} \tag{2-2}$$

在系统参数不变的条件下，把转速反馈回路断开，得到了相应的开环调速系统，它的开环机械特性为

$$n=\frac{U_{d0}-I_d}{C_e}=\frac{K_pK_sU_n^*}{C_e}-\frac{RI_d}{C_e}=n_{0op}-\Delta n_{op} \tag{2-3}$$

式中，n_{0cl} 和 n_{0op} 分别表示闭环和开环系统的理想空载转速；Δn_{cl} 和 Δn_{op} 分别表示闭环和开环系统的稳态速降。将式(2-2)和式(2-3)比较，可以得出以下结论。

(1) 在相同的负载扰动下，闭环系统的负载降落仅为开环系统转速降落的 $1/(1+K)$。

由式(2-2)得到

$$\Delta n_{cl}=\frac{RI_d}{C_e(1+K)}$$

由式(2-3)得到

$$\Delta n_{op}=\frac{RI_d}{C_e}$$

它们的关系是

$$\Delta n_{cl}=\frac{\Delta n_{op}}{1+K} \tag{2-4}$$

由于 $1+K>1$，故 Δn_{cl} 比 Δn_{op} 小，K 越大，Δn_{cl} 越小。图2-3画出了在相同 n_0 条件下闭环系统静特性(特性1)与开环机械特性(特性2)的差别，可以看到 Δn_{cl} 比 Δn_{op} 小得多，即闭环系统静特性比开环系统机械特性硬得多。

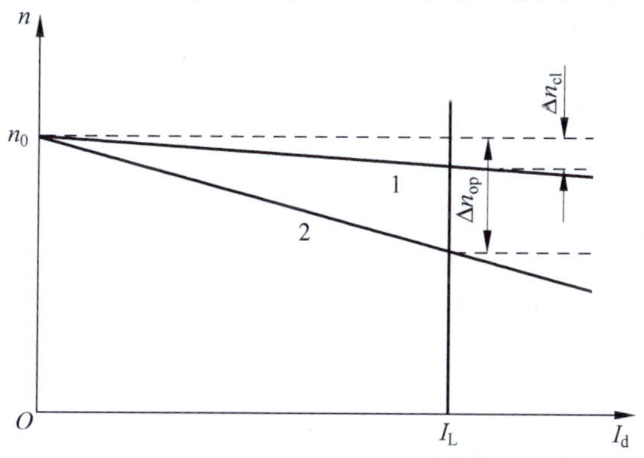

图2-3　闭环系统静特性与开环系统机械特性

(2) 在相同的理想空载转速条件下,闭环系统的转速静差率也仅为开环系统的 $1/(1+K)$。

闭环系统和开环系统的静差率分别为 $s_{cl}=\Delta n_{cl}/n_{0cl}$ 和 $s_{op}=\Delta n_{op}/n_{0op}$,因为条件是 $n_{0cl}=n_{0op}$,所以

$$s_{cl}=\frac{s_{op}}{1+K} \tag{2-5}$$

闭环控制系统直接的好处是减小了静差率,提高了系统的调速精度。

(3) 在相同的静差率约束下,闭环系统的调速范围为开环系统的 $(1+K)$ 倍。

当系统的最高转速是电动机额定转速 n_N,所要求的静差率为 s 时,由式(1-32)可求出闭环调速系统的调速范围是

$$D_{cl}=\frac{n_N s}{\Delta n_{cl}(1-s)}$$

开环调速系统的调速范围是

$$D_{op}=\frac{n_N s}{\Delta n_{op}(1-s)}$$

考虑到式(2-4)的关系式,得到

$$D_{cl}=(1+K)D_{op} \tag{2-6}$$

从上述3点可见,闭环系统的静特性比开环系统的机械特性要硬得多,在保证一定静差率的要求下,闭环系统能够扩大调速范围。在闭环系统中,电阻、负载电流和电动机的电动势系数并没有发生变化,转速降落 $\Delta n=RI_d/C_e$,那么闭环系统的稳态速降减少的实质是什么?

观察图2-2(a)转速负反馈闭环直流调速系统稳态结构框图,当负载电流 I_d 增大时,根据直流电动机的机械特性,转速只能降落下来;闭环系统比开环系统增加了测速反馈环节,转速反馈电压 U_n 随着 n 的下降而下降,使得电压比较环节的输出 ΔU_n 增大;再经过放大器的电压放大以及电力电子变换器的作用,最终提高了电力电子装置的输出电压 U_{d0},使得开环机械特性上移。系统工作在新的机械特性上,相对电动机的机械特性而言,转速降落 $\Delta n_{op}=n_{0op}-n=RI_d/C_e$,而对于闭环静特性而言,转速降落 $\Delta n_{cl}=n_{0cl}-n=\Delta n_{op}/(1+K)$。

图2-4反映了闭环系统静特性和开环系统机械特性的关系。在图中,设原始的工作点为 A,负载电流为 I_{d1},电枢电压为 U_{d01};当负载增大到 I_{d2} 时,按开环机械特性,开环的转速将降落到 A' 点;但在转速闭环后,转速的降落将导致电力电子装置的输出电压 U_{d0} 的增加,最终从 A 点所在的开环机械特性过渡到 B 点所在的开环机械特性,电枢电压由 U_{d01} 增加至 U_{d02}。所以,闭环系统的静特性就是由多条开环机械特性上相应的工作点组成的一条特性曲线,如图2-4所示。

3. 反馈控制规律

图2-1是带有比例放大器的转速反馈闭环调速系统,它是一种基本的反馈控

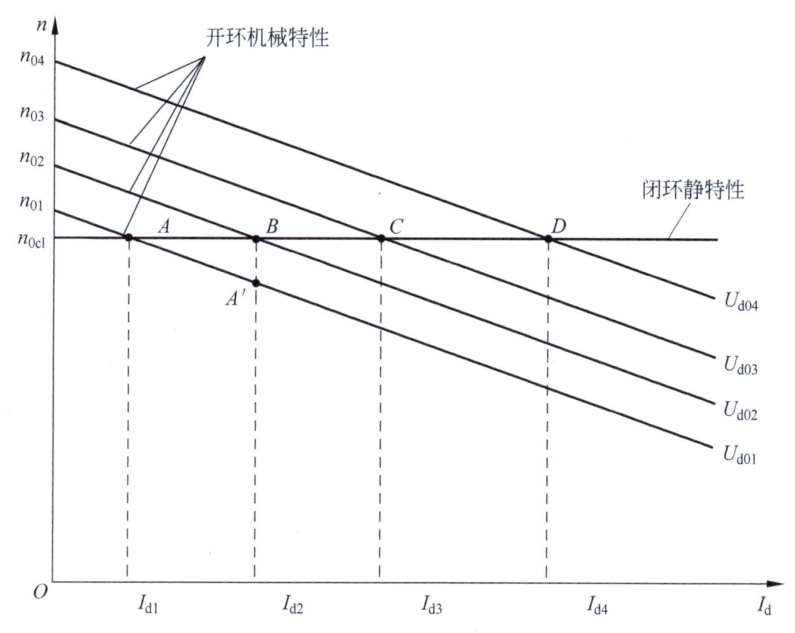

图 2-4　闭环系统静特性和开环系统机械特性的关系

制系统。它具有下述 3 个基本特征，也就是反馈控制的基本规律。

(1) 只有比例放大器的反馈控制系统，其被调量仍是有静差的。

从静特性分析中可看到闭环控制系统的调速性能有了很大的提高，而提高的程度与闭环系统的开环放大系数 K 有关。粗看一下，K 值越大系统的稳态调速性能越好，若 $K=\infty$，则根据式(2-2)有 $\Delta n_{cl}=0$，可以实现转速的无静差控制。但这是不可能的，在实际系统中 K 不可能也不允许为无穷大，在系统的动态分析中将讨论到过大的 K 值会导致系统的不稳定。因此只有比例调节器的反馈控制系统被称作有静差调速系统，实际上从它的稳态结构框图上可以看到此类系统正是依靠被调量的偏差进行控制的。

(2) 反馈控制系统的作用是抵抗扰动，服从给定。

根据式(2-2)，影响调速精度的物理量是负载的变化 I_d，通过闭环系统的作用，抑制了它对输出量 n 的影响。观察图 2-5，除了负载变化以外，还存在其他引起输出量变化的因素：交流电源电压的波动使 K_s 变化，电动机励磁的变化使 C_e 变化，主电路电阻 R 受到温度的影响，放大器的温度漂移使 K_p 变化等等。所有这些因素都和负载变化一样，最终都要影响到转速，以上作用在系统各环节上的引起输出量变化的因素都叫作“扰动作用”。但是，对于一切被负反馈环所包围的前向通道上的扰动作用，都能被反馈控制系统有效地加以抑制。抗扰性能是反馈控制系统最突出的特征之一。

在图 2-5 的左端存在一个施加给系统的给定作用 U_n^*，它与上述的扰动作用的位置不同，是在反馈环之外。它的微小变化都会使被调量随之变化，不会受到

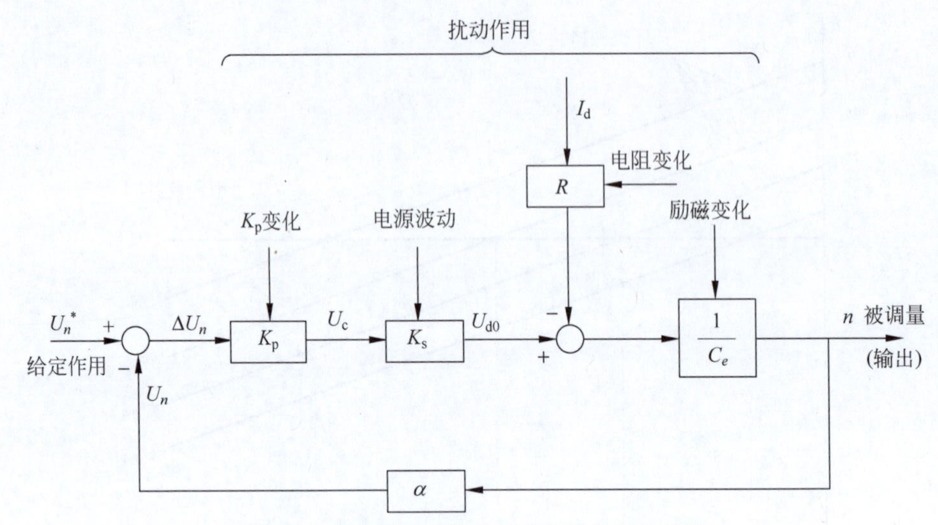

图 2-5 闭环调速系统的给定作用和扰动作用

反馈控制的抑制。由此可看到反馈控制的规律是：一方面能够有效地抑制一切被包含在负反馈环内前向通道上的扰动作用；另一方面则能紧紧跟随着给定作用，对给定信号的任何变化都是唯命是从。

(3) 系统的精度依赖于给定和反馈检测的精度。

反馈控制系统对给定信号的唯命是从决定了给定信号精度的重要性，如果给定电压的电源发生波动，反馈控制系统无法鉴别是给定信号的正常调节还是外界的电压波动。因此，高精度的调速系统必须有更高精度的给定稳压电源。

在图 2-5 中，反馈通道上有一个测速反馈系数 α，它同样存在着因扰动而发生的波动，由于它不是在被反馈环包围的前向通道上，因此也不能被抑制。当采用测速发电机作为检测元件时，会因测速发电机励磁的变化、测速发电机电压的换向纹波、转子的偏心等原因而造成干扰。所以，现代调速系统的发展趋势是用数字给定和数字测速来提高调速系统的精度。

2.1.2 转速单闭环直流调速系统的限流保护

1. 电流截止负反馈的应用

图 2-4 中的静特性反映了转速单闭环直流调速系统的调速特征，直流电动机在稳态运行时，$U_n \approx U_n^*$，ΔU_n 很小，使得电枢电流 I_d 在电动机允许的数值内运行。但是，直流电动机在启动瞬间，$U_n=0$，使得 $\Delta U_n=U_n^*$，这么大的 ΔU_n 必然使电力电子器件很快地输出全电压，而机械惯性大大地大于电气惯性，反馈电压要慢慢地建立，这样就形成电动机主电路有很大的冲击电流，相当于全压启动，这当然是不允许的。

再考虑另一种情况，当直流电动机在运行时，遇到某种情况，使电动机堵转，$n=0$，同样地使得 $U_n=0$，电动机电枢电流迅速增大，超过允许值而造成故障。

为了解决转速负反馈闭环调速系统启动和堵转时电流过大问题，系统中必须有限制电枢电流的环节。根据反馈控制原理，要维持哪一个物理量基本不变，就应该引入那个物理量的负反馈。如果在原先的转速负反馈闭环系统的基础上，再增加一个电流负反馈，就可以令电流负反馈在电动机启动和堵转时起作用，维持电流基本不变；当电动机正常运行时，取消此电流负反馈，不影响系统的调速性能。此类只在电流大到一定程度时才出现的电流负反馈被称为电流截止负反馈。

图 2-6 反映了电流截止负反馈环节的输入输出特性。它的输入值是 $I_dR_s-U_{com}$，式中的 R_s 是设置在主电路中的采样电阻，I_dR_s 的电压值正比于电流 I_d，它反映了电流的大小，U_{com} 是比较电压，决定了电流截止负反馈投入的电流值。图 2-6 表明 $I_dR_s-U_{com}>0$，输出和输入相等；当 $I_dR_s-U_{com}\leqslant 0$ 时，输出为零。它代表了系统所希望拥有的一个两段式线性环节。能按照实际电流的大小，引入或取消电流负反馈。

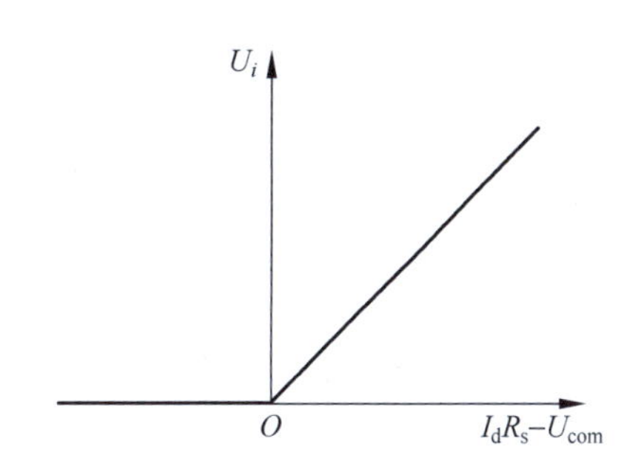

图 2-6　电流截止负反馈环节的输入输出特性

图 2-7 画出了带电流截止负反馈环的闭环直流调速系统稳态结构框图，它是在原先的转速负反馈的基础上增加了一个电流负反馈通道。按照电流截止负反馈环节的输入输出特性，电流负反馈通道被开通或阻断。

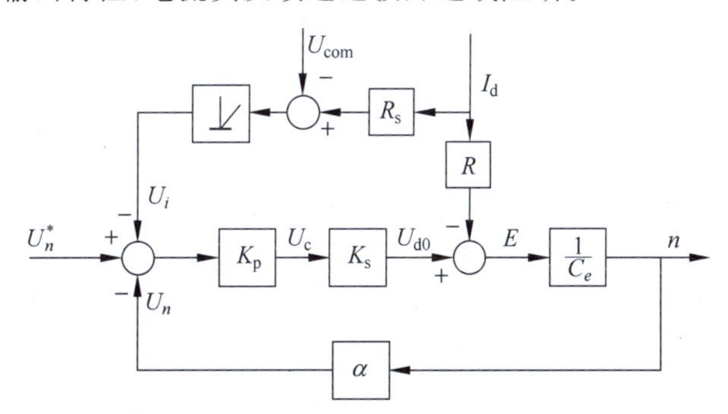

图 2-7　带电流截止负反馈环的闭环直流调速系统稳态结构框图

2. 电流截止负反馈环节

组成电流截止负反馈环节的形式如图 2-8 所示，电流反馈信号取自串入电动机主回路的采样小电阻 R_s，其电压 I_dR_s 反映了电枢电流 I_d 的大小，在图 2-8(a) 中以独立直流电源 U_{add} 的分压 U_{com} 作为与 I_dR_s 相比较的比较电压，其大小可用电位器调节。当电流增大到 $I_dR_s>U_{com}$ 时，二极管 VD 导通，它们的差值 $U_i=I_dR_s-U_{com}$ 作为电流负反馈信号加到放大器上去，这时的放大器有转速给定、转速负反馈和电流负反馈三个信号输入。当电流减少到 $I_dR_s\leqslant U_{com}$ 时，二极管 VD

截止。在图2-8(a)线路图中,截止电流 $I_{dcr}=U_{com}/R_s$。图2-8(b)利用稳压管VS的击穿电压作为比较电压 U_{com},线路简单,但不能平滑调节比较电压。

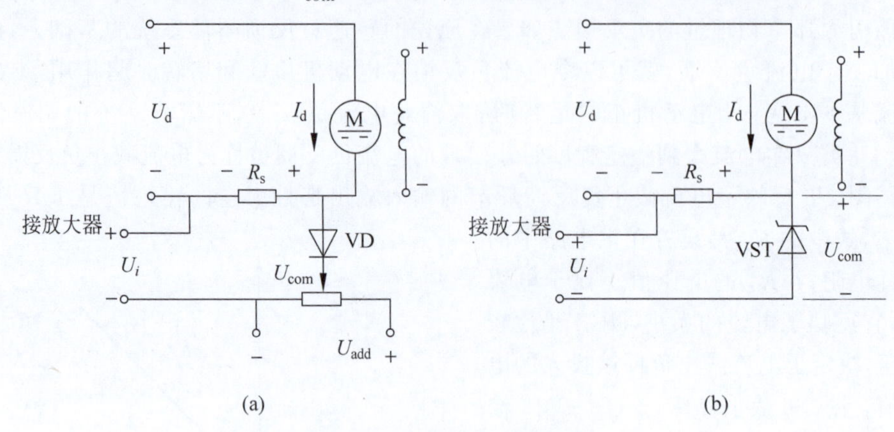

图2-8 电流截止负反馈环节

(a) 利用独立直流电源作比较电压;(b) 利用稳压管产生比较电压

如果把限流保护的方法用到微机控制的直流调速系统,则图2-8的模拟控制器件都不需要了,只要在软件中用条件语句就可以解决了。

3. 具有转速负反馈与电流截止负反馈闭环调速系统的静特性

由图2-7可以分析具有转速负反馈与电流截止负反馈闭环调速系统的静特性,当 $I_d \leqslant I_{dcr}$ 时,电流负反馈被截止,系统就是单纯的转速负反馈调速系统,此时的静特性与式(2-1)相同,为

$$n=\frac{K_pK_sU_n^*}{C_e(1+K)}-\frac{RI_d}{C_e(1+K)}$$

当 $I_d > I_{dcr}$ 时,电流负反馈与转速负反馈同时存在,由系统稳态结构图,分别以给定信号、负载扰动以及电流负反馈信号作为输入,以转速作为输出,写出相应的输出、输入间的关系式,再应用叠加原理可得到

$$\begin{aligned}n&=\frac{K_pK_sU_n^*}{C_e(1+K)}-\frac{K_pK_s}{C_e(1+K)}(R_sI_d-U_{com})-\frac{RI_d}{C_e(1+K)}\\&=\frac{K_pK_s(U_n^*+U_{com})}{C_e(1+K)}-\frac{(R+K_pK_sR_s)I_d}{C_e(1+K)}\end{aligned} \tag{2-7}$$

对应的静特性示于图2-9。

图中的静特性是一两段式的特性,CA 段对应于式(2-1),电流负反馈被截止,它就是闭环调速系统本身的静特性,具有较大的硬度,是系统在给定调速性能下的正常工作段。AB 段是电流负反馈起作用的工作段,对应于式(2-7),由于电流负反馈的作用使静特性显现较大的陡度,相当于在主电路中串入一个大电阻 $K_pK_sR_s$,因而稳态速降极大,被称为系统静特性的下垂段。AB 段的理想空载转速是图中的 D 点

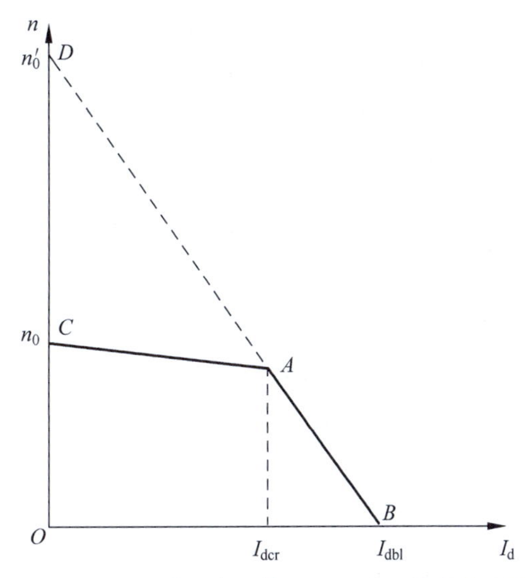

图 2-9　带电流截止负反馈闭环调速系统的静特性

$$n_0' = \frac{K_p K_s (U_n^* + U_{com})}{C_e (1+K)} \tag{2-8}$$

由于比较电压 U_{com} 和给定电压 U_n^* 同时起作用，使得理想空载转速达到 n_0'，DA 段的虚线反映了系统下垂段静特性的来源。实线段 AB 才是实际运行段，B 点的电流值 I_{dbl} 被称为堵转电流，它限制了电动机电流，起到了保护电动机的作用。在式(2-7)中，令 $n=0$，得到

$$I_{dbl} = \frac{K_p K_s (U_n^* + U_{com})}{R + K_p K_s R_s} \tag{2-9}$$

考虑到 $K_p K_s R_s \gg R$，因此

$$I_{dbl} \approx \frac{U_n^* + U_{com}}{R_s} \tag{2-10}$$

I_{dbl} 应小于电动机允许的最大电流，一般可取 $I_{dbl}=(1.5\sim2)I_N$，而截止电流 I_{dcr} 可略大于电动机的额定电流，$I_{dcr}=(1.1\sim1.2)I_N$。

图 2-9 所示的静特性常称作“挖土机特性”。因为它可使挖土机在允许过载的条件下产生低速的较大转矩，以松动被挖掘的坚硬物体，当电流达到堵转电流时电动机便停转而不至于跳闸，所以这种静特性适用于挖掘机械、剪钢机械等要求能堵转工作的机械。

2.1.3　转速单闭环直流调速系统的动态数学模型

任何一个带有储能环节的物理系统动态过程都应该用微分方程来描述，系统的响应(即微分方程的解)包括两部分：动态响应和稳态解。转速单闭环直流调速系统在动态过程中，输出响应不能立即达到给定的输入值，这就是系统的动态响

应;只有当系统达到稳态后,才能用稳态解来描述系统的稳态特性。

2.1.2节介绍的转速单闭环调速系统的静特性就反映了电动机转速与负载电流(或转矩)的稳态关系,它是运动方程的稳态解。在采用放大器的转速单闭环系统中,当系统达到稳态时,系统的输出转速不能精确地与输入给定一致,存在稳态误差,称作有静差系统。随着放大系数的增加,稳态误差将缩小。但此结论的前提是系统已达到稳态,而无限地增加放大系数有可能造成闭环系统的不稳定。

要分析系统的动态性能和稳定性,必须先建立描述系统动态物理规律的数学模型。

1. 单闭环直流调速系统的数学模型

图2-1所示的带转速负反馈的闭环直流调速系统原理框图是一个典型的运动系统,它由四个环节组成,分析各个环节的物理规律,列出描述该环节微分方程,可以得到各环节的传递函数,并由此得到系统的传递函数。

从给定出发,第一个环节是比例放大器,其响应可以认为是瞬时的,所以它的传递函数就是它的放大系数,即

$$W_{\mathrm{P}}(s)=\frac{U_{\mathrm{c}}(s)}{\Delta U_{n}(s)}=K_{\mathrm{p}} \tag{2-11}$$

第二个环节是电力电子变换器,式(1-16)表示了晶闸管触发与整流装置的近似传递函数,式(1-23)表示了PWM控制与变换装置的近似传递函数,它们的表达式是相同的,都是

$$W_{\mathrm{s}}(s)=\frac{U_{\mathrm{d0}}(s)}{U_{\mathrm{c}}(s)}\approx\frac{K_{\mathrm{s}}}{1+T_{\mathrm{s}}s} \tag{2-12}$$

第三个环节是直流电动机,图2-10表示了他励直流电动机在额定励磁下的等效电路,假定主电路电流连续,则主电路电压的微分方程为

$$U_{\mathrm{d0}}=RI_{\mathrm{d}}+L\frac{\mathrm{d}I_{\mathrm{d}}}{\mathrm{d}t}+E \tag{2-13}$$

式中,R——主电路的总电阻(Ω),L——主电路的总电感(mH)。

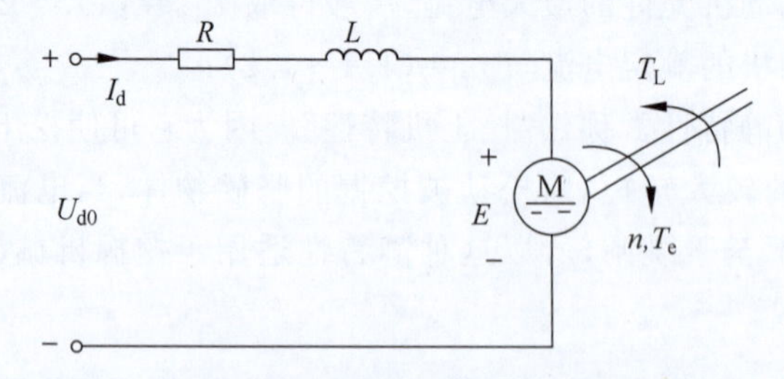

图2-10 他励直流电动机在额定励磁下的等效电路

在额定励磁下,$E=C_{e}n$,忽略摩擦力及弹性变形,电力拖动系统运动的微分方程为

$$T_{\mathrm{e}}-T_{\mathrm{L}}=\frac{GD^{2}}{375}\frac{\mathrm{d}n}{\mathrm{d}t} \tag{2-14}$$

式中，T_e——电磁转矩(N・m)，T_L——包括电动机空载转矩在内的负载转矩(N・m)，GD^2——电力拖动系统折算到电动机轴上的飞轮惯量($N \cdot m^2$)。

在额定励磁下，$T_e = C_m I_d$，式中 C_m 为电动机的转矩系数(N・m/A)。

再定义电枢回路电磁时间常数 $T_l = L/R$(s)，电力拖动系统机电时间常数 $T_m = \dfrac{GD^2 R}{375 C_e C_m}$(s)。它们分别表示了电气与机械惯性的影响。

根据 E、T_e、T_l 和 T_m 的定义对式(2-13)和式(2-14)作整理后得

$$U_{d0} - E = R\left(I_d + T_l \frac{dI_d}{dt}\right)$$

$$I_d - I_{dL} = \frac{T_m}{R} \frac{dE}{dt}$$

式中 $I_{dL} = T_L / C_m$，为负载电流(A)。

对上式两侧各作拉氏变换，得电流与电压间的传递函数为

$$\frac{I_d(s)}{U_{d0}(s) - E(s)} = \frac{\frac{1}{R}}{T_l s + 1} \tag{2-15}$$

感应电势与电流之间的传递函数为

$$\frac{E(s)}{I_d(s) - I_{dL}(s)} = \frac{R}{T_m s} \tag{2-16}$$

对应式(2-15)和式(2-16)的动态结构图如图2-11(a)和(b)所示，它们各是直流电动机动态结构的一部分，将它们合在一起就是直流电动机的动态结构，如图2-11(c)所示。

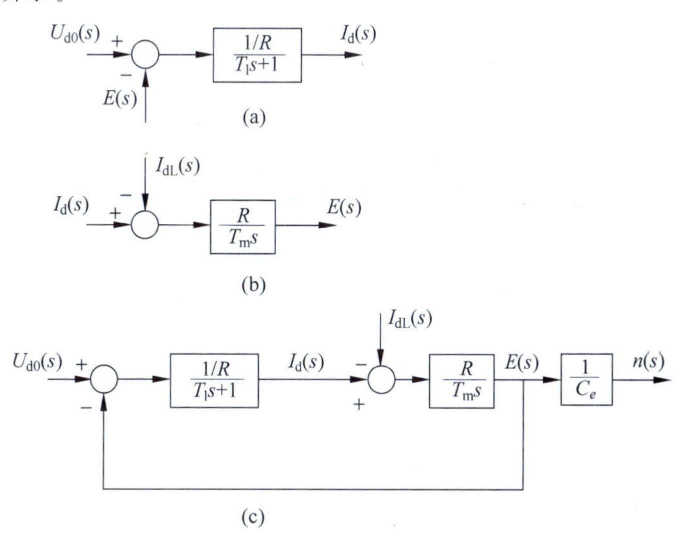

图2-11 额定励磁下的直流电动机的动态结构框图

(a) 电流与电压间传递函数结构图；(b) 感应电势与电流间传递函数结构图；
(c) 直流电动机结构图

图2-11(c)中考虑到了$n=E/C_e$的关系,把$n(s)$作为直流电动机的输出。由图(c)可以看到直流电动机有两个输入量,一个是控制输入量U_{d0},另一个是扰动输入量I_{dL}。电势E是根据直流电动机工作时电压平衡方程式而形成的内部反馈量。如果不需要在结构框图中显现出电流I_d,可将扰动量I_{dL}的合成点前移,再进行等效变换,得到图2-12的形式。

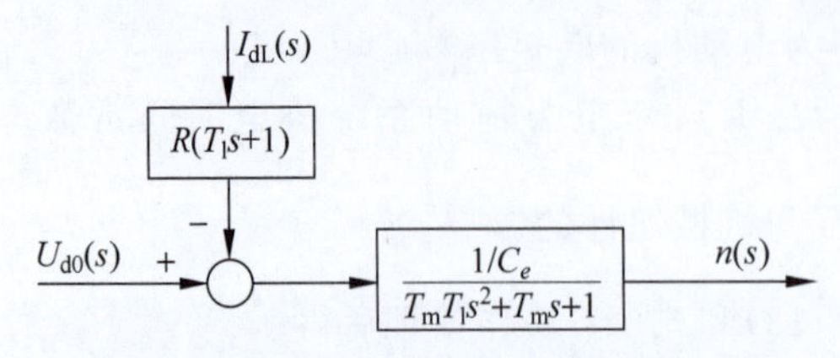

图2-12 直流电动机动态结构框图的变换

从图2-12可看出,额定励磁下的直流电动机是一个二阶线性环节,T_m和T_l两个时间常数分别表示机电惯性和电磁惯性。

第四个环节是测速反馈环节,认为它的响应时间是瞬时的,传递函数就是它的放大系数,即

$$W_{fn}(s)=\frac{U_n(s)}{n(s)}=\alpha \tag{2-17}$$

得到四个环节的传递函数以后,把它们按顺序相连即可画出采用放大器的闭环直流调速系统的动态结构框图,此时的调速系统可以近似看作是一个三阶线性系统,见图2-13。

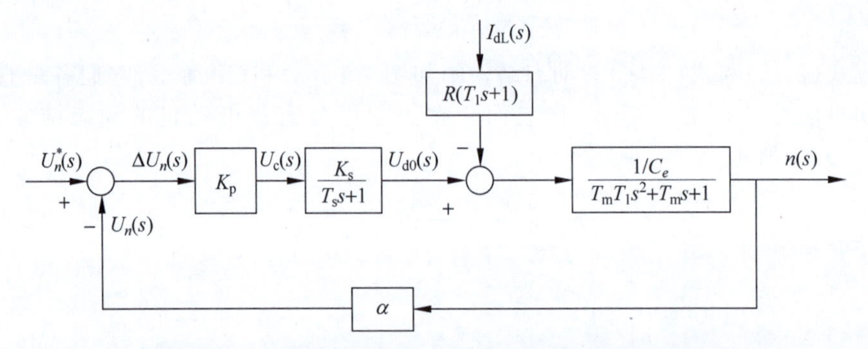

图2-13 反馈控制闭环直流调速系统的动态结构框图

由图2-13可求得采用放大器的闭环直流调速系统的开环传递函数

$$W(s)=\frac{U_n(s)}{\Delta U_n(s)}=\frac{K}{(T_s s+1)(T_m T_l s^2+T_m s+1)} \tag{2-18}$$

式中$K=K_p K_s \alpha/C_e$。

系统的闭环传递函数

$$W_{cl}(s)=\frac{n(s)}{U_n^*(s)}=\frac{\dfrac{K_p K_s/C_e}{(T_s s+1)(T_m T_l s^2+T_m s+1)}}{1+\dfrac{K_p K_s \alpha/C_e}{(T_s s+1)(T_m T_l s^2+T_m s+1)}}$$

$$=\frac{\frac{K_{\mathrm{p}}K_{\mathrm{s}}}{C_e(1+K)}}{\frac{T_{\mathrm{m}}T_{\mathrm{l}}T_{\mathrm{s}}}{1+K}s^3+\frac{T_{\mathrm{m}}(T_{\mathrm{l}}+T_{\mathrm{s}})}{1+K}s^2+\frac{T_{\mathrm{m}}+T_{\mathrm{s}}}{1+K}s+1} \tag{2-19}$$

2. 单闭环直流调速系统的稳定性分析

图 2-13 所示的单闭环直流调速系统在受到扰动 I_{dL} 的作用时将使被控量 n 发生变化，其变化范围反映了调速系统静差率的大小。当扰动消失后，如果系统的状态能恢复到原来的平衡状态，则系统是稳定的，反之则是不稳定系统。在系统稳定的条件下，才有减小静差率的可能。

劳斯-赫尔维茨判据是用来判别系统稳定性充要条件的一种代数判据，三阶系统的特征方程式为

$$a_0s^3+a_1s^2+a_2s+a_3=0$$

它的稳定的充分必要条件是

$$a_0>0, a_1>0, a_2>0,\ a_3>0, a_1a_2-a_0a_3>0$$

式(2-19)的特征方程为

$$\frac{T_{\mathrm{m}}T_{\mathrm{l}}T_{\mathrm{s}}}{1+K}s^3+\frac{T_{\mathrm{m}}(T_{\mathrm{l}}+T_{\mathrm{s}})}{1+K}s^2+\frac{T_{\mathrm{m}}+T_{\mathrm{s}}}{1+K}s+1=0 \tag{2-20}$$

它的各项系数都是大于零的，因此稳定的充分必要条件就只有

$$\frac{T_{\mathrm{m}}(T_{\mathrm{l}}+T_{\mathrm{s}})}{1+K}\cdot\frac{T_{\mathrm{m}}+T_{\mathrm{s}}}{1+K}-\frac{T_{\mathrm{m}}T_{\mathrm{l}}T_{\mathrm{s}}}{1+K}>0$$

即

$$K<\frac{T_{\mathrm{m}}(T_{\mathrm{l}}+T_{\mathrm{s}})+T_{\mathrm{s}}^2}{T_{\mathrm{l}}T_{\mathrm{s}}} \tag{2-21}$$

式(2-21)右边称作系统的临界放大系数 K_{cr}，$K\geqslant K_{\mathrm{cr}}$ 时，系统将不稳定，以致无法工作。由于 T_{l}、T_{s} 和 T_{m} 都是系统的固有参数，而闭环系统开环放大系数 K 中的 K_{s}、C_e 和 α 也是系统的既有参数，唯有 K_{p} 是可以调节的指标。要使得 $K<K_{\mathrm{cr}}$，只有减少 K_{p} 以降低 K 值。根据系统的静特性分析可知，闭环系统开环放大系数 K 越大，静差率越小，这就是采用放大器的转速反馈调速系统静态性能指标与稳定性之间的主要矛盾。

2.1.4　PI 控制规律及调节器的设计

对于一个稳定的系统，稳态误差是衡量系统稳态响应的时域指标，它根据系统对信号的控制误差来表征系统控制的准确度和抑制干扰的能力。在系统静特性指标与稳定性发生矛盾的情况下，必须设计其他的校正装置，改变系统的结构，使它能同时满足稳定性与稳态误差两方面的要求。

1. 积分调节器和积分控制规律

典型开环传递函数为

$$W(s)=\frac{K\prod_{i=1}^{m}(\tau_i s+1)}{s^r\prod_{j=1}^{n}(T_j s+1)} \tag{2-22}$$

分母中的 s^r 项表示该系统在原点处有 r 重极点，称作 r 型系统。

式(2-18)是采用放大器的闭环直流调速系统的开环传递函数，它有三个开环极点，但没有在原点处的极点，因此它是归属于0型系统。

通过分析可知，在阶跃输入时，0型系统的稳态误差是$\frac{1}{1+K}$，在2.1.1节中通过闭环系统的静特性方程式的推导也得到了同样的结论。

从减少稳态误差的要求出发，把系统的类型改进为Ⅰ型系统，就能把原先的0型有差系统改进为Ⅰ型无差系统。能够实施的改进方案不是唯一的，在电力拖动自动控制系统中，最常用的是串联校正和反馈校正。串联校正比较简单，也容易实现。以下所述的是串联校正方案。

在图2-1所示的系统之中，所采用的是比例调节器

$$U_c=K_p\Delta U_n \tag{2-23}$$

把它换成积分调节器

$$U_c=\frac{1}{\tau}\int_0^t\Delta U_n\,dt \tag{2-24}$$

其传递函数是

$$W_I(s)=\frac{1}{\tau s} \tag{2-25}$$

采用积分调节器的单闭环调速系统的开环传递函数是

$$W(s)=\frac{U_n(s)}{\Delta U_n(s)}=\frac{K}{s(T_s s+1)(T_m T_l s^2+T_m s+1)} \tag{2-26}$$

式中 $K=\frac{K_s\alpha}{\tau C_e}$。

采用积分调节器的单闭环调速系统成了Ⅰ型系统，它被称为无静差调速系统。在稳态时，电动机的实际运行转速与给定的期望转速完全一致，两者无差别。

任何一个调速系统在进入稳态工作之前必先经历一个动态过程，了解比例调节器和积分调节器动态过程的差异，有助于校正装置的设计。

在采用比例调节器的调速系统中，调节器的输出是按式(2-23)。U_c 是控制电压，必须存在转速偏差电压 ΔU_n，才能有控制电压 U_c，这正是此类调速系统存在静差的原因。

如果采用积分调节器，则调节器的输出是按式(2-24)。考察一个简单的积分调节器，输入 ΔU_n 是阶跃信号，则 U_c 按线性规律增长，如图2-14(a)所示。当输出值达到积分调节器输出的饱和值 U_{com} 时，便维持在 U_{com} 不变。再考察一个使

用在闭环系统中的积分调节器，当电动机启动后，ΔU_n 在不断减少，但 U_c 仍在继续增长，只不过 U_c 的增长速度不再是线性的了，每一时刻 U_c 的大小和 ΔU_n 与横轴所包围的面积成正比。

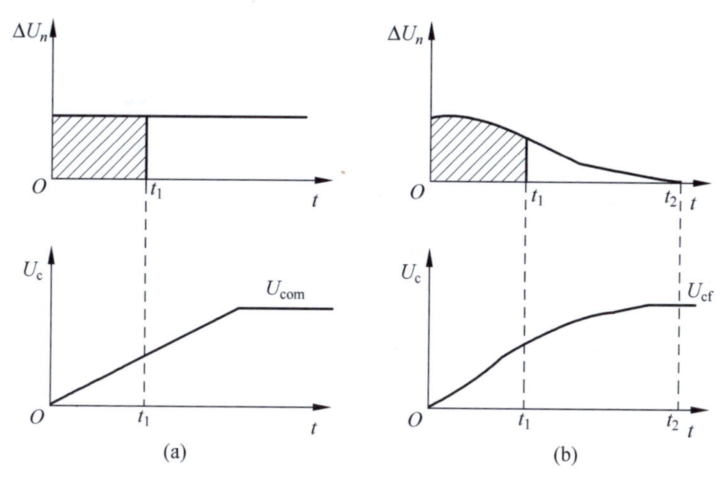

图 2-14　积分调节器的输入和输出动态过程

(a) 阶跃输入时，积分调节器的输出响应；(b) 积分调节器动态调节过程

由图 2-14(b)可见，在动态过程中，只要 $\Delta U_n>0$，积分调节器的输出 U_c 便一直增长；只有达到 $U_n^*=U_n$，$\Delta U_n=0$ 时，U_c 才停止上升；只有到 ΔU_n 变负，U_c 才会下降。所以，当 $\Delta U_n=0$ 时，U_c 并不是零，而是某一个固定值 U_{cf}；如果 ΔU_n 不再变化，U_{cf} 便保持恒定而不再变化，这是积分控制可以保持无静差的根本原因。

转速闭环调速系统的动态结构框图如图 2-13 所示，采用积分调节器时，是把图中的比例调节器换成积分调节器。采用了积分调节器后，对阶跃给定输入量 U_n^* 而言，调速系统是稳态无静差的。转速闭环调速系统除了给定输入量 U_n^* 以外，还存在一个扰动输入量 I_{dL}，为分析扰动输入量 I_{dL} 对系统的影响，先假定系统已进入稳定运行，$U_n=U_n^*$，$\Delta U_n=0$，$I_d=I_{dL1}$，$U_c=U_{c1}$。当负载突增时，积分控制的无静差调速系统动态过程曲线如图 2-15 所示。由于 I_{dL} 的增加，表示稳态运行的中止，转速 n 下降，导致

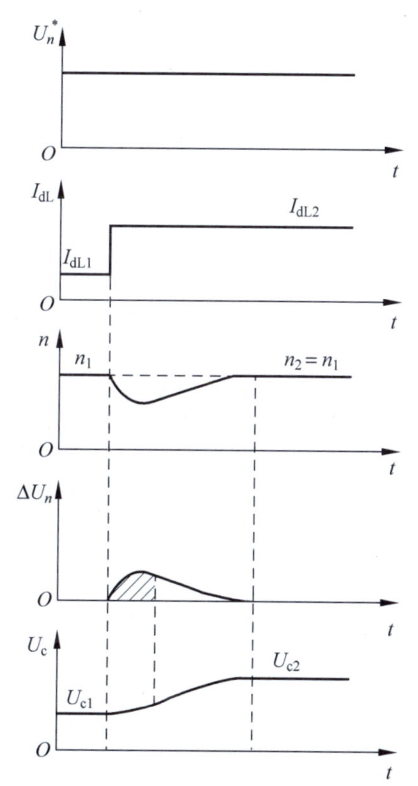

图 2-15　积分控制无静差调速系统突加负载时的动态过程

ΔU_n 变正,在积分调节器的作用下,U_c 从 U_{c1} 逐渐上升到 U_{c2},使电枢电压由 U_{d1} 上升到 U_{d2},以克服 I_{dL} 增加的压降,最终进入新的稳态,$U_n=U_n^*$,$\Delta U_n=0$,$I_d=I_{dL2}$,$U_c=U_{c2}$。

转速闭环系统的扰动信号除了负载扰动以外,还可能有其他的扰动信号,对于Ⅰ型系统能否实现无静差的关键是:必须在扰动作用点前含有积分环节,当然此扰动是指阶跃扰动。

积分控制规律和比例控制规律的区别在于:比例调节器的输出只取决于输入偏差量的现状,而积分调节器的输出包含了输入偏差量的全部历史。虽然当前的 $\Delta U_n=0$,只要历史上有过 ΔU_n,其积分就有一定数值,就能输出稳态运行所需要的控制电压 U_c。

2. 比例积分控制规律

稳定控制系统的时间响应包括暂态分量和稳态分量,系统的动态特性则是以零初始条件下,系统对单位阶跃响应的暂态特性来衡量的。积分调节器的优点是实现了稳态无静差,但它的暂态特性却又不如比例控制。同样在阶跃输入作用之下,比例调节器的输出可以立即响应,而积分调节器的输出只能逐渐地变化,如图2-14所示。

调速系统一般应具有快与准的性能,即系统既是静态无差又具有快速响应的性能。实现的方法是把比例和积分两种控制结合起来,组成比例积分调节器(PI),综合式(2-23)和式(2-24)可得PI调节器的表达式:

$$U_{ex}=K_pU_{in}+\frac{1}{\tau}\int_0^t U_{in}\mathrm{d}t \tag{2-27}$$

为了使PI调节器的表达式更具有通用性,用 U_{ex} 表示PI调节器的输出,用 U_{in} 表示PI调节器的输入。其传递函数为

$$W_{PI}(s)=K_p+\frac{1}{\tau s}=\frac{K_p\tau s+1}{\tau s} \tag{2-28}$$

式中 K_p——PI调节器的比例放大系数,τ——PI调节器的积分时间常数。

令 $\tau_1=K_p\tau$,则传递函数也可写成如下形式:

$$W_{PI}(s)=K_p\frac{\tau_1 s+1}{\tau_1 s} \tag{2-29}$$

τ_1 是微分项中的超前时间常数。

依据式(2-28)可以画出PI调节器在 U_{in} 为方波输入时的输出特性,如图2-16所示。由于比例部分作用,输出量立即响应,在 $t=0$ 时就有 $U_{ex}(t)=K_pU_{in}$,实现了快速控制;随后 $U_{ex}(t)$ 按积分规律增长,$U_{ex}(t)=K_pU_{in}+\frac{t}{\tau}U_{in}$。在 $t=t_1$ 时,$U_{in}=0$,$U_{ex}=\frac{t_1}{\tau}U_{in}$。由此可见,PI控制综合了比例控制和积分控制两种规律的优点,又克服了各自的缺点。比例部分能迅速响应控制作用,积分部分则最终消

除稳态偏差。

在闭环调速系统中，负载扰动同样引起 ΔU_n 的波动，图2-17示意了采用PI调节器的输入输出动态过程。ΔU_n 的波形如图所示，则输出部分 U_c 由两部分组成，比例部分①和 ΔU_n 成正比，积分部分②表示了从 $t=0$ 到此时刻对 $\Delta U_n(t)$ 的积分值，U_c 是这两部分之和。

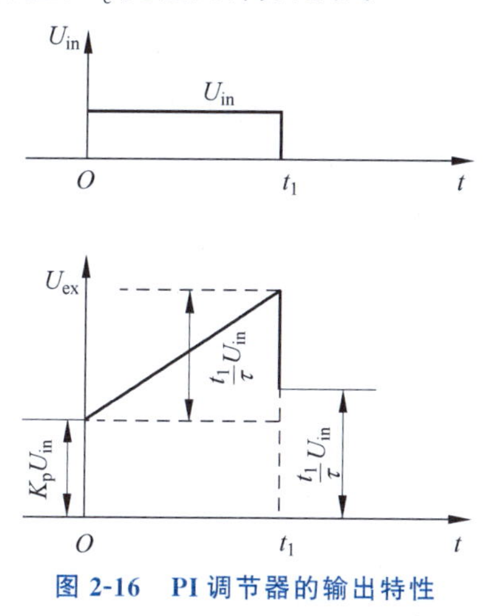

图2-16 PI调节器的输出特性

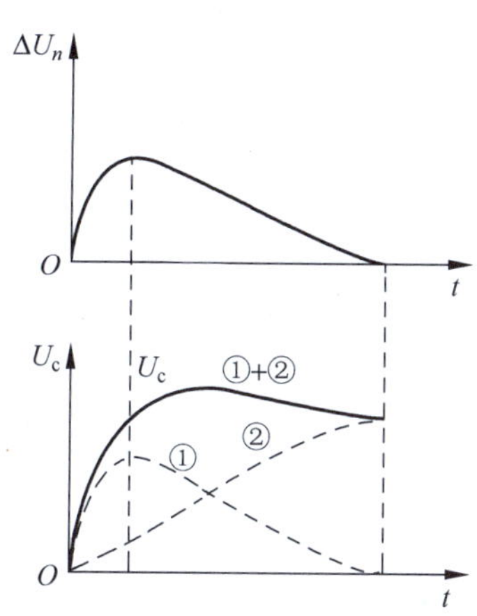

图2-17 闭环系统中PI调节器的输入和输出动态过程

3. PI调节器的设计

式(2-28)或式(2-29)反映了比例积分控制规律，它实现了稳态精度高和动态响应快的控制目标。但在设计时，如何来选择 K_p 和 τ_1，又成为一个新的问题。

在设计闭环调速系统时，对数频率特性图(伯德图)是较常用的方法。伯德图由对数幅频特性及相频特性构成，对于最小相位系统，幅频特性及相频特性具有唯一的对应关系，只用对数幅频特性就可表述系统的特征，而对数幅频特性曲线可用直线段的折线加以近似，这就给分析和设计工作带来了很大的方便。而对于非最小相位系统，必须画出其幅频特性和相频特性，两者缺一不可。

在设计调节器时，首要条件是保证系统的稳定性，为了防止参数变化以及一些未计入因素的影响，必须要有一定的稳定裕度。在伯德图中，用来衡量系统稳定裕度的指标是：相角裕度 γ 和以分贝表示的增益裕度 GM。一般要求 $\gamma=30^\circ\sim60^\circ$，$GM>6\text{dB}$。在一般情况下，稳定裕度也能间接反映系统动态过程的平稳性，稳定裕度大，意味着动态过程震荡弱、超调小。

对于最小相位系统，利用对数幅频特性图，可以定性地分析系统性能。通常将频率分成低、中、高3个频段。从3个频段的特征可以判断系统的性能，这些特征包括以下4方面：

(1) 中频段以 -20dB/dec 的斜率穿越0dB线(见图2-18)，而且这一斜率能覆盖足够的频带宽度，则系统的稳定性好。中频段以 -40dB/dec 的斜率穿越0dB

线,系统可能是稳定的,也可能是不稳定的,需画出相频特性才能正确判断系统的稳定性。中频段以-60dB/dec的斜率穿越0dB线,系统是不稳定的。

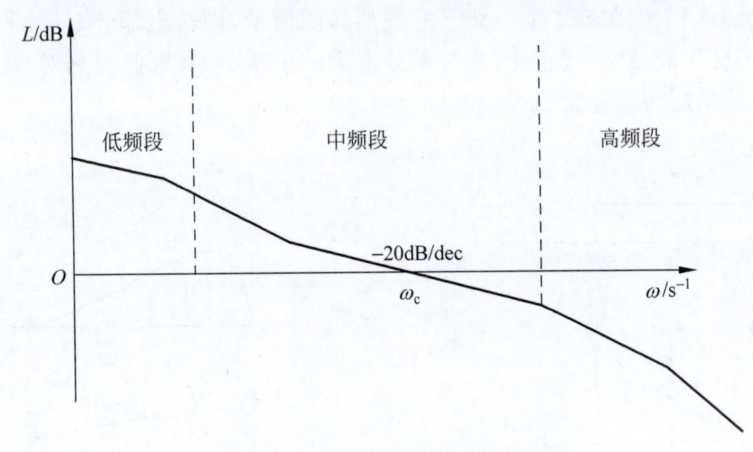

图2-18 自动控制系统的典型伯德图

(2) 截止频率(或称剪切频率)ω_c越高,则系统的快速性越好。

(3) 低频段的斜率陡、增益高,说明系统的稳态精度高。

(4) 高频段衰减越快,即高频特性负分贝值越低,说明系统抗高频噪声干扰的能力越强。

以上4方面常常是互相矛盾的。设计时往往须用多种手段,反复凑试,才能获得比较满意的结果。

下面以一个闭环调速系统的设计为例,了解利用伯德图设计PI调节器的过程。

例题2-1 转速负反馈闭环调速系统的结构如图2-1所示,基本数据如下:

直流电动机的额定电压$U_N=220$V,额定电流$I_{dN}=55$A,额定转速$n_N=1000$r/min,电动机电势系数$C_e=0.1925$V·min/r;晶闸管装置放大系数$K_s=44$,$T_s=0.00167$s;电枢回路总电阻$R=1.0\Omega$;时间常数$T_l=0.017$s,$T_m=0.075$s;转速反馈系数$\alpha=0.01158$V·min/r。

(1) 在采用比例调节器时,为了达到$D=10$,$s\leqslant5\%$的稳态性能指标,试计算比例调节器的放大系数。

(2) 用伯德图判别系统是否稳定。

(3) 利用伯德图设计PI调节器,保证在稳态性能要求下稳定运行。

解 (1) 额定负载时的稳态速降应为

$$\Delta n_{cl}=\frac{n_N s}{D(1-s)}\leqslant\frac{1000\times0.05}{10\times(1-0.05)}=5.26(\text{r/min})$$

开环系统额定速降为

$$\Delta n_{op}=\frac{I_N R}{C_e}=\frac{55\times1.0}{0.1925}=285.7(\text{r/min})$$

闭环系统的开环放大系数应为

$$K=\frac{\Delta n_{\mathrm{op}}}{\Delta n_{\mathrm{cl}}}-1\geqslant\frac{285.7}{5.26}-1=54.3-1=53.3$$

（2）闭环系统的开环传递函数是

$$W(s)=\frac{K}{(T_s s+1)(T_m T_1 s^2+T_m s+1)}=\frac{53.3}{(0.00167s+1)(0.001275s^2+0.075s+1)}$$

$$=\frac{53.3}{(0.049s+1)(0.026s+1)(0.00167s+1)}$$

其中 3 个转折频率分别为

$$\omega_1=\frac{1}{T_1}=\frac{1}{0.049}=20.4(\mathrm{s}^{-1})$$

$$\omega_2=\frac{1}{T_2}=\frac{1}{0.026}=38.5(\mathrm{s}^{-1})$$

$$\omega_3=\frac{1}{T_3}=\frac{1}{0.00167}=600(\mathrm{s}^{-1})$$

而 $20\lg K=20\lg 53.3=34.9(\mathrm{dB})$。

由图 2-19 可见，相角裕度 γ 和增益裕度 GM 都是负值，闭环系统不稳定。如果用 2.1.3 节的劳斯-赫尔维茨判据来判定系统的稳定性，也会得到同样的结论。

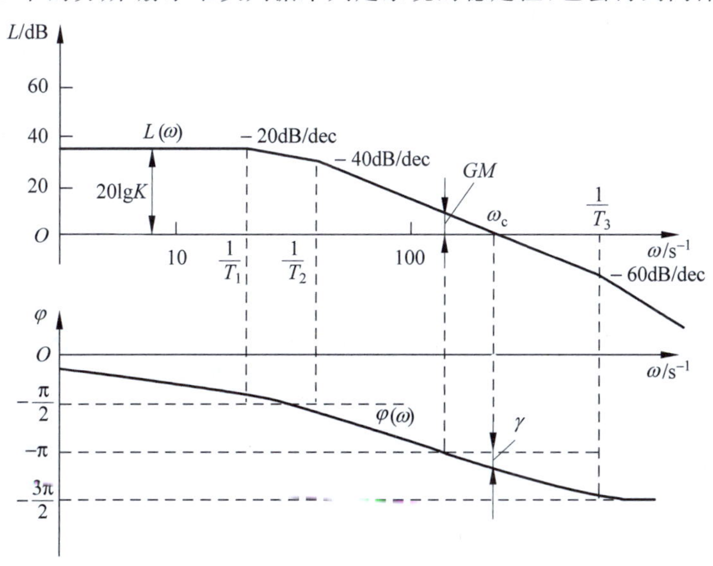

图 2-19　采用比例调节器的调速系统的伯德图

（3）PI 调节器的传递函数如式(2-29)所示。采用 PI 调节器的闭环系统的开环传递函数为

$$W(s)=\frac{K(\tau_1 s+1)}{s(0.049s+1)(0.026s+1)(0.00167s+1)}$$

按频段特征的要求(1)和(3)，希望 $-20\mathrm{dB/dec}$ 的频带宽度要宽，低频段的斜率陡、

增益高,这些都是为了提高系统的稳定性。为此常采用 $\tau_1=T_1$ 的方法,可将图 2-19 中的 -20dB/dec 的频带往低频段延伸,同时改善了低频段的斜率。

令 $\tau_1=T_1=0.049\text{s}$,代入上式得

$$W(s)=\frac{K}{s(0.026s+1)(0.00167s+1)}$$

按频段特性的要求(1)和(3):ω_c 处的频率斜率要求是 -20dB/dec,该斜率的宽度要足够宽;ω_c 的频率越高,系统的快速性越好。所以要选择 K,使得 ω_c 得到合适的值。可见,快速性和稳定性是一对矛盾的指标。在本题中,要使 $\omega_c<\frac{1}{T_2}=38.5\text{s}^{-1}$。现取 $K=30.2$,使得 $\omega_c=30\text{s}^{-1}$,于是开环传递函数成为

$$W(s)=\frac{30.2}{s(0.026s+1)(0.00167s+1)}$$

由于 $K=\frac{K_p K_s \alpha}{\tau_1 C_e}$,PI 调节器的传递函数为

$$W_{\text{PI}}(s)=K_\text{p}\frac{\tau_1 s+1}{\tau_1 s}=\frac{0.559(0.049s+1)}{0.049s}$$

应该指出,这个设计结果不是唯一的,从图 2-20 中可看到,截止频率已降到 $\omega_c=30\text{s}^{-1}$,相角裕度 γ 和增益裕度 GM 都已变成较大的正值,有足够的稳定裕度,但快速性被压低了许多。在工程设计中应根据稳态性能指标和动态性能指标来选择合适的 PI 参数,有时还需要反复的凑试,在本章的 2.4 节,将作深入的讨论。

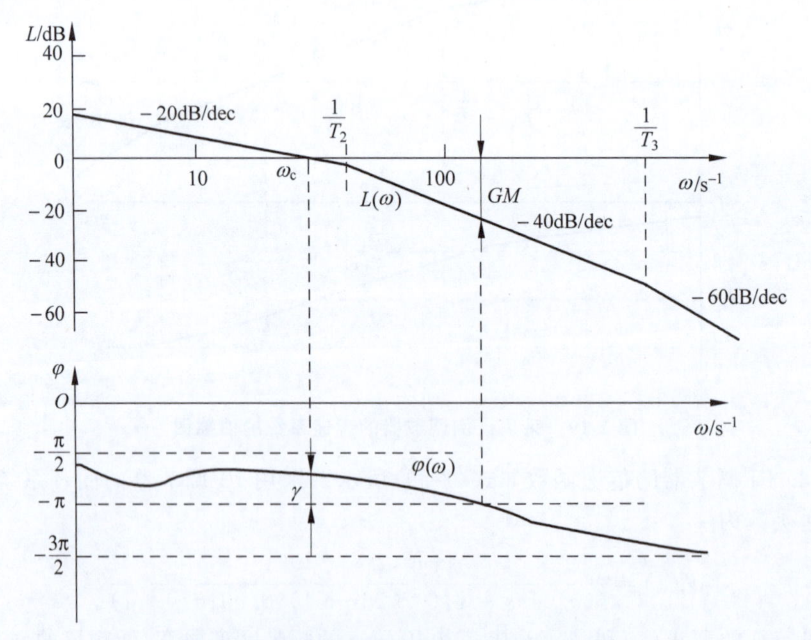

图 2-20 闭环直流调速系统的 PI 调节器校正

2.2 转速、电流双闭环直流调速系统

2.2.1 双闭环系统的控制规律

在 2.1 节所讨论的转速单闭环直流调速系统中，应用了 PI 调节器后可实现转速无静差控制，应用了电流截止负反馈环节来限制电流的冲击，避免出现过流现象。作为转速负反馈控制系统，系统的被调节量是转速，所检测的误差是转速，它要消除的也是扰动对转速的影响。所以转速单闭环系统不能控制电流（或转矩）的动态过程。但是在调速系统中有两类情况对电流的控制提出了要求：一是启、制动的时间控制问题，二是负载扰动的电流控制问题。

对于经常正、反转运行的调速系统，应尽量缩短启、制动过程的时间，达到图 2-21 所示的理想过渡过程曲线，完成时间最优控制。即在过渡过程中始终保持转矩为允许的最大值，使直流电动机以最大的加速度加、减速。到达给定转速时，立即让电磁转矩与负载转矩相平衡，从而转入稳态运行。对于恒磁通的他励直流电动机而言，转矩控制就成为了电流控制。

实际上，由于主电路电感的作用，电流不可能突变，图 2-21 所示的理想过渡过程只能得到近似的逼近，其关键是要获得使电流保持为最大值 I_{dm} 的恒流启、制动过程。

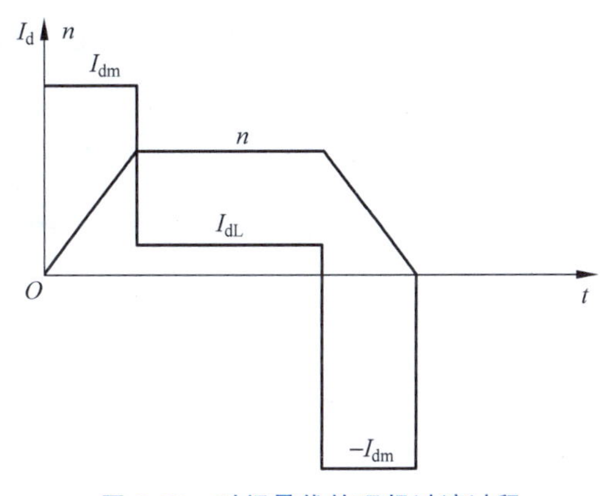

图 2-21 时间最优的理想过渡过程

电流截止负反馈环节只能限制电动机的动态电流不超过某一数值，而不能控制电流保持为某一所需值。根据反馈控制原理，以某物理量作负反馈控制，就能实现对该物理量的无差控制。用一个调节器难以兼顾对转速的控制和对电流的控制。如果在系统中另设一个电流调节器，就可构成电流闭环。电流调节器串联在转速调节器之后，形成以电流反馈作为内环、转速反馈作为外环的双闭环调速系统。

在启、制动过程中，电流闭环起作用，保持电流恒定，缩小系统的过渡过程时间。一旦到达给定转速，系统自动进入转速控制方式，转速闭环起主导作用，而电流内环则起跟随作用，使实际电流快速跟随给定值（转速调节器的输出），以保持转速恒定。转速、电流双闭环调速系统的原理图见图 2-22，为了获得良好的静、动态性能，转速和电流两个调节器一般都采用 PI 调节器。

转速闭环环节的原理与 2.1 节所讨论的转速单闭环系统基本一致，只不过它

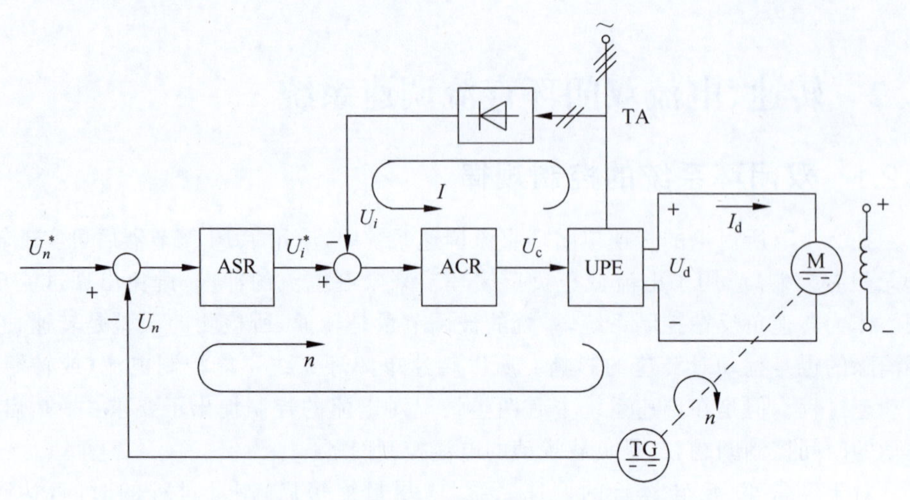

图 2-22 转速、电流双闭环直流调速系统

ASR——转速调节器 ACR——电流调节器 TG——测速发电动机

TA——电流互感器 UPE——电力电子变换器 U_n^*——转速给定电压

U_n——转速反馈电压 U_i^*——电流给定电压 U_i——电流反馈电压

的输出不再作为电力电子变换器的控制电压 U_c,而是用来和电流反馈量作比较,故被称为电流给定 U_i^*。ASR 调节器和 ACR 调节器的输出都是带限幅作用的,ASR 调节器的输出限幅电压 U_{im}^* 决定了电流给定的最大值,ACR 调节器的输出电压 U_{cm} 限制了电子电力变换器的最大输出电压 U_{dm}。

2.2.2 稳态结构与稳态参数计算

1. 稳态结构框图和静特性

根据图 2-22 可以很方便地绘出双闭环调速系统的稳态结构图,如图 2-23 所示,在图中是用带限幅的输出特性表示了 PI 调节器。

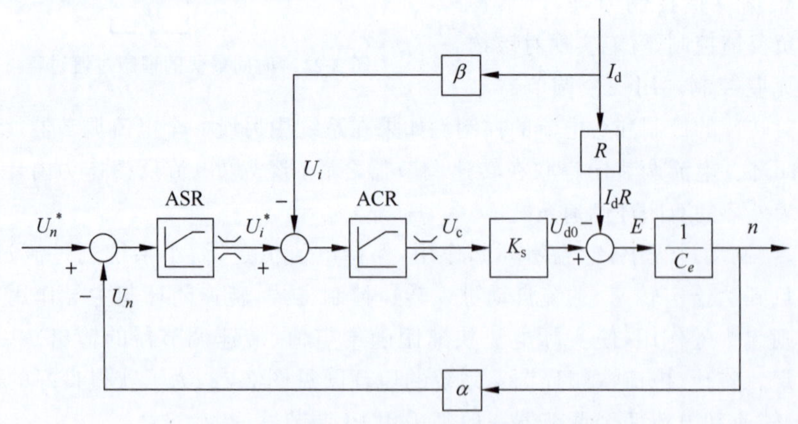

图 2-23 双闭环直流调速系统的稳态结构框图

α——转速反馈系数 β——电流反馈系数

与图 2-2 转速负反馈闭环直流调速系统稳态结构框图相比较，原先转速调节器的输出是电力电子变换器的控制电压 U_c，现在是在转速调节器的输出和电力电子变换器的控制电压 U_c 之间串入了电流反馈控制环节，由电流调节器的输出来控制 U_c。

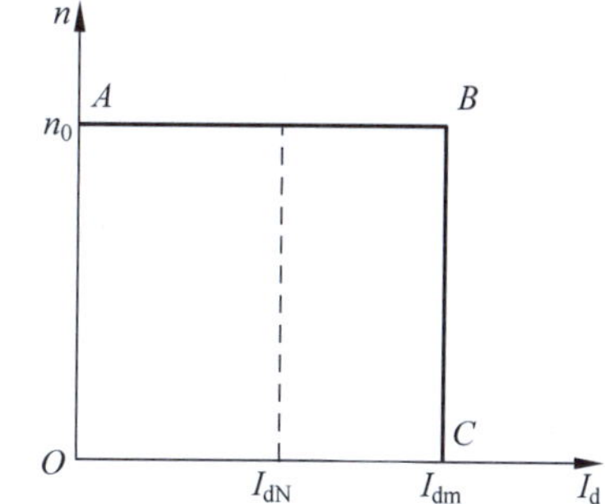

图 2-24　双闭环直流调速系统的静特性

双闭环系统所采用的是带限幅的 PI 调节器。在稳态时，PI 调节器的作用使得输入偏差电压 ΔU 总为零，因此

$$U_n^* = U_n = \alpha n = \alpha n_0$$

$$U_i^* = U_i = \beta I_d$$

图 2-24 绘制了双闭环调速系统的静特性，图中的 AB 段就是描述了两个调节器都不饱和时的静特性，电流的大小是从理想空载状态 $I_d=0$ 一直延续到 $I_d=I_{dm}$，表现为一条水平的特性。

系统在稳态运行时，对应负载的电枢电流的最大值为 I_{dm}，如图 2-24 中的 B 点。在此工作点上，ASR 的输出已达到饱和值 U_{im}^*，若电动机负载继续增大，$I_{dL}>I_{dm}$，造成 $n<n_0$，在此 $\Delta n>0$ 的情况下，ASR 的输出维持在限幅值 U_{im}^* 不变，转速外环呈开环状态。双闭环系统变成一个电流无静差的单闭环调流系统。稳态时

$$I_d = \frac{U_{im}^*}{\beta} = I_{dm} \tag{2-30}$$

ASR 的限幅值 U_{im} 是由设计者选定的，由此限定了最大电流值 I_{dm}。图 2-25 中的 BC 段就是式(2-30)所描述的静特性，它是一条垂直的特性。

所以当转速调节器不饱和时表现出来的静特性是转速双闭环系统的静特性，表现为转速无静差；转速调节器饱和时表现出来的静特性是电流单闭环系统的静特性，表现为电流无静差，电流给定值是转速调节器的限幅值。

图 2-24 也反映了 ASR 调节器退饱和的条件，当 ASR 调节器处于饱和状态时，$I_d=I_{dm}$，若负载电流减小，$I_{dL}<I_{dm}$，则使得转速上升，$n>n_0$，$\Delta n<0$，ASR 反向积分，使得 ASR 调节器退出饱和又回到线性调节状态，结果使系统运行在静特性的 AB 段。

2. 稳态参数计算

图 2-23 是双闭环直流调速系统的稳态结构图，ASR 和 ACR 均为 PI 调节器，在 2.1.4 节对 PI 控制规律进行分析时，曾提到：P 调节器的输出量总是正比于其输入量，当然最大值受到调节器限幅值的制约。而 PI 调节器的输出包含了输入偏差量的全部历史，当到达稳态时，PI 调节器输入偏差量必然为零，而输出量的稳态值必须满足后面其他环节稳定运行的实际需要，否则就不是稳态。

双闭环调速系统在稳态工作中，转速的变化率$\frac{dn}{dt}=0$，故电枢电流等于负载电流，$I_d=I_{dL}$，由ACR的输入$\Delta U_i=0$推得，转速调节器的输出(即电流调节器的给定)

$$U_i^*=U_i=\beta I_d=\beta I_{dL} \tag{2-31}$$

电流调节器的输出

$$U_c=\frac{U_{d0}}{K_s}=\frac{C_e n+I_d R}{K_s}=\frac{C_e U_n^*/\alpha+I_{dL}R}{K_s} \tag{2-32}$$

当转速调节器不饱和时，由$\Delta U_n=0$和$n=n_0$推得

$$U_n^*=U_n=\alpha n=\alpha n_0 \tag{2-33}$$

当转速调节器饱和时，式(2-33)不再存在了。

根据各调节器的给定值和反馈值可计算出相应的反馈系数

$$\alpha=\frac{U_{nm}^*}{n_{max}} \tag{2-34}$$

$$\beta=\frac{U_{im}^*}{I_{dm}} \tag{2-35}$$

两个给定电压的最大值U_{nm}^*和U_{im}^*由设计者选定，它们仅受运算放大器允许输入电压和稳压电源的限制。

2.2.3 双闭环直流调速系统的数学模型与性能分析

1. 双闭环直流调速系统的数学模型

图2-25是转速、电流双闭环直流调速系统的动态结构框图，$W_{ASR}(s)$和$W_{ACR}(s)$分别表示了转速调节器和电流调节器的传递函数。

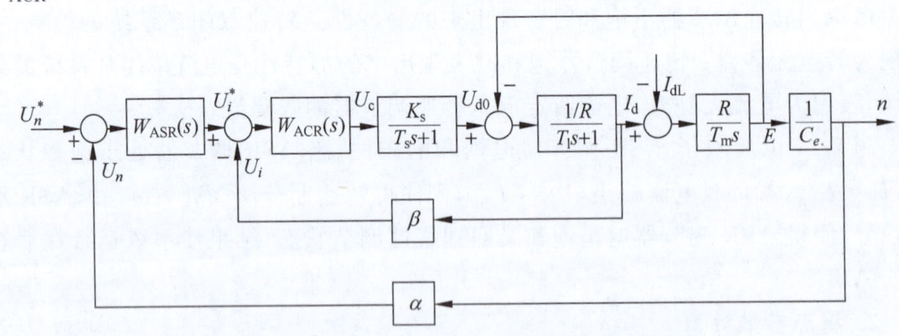

图2-25 双闭环直流调速系统的动态结构框图

2. 双闭环系统的启动过程

对调速系统而言，被控制的对象是转速。它的动态性能之一是在阶跃给定下的变化规律，图2-21描绘了时间最优的理想过渡过程，能否实现所期望的恒加速过程，最终以时间最优的形式达到所要求的性能指标，就成了设置双闭环控制的

一个重要目标。

在恒定负载条件下转速变化的过程受电动机转矩(电流)的影响,所以对电动机启动过程 $n=f(t)$ 的分析离不开对 $I_d(t)$ 的研究。图 2-26 是双闭环调速系统在带有负载 I_{dL} 条件下启动过程的电流波形和转速波形。

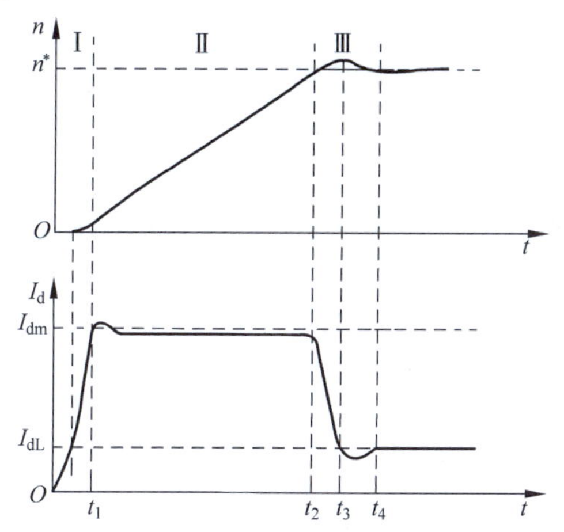

图 2-26　双闭环直流调速系统启动过程的转速和电流波形

从图 2-26 中可以看到,电流 I_d 是从零增长到 I_{dm},然后在一段时间内维持其值等于 I_{dm} 不变,以后又下降并经调节后到达稳态值 I_{dL}。转速波形表现为先是缓慢的升速,以后以恒加速上升,最后经调节到达给定值 n^*。这样从电流与转速变化过程所反映出的特点可以把启动过程分为电流上升、恒流升速和转速调节 3 个阶段,转速调节器在此 3 个阶段中经历了不饱和、饱和以及退饱和 3 种情况。

第Ⅰ阶段是电流上升阶段($0\sim t_1$),它的特征是电流从 0 到达最大允许值 I_{dm}。在 $t=0$ 时,系统突加阶跃给定信号 U_n^*,在 ASR 和 ACR 两个 PI 调节器的作用下,I_d 很快上升,在 I_d 上升到 I_{dL} 之前,电动机转矩小于负载转矩,转速为零。从图中可以看到,第Ⅰ阶段内,转速不可能很快增长,ASR 的输入偏差电压 $\Delta U_n=U_n^*-U_n$ 的数值始终较大,ASR 的输出电压很快进入并保持在饱和状态,使得转速环处于开环工作状态。而 ACR 一般是不饱和,它的输入值就是 ASR 的输出限幅值。

第Ⅱ阶段是恒流升速阶段($t_1\sim t_2$),这一阶段起始时刻的特征是 I_d 上升到了 I_{dm},终止时刻的特征是电动机加速到了给定值 n^*。此阶段是启动过程中的主要阶段。在这个阶段中,ASR 调节器始终保持在饱和状态,转速环仍相当于开环工作。系统表现为使用 PI 调节器的电流闭环控制,电流调节器的给定值就是 ASR 调节器的饱和值 U_{im}^*,基本上保持电流 $I_d=I_{dm}$ 不变,因而系统的加速度是恒定的,转速在此阶段中是按线性增长的。要说明的是,ACR 调节器是 PI 调节器,在它的作用下,电流环的闭环系统是Ⅰ型系统。当发生在它后面的是阶跃扰动时,它能实现稳态无静差。而在此阶段中,电流调节系统的扰动是电动机的反电动势,如图 2-25 所示,它是一个线性渐增的扰动量(见图 2-26),所以系统做不到无静差,而是 I_d 略低于 I_{dm}。为了保证电流环的这种调节作用,在启动过程中 ACR 不应饱和。

第Ⅲ阶段是转速调节阶段(t_2 以后),这一阶段起始时刻的特征是 n 上升到了给定值 n^*,$\Delta U_n=0$。但由于此时的 I_d 仍大于 I_{dL},电动机仍处于加速过程,从而使转速超过了给定值 n^*,这个现象称为启动过程的转速超调。转速的超调造成了 $\Delta U_n<0$,ASR 因有反向输入而退出饱和状态,U_i 和 I_d 很快下降。但是转速仍在上升,直到 $t=t_3$ 时,$I_d=I_{dL}$,转速才到达峰值,从 t_3 时刻以后,电动机在负载的作用下减速。在 $t_3\sim t_4$ 时间内,$I_d<I_{dL}$,转速由加速变为减速,直到稳定。如果调节器参数整定得不够好,也会有一段振荡的过程。在第Ⅲ阶段中,ASR 和 ACR 都不饱和,ASR 起主导的转速调节作用,而 ACR 则力图使 I_d 尽快地跟随其给定值 U_i^*,电流内环是一个电流随动子系统。

综上所述,双闭环直流调速系统的启动过程有以下 3 个特点:

(1) 饱和非线性控制。ASR 调节器在第Ⅱ阶段是饱和状态,在第Ⅰ阶段是进入饱和状态,第Ⅲ阶段是退出饱和状态。所以饱和与不饱和是启动过程的两种完全不同的工作状态,它会表现为不同结构的线性系统。既不能用线性控制理论来分析整个启动过程,也不能简单地用线性控制理论来笼统地设计双闭环直流调速系统,只能用分段线性化的方法来处理。

(2) 转速超调。在第Ⅲ阶段 ASR 退出饱和,转速必然超调,这是采用 PI 调节器的结果。如何减少超调量,满足实际使用的需要,将是系统设计的任务之一。对于完全不允许超调的情况,应采用其他控制方法来抑制超调。

(3) 准时间最优控制。图 2-21 画出了时间最优的控制过程,它要求电动机在启动过程中始终以最大允许电流 I_{dm} 来恒流启动。但在第Ⅰ、Ⅲ两个阶段中,电流不能突变,实际启动过程与理想启动过程相比还有一些差距,好在阶段Ⅰ和Ⅲ只占全部启动过程的很小部分,所以实际的启动过程可称作为“准时间最优控制”。

采用饱和非线性控制方法实现准时间最优控制是一种很有实用价值的控制策略,在各种多环控制系统中普遍地得到应用。

3. 双闭环调速系统的动态抗扰性能

为了分析系统动态抗扰性能,在图 2-27 中画出了单闭环和双闭环直流调速系统的扰动作用点及动态结构图,双闭环系统与单闭环系统的差别仅在于多了一个电流反馈环和电流调节器,其他均相同。对于调速系统,最主要的抗扰性能是指抗负载扰动和抗电网电压扰动性能,闭环系统的抗扰能力与其作用点的位置有关。

(1) 抗负载扰动。负载扰动是由负载 I_{dL} 变化引起的,对于单闭环系统而言,它被包括在转速环之内,只能由转速环来抑制,只是它必须引起转速变化后才能被调节。当系统被设计成双闭环系统时,其作用点在电流环之外,因此电流调节器对它仍无抗扰能力,还是要依靠转速调节器来进行抑制,所以两类系统的抗负载扰动的能力是基本一致的。在设计转速调节器时,应要求有较好的抗负载扰动能力。

(2) 抗电网电压扰动。电网电压的扰动造成整流输出电压 U_{d0} 的波动,在图 2-27 中,用 $\pm\Delta U_d$ 加以表示。在单闭环系统中,电网电压的扰动要通过转速环

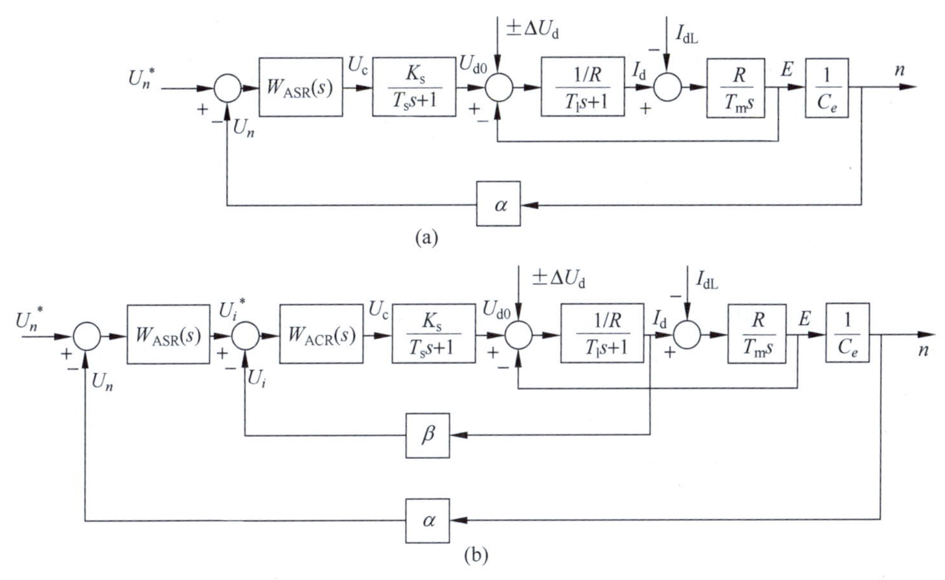

图 2-27　直流调速系统的动态抗扰作用

(a) 单闭环系统；(b) 双闭环系统

的作用才能得到纠正，而且它的扰动作用点离被调量 n 较远，调节作用会受到延迟。在双闭环系统中，电网电压扰动的作用点在电流环内，电压波动可以通过电流反馈得到比较及时的调节，不必等它影响到转速以后才能反馈回来，而且 ACR 的时间常数比 ASR 的小，所以双闭环系统抗电网电压扰动的能力较强。

根据对双闭环系统的性能分析，可对调节器的作用进行归纳。

对于转速调节器，有

(1) 使被调量转速跟随给定转速变化，保证稳态无静差。

(2) 其稳态输出值与电动机稳态工作电流值成正比(由负载大小而决定)，输出限幅值取决于电动机允许最大电流(或负载允许最大转矩)。

(3) 对负载扰动起抗扰作用。

对于电流调节器，有

(1) 启动过程保证电动机能获得最大允许的动态电流。

(2) 在启动过程，使电流跟随电流给定值 U_i^* 而变化。

(3) 对交流电网电压的波动有较强的抗扰能力。

(4) 有自动过载保护作用，且在过载故障消失后能自动恢复正常工作。

2.3　转速、电流双闭环直流调速系统的数字实现

直流调速系统从开环发展到闭环，从有静差发展到无静差，其中的关键是由于运算放大器等电子模拟电路所组成的调节器起的作用。它把转速给定量和反

馈量进行比较后对误差进行控制,使电动机的转速保持恒定;它能抑制闭环内任何因素的扰动,如负载的扰动、调节器放大倍数的漂移、电网电压的波动等。但是对于系统另外两种扰动引起的偏差,闭环系统却无能为力,第一种是转速检测装置的误差,使得反馈电压不能反映真实的转速值,第二种是转速给定装置的误差,使得已选定的给定电压值发生变化,这两种误差都会使转速偏离所需要的值。这类转速的给定和反馈都是用模拟的形式给出的,称为模拟直流调速系统。模拟直流调速系统难以达到很高的调速精度的主要原因就在于此。

随着数字控制技术的发展,为了提高调速精度,数字控制系统应运而生。数字控制系统是在数字集成电路的基础上实现的。它最主要的特征是采用了数字给定、数字测速装置,把给定信号和反馈信号都用数字脉冲的形式加以实现。这时,在规定范围内的电源波动和电阻阻值的变化都不能影响数字量的大小,在信号的传输过程中数字量的抗干扰能力也明显地优于模拟量,与模拟控制系统相比较,数字控制系统的调速精度大大提高。

数字控制系统有各种不同的形式,它们基本上都是在转速环中用数字集成电路实现了数字给定和数字反馈的比较,其电流环的构成和触发器等环节与原先的模拟调速系统基本上是一致的,仍旧采用了运算放大器等电子模拟电路。

用微型计算机控制的直流调速系统是在20世纪80年代才问世的,系统的转速给定值和系统的实际转速反馈值都是通过微型计算机的接口部件输入微型计算机,原先由运算放大器所组成的调节器完全被微型计算机的运算功能所替代了,由微型计算机直接输出UPE的控制信号,只需加上功率放大环节就可驱动电力电子功率器件了。

以微处理器为核心的数字控制系统,硬件电路的标准化程度高,制作成本低,且不受器件温度漂移的影响。其控制软件能够进行逻辑判断和复杂运算,可以实现不同于一般线性调节的最优化、自适应、非线性、智能化等控制规律,而且更改起来灵活方便。总之,微机数字控制系统的稳定性好、可靠性高、控制性能高,此外它还拥有信息存储、数据通信和故障诊断等模拟控制系统无法实现的功能。

2.3.1 微机数字控制的特点

微机控制的调速系统是一个数字采样系统,它可以用图2-28的形式表示。其中K_1是给定值的采样开关,K_2是反馈值的采样开关,K_3是输出的采样开关。若所有的采样开关是等周期地一起开和闭,则称为同步采样。微型计算机是无法把任何时间的给定信号和反馈信号随时输入的,也无法随意改变输出值。它只有在采样开关闭合时才能输入和输出信号。而一般控制系统的控制量和反馈量都是模拟的连续信号,为了把它们输入微型计算机,必须在采样时刻把连续信号变成脉冲信号,即离散的模拟信号,这就是信号的离散化。信号的离散化是微机数字控制系统的第一个特点。

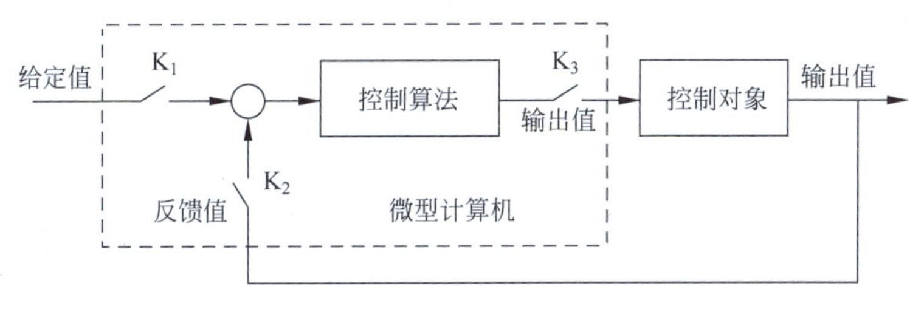

图 2-28　微型计算机采样控制系统

采样后得到的离散模拟信号本质上还是模拟信号，不能直接送入计算机，还需经过数字量化，即用一组数码（如二进制数）来逼近离散模拟信号的幅值，将它转换成数字信号，这就是信号的数字化。信号的数字化是微机数字控制系统的第二个特点。

信号离散化和数字化导致了信号在时间上和量值上的不连续性，也带来了某些问题：因为数码总是有限的，用数码来逼近模拟信号是近似的，会产生量化误差。当微机输出的信号经过数模转换器或保持器转换为模拟信号时，会提高控制系统传递函数的阶次，减小系统的稳定裕量。

为了使离散的数字信号能够不失真地复现连续的模拟信号，对系统的采样频率有一定的要求。根据香农（Shannon）采样定理规定：如果随时间变化的模拟信号的最高频率为 f_{max}，只要按照采样频率 $f \geqslant 2f_{max}$ 进行采样，那么取出的样品序列就可以代表（或恢复）模拟信号。可见随着控制对象的不同，系统所要求的最低的采样频率也不同。

在电动机调速系统中，控制对象是电动机的转速和电枢电流，它们都是快速变化的物理量，其采样周期决不允许像过程控制那样大，而是以毫秒为单位。一般把速度环的最大采样周期定为 10ms，把电流环的最大采样周期定为 1ms，其原因是电动机的机电时间常数一般是百毫秒的数量级，而电磁时间常数一般是十毫秒的数量级，把采样周期定为被控对象的时间常数的 1/5～1/10，在实际应用中是较适宜的。

所以微型计算机控制的直流调速系统是一种快速数字控制系统，它要求微型计算机在较短的采样周期之内，完成信号的转换、采集，完成按某种控制规律实施的控制运算，完成控制信号的输出，对微型计算机的运算速度和精度都有较高的要求。

2.3.2　转速检测的数字化

数字测速具有测速精度高、分辨能力强、受器件影响小等优点，被广泛地应用于调速要求高、调速范围大的调速系统和伺服系统。

1. 旋转编码器

旋转编码器是转速或转角的检测元件，旋转编码器与电动机同轴相连，当电动机转动时,带动编码器旋转,便发出转速或转角信号。旋转编码器可分为绝对式和增量式两种。绝对式编码器在码盘上分层刻上表示角度的二进制数码或循环码(格雷码),通过接收器将该数码送入计算机。绝对式编码器常用于检测转角,在伺服系统中得到广泛的使用。增量式编码器在码盘上均匀地刻制一定数量的光栅(图2-29),又称作脉冲编码器。当电动机旋转时,码盘随之一起转动,记录下脉冲编码器在一定的时间间隔内发出的脉冲数,就可以推算出这段时间内的转速。

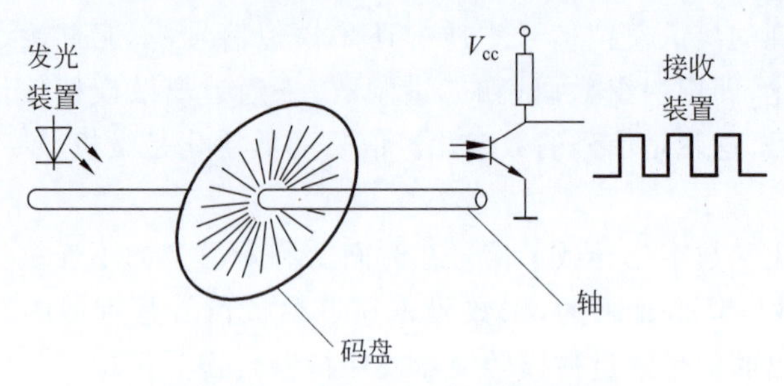

图 2-29　增量式旋转编码器示意图

脉冲序列能正确地反映转速的高低,但不能鉴别转向。为了获得转速的方向,可增加一对发光与接收装置,使两对发光与接收装置错开光栅节距的1/4,则两组脉冲序列 A 和 B 的相位相差90°,如图2-30所示。正转时 A 相超前 B 相;反转时 B 相超前 A 相。采用简单的鉴相电路就可以分辨出转向。

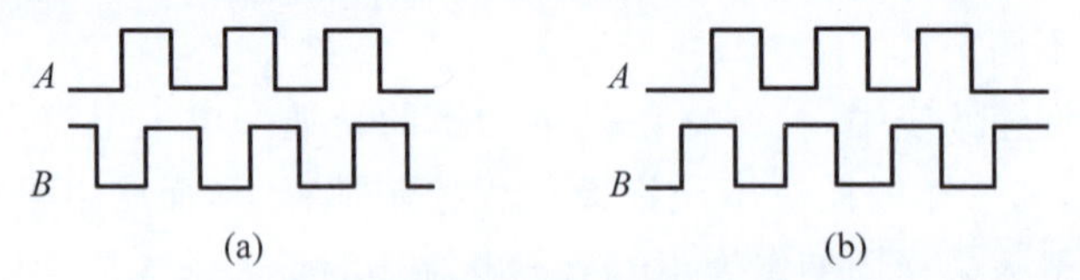

图 2-30　区分旋转方向的 $\boldsymbol{A}$、$\boldsymbol{B}$ 两组脉冲序列

(a) 正转;(b) 反转

若码盘的光栅数为 N,则转速分辨率为 $1/N$,常用的旋转编码器光栅数有1024,2048,4096等。再增加光栅数,将大大增加旋转编码器的制作难度和成本。采用倍频电路可以有效地提高转速分辨率,而不增加旋转编码器的光栅数,一般多采用4倍频电路,大于4倍频的电路较难实现。设旋转编码器的光栅数为 N,倍频系数为 k,则电动机每转一圈发出 $Z=kN$ 个脉冲,以后提及的旋转编码器产生的脉冲数均指经过倍频电路输出的脉冲数,不再一一说明。

采用旋转编码器的数字测速方法有3种:M法、T法和M/T法。

2. 数字测速方法的精度指标

(1) 分辨率

分辨率是用来衡量一种测速方法对被测转速变化的分辨能力,在数字测速方法中,用改变一个计数字所对应的转速变化量来表示分辨率,用符号 Q 表示。当

被测转速由 n_1 变为 n_2 时，引起计数值改变了一个字，则该测速方法的分辨率是

$$Q = n_2 - n_1 \tag{2-36}$$

分辨率 Q 越小，说明测速装置对转速变化的检测越敏感，从而测速的精度也越高。

(2) 测速误差率

转速实际值和测量值之差 Δn 与实际值 n 之比定义为测速误差率，记作

$$\delta = \frac{\Delta n}{n} \times 100\% \tag{2-37}$$

测速误差率反映了测速方法的准确性，δ 越小，准确度越高。测速误差率的大小决定于测速元件的制造精度，并与测速方法有关。

3. M 法测速

记取一个采样周期内旋转编码器发出的脉冲个数来算出转速的方法称为 M 法测速，又称测频法测速。

在采样周期 T_c 内记录下旋转编码器输出的脉冲个数 M_1，把 M_1 除以 Z 得到了在 T_c 时间内电动机所转的圈数，在习惯上，T_c 是以秒为单位，而转速是以分为单位，故可得到下列的计算公式：

$$n = \frac{60M_1}{ZT_c} \tag{2-38}$$

式中，n——转速(r/min)，M_1——时间 T_c 内的脉冲个数，Z——旋转编码器每转输出的脉冲个数，T_c——采样周期(s)。

由于 Z 和 T_c 在一个系统的运行过程中是常数，因此转速 n 与计数值 M_1 成正比，故此测速方法也被称为 M 法测速。

用微型计算机实现 M 法测速的方法是：由系统的定时器按采样周期的时间定期地发出一个时间到的信号，而计数器则记录下在两个采样脉冲信号之间的旋转编码器的脉冲个数，如图 2-31 所示。

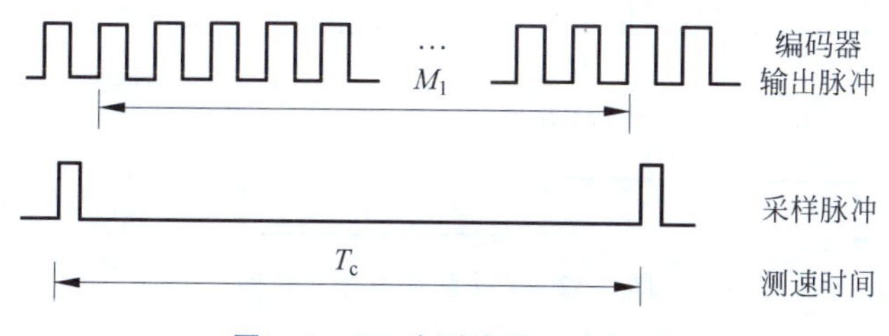

图 2-31　M 法测速原理示意图

在 M 法中，当计数值由 M_1 变为 M_1+1 时，按式(2-38)，相应的转速由 $\frac{60M_1}{ZT_c}$ 变为 $\frac{60(M_1+1)}{ZT_c}$，则 M 法测速分辨率为

$$Q = \frac{60(M_1+1)}{ZT_c} - \frac{60M_1}{ZT_c} = \frac{60}{ZT_c} \tag{2-39}$$

从此可见，用M法测速时的分辨率与转速的大小无关。在任何转速下，计数值变化一个数字所引起的转速增量均相等。

从式(2-39)看出，减小M法测速分辨率Q的方法有两种：其一是选用脉冲数较多的旋转编码器，其二是增大检测时间，即加大采样周期。但是这两种方法在实际使用中都受到一定的限制，根据采样定律，采样周期必须是控制对象的时间常数的1/5～1/10，不允许无限制地加大采样周期；而增大旋转编码器的脉冲数又受到旋转编码器制造能力的限制。

在图2-31中，由于脉冲计数器计的是两个采样定时脉冲之间的旋转编码器发出的脉冲个数，而这两类脉冲的边沿是不可能一致的，因此它们之间存在着测速误差。用M法测速时，测量误差的最大可能性是1个脉冲。因此，M法的测速误差率的最大值为

$$\delta_{\max}=\frac{\dfrac{60M_1}{ZT_c}-\dfrac{60(M_1-1)}{ZT_c}}{\dfrac{60M_1}{ZT_c}}\times 100\%=\frac{1}{M_1}\times 100\% \tag{2-40}$$

M_1与转速成正比，转速越低，M_1越小，测量误差率越大，测速精度则越低。这是M法测速的缺点。

4. T法测速

T法测速是测出旋转编码器两个输出脉冲之间的间隔时间T_t来计算出转速。它又被称为测周法测速。

T法测速同样也是用计数器加以实现，与M法测速不同的是，它计的是计算机发出的高频时钟脉冲，以旋转编码器输出的脉冲的边沿作为计数器的起始点和终止点，如图2-32所示。

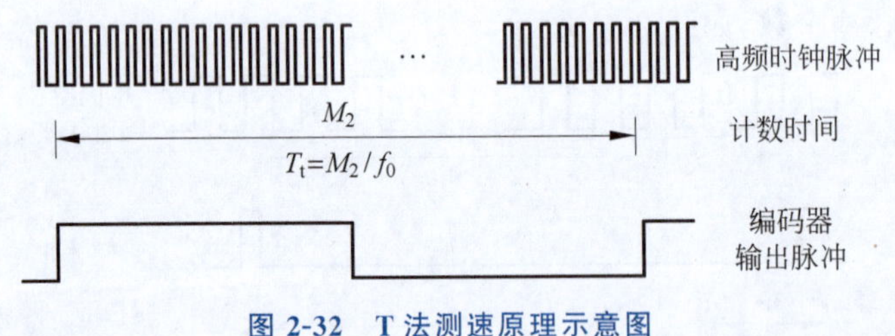

图2-32 T法测速原理示意图

设在旋转编码器两个输出脉冲之间计数器记录了M_2个时钟脉冲，而时钟脉冲的频率是f_0，则M_2/f_0是旋转编码器输出脉冲的周期，故电动机转一圈的时间是ZM_2/f_0。同样地，需要把时间单位从秒调整为分。由此得到电动机的转速是

$$n=\frac{60f_0}{ZM_2} \tag{2-41}$$

式中，M_2——旋转编码器两个输出脉冲之间的时钟脉冲个数，f_0——时钟脉冲频

率(Hz)。

T 法测速与 M 法正好相反,转速越高,计数器读得的数值越小。

考察 T 法的分辨率,计数值从 M_2 变为 M_2-1,有

$$Q=\frac{60f_0}{Z(M_2-1)}-\frac{60f_0}{ZM_2}=\frac{60f_0}{Z(M_2-1)M_2} \tag{2-42}$$

综合式(2-41)和式(2-42),可得

$$Q=\frac{Zn^2}{60f_0-Zn} \tag{2-43}$$

由此可见,T 法测速的分辨率 Q 值的大小与转速有关。转速越低,Q 越小,测速装置的分辨能力则越强。与 M 法测速相比,T 法测速的优点就在于低速时对转速的变化具有较强的分辨能力,从而提高了系统在低速段的控制性能。

与 M 法测速相似,旋转编码器发出的脉冲的边沿是不可能和计算机的时钟脉冲的边沿一致的,计数值 M_2 也同样存在着 1 个脉冲的偏差。因此,T 法测速误差率的最大值为

$$\delta_{\max}=\frac{\dfrac{60f_0}{Z(M_2-1)}-\dfrac{60f_0}{ZM_2}}{\dfrac{60f_0}{ZM_2}}\times 100\%=\frac{1}{M_2-1}\times 100\% \tag{2-44}$$

低速时,编码器相邻脉冲间隔时间长,测得的高频时钟脉冲个数 M_2 多,所以误差率小,测速精度高,故 T 法测速适用于低速段。

5. M/T 法测速

在 M 法测速中,随着电动机转速的降低,计数值 M_1 减少,测速装置的分辨能力变差,测速误差增大。如果速度过低,M_1 将小于 1,测速装置便不能正常工作。T 法测速正好相反,随着电动机转速的增加,计数值 M_2 减小,测速装置的分辨能力越来越差。综合这两种测速方法的特点,产生了一种被称为 M/T 法的测速方法。它无论在高速还是在低速时都具有较强的分辨能力和检测精度。

M/T 法测速的原理见图 2-33 所示。它的关键是要求实际的检测时间(称为检测周期)与旋转编码器的输出脉冲严格一致。图中的 T_c 是采样时钟,它由系统的定时器产生,其数值始终不变。检测周期由 T_c 脉冲的边沿之后的第一个脉冲编码器的输出脉冲来决定,即 $T=T_c-\Delta T_1+\Delta T_2$。

检测周期 T 内被测转轴的转角为 θ,则

$$\theta=\frac{2\pi nT}{60} \tag{2-45}$$

已知旋转编码器每转发出 Z 个脉冲,在检测周期 T 内发出的脉冲数是 M_1,则转角 θ 又可以表示成

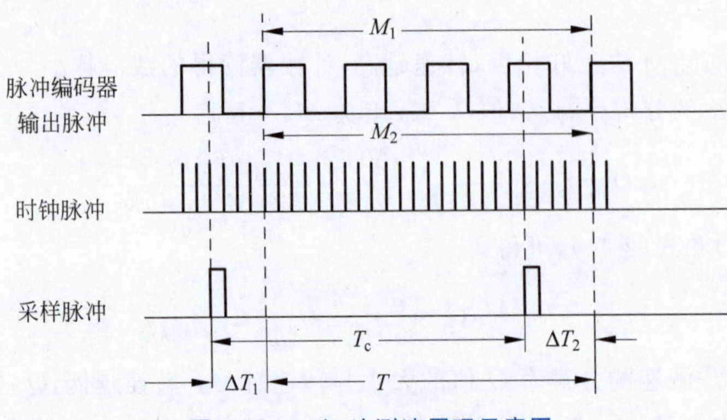

图 2-33 M/T 法测速原理示意图

$$\theta = \frac{2\pi M_1}{Z} \tag{2-46}$$

若时钟脉冲频率是 f_0,在检测周期 T 内时钟脉冲计数值为 M_2,则检测周期 T 可写成

$$T = \frac{M_2}{f_0} \tag{2-47}$$

综合式(2-45)、式(2-46)和式(2-47)便可求出被测的转速为

$$n = \frac{60 f_0 M_1}{Z M_2} \tag{2-48}$$

用 M/T 法测速时,计数值 M_1 和 M_2 都在变化,为了分析它的分辨率,这里分高速段和低速段两种情况来讨论。

在高速段,$T_c \gg \Delta T_1$,$T_c \gg \Delta T_2$,可看成 $T \approx T_c$,认为 M_2 不会变化,则分辨率可用下式求得:

$$Q = \frac{60 f_0 (M_1 + 1)}{Z M_2} - \frac{60 f_0 M_1}{Z M_2} = \frac{60 f_0}{Z M_2} \tag{2-49}$$

而 $M_2 = f_0 T \approx f_0 T_c$,代入式(2-49)可得

$$Q = \frac{60}{Z T_c} \tag{2-50}$$

这与 M 法测速的分辨率式(2-39)完全相同。

在转速很低时,$M_1 = 1$,M_2 随转速变化,其分辨率与 T 法测速的分辨率式(2-43)完全相同。

上述分析表明,M/T 法测速无论是在高速还是在低速都有较强的分辨能力。

从图 2-33 可知,在 M/T 法测速中,检测时间 T 是以脉冲编码器的输出脉冲的边沿为基准,计数值 M_2 最多产生一个时钟脉冲的误差。而 M_2 的数值在中、高速时,基本上是一个常数 $M_2 = T f_0 \approx T_c f_0$,其测速误差率为 $\frac{1}{M_2 - 1} \times 100\%$;在低速时,$M_2 = T f_0 > T_c f_0$,所以 M/T 法测速具有较高的测量精度。

2.3.3 数字 PI 调节器

1. 模拟 PI 调节器的数字化

无论转速还是电流闭环控制，其运算的核心是 PI 调节器，工程界对于模拟调速系统的工程设计已有了成熟的经验。在微型计算机控制的直流调速系统中，当采样频率足够高时，可以先根据模拟系统的分析方法进行设计和综合，求出速度调节器和电流调节器参数，得到它们的传递函数。然后，根据传递函数写出调节器的时域表达式，再将此表达式离散化，最终得到相应的差分方程。

PI 调节器的传递函数是

$$W_{PI}(s)=\frac{U(s)}{E(s)}=\frac{K_p\tau s+1}{\tau s}=K_p+\frac{1}{\tau s} \tag{2-51}$$

PI 调节器的输出 $U(s)$ 和偏差 $E(s)$ 的关系是

$$U(s)=W_{PI}(s)E(s)=K_pE(s)+\frac{1}{\tau s}E(s) \tag{2-52}$$

输出的时域方程为

$$u(t)=K_pe(t)+\frac{1}{\tau}\int e(t)\mathrm{d}t \tag{2-53}$$

为了求出相应的数字 PI 调节器的差分方程，将式(2-53)离散化。离散化后第 n 拍的输出为

$$u(n)=K_pe(n)+\frac{T_{sam}}{\tau}\sum_{i=1}^{n}e(i) \tag{2-54}$$

式中 T_{sam} 为采样周期。

数字 PI 调节器有两种算式：位置式和增量式。式(2-54)被称为位置式，它的计算结果是输出的绝对数值，它的每次输出与整个过去状态有关，在计算过程中需要过去所有偏差的累加值。由等号右侧可以看出，比例部分只与当前的偏差有关，而积分部分则是系统过去所有偏差的累积。位置式 PI 调节器结构清晰，P 和 I 两部分作用分明，参数调整简单明了。

由式(2-54)可知，PI 调节器的第 $n-1$ 拍输出为

$$u(n-1)=K_pe(n-1)+\frac{T_{sam}}{\tau}\sum_{i=1}^{n-1}e(i) \tag{2-55}$$

如果把式(2-55)和式(2-54)相减，就可以导出

$$\Delta u(n)=u(n)-u(n-1)=K_p[e(n)-e(n-1)]+\frac{T_{sam}}{\tau}e(n) \tag{2-56}$$

式(2-56)被称为增量式，它只需要现时和上一个采样时刻的偏差值，在计算机中多保存上一拍的输出值即可。

在计算机的程序中，往往用 K_I 代替式(2-56)中的 $\frac{T_{sam}}{\tau}$，则

$$\Delta u(n)=K_{\mathrm{p}}[e(n)-e(n-1)]+K_{\mathrm{I}}e(n) \tag{2-57}$$

当要求计算机输出的是一个绝对数值时,也往往是利用增量式来实现的:

$$\begin{aligned} u(n)&=\Delta u(n)+u(n-1)\\ &=K_{\mathrm{p}}[e(n)-e(n-1)]+K_{\mathrm{I}}e(n)+u(n-1) \end{aligned} \tag{2-58}$$

只要在计算机中保持着上一时刻 $u(n-1)$ 即可。

PI 调节器的计算结果 $u(n)$ 在转速环中代表了电流的给定值,在电流环中代表了电压值,对于这两个结果都要进行限幅控制,利用微型计算机进行限幅控制是非常简单的事。只要在程序内设置输出限幅值 u_{m},当 $u(n)>u_{\mathrm{m}}$ 时,便以限幅值 u_{m} 输出。数字 PI 调节器的第二个限幅功能是对输出的增量 $\Delta u(n)$ 进行限制,这在模拟系统中是比较困难的,但在计算机中变得轻而易举,同样地在程序内设置输出增量 $\Delta u(n)$ 的限幅值 Δu_{m},当 $\Delta u(n)>\Delta u_{\mathrm{m}}$ 时,便以限幅值 Δu_{m} 输出。

位置式算法还必须同时设积分限幅和输出限幅,缺一不可。若没有积分限幅,当反馈大于给定使调节器退出饱和时,积分项可能仍很大,将产生较大的退饱和超调。

2. 改进的数字 PI 算法

PI 调节器的参数直接影响着系统的性能指标,在高性能的调速系统中,有时仅仅靠调整 PI 参数难以同时满足各项静、动态性能指标。采用模拟 PI 调节器时,由于受到物理条件的限制,只好在不同指标中求其折中。而微机数字控制系统具有很强的逻辑判断和数值运算能力,充分应用这些能力,可以衍生出多种改进的 PI 算法,提高系统的控制性能。其中使用较多的是积分分离算法。

在 PI 调节器中,比例部分能快速响应控制作用,而积分部分是偏差的积累,能最终消除稳态误差。在模拟 PI 调节器中,只要有偏差存在,P 和 I 就同时起作用;因此,在满足快速调节功能的同时,会不可避免地带来过大的退饱和超调,严重时将导致系统的振荡。

在微机数字控制系统中,很容易把 P 和 I 分开。当偏差大时,只让比例部分起作用,以快速减少偏差;当偏差降低到一定程度后,再将积分作用投入,既可最终消除稳态偏差,又能避免较大的退饱和超调。这就是积分分离算法的基本思想。

积分分离算法表达式为

$$u(k)=K_{\mathrm{p}}e(k)+C_{\mathrm{I}}K_{\mathrm{I}}T_{\mathrm{sam}}\sum_{i=1}^{k}e(i) \tag{2-59}$$

其中,

$$C_{\mathrm{I}}=\begin{cases}1, & |e(i)|\leqslant\delta\\ 0, & |e(i)|>\delta\end{cases}$$

δ 为一常值。积分分离法能有效抑制振荡,减小超调,常用于转速调节器。

2.4　调节器的设计方法

2.4.1　控制系统的动态性能指标

在控制系统中设置调节器是为了改善系统的静、动态性能。有关调速系统的静态性能指标在本章的 2.1 节已作了讨论，本节要讨论的是动态性能指标。控制系统的动态性能指标包括对给定输入信号的跟随性能指标和对扰动输入信号的抗扰性能指标。

1. 跟随性能指标

系统的跟随性能指标是以零初始条件下，系统对输出量 $C(t)$ 对输入信号 $R(t)$ 的动态特性来衡量的，通常是以单位阶跃给定信号下的过渡过程作为典型的跟随过程。常用的阶跃响应跟随性能指标有上升时间、超调量和调节时间，如图 2-34 所示，图中的 C_∞ 是输出量 $C(t)$ 的稳态值。

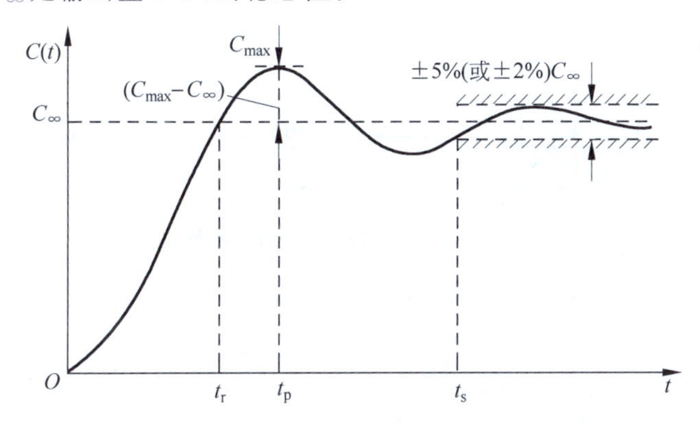

图 2-34　典型的阶跃响应过程和跟随性能指标

(1) 上升时间 t_r

上升时间有多种定义，常用的是：对于有振荡的系统定义输出量 $C(t)$ 从 0 开始第一次上升到 C_∞ 所需要的时间；对于无振荡系统则定义为从 0 上升到 C_∞ 的 90% 所经历的时间。它反映了系统动态响应的快速性。

(2) 超调量 σ

对于有振荡系统而言，在超过 t_r 以后，输出量将继续升高，到达最大值 C_{max}，然后回落。C_{max} 超过 C_∞ 的百分数称为超调量 σ。

$$\sigma = \frac{C_{max} - C_\infty}{C_\infty} \times 100\% \tag{2-60}$$

到达 C_{max} 的时间 t_p 被称为峰值时间，一般为响应达到超值的第一峰值所需要的时间。超调量 σ 与系统的相对稳定性有关，超调量越小，相对稳定性越好。

(3) 调节时间 t_s

输出量 $C(t)$ 到达并永远保持与 C_∞ 之差在允许的误差限内所需要的时间被

称为调节时间,又称作过渡过程时间。允许的误差带有±5%与±2%两种。显然,调节时间既反映了系统的快速性,也包含着它的稳定性。

2. 抗扰性能指标

在控制系统中,由于扰动量的作用点通常不同于给定量,因此系统的抗扰动态性能也不同于跟随动态性能。当调速系统在稳定运行中,突加一个使输出量降低(或上升)的扰动量 F 之后,输出量由降低(或上升)到恢复的过渡过程就是一个抗扰过程。常用的抗扰性能指标为动态降落和恢复时间,如图 2-35 所示。

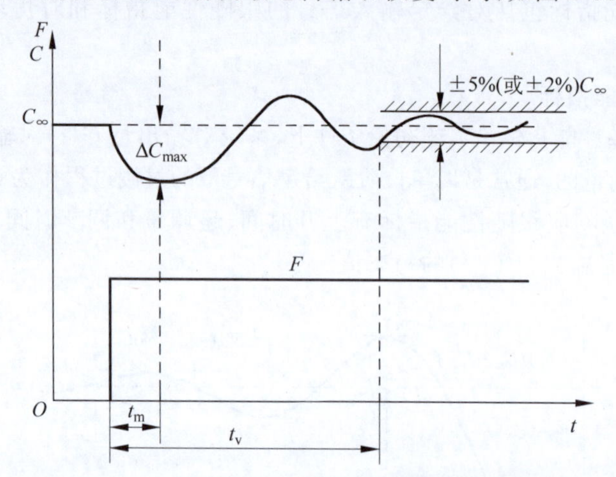

图 2-35 突加扰动的动态过程和抗扰性能指标

(1) 动态降落 ΔC_{max}

系统在稳定运行时,突加一个约定的标准负载扰动量,所引起的输出量最大降落值 ΔC_{max} 称作动态降落,一般用 ΔC_{max} 占原输出量稳态值 C_∞ 的百分数 $\Delta C_{max}/C_\infty \times 100\%$来表示。在调速系统中,把突加额定负载扰动时的转速降落称作动态速降 Δn_{max}。

(2) 恢复时间 t_v

由阶跃扰动作用开始,到输出量恢复到稳态值某百分率范围内(一般取稳态值的±5%或±2%)所需要的时间称作恢复时间 t_v。

实际控制系统对于各种动态指标的要求各有不同,一般来说,调速系统的动态指标以抗扰性能指标为主,而伺服系统的动态指标以跟随性能指标为主。当然,某些系统对转速的跟随性能指标和抗扰性能指标都提出了较高的要求,例如连续可逆轧钢机。这时候就需要仔细分析系统参数和性能指标之间的关系,设计相关的调节器。

2.4.2 典型系统性能指标与参数间的关系

在本章的 2.1.4 节,提到过控制系统的开环传递函数为式(2-22)。它的分母项中的 s^r 项表示该系统在原点处有 r 重极点。为了使系统对阶跃给定无稳态误差，不能使用 0 型系统，至少是Ⅰ型系统；当给定是斜坡输入时，则要求是Ⅱ型系统才能实现无稳态误差。所以选择调节器的结构，使系统能满足所需的稳态精度，是设计过程的第一步。由于Ⅲ型和Ⅲ型以上的系统很难稳定，而 0 型系统的稳态精度低，因此常把Ⅰ型和Ⅱ型系统作为系统设计的目标。

Ⅰ型和Ⅱ型系统有多种多样的结构，它们的区别就在于不在原点的零、极点个数和位置。如果在Ⅰ型和Ⅱ型系统中各选择一种结构作为典型结构，把实际系统校正成典型系统，将简化设计方法。因为只要事先分析得到典型系统的参数和动态性能指标间的关系，具体选择参数时只须按现成的公式和表格中的数据进行计算就可以了。

1. 典型Ⅰ型系统

典型Ⅰ型系统开环传递函数表示为

$$W(s)=\frac{K}{s(Ts+1)} \tag{2-61}$$

式中，T——系统的惯性时间常数，K——系统的开环增益。

图 2-36 给出了典型Ⅰ型系统的结构图和开环对数频率特性，由式(2-61)可见典型Ⅰ型系统是由一个积分环节和一个惯性环节串联而成的单位反馈系统。从图 2-36(b)开环对数频率特性上看出，中频段是以 −20dB/dec 斜率穿越零分贝线，并且具有一定的幅值和相角裕度。可以确保系统是稳定的。典型Ⅰ型系统式(2-61)只包含了开环增益 K 和时间常数 T 两个参数，时间常数 T 往往是控制对象本身固有的，唯一可变的只有开环增益 K。设计时，需要按照性能指标选择参数 K 的大小。

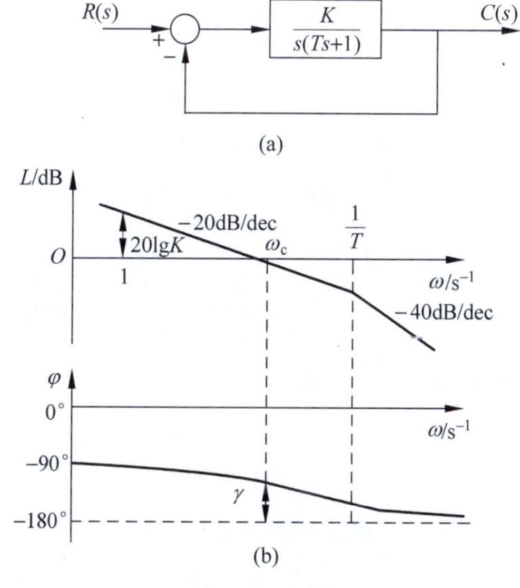

图 2-36　典型Ⅰ型系统

(a) 闭环系统结构框图；(b) 开环对数频率特性

由图2-36(b)可知,当$\omega_c < \frac{1}{T}$时,对数幅频特性以-20dB/dec斜率穿越零分贝线,这是期望系统有良好的稳定性能的首要条件。在$\omega=1$处,典型Ⅰ型系统的对数幅频特性的幅值为

$$20\lg K = 20(\lg\omega_c - \lg 1) = 20\lg\omega_c$$

得到

$$K = \omega_c \tag{2-62}$$

其相角裕度$\gamma(\omega_c)$为

$$\gamma(\omega_c) = 90° - \arctan\omega_c T \tag{2-63}$$

由此看出,K值越大,截止频率ω_c越高,系统的响应速度就越快,但稳定性却越差。系统的稳定性和快速性构成了一对矛盾。在具体选择参数K时,须在二者之间进行折中。

由图2-36(a)可得典型Ⅰ型系统的闭环传递函数为

$$W_{cl}(s) = \frac{W(s)}{1+W(s)} = \frac{\frac{K}{s(Ts+1)}}{1+\frac{K}{s(Ts+1)}} = \frac{\frac{K}{T}}{s^2+\frac{1}{T}s+\frac{K}{T}} = \frac{\omega_n^2}{s^2+2\xi\omega_n s+\omega_n^2} \tag{2-64}$$

式中,$\omega_n=\sqrt{\frac{K}{T}}$——自然振荡角频率,$\xi=\frac{1}{2}\sqrt{\frac{1}{KT}}$——阻尼比。

当阻尼比$\xi<1$时,典型Ⅰ型系统的阶跃响应曲线是欠阻尼的振荡特性;当$\xi>1$时,是过阻尼的单调特性;当$\xi=1$时,是临界阻尼。在调速系统中一般采用的是$0<\xi<1$欠阻尼状态,它在零初始条件下阶跃响应时,动态跟随性能指标和其参数间的数学关系式为

超调量
$$\sigma = e^{-(\xi\pi/\sqrt{1-\xi^2})} \times 100\% \tag{2-65}$$

上升时间
$$t_r = \frac{2\xi T}{\sqrt{1-\xi^2}}(\pi - \arccos\xi) \tag{2-66}$$

峰值时间
$$t_p = \frac{\pi}{\omega_n\sqrt{1-\xi^2}} \tag{2-67}$$

调节时间在$\xi<0.9$,误差带为$\pm5\%$的条件下可近似计算

$$t_s \approx \frac{3}{\xi\omega_n} = 6T \tag{2-68}$$

截止频率
$$\omega_c = \omega_n\left(\sqrt{4\xi^4+1} - 2\xi^2\right)^{\frac{1}{2}} \tag{2-69}$$

相角稳定裕度
$$\gamma = \arctan\frac{2\xi}{\left(\sqrt{4\xi^4+1} - 2\xi^2\right)^{\frac{1}{2}}} \tag{2-70}$$

根据上列各式可求得参数 KT 与各项动态跟随性能指标的关系，见表 2-1。表中数据表明，当系统的时间常数 T 为已知时，随着 K 的增大，系统的快速性提高，而稳定性变差。

表 2-1　典型Ⅰ型系统动态跟随性能指标和频域指标与参数的关系

指　标	参　数				
参数关系 KT	0.25	0.39	0.50	0.69	1.0
阻尼比 ξ	1.0	0.8	0.707	0.6	0.5
超调量 σ	0%	1.5%	4.3%	9.5%	16.3%
上升时间 t_r		$6.6T$	$4.7T$	$3.3T$	$2.4T$
峰值时间 t_p		$8.3T$	$6.2T$	$4.7T$	$3.6T$
相角稳定裕度 γ	76.3°	69.9°	65.5°	59.2°	51.8°
截止频率 ω_c	$0.243/T$	$0.367/T$	$0.455/T$	$0.596/T$	$0.786/T$

当 $\xi=0.707$，$KT=0.5$ 时，超调量为 4.3%，稳定性和快速性都兼顾到了，所以西门子把它称为“二阶最佳系统”。在工程上，根据不同的工艺要求，可以有不同的最佳参数选择，列出表 2-1 的目的就是为参数的选择提供了简便的途径，当不能满足所需的全部性能指标时，说明典型Ⅰ型系统已不能适用，须采用其他控制方法。

影响到参数 K 的选择的第二个因素是它和抗扰性能指标之间的关系，典型Ⅰ型系统已经规定了系统的结构，分析它的抗扰性能指标的关键因素是扰动作用点，某种定量的抗扰性能指标只适用于一种特定的扰动作用点。

本章的图 2-27 绘出了双闭环直流调速系统的扰动作用点，其中电流环的情况如图 2-37 所示。

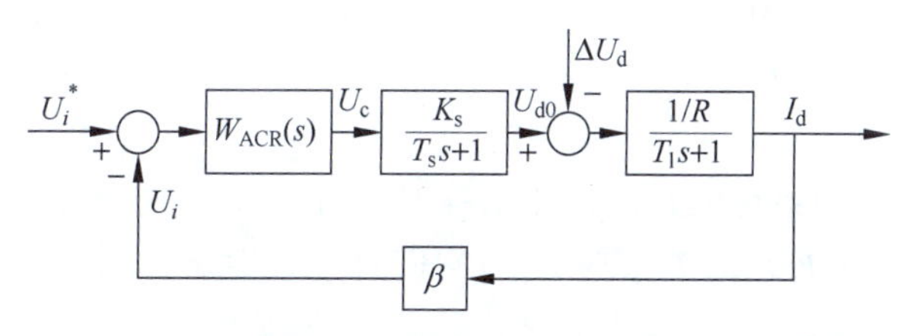

图 2-37　电流环的在一种扰动作用下的动态结构框图

在 $W_{ACR}(s)$ 采用 PI 调节器的情况下，在扰动作用点前后各是一个一阶惯性环节，可用图 2-38(a)来表示它的动态结构框图，其中 $T_1=T_s$，$T_2=T_l$，$K_2=\beta/R$。取 $K_1=K_pK_s/\tau_1$，$\tau_1=T_2(T_2>T_1)$，可等效为两个环节，如图 2-38(b)所示，其传递函数分别为

$$W_1(s)=\frac{K_1(T_2s+1)}{s(T_1s+1)}$$

$$W_2(s)=\frac{K_2}{T_2s+1}$$

系统开环传递函数

$$W(s)=W_1(s)W_2(s)=\frac{K_1(T_2s+1)}{s(T_1s+1)}\frac{K_2}{T_2s+1}=\frac{K_1K_2}{s(T_1s+1)}=\frac{K}{s(Ts+1)}$$

用调节器中的($\tau_1 s+1$)对消掉了较大时间常数的惯性环节(T_2s+1),就是典型Ⅰ型系统,其中,$K=K_1K_2$,$T=T_1$。

在只讨论抗扰性能时,可令输入变量 $R=0$,将输出量写成 ΔC,见图 2-38(b)。

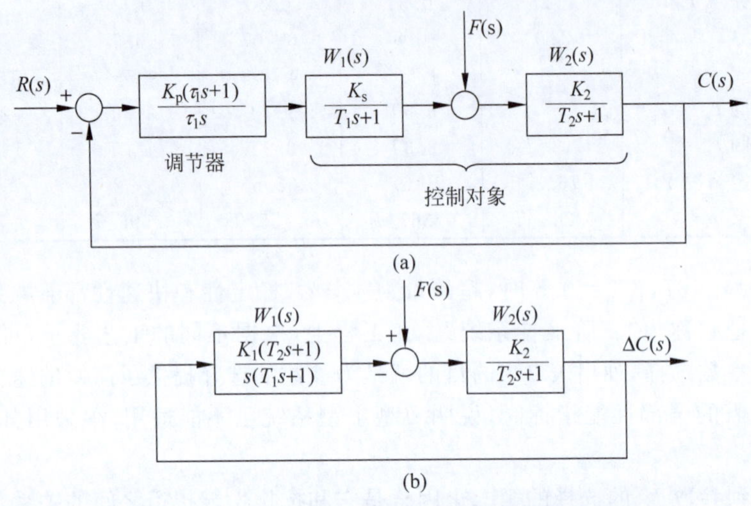

图 2-38 典型Ⅰ型系统在一种扰动作用下的动态结构框图

(a) 一种扰动作用下的结构;(b) 等效框图

在阶跃扰动下,$F(s)=F/s$,得到

$$\Delta C(s)=\frac{F}{s}\cdot\frac{W_2(s)}{1+W_1(s)W_2(s)}=\frac{\dfrac{FK_2}{T_2s+1}}{s+\dfrac{K_1K_2}{Ts+1}}=\frac{FK_2(Ts+1)}{(T_2s+1)(Ts^2+s+K)}$$

在分析典型Ⅰ型系统的跟随性能指标时,KT 不同的参数关系会得到不同的跟随性能指标,一旦 KT 的关系选定了,它们对抗扰性能指标的关系也被量化了。在选定 $KT=0.5$ 时,

$$\Delta C(s)=\frac{2FK_2T(Ts+1)}{(T_2s+1)(2T^2s^2+2Ts+1)} \tag{2-71}$$

利用部分分式法分解式(2-71),再求拉氏反变换,可得到阶跃扰动后输出变化量的动态过程函数为

$$\Delta C(t)=\frac{2FK_2m}{2m^2-2m+1}\left[(1-m)e^{-t/T_2}-(1-m)e^{-t/2T}\cos\frac{t}{2T}+me^{-t/2T}\sin\frac{t}{2T}\right] \tag{2-72}$$

式中 $m=\dfrac{T_1}{T_2}<1$ 为控制对象中小时间常数与大时间常数的比值。取不同 m 值，可计算出相应的 $\Delta C(t)$ 动态过程曲线。表 2-2 列出了典型Ⅰ型系统抗扰性能指标与参数的关系，表中峰值时间 t_m 和恢复时间 t_v 均用以 T 为基准的相对值表示，最大动态降落用基准值 $C_b=\dfrac{1}{2}FK_2$ 的百分数表示。

表 2-2 典型Ⅰ型系统动态抗扰性能指标与参数的关系

$m=\dfrac{T_1}{T_2}=\dfrac{T}{T_2}$	1/5	1/10	1/20	1/30
$\dfrac{\Delta C_{max}}{C_b}\times 100\%$	55.5%	33.2%	18.5%	12.9%
t_m/T	2.8	3.4	3.8	4.0
t_v/T	14.7	21.7	28.7	30.4

由表 2-2 中的数据可以看出，当控制对象的两个时间常数相距较大时，动态降落减小，但恢复时间却拖得较长。

2. 典型Ⅱ型系统

典型Ⅱ型系统的开环传递函数表示为

$$W(s)=\frac{K(\tau s+1)}{s^2(Ts+1)} \tag{2-73}$$

图 2-39 给出了典型Ⅱ型系统的闭环系统结构框图和典型Ⅱ型系统的开环对

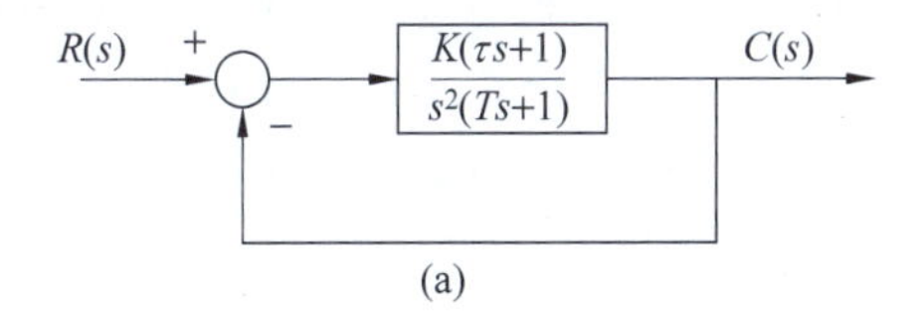

(a)

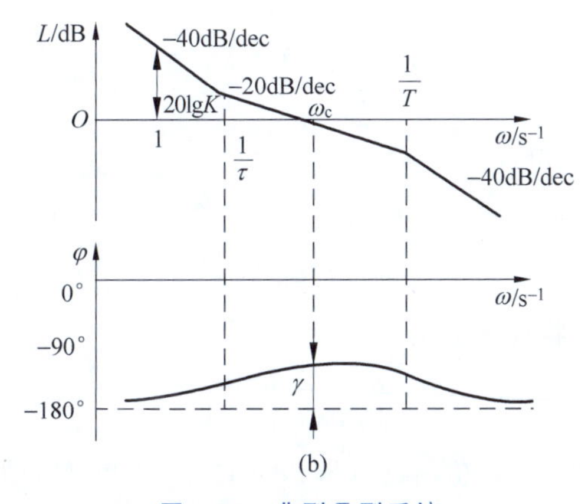

(b)

图 2-39 典型Ⅱ型系统

(a) 闭环系统结构框图；(b) 开环对数频率特性

数频率特性。典型Ⅱ型系统有两个积分环节,其惯性环节的时间常数也是控制对象所固有的。而系统的待定参数除了 K 以外,增加了一个相位超前环节的时间常数 τ。在利用伯德图分析闭环系统的性能时,曾强调指出了"中频段要以 -20dB/dec 的斜率穿越 0dB 线且有足够的宽度;低频段的斜率要陡",这些都与参数 τ 的选择有关。为此定义变量

$$h=\frac{\tau}{T}=\frac{\omega_2}{\omega_1} \tag{2-74}$$

称作"中频宽",它表示了斜率为 -20dB/dec 的中频的宽度,是一个与性能指标紧密相关的参数。

从图 2-39 中可以看出,

$$20\lg K=40(\lg\omega_1-\lg 1)+20(\lg\omega_c-\lg\omega_1)=20\lg\omega_1\omega_c$$

因此

$$K=\omega_1\omega_c \tag{2-75}$$

改变 K 相当于使开环对数幅频特性上下平移,此特性与闭环系统的快速性有关。

系统相角稳定裕度为

$$\begin{aligned}\gamma&=180^\circ-180^\circ+\arctan\omega_c\tau-\arctan\omega_c T\\&=\arctan\omega_c\tau-\arctan\omega_c T\end{aligned} \tag{2-76}$$

τ 比 T 大得越多,则系统的稳定裕度越大。

如果在 τ 与 K 之间找到一个合适的配合关系,也就是说把 K 变为 h 的函数,那么在选择了合适的 h 之后,就能根据系统固有的时间常数 T,得到相应的调节器参数 τ 和 K,简化了典型Ⅱ型系统的工程设计过程。

为此,采用"振荡指标法"中的闭环幅频特性峰值 M_r 最小准则,可以找到 h 和 ω_c 两个参数之间的一种最佳配合。经推导,ω_c 和 ω_1、ω_2 之间的关系是

$$\frac{\omega_2}{\omega_c}=\frac{2h}{h+1} \tag{2-77}$$

$$\frac{\omega_c}{\omega_1}=\frac{h+1}{2} \tag{2-78}$$

因此

$$\omega_c=\frac{1}{2}(\omega_1+\omega_2)=\frac{1}{2}\left(\frac{1}{\tau}+\frac{1}{T}\right) \tag{2-79}$$

对应的最小闭环幅频特性峰值是

$$M_{\text{rmin}}=\frac{h+1}{h-1} \tag{2-80}$$

表 2-3 列出了不同中频宽 h 值时计算得到的 M_{rmin} 值和对应的频率比。

表2-3　不同 h 值时的 M_{rmin} 值和频率比

h	3	4	5	6	7	8	9	10
M_{rmin}	2	1.67	1.5	1.4	1.33	1.29	1.25	1.22
ω_2/ω_c	1.5	1.6	1.67	1.71	1.75	1.78	1.80	1.82
ω_c/ω_1	2.0	2.5	3.0	3.5	4.0	4.5	5.0	5.5

由表2-3的数据可见，加大中频宽 h，可以减小 M_{rmin}，从而降低超调量 σ，但同时 ω_c 也将减小，使系统的快速性减弱。经验表明，M_r 在1.2～1.5之间时，系统的动态性能较好，有时也允许达到1.8～2.0，所以 h 值可在3～10之间选择。h 更大时，降低 M_{rmin} 的效果就不显著了。

在确定了 h 之后，根据时间常数 T 由式(2-74)可求得

$$\tau = hT \tag{2-81}$$

由式(2-75)和式(2-77)求得

$$K = \omega_1\omega_c = \omega_1^2 \cdot \frac{h+1}{2} = \left(\frac{1}{hT}\right)^2 \cdot \frac{h+1}{2} = \frac{h+1}{2h^2T^2} \tag{2-82}$$

式(2-81)和式(2-82)是工程设计方法中计算典型Ⅱ型系统参数的公式，只要按照动态性能指标的要求确定 h 值，就可以用这两个公式计算 K 和 τ，并由此计算调节器的参数。

按 M_r 最小准则确定了调节器参数后，可以求得典型Ⅱ型系统阶跃输入的跟随性能指标。先将式(2-81)和式(2-82)代入典型Ⅱ型系统的开环传递函数，得

$$W(s) = \frac{K(\tau s+1)}{s^2(Ts+1)} = \left(\frac{h+1}{2h^2T^2}\right) \cdot \frac{hTs+1}{s^2(Ts+1)}$$

然后求系统的闭环传递函数

$$W_{\mathrm{cl}}(s) = \frac{W(s)}{1+W(s)} = \frac{\dfrac{h+1}{2h^2T^2}(hTs+1)}{s^2(Ts+1) + \dfrac{h+1}{2h^2T^2}(hTs+1)}$$

$$= \frac{hTs+1}{\dfrac{2h^2}{h+1}T^3s^3 + \dfrac{2h^2}{h+1}T^2s^2 + hTs + 1}$$

因为 $W_{\mathrm{cl}}(s) = \dfrac{C(s)}{R(s)}$，当 $R(t)$ 为单位阶跃函数时，$R(s) = \dfrac{1}{s}$，则

$$C(s) = \frac{hTs+1}{s\left(\dfrac{2h^2}{h+1}T^3s^3 + \dfrac{2h^2}{h+1}T^2s^2 + hTs + 1\right)} \tag{2-83}$$

以 T 为时间基准，当 h 取不同值时，可由式(2-83)求出对应的单位阶跃响应函数 $C(t/T)$，从而计算出超调量 σ、上升时间 t_r/T、调节时间 t_s/T 和振荡次数

k。表2-4列出了它们之间的关系。

表 2-4 典型Ⅱ型系统阶跃输入跟随性能指标(按 M_{rmin} 准则确定参数关系)

h	3	4	5	6	7	8	9	10
σ	52.6%	43.6%	37.6%	33.2%	29.8%	27.2%	25.0%	23.3%
t_r/T	2.40	2.65	2.85	3.0	3.1	3.2	3.3	3.35
t_s/T	12.15	11.65	9.55	10.45	11.30	12.25	13.25	14.20
k	3	2	2	1	1	1	1	1

与表2-2相比较,典型Ⅱ型系统的超调量比典型Ⅰ型系统大。由于过渡过程的衰减振荡性质,调节时间随 h 的变化不是单调的,$h=5$ 时的调节时间最短。此外,h 减小时,上升时间快,h 增大时,超调量小,把各项指标综合起来看,以 $h=5$ 的动态跟随性能比较适中。

在典型Ⅱ型系统中,同样要考虑系统的参数和抗扰性能指标之间的关系。本章的图2-27绘出了双闭环直流调速系统的扰动作用点,其中转速环在负载扰动作用下的动态结构如图2-40所示。

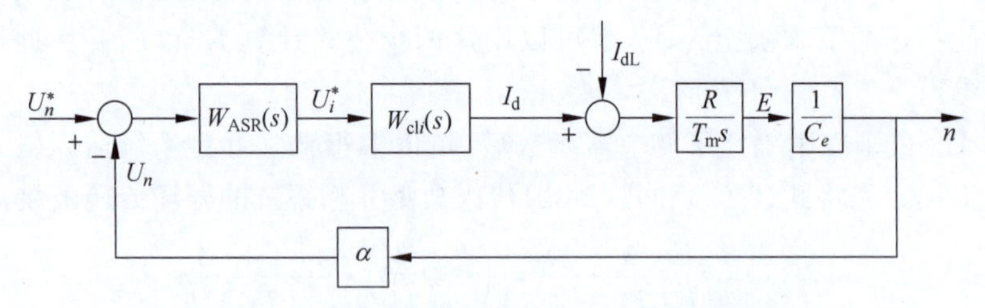

图 2-40 转速环在负载扰动作用下的动态结构图

图中,$W_{cli}(s)$是电流环的闭环传递函数,$W_{ASR}(s)$采用PI调节器,其传递函数$\frac{K_p(\tau_1 s+1)}{\tau_1 s}$。在扰动作用点前后各有一个积分环节,可用图2-41(a)来表示它的动态结构框图,其等效框图为图2-41(b)。在图2-41中,用$\frac{K_d}{Ts+1}$作为一个扰动作用点之前的控制对象,这是为了和式(2-73)所定义的典型Ⅱ型系统形式上一致。在双闭环调速系统中,此环节是电流环的闭环传递函数 $W_{cli}(s)$,如式(2-64)所示,因此需要经过一个近似处理的过程(请见本节后面介绍的"非典型系统的典型化"部分)。

取 $K_1=K_pK_d/\tau_1$,$K_1K_2=K$,$\tau_1=hT$,则图2-41(a)可以改画成图2-41(b)。于是

$$W_1(s)=\frac{K_1(hTs+1)}{s(Ts+1)} \tag{2-84}$$

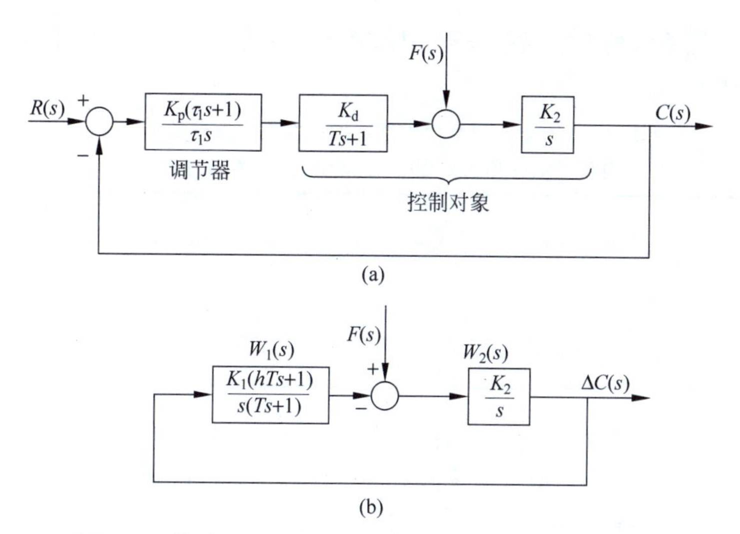

图 2-41　典型Ⅱ型系统在一种扰动作用下的动态结构框图

（a）一种扰动作用下的结构；（b）等效框图

$$W_2(s)=\frac{K_2}{s} \tag{2-85}$$

系统开环传递函数为

$$W(s)=W_1(s)W_2(s)=\frac{K_1(hTs+1)}{s(Ts+1)}\frac{K_2}{s}=\frac{K(hTs+1)}{s^2(Ts+1)}$$

属典型Ⅱ型系统。

在阶跃扰动下，$F(s)=F/s$，由图 2-42(b)得

$$\Delta C(s)=\frac{F}{s}\cdot\frac{W_2(s)}{1+W_1(s)W_2(s)}$$

$$=\frac{\frac{FK_2}{s}}{s+\frac{K(hTs+1)}{s(Ts+1)}}=\frac{FK_2(Ts+1)}{s^2(Ts+1)+K(hTs+1)}$$

在分析典型Ⅱ型系统的跟随性能指标时，是按 M_{rmin} 准则确定参数关系，所以存在着参数关系 $K=\frac{h+1}{2h^2T^2}$，则

$$\Delta C(s)=\frac{\frac{2h^2}{h+1}FK_2T^2(Ts+1)}{\frac{2h^2}{h+1}T^3s^3+\frac{2h^2}{h+1}T^2s^2+hTs+1} \tag{2-86}$$

由式(2-86)可以计算出对应于不同 h 值的动态抗扰过程曲线 $\Delta C(t)$，从而求出各项动态抗扰性能指标，列于表 2-5 中。表中最大动态降落用的基准值为

$$C_b=2FK_2T \tag{2-87}$$

它与典型Ⅰ型系统的基准值取法不一样，系数上的差别完全是为了使各项指标都具有合理的数值。

表 2-5　典型Ⅱ型系统动态抗扰性能指标与参数的关系
(控制结构和扰动作用点如图 2-41 所示，参数关系符合 M_{rmin} 准则)

h	3	4	5	6	7	8	9	10
$\Delta C_{max}/C_b$	72.2%	77.5%	81.2%	84.0%	86.3%	88.1%	89.6%	90.8%
t_m/T	2.45	2.70	2.85	3.00	3.15	3.25	3.30	3.40
t_v/T	13.60	10.45	8.80	12.95	16.85	19.80	22.80	25.85

由表 2-5 中的数据可见，h 值越小，$\Delta C_{max}/C_b$ 也越小，t_m 越短，因而抗扰性能越好。但是，当 $h<5$ 时，由于振荡次数的增加，h 再小，恢复时间 t_v 反而拖长了。由此可见，$h=5$ 是较好的选择，这与跟随性能中调节时间 t_s 最短的条件是一致的(见表 2-4)。

典型Ⅰ型系统和典型Ⅱ型系统除了在稳态误差上的区别以外，在动态性能中，典型Ⅰ型系统在跟随性能上可以做到超调小，但抗扰性能稍差，而典型Ⅱ型系统的超调量相对较大，抗扰性能却比较好。这是设计时选择典型系统的重要依据。

3. 非典型系统的典型化

在上述的介绍中，采用 PI 调节器针对控制对象构成了典型Ⅰ型系统和典型Ⅱ型系统。而实际系统通常与上述的控制对象不一样，此时采用的方法有以下几种可能：

(1) 选用 P、I、PI、PD 及 PID 调节器和不同类的控制对象构成典型Ⅰ型系统或典型Ⅱ型系统；表 2-6 和表 2-7 集中了常见的几类调节器选择和参数配合方法。

(2) 对控制对象的传递函数做近似处理后，校正成典型Ⅰ型系统或典型Ⅱ型系统，选用近似处理的目的是为了设计更为方便。

(3) 如要采用更精确的设计方法，可以采用计算机辅助设计。

表 2-6　校正成典型Ⅰ型系统的调节器选择和参数配合

控制对象	$\dfrac{K_2}{(T_1s+1)(T_2s+1)}$ $T_1>T_2$	$\dfrac{K_2}{Ts+1}$	$\dfrac{K_2}{s(Ts+1)}$	$\dfrac{K_2}{(T_1s+1)(T_2s+1)(T_3s+1)}$ $T_1、T_2>T_3$	$\dfrac{K_2}{(T_1s+1)(T_2s+1)(T_3s+1)}$ $T_1\gg T_2、T_3$
调节器	$\dfrac{K_p(\tau_1s+1)}{\tau_1s}$	$\dfrac{K_i}{s}$	K_p	$\dfrac{(\tau_1s+1)(\tau_2s+1)}{\tau s}$	$\dfrac{K_p(\tau_1s+1)}{\tau_1s}$
参数配合	$\tau_1=T_1$			$\tau_1=T_1,\tau_2=T_2$	$\tau_1=T_1$，$T_\Sigma=T_2+T_3$

表 2-7　校正成典型Ⅱ型系统的调节器选择和参数配合

控制对象	$\frac{K_2}{s(Ts+1)}$	$\frac{K_2}{(T_1s+1)(T_2s+1)}$ $T_1 \gg T_2$	$\frac{K_2}{s(T_1s+1)(T_2s+1)}$ T_1,T_2 相近	$\frac{K_2}{s(T_1s+1)(T_2s+1)}$ T_1,T_2 都很小	$\frac{K_2}{(T_1s+1)(T_2s+1)(T_3s+1)}$ $T_1 \gg T_2、T_3$
调节器	$\frac{K_p(\tau_1s+1)}{\tau_1s}$	$\frac{K_p(\tau_1s+1)}{\tau_1s}$	$\frac{(\tau_1s+1)(\tau_2s+1)}{\tau s}$	$\frac{K_p(\tau_1s+1)}{\tau_1s}$	$\frac{K_p(\tau_1s+1)}{\tau_1s}$
参数配合	$\tau_1=hT$	$\tau_1=hT_2$ 认为：$\frac{1}{Ts_1+1}\approx\frac{1}{T_1s}$	$\tau_1=hT_1$ $\tau_2=T_2$	$\tau_1=h(T_1+T_2)$	$\tau_1=h(T_2+T_3)$ 认为：$\frac{1}{T_1s+1}\approx\frac{1}{T_1s}$

下面讨论几种实际控制对象的工程近似处理方法。

(1) 高频段小惯性环节的近似处理

当高频段有多个小时间常数 T_1、T_2、T_3…的小惯性环节时，可以等效地用一个小时间常数 T 的惯性环节来代替。其等效时间常数 T 为

$$T = T_1 + T_2 + T_3 + \cdots$$

图 2-42 表示了等效前后的开环对数频幅特性，其原先的开环传递函数为

$$W(s) = \frac{K}{s(T_1s+1)(T_2s+1)}$$

其中 T_1、T_2 为小时间常数。它的频率特性为

$$W(\mathrm{j}\omega) = \frac{1}{(\mathrm{j}\omega T_1+1)(\mathrm{j}\omega T_2+1)} = \frac{1}{(1-T_1T_2\omega^2)+\mathrm{j}\omega(T_1+T_2)} \tag{2-88}$$

将两个小惯性环节近似为一个环节，可用 $W'(s)=\frac{K}{s(Ts+1)}$代替 $\omega(s)$，其中 $T=T_1+T_2$，$\omega'(s)$的频率特性为

$$W'(\mathrm{j}\omega) = \frac{1}{1+\mathrm{j}\omega T} = \frac{1}{1+\mathrm{j}\omega(T_1+T_2)} \tag{2-89}$$

要使式(2-88)和式(2-89)近似相等的条件是 $T_1T_2\omega^2 \ll 1$。

在工程计算中，一般允许有 10%以内的误差，因此上面的近似条件可以写成

$$T_1T_2\omega^2 \leqslant \frac{1}{10}$$

或允许频带为

$$\omega \leqslant \sqrt{\frac{1}{10T_1T_2}}$$

考虑到开环频率特性的截止频率 ω_c 与闭环频率特性的带宽 ω_b 一般比较接近，可以用 ω_c 作为闭环系统通频带的标志，而且$\sqrt{10}=3.16\approx3$(取近似整数)，因此近似条件可写成

$$\omega_c \leqslant \frac{1}{3\sqrt{T_1T_2}} \tag{2-90}$$

简化后的对数幅频特性如图2-42中虚线所示。

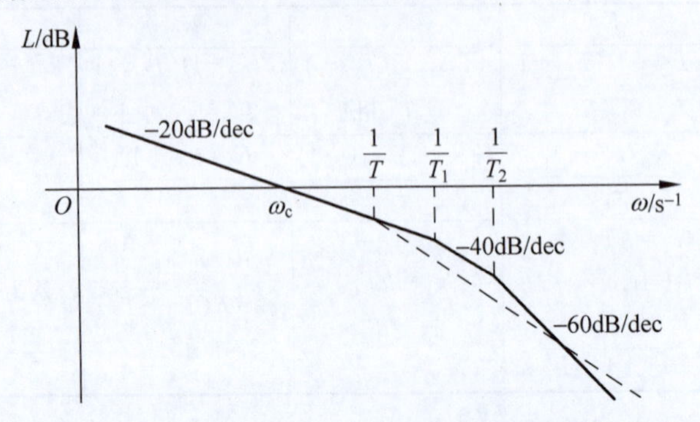

图 2-42　高频段小惯性群近似处理对频率特性的影响

同理,如果有3个小惯性环节,其近似处理的表达式是

$$\frac{1}{(T_1 s+1)(T_2 s+1)(T_3 s+1)} \approx \frac{1}{(T_1+T_2+T_3)s+1} \tag{2-91}$$

可以证明,近似的条件为

$$\omega_c \leqslant \frac{1}{3}\sqrt{\frac{1}{T_1 T_2+T_2 T_3+T_3 T_1}} \tag{2-92}$$

由此可得下述结论:当系统有一组小惯性群时,在一定的条件下,可以将它们近似地看成是一个小惯性环节,其时间常数等于小惯性群中各时间常数之和。

(2) 高阶系统的降阶近似处理

上述小惯性群的近似处理实际上是把多项小惯性环节展开以后,忽略了高次项,它是高阶系统降阶处理的一种特例,它把多阶小惯性环节降为一阶小惯性环节。如果进一步地讨论更一般的情况,就归结为如何能忽略特征方程的高次项。以三阶系统为例,设

$$W(s)=\frac{K}{as^3+bs^2+cs+1} \tag{2-93}$$

其中 a,b,c 都是正系数,且 $bc>a$,即系统是稳定的。若能忽略高次项,可得近似的一阶系统的传递函数为

$$W(s) \approx \frac{K}{cs+1} \tag{2-94}$$

近似条件可以从频率特性导出,推导如下:

$$W(\mathrm{j}\omega)=\frac{K}{a(\mathrm{j}\omega)^3+b(\mathrm{j}\omega)^2+c(\mathrm{j}\omega)+1}=\frac{K}{(1-b\omega^2)+\mathrm{j}\omega(c-a\omega^2)} \approx \frac{K}{1+\mathrm{j}\omega c}$$

近似条件是

$$\begin{cases} b\omega^2 \leqslant \dfrac{1}{10} \\ a\omega^2 \leqslant \dfrac{c}{10} \end{cases}$$

仿照上面的方法，近似条件可以写成

$$\omega_c \leqslant \frac{1}{3}\min\left(\sqrt{\frac{1}{b}},\ \sqrt{\frac{c}{a}}\right) \tag{2-95}$$

(3) 低频段大惯性环节的近似处理

当系统中存在一个时间常数特别大的惯性环节$\frac{1}{Ts+1}$时，可以近似地等效成积分环节$\frac{1}{Ts}$。这个大惯性环节的频率特性为

$$W(j\omega)=\frac{1}{j\omega T+1}=\frac{1}{\sqrt{\omega^2T^2+1}}\angle-\arctan\omega T$$

将它近似成积分环节，其幅值应近似为

$$W'(j\omega)=\frac{1}{\sqrt{\omega^2T^2+1}}\approx\frac{1}{\omega T}$$

显然，近似条件是 $\omega^2T^2\gg 1$，或按工程惯例，$\omega T\geqslant\sqrt{10}$。和前面一样，将 ω 换成 ω_c，并取整数，得

$$\omega_c \geqslant \frac{3}{T} \tag{2-96}$$

按此近似条件考察相角特性的差异：$\arctan\omega T\approx 90°$，当 $\omega T=\sqrt{10}$ 时，$\arctan\omega T=\arctan\sqrt{10}=72.45°$，似乎误差较大。误差的结果是把相角滞后从 72.45°近似为 90°，增加了控制对象的滞后相角，按近似的对象设计系统，实际系统的稳定裕度要大于近似系统，实际系统的稳定性应该更强，因此这样的近似方法是可行的。

再研究一下系统的开环对数幅频特性，若图 2-43 中特性 a 的开环传递函数为

$$W_a(s)=\frac{K(\tau s+1)}{s(T_1s+1)(T_2s+1)}$$

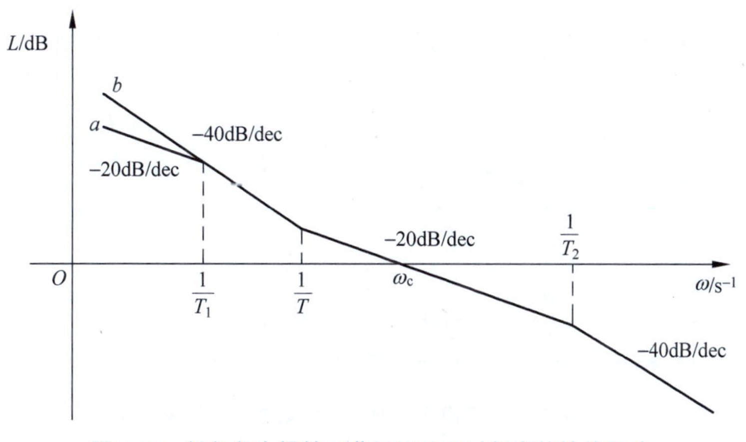

图 2-43　低频段大惯性环节近似处理对频率特性的影响

其中,$T_1 > \tau > T_2$,而且$\frac{1}{T_1}$远低于截止频率ω_c,处于低频段。把大惯性环节$\frac{1}{T_1 s+1}$近似成积分环节$\frac{1}{T_1 s}$时,开环传递函数变成

$$W_b(s)=\frac{K(\tau s+1)}{T_1 s^2(T_2 s+1)}$$

从图2-43的开环对数幅频特性上看,相当于把特性a近似地看成特性b,其差别只在低频段,这样的近似处理对系统的动态性能影响不大。

把惯性环节近似成积分环节的结果是把系统的类型人为地提高了一级,如果原来是Ⅰ型系统,近似处理后变成了Ⅱ型系统,这不能反映实际系统的稳态性能。所以这种近似处理只适用于分析动态性能,当考虑稳态精度时,必须采用原来的传递函数$W_a(s)$。

2.4.3 调节器的设计

用工程设计方法来设计转速、电流双闭环调速系统的原则是先内环后外环。步骤是:先从电流环(内环)开始,对其进行必要的变换和近似处理;然后根据电流环控制要求确定把电流环校正为哪类典型系统;按照控制对象确定电流调节器的类型及其参数;再根据电流调节器参数计算电流调节器的电路参数;当用微机实现数字控制时,按照此参数设计数字调节器。电流环设计完成后,把电流环等效成一个小惯性环节,作为转速环(外环)的一个组成部分,再用同样的方法设计转速环。

图2-44是双闭环调速系统的动态结构框图,它是在图2-25的基础上增加了反馈信号和给定信号的滤波环节。图中虚线所框的是电流环部分,它的反馈信号是电流检测信号,由于电流检测信号中常含有交流分量和检测干扰信号,为了不使它影响到系统的性能,须加低通滤波,这样的滤波环节传递函数可用一阶惯性环节来表示,其滤波时间常数T_{0i}按需要选定。但滤波器也给反馈信号带来了延

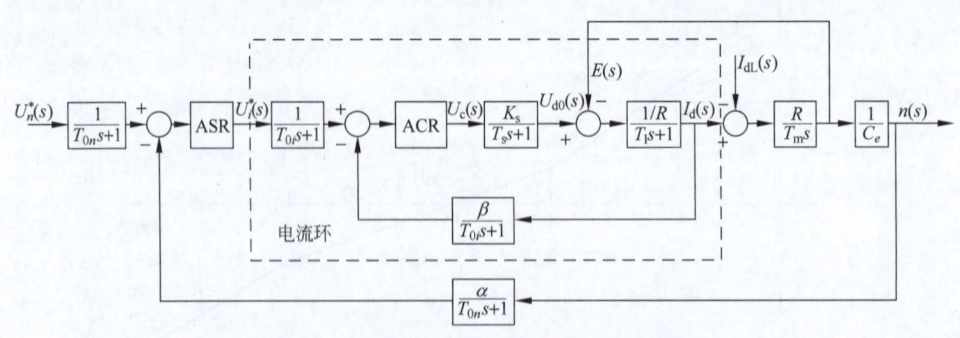

图2-44 双闭环调速系统的动态结构框图

T_{0i}——电流反馈滤波时间常数 T_{0n}——转速反馈滤波时间常数

迟，为了平衡这个延迟作用，在给定信号通道上加入一个时间常数相同的惯性环节，称作给定滤波环节。对于转速环而言，同样也需要一个滤波环节，用来抑制转速检测干扰信号，滤波时间常数用 T_{0n} 表示。根据和电流环一样的道理，在转速给定通道上也加入时间常数为 T_{0n} 的给定滤波环节。

1. 电流调节器的设计

在 2.2.3 节中，曾分析过电流环的动态性能特性。在给定信号作用下，希望它有很好的跟随性能，超调要小，应保证电枢电流不超过允许值；电流环的抗扰作用是体现在对电网电压的波动上。一般说来，电流环应以跟随性能为主，即应选用典型 Ⅰ 型系统。若要其具有较好的抗扰性能，则应校正成典型 Ⅱ 型系统，当然花出的代价是增大了电流的超调量。

在进行调节器设计前，必须对图 2-44 中的动态结构图进行化简。第一个问题是反电动势与电流反馈的作用相互交叉，这将给设计工作带来麻烦。反电动势 $E=C_e n$，它代表转速对电流环的影响。在一般情况下，系统的电磁时间常数 T_l 远小于机电时间常数 T_m，因此，转速的变化往往比电流变化慢得多；对电流环来说，反电动势是一个变化缓慢的扰动，在电流的瞬变过程中，可以认为反电动势基本不变，即 $\Delta E \approx 0$。这样，在按动态性能设计电流环时，可以暂不考虑反电动势变化的动态影响，也就是说，可以暂且把反电动势的作用去掉，得到忽略电动势影响的电流环近似结构图，如图 2-45(a)所示。可以证明(见参考文献[2])，忽略反电动势对电流环作用的近似条件是

$$\omega_{ci} \geqslant 3\sqrt{\frac{1}{T_m T_l}} \tag{2-97}$$

式中，ω_{ci}——电流环开环频率特性的截止频率。

对于图 2-45(a)中的给定信号和反馈信号，通道中都存在相同滤波时间常数的滤波环节，可以把它们等效地移到环内，同时把给定信号改成$\dfrac{u_i^*(s)}{\beta}$，结果把电流环等效成了单位负反馈系统(图 2-45(b))，这也是取两个相同滤波时间常数所带来的方便之处。

在图 2-45(b)所示的单位负反馈系统中，存在着三个惯性环节，它们的时间常数为 T_l、T_s 和 T_{0i}，而且 T_s 和 T_{0i} 一般都比 T_l 小得多。按照高频段小惯性环节的近似处理的原则，可把高频段的 T_s 和 T_{0i} 等效地用一个小时间常数 $T_{\Sigma i}$ 的惯性环节来代替。其等效时间常数 $T_{\Sigma i}$ 为

$$T_{\Sigma i}=T_s+T_{0i} \tag{2-98}$$

按式(2-90)，简化的近似条件为

$$\omega_{ci} \leqslant \frac{1}{3}\sqrt{\frac{1}{T_s T_{0i}}} \tag{2-99}$$

按表 2-6 校正成典型 Ⅰ 型系统的调节器选择和参数配合，对于时间常数相差

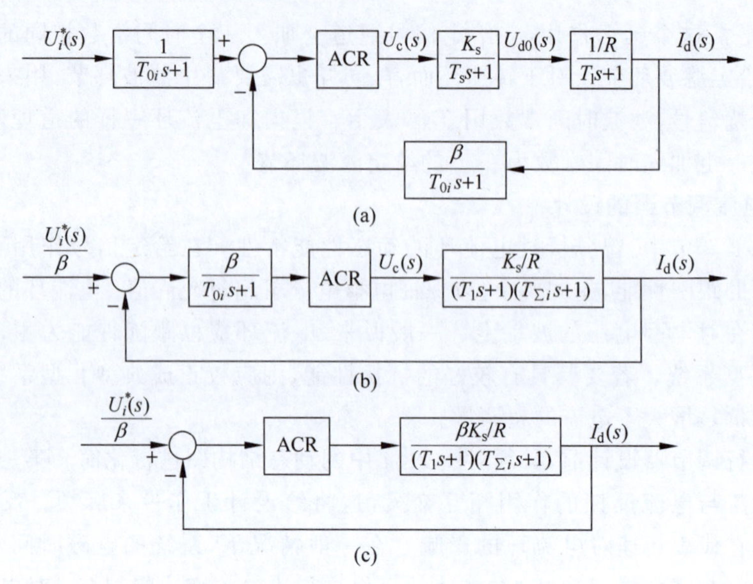

图 2-45 电流环的动态结构图及其化简

(a) 忽略反电动势的动态影响；(b) 等效成单位负反馈系统；(c) 小惯性环节近似处理

较大的双惯性型的控制对象，应采用 PI 型的电流调节器，其传递函数可以写成

$$W_{\mathrm{ACR}}(s)=\frac{K_i(\tau_i s+1)}{\tau_i s} \tag{2-100}$$

式中，K_i——电流调节器的比例系数，τ_i——电流调节器的超前时间常数。

因为 $T_l \gg T_{\Sigma i}$，所以要选择

$$\tau_i=T_l \tag{2-101}$$

使得调节器零点与控制对象中大的时间常数极点对消，图 2-46(a)便是校正成典型Ⅰ型系统的电流环的动态结构图，其中

$$K_I=\frac{K_i K_s \beta}{\tau_i R} \tag{2-102}$$

图 2-46(b)绘出了校正后电流环的开环对数幅频特性。

在一般情况下，希望电流超调量 $\sigma_i \leqslant 5\%$，可选 $\xi=0.707$，$K_I T_{\Sigma i}=0.5$，则

$$K_I=\omega_{ci}=\frac{1}{2T_{\Sigma i}} \tag{2-103}$$

再利用式(2-102)得到

$$K_i=\frac{T_l R}{2K_s \beta T_{\Sigma i}}=\frac{R}{2K_s \beta}\left(\frac{T_l}{T_{\Sigma i}}\right) \tag{2-104}$$

图 2-47 为含给定滤波和反馈滤波的 PI 型电流调节器原理图。图中 U_i^* 为电流给定电压，$-\beta I_d$ 为电流负反馈电压，调节器的输出就是电力电子变换器的控制电压 U_c。

根据运算放大器的电路原理，可以容易地导出

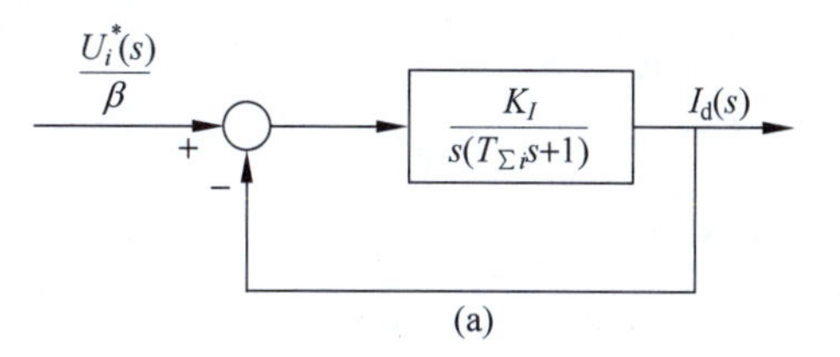

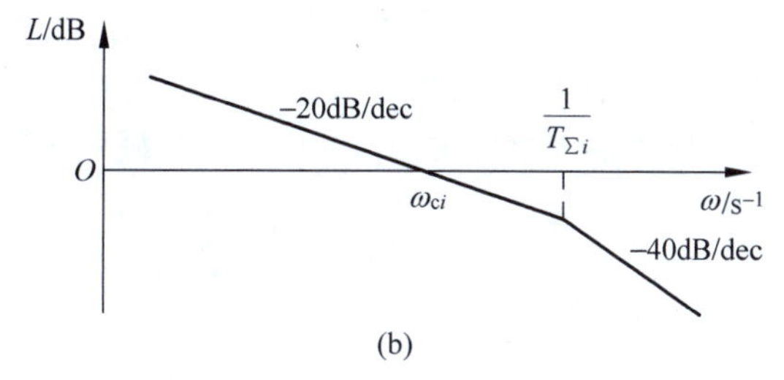

图 2-46　校正成典型Ⅰ型系统的电流环

(a) 动态结构图；(b) 开环对数幅频特性

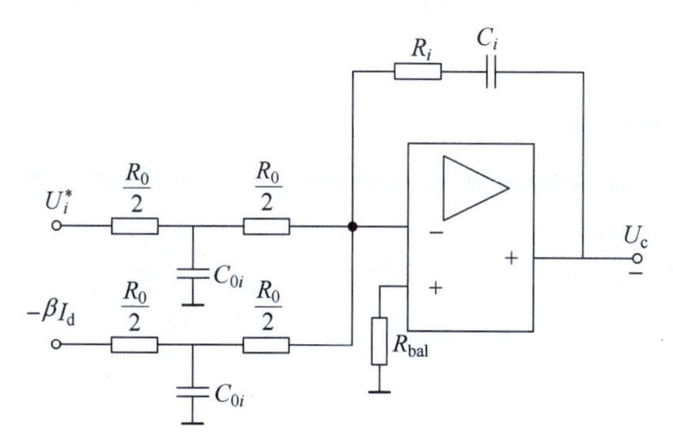

图 2-47　含给定滤波和反馈滤波的 PI 型电流调节器

$$K_i=\frac{R_i}{R_0} \tag{2-105}$$

$$\tau_i=R_iC_i \tag{2-106}$$

$$T_{0i}=\frac{1}{4}R_0C_{0i} \tag{2-107}$$

从而可计算出调节器的具体电路参数。如果采用微机控制的调速系统，则根据离散的数字 PI 算法设计控制软件。

根据图 2-46(a)，按典型Ⅰ型系统设计的电流环的闭环传递函数为

$$W_{cli}(s)=\frac{I_d(s)}{U_i^*(s)/\beta}=\frac{\dfrac{K_I}{s(T_{\Sigma i}s+1)}}{1+\dfrac{K_I}{s(T_{\Sigma i}s+1)}}=\frac{1}{\dfrac{T_{\Sigma i}}{K_I}s^2+\dfrac{1}{K_I}s+1} \tag{2-108}$$

采用高阶系统的降阶近似处理的方法忽略高次项，$W_{cli}(s)$可降阶近似为

$$W_{\mathrm{cl}i}(s) \approx \frac{1}{\frac{1}{K_I}s+1} \tag{2-109}$$

根据式(2-95)得到降阶近似条件

$$\omega_{cn} \leqslant \frac{1}{3}\sqrt{\frac{K_I}{T_{\Sigma i}}} \tag{2-110}$$

式中，ω_{cn}——转速环开环频率特性的截止频率。

根据图2-44，电流环的输入量应为$U_i^*(s)$，因此电流环在转速环中应等效为

$$\frac{I_{\mathrm{d}}(s)}{U_i^*(s)} = \frac{W_{\mathrm{cl}i}(s)}{\beta} \approx \frac{\frac{1}{\beta}}{\frac{1}{K_I}s+1} \tag{2-111}$$

电流的闭环控制改造了控制对象，把双惯性环节的电流环控制对象近似地等效成只有较小时间常数$\frac{1}{K_I}$的一阶惯性环节，加快了电流的跟随作用，这是局部闭环(内环)控制的一个重要功能。

2. 转速调节器的设计

电流环用其等效传递函数代替后，整个转速控制系统的动态结构图便如图2-48(a)所示。和电流环的设计方法一样，可将转速环等效为单位负反馈的形式，即把转速给定滤波和反馈滤波环节等效地移到环内，并将滤波时间常数和电流环的时间常数近似为一个时间常数为$T_{\Sigma n}$的小惯性环节

$$T_{\Sigma n} = \frac{1}{K_I} + T_{0n} \tag{2-112}$$

把给定信号改成$U_n^*(s)/\alpha$，则转速环结构图可简化成图2-48(b)。可以看出，转速环的控制对象是由一个积分环节和一个惯性环节组成，$I_{\mathrm{dL}}(s)$是负载扰动。系统实现无静差的必要条件是：在负载扰动点之前必须含有一个积分环节。因此，转速开环传递函数应有两个积分环节，所以应该按典型Ⅱ型系统设计。由此可见，ASR也应该采用PI调节器，其传递函数为

$$W_{\mathrm{ASR}}(s) = \frac{K_n(\tau_n s+1)}{\tau_n s} \tag{2-113}$$

式中，K_n——转速调节器的比例系数，τ_n——转速调节器的超前时间常数。

转速系统的开环传递函数为

$$W_n(s) = \frac{K_n(\tau_n s+1)}{\tau_n s} \cdot \frac{\frac{\alpha R}{\beta}}{C_e T_{\mathrm{m}} s(T_{\Sigma n}s+1)} = \frac{K_n \alpha R(\tau_n s+1)}{\tau_n \beta C_e T_{\mathrm{m}} s^2(T_{\Sigma n}s+1)}$$

令转速环开环增益K_N为

$$K_N = \frac{K_n \alpha R}{\tau_n \beta C_e T_{\mathrm{m}}} \tag{2-114}$$

则

$$W_n(s)=\frac{K_N(\tau_n s+1)}{s^2(T_{\Sigma n}s+1)} \tag{2-115}$$

不考虑负载扰动时，校正后的调速系统动态结构图示于图 2-48(c)。

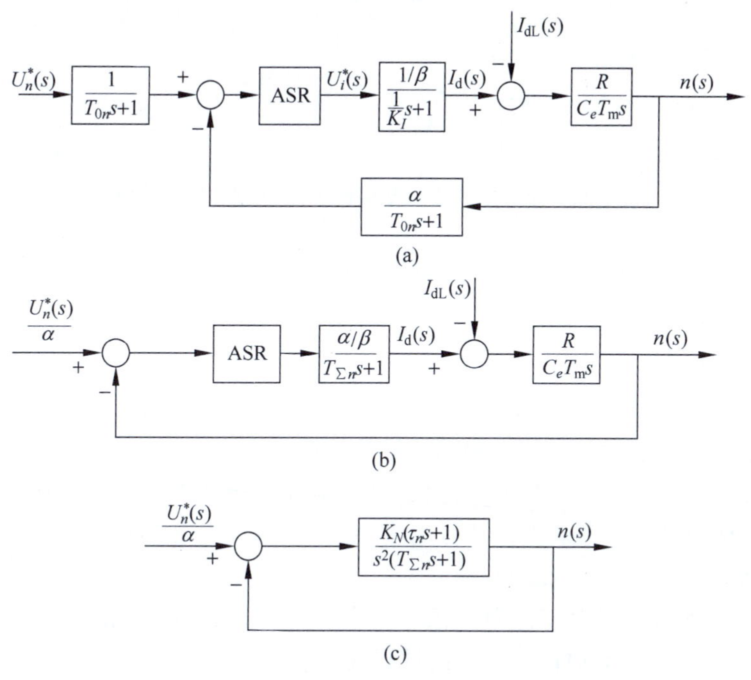

图 2-48　转速环的动态结构图及其简化

(a) 用等效环节代替电流环；(b) 等效成单位负反馈系统和小惯性的近似处理；

(c) 校正后成为典型Ⅱ型系统

转速调节器的参数包括 K_n 和 τ_n，按照典型Ⅱ型系统的参数关系，由式(2-74)得

$$\tau_n=hT_{\Sigma n} \tag{2-116}$$

再由式(2-82)得

$$K_N=\frac{h+1}{2h^2T_{\Sigma n}^2} \tag{2-117}$$

因此，

$$K_n=\frac{(h+1)\beta C_eT_m}{2h\alpha RT_{\Sigma n}} \tag{2-118}$$

至于中频宽 h 应选择多少，要看动态性能的要求决定，一般以选择 $h=5$ 为好。

含给定滤波和反馈滤波的 PI 型转速调节器原理图示于图 2-49，图中 U_n^* 为转速给定电压，$-\alpha n$ 为转速负反馈电压，调节器的输出是电流调节器的给定电压 U_i^*。

与电流调节器相似，转速调节器参数与电阻、电容值的关系为

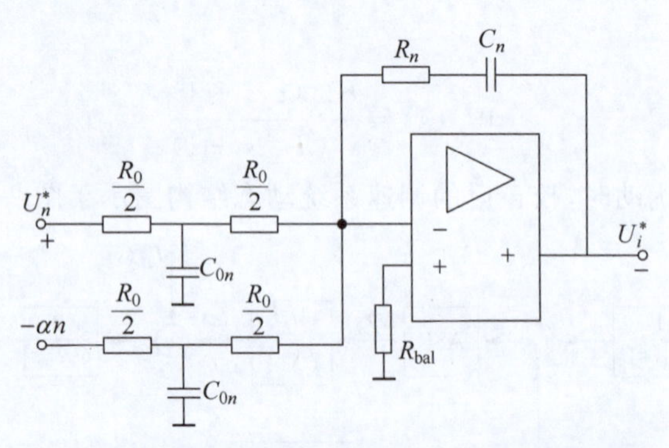

图 2-49　含给定滤波和反馈滤波的 PI 型转速调节器

$$K_n = \frac{R_n}{R_0} \tag{2-119}$$

$$\tau_n = R_n C_n \tag{2-120}$$

$$T_{0n} = \frac{1}{4} R_0 C_{0n} \tag{2-121}$$

3. 转速调节器退饱和时转速超调量的计算

当转速环按典型Ⅱ型系统进行设计后,实现了稳态无静差的目标,且动态抗干扰性能优于典型Ⅰ型系统。但是,根据表 2-4 可知,系统阶跃响应超调量都大于20%,显然不能满足工程设计的要求。

如果转速调节器没有饱和限幅的约束,调速系统可以在很大范围内线性工作,则双闭环系统启动时的转速过渡过程就会如图 2-34 那样,产生较大的超调量。然而,当突加给定电压后,转速调节器很快就进入饱和状态,输出恒定的限幅电压 $U_{i\mathrm{m}}^*$,使电动机在恒流条件下启动。图 2-50 再现了在转速调节器饱和状况下双闭环调速系统的启动过程。启动过程分为电流上升、恒流升速和转速调节 3 个阶段。如果从转速调节器的角度来考虑全部启动过程,转速调节器在此 3 个阶段中是经历了不饱和、饱和以及退饱和 3 种情况。

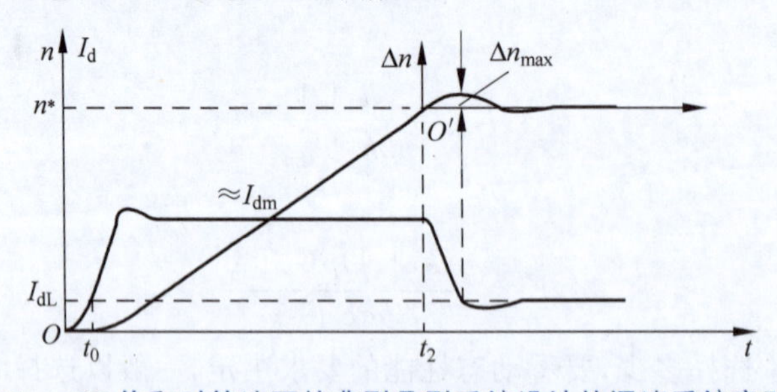

图 2-50　ASR 饱和时转速环按典型Ⅱ型系统设计的调速系统启动过程

当转速超过稳定值 n^* 之后,转速调节器 ASR 由饱和限幅状态进入线性调节状态,此时的转速环由开环进入闭环控制,迫使电流由最大值 I_{dm} 降到负载电流 I_{dL}。ASR 开始退饱和时,由于电动机电流 I_d 仍大于负载电流 I_{dL},电动机继续加速，直到 $I_d \leqslant I_{dL}$ 时，转速才降低。因此，在启动过程中转速必然超调。但是，这已经不是按线性系统规律的超调，而是经历了饱和非线性区域之后的超调，称作"退饱和超调"。

计算退饱和超调量的求解比较麻烦，如果把退饱和过程与同一系统在负载扰动下的过渡过程对比一下，不难发现二者之间的相似之处，于是就可找到一条计算退饱和超调量的捷径。首先将图 2-50 的坐标原点从 O 点移到 O' 点，也就是假定调速系统原来是在 I_{dm} 的条件下运行于转速 n^*，在 O' 点突然将负载由 I_{dm} 降到 I_{dL}，转速会在突减负载的情况下，产生一个速升与恢复的过程，突减负载的速升过程与退饱和超调过程是完全相同的。

图 2-51(a)是以转速 n 为输出量的调速系统的动态结构框图，现在只考虑稳态转速 n^* 以上的超调部分 $\Delta n = n - n^*$，坐标原点已移到 O' 点，相应的动态结构图变成图 2-51(b)，初始条件则转化为

$$\Delta n(0) = 0, \quad I_d(0) = I_{dm}$$

由于图 2-51(b)的给定信号为零，可以不画，而把 Δn 的负反馈作用反映到主通道第一个环节的输出量上来，得图 2-51(c)。为了保持图 2-51(c)和图 2-51(b)各量

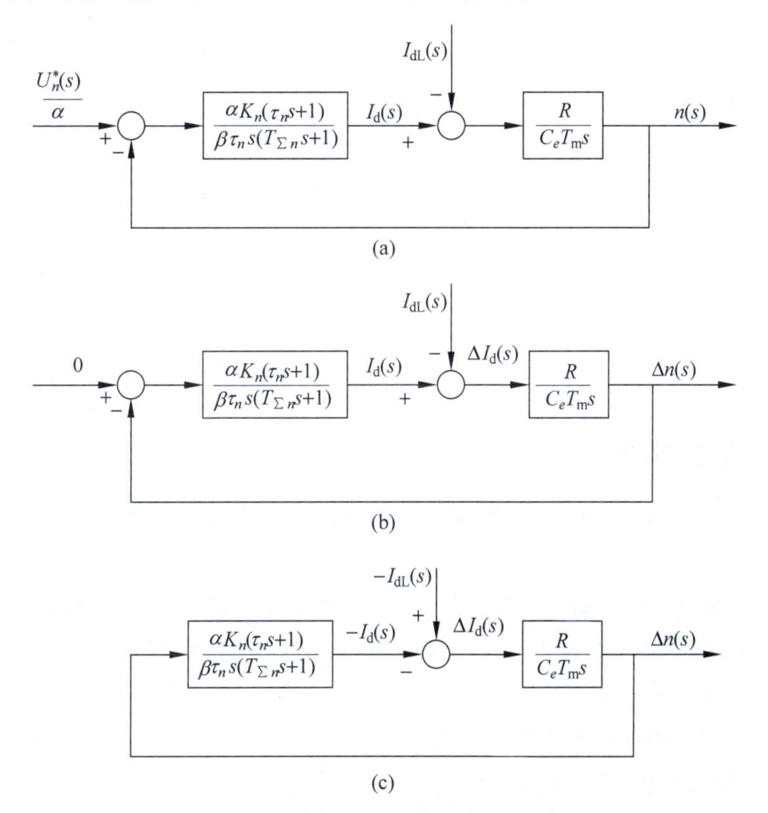

图 2-51　调速系统的等效动态结构图

(a) 以转速 n 为输出量；(b) 以转速超调值 Δn 为输出量；(c) 图(b)的等效变换

间的加减关系不变,图2-51(c)中 I_d 和 I_{dL} 的+、－号作相应的变化。

把图2-51(c)和讨论典型Ⅱ型系统抗扰过程所用的图2-41(b)比较一下,不难看出,它们是完全相同的。可以利用表2-5给出的典型Ⅱ型系统抗扰性能指标来计算退饱和超调量,只要注意正确计算 Δn 的基准值即可。

在典型Ⅱ型系统抗扰性能指标中,由式(2-87)表达的 ΔC 的基准值是

$$C_b = 2FK_2T$$

对比图2-41(b)和图2-51(c)可知,

$$K_2 = \frac{R}{C_e T_m}$$

$$T = T_{\Sigma n}$$

而

$$F = I_{dm} - I_{dL}$$

所以 Δn 的基准值应该是

$$\Delta n_b = \frac{2RT_{\Sigma n}(I_{dm} - I_{dL})}{C_e T_m} \tag{2-122}$$

令 λ 为电动机允许的过载倍数,$I_{dm}=\lambda I_{dN}$,z 为负载系数,$I_{dL}=zI_{dN}$,Δn_N 为调速系统开环机械特性的额定稳态速降,$\Delta n_N=\frac{I_{dN}R}{C_e}$,代入式(2-122),可得

$$\Delta n_b = 2(\lambda - z)\Delta n_N \frac{T_{\Sigma n}}{T_m} \tag{2-123}$$

作为转速超调量 σ_n,其基准值应该是 n^*,因此退饱和超调量可以由表2-5列出的 $\Delta C_{max}/C_b$ 数据经基准值换算后求得,即

$$\sigma_n = \left(\frac{\Delta C_{max}}{C_b}\right)\frac{\Delta n_b}{n^*} = 2\left(\frac{\Delta C_{max}}{C_b}\right)(\lambda - z)\frac{\Delta n_N}{n^*}\frac{T_{\Sigma n}}{T_m} \tag{2-124}$$

2.4.4 设计举例

某晶闸管供电的双闭环直流调速系统,整流装置采用三相桥式电路,基本数据如下。

(1) 直流电动机:额定电压 $U_N=220\text{V}$,额定电流 $I_{dN}=136\text{A}$,额定转速 $n_N=1460\text{r/min}$,电动机电势系数 $C_e=0.132\text{V}\cdot\text{min/r}$,允许过载倍数 $\lambda=1.5$;

(2) 晶闸管装置放大系数:$K_s=40$;

(3) 电枢回路总电阻:$R=0.5\Omega$;

(4) 时间常数:$T_l=0.03\text{s}$,$T_m=0.18\text{s}$;

(5) 电流反馈系数:$\beta=0.05\text{V/A}(\approx 10\text{V}/1.5I_N)$;

(6) 转速反馈系数:$\alpha=0.007\text{V}\cdot\text{min/r}(\approx 10\text{V}/n_N)$。

设计要求。

(1) 静态指标：无静差；

(2) 动态指标：电流超调量 $\sigma_i \leqslant 5\%$；空载启动到额定转速时的转速超调量 $\sigma_n \leqslant 10\%$。

1. 电流环的设计

(1) 确定时间常数

① 整流装置滞后时间常数 T_s：按表 1-1，三相桥式电路的平均失控时间 $T_s = 0.0017\text{s}$。

② 电流滤波时间常数 T_{0i}：三相桥式电路每个波头的时间是 3.3ms，为了基本滤平波头，应有 $(1 \sim 2)T_{0i} = 3.3\text{ms}$，因此取 $T_{0i} = 2\text{ms} = 0.002\text{s}$。

③ 电流环小时间常数之和 $T_{\Sigma i}$：按小时间常数近似处理，$T_{\Sigma i} = T_s + T_{0i} = 0.0037\text{s}$。

(2) 选择电流调节器结构

根据设计要求 $\sigma_i \leqslant 5\%$，并保证稳态电流无差，可按典型Ⅰ型系统设计电流调节器。由于电流环控制对象是双惯性型的，因此可用 PI 型电流调节器，其传递函数如式(2-100)。

检查对电源电压的抗扰性能：$\dfrac{T_1}{T_{\Sigma i}} = \dfrac{0.03}{0.0037} = 8.11$，参看表 2-2 的典型Ⅰ型系统动态抗扰性能，可以查得各项指标。

(3) 计算电流调节器参数

① 电流调节器超前时间常数：$\tau_i = T_1 = 0.03\text{s}$。

② 电流环开环增益：要求 $\sigma_i \leqslant 5\%$ 时，按表 2-1，应取 $K_I T_{\Sigma i} = 0.5$，因此

$$K_I = \frac{0.5}{T_{\Sigma i}} = \frac{0.5}{0.0037} = 135.1(\text{s}^{-1})$$

于是，ACR 的比例系数为

$$K_i = \frac{K_I \tau_i R}{K_s \beta} = \frac{135.1 \times 0.03 \times 0.5}{40 \times 0.05} = 1.013$$

(4) 校验近似条件

① 电流环截止频率：$\omega_{ci} = K_I = 135.1\text{s}^{-1}$

② 晶闸管整流装置传递函数的近似条件：

$$\frac{1}{3T_s} = \frac{1}{3 \times 0.0017} = 196.1(\text{s}^{-1}) > \omega_{ci}$$

满足近似条件。

③ 忽略反电动势变化对电流环动态影响的条件：

$$3\sqrt{\frac{1}{T_m T_1}} = 3 \times \sqrt{\frac{1}{0.18 \times 0.03}} = 40.82(\text{s}^{-1}) < \omega_{ci}$$

满足近似条件。

④ 电流环小时间常数近似处理条件：

$$\frac{1}{3}\sqrt{\frac{1}{T_s T_{0i}}}=\frac{1}{3}\times\sqrt{\frac{1}{0.0017\times0.002}}=180.8(\mathrm{s}^{-1})>\omega_{ci}$$

满足近似条件。

(5) 计算调节器电阻和电容

电流调节器原理如图2-47，按所用运算放大器取 $R_0=40\mathrm{k}\Omega$，各电阻和电容值计算如下：

$$R_i=K_iR_0=1.013\times40=40.52(\mathrm{k}\Omega)\quad(\text{取}\ 40\mathrm{k}\Omega)$$

$$C_i=\frac{\tau_i}{R_i}=\frac{0.03}{40\times10^3}\mathrm{F}=0.75\times10^{-6}\mathrm{F}=0.75\mu\mathrm{F}\quad(\text{取}\ 0.75\mu\mathrm{F})$$

$$C_{0i}=\frac{4T_{0i}}{R_0}=\frac{4\times0.002}{40\times10^3}\mathrm{F}=0.2\times10^{-6}\mathrm{F}=0.2\mu\mathrm{F}\quad(\text{取}\ 0.2\mu\mathrm{F})$$

按照上述参数，电流环可以达到的动态跟随性能指标为 $\sigma_i=4.3\%<5\%$(见表2-1)，满足设计要求。

2. 转速环的设计

(1) 确定时间常数

① 电流环等效时间常数 $\frac{1}{K_I}$：已取 $K_IT_{\Sigma i}=0.5$，则

$$\frac{1}{K_I}=2T_{\Sigma i}=2\times0.0037=0.0074(\mathrm{s})$$

② 转速滤波时间常数 T_{0n}：根据所用测速发电动机纹波情况，取 $T_{0n}=0.01\mathrm{s}$。

③ 转速环小时间常数 $T_{\Sigma n}$：按小时间常数近似处理，取

$$T_{\Sigma n}=\frac{1}{K_I}+T_{0n}=0.0074+0.01=0.0174(\mathrm{s})$$

(2) 选择转速调节器结构

按照设计要求，选用PI调节器，其传递函数如式(2-113)。

(3) 计算转速调节器参数

按抗扰性能都较好的原则，取 $h=5$，则ASR的超前时间常数为

$$\tau_n=hT_{\Sigma n}=5\times0.0174=0.087(\mathrm{s})$$

由式(2-114)可求得转速环开环增益

$$K_N=\frac{h+1}{2h^2T_{\Sigma n}^2}=\frac{6}{2\times5^2\times0.0174^2}=396.4(\mathrm{s}^{-2})$$

于是，由式(2-118)，ASR的比例系数为

$$K_n=\frac{(h+1)\beta C_eT_\mathrm{m}}{2h\alpha RT_{\Sigma n}}=\frac{6\times0.05\times0.132\times0.18}{2\times5\times0.007\times0.5\times0.0174}=11.7$$

(4) 检验近似条件

① 由式(2-75)可知，转速环截止频率为

$$\omega_{cn}=\frac{K_N}{\omega_1}=K_N\tau_n=396.4\times0.087=34.5(\mathrm{s}^{-1})$$

② 电流环传递函数简化条件：

$$\frac{1}{3}\sqrt{\frac{K_I}{T_{\Sigma i}}}=\frac{1}{3}\sqrt{\frac{135.1}{0.0037}}=63.7(\mathrm{s}^{-1})>\omega_{cn}$$

满足简化条件。

③ 转速环小时间常数近似处理条件：

$$\frac{1}{3}\sqrt{\frac{K_I}{T_{0n}}}=\frac{1}{3}\sqrt{\frac{135.1}{0.01}}=38.7(\mathrm{s}^{-1})>\omega_{cn}$$

满足近似条件。

(5) 计算调节器电阻和电容

转速调节器原理如图 2-49，取 $R_0=40\mathrm{k\Omega}$，则

$$R_n=K_nR_0=11.7\times40=468(\mathrm{k\Omega})(\text{取 }470\mathrm{k\Omega})$$

$$C_n=\frac{\tau_n}{R_n}=\frac{0.087}{470\times10^3}\mathrm{F}=0.185\times10^{-6}\mathrm{F}=0.185\mu\mathrm{F}(\text{取 }0.2\mu\mathrm{F})$$

$$C_{0n}=\frac{4T_{0n}}{R_0}=\frac{4\times0.01}{40\times10^3}\mathrm{F}=1\times10^{-6}\mathrm{F}=1\mu\mathrm{F}(\text{取 }1\mu\mathrm{F})$$

(6) 校核转速超调量

设理想空载启动时 $z=0$，由表 2-5 查得 $\Delta C_{\max}/C_{\mathrm{b}}=81.2\%$，代入式(2-124)，可得

$$\sigma_n=\left(\frac{\Delta C_{\max}}{C_{\mathrm{b}}}\right)\frac{\Delta n_{\mathrm{b}}}{n^*}=2\left(\frac{\Delta C_{\max}}{C_{\mathrm{b}}}\right)(\lambda-z)\frac{\Delta n_{\mathrm{N}}}{n^*}\cdot\frac{T_{\Sigma n}}{T_{\mathrm{m}}}$$

$$=2\times81.2\%\times1.5\times\frac{\frac{136\times0.5}{0.132}}{1460}\times\frac{0.0174}{0.18}=8.31\%<10\%$$

能满足设计要求。

*2.5　直流调速系统的仿真

利用 MATLAB 下的 Simulink 软件进行系统仿真十分简单和直观，用户可以用图形化的方法直接建立仿真系统的模型，并通过 Simulink 环境中的菜单直接启动系统的仿真过程，同时将结果在示波器上显示出来；所以掌握了强大的 Simulink 工具后，会大大增强用户系统仿真的能力。在 2.4.3 节中，对工程中用得最多的典型Ⅰ型系统和典型Ⅱ型系统的设计方法进行了详细的分析，在此基础

上,利用 Simulink 软件可以更为直观地得到系统仿真的结果,从而对调节器的参数进行更为精确的调整。

下面就以 2.4.4 节设计的转速、电流双调速系统为例,学习 Simulink 软件的仿真方法,读者可根据需要将这种仿真方法推广到其他类型的控制系统的仿真中。

1. 仿真模型的建立

进入 MATLAB,单击 MATLAB 命令窗口工具栏中的 Simulink 图标,或直接键入 Simulink 命令,打开 Simulink 模块浏览器窗口,如图 2-52 所示。由于版本的不同,各个版本的模块浏览器的表示形式略有不同,但不影响基本功能的使用。

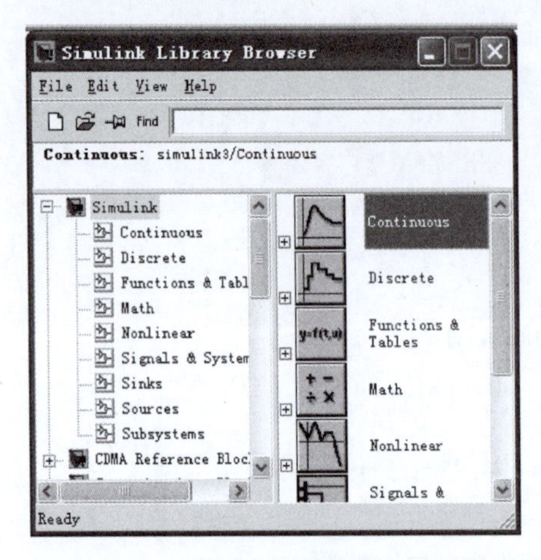

图 2-52 Simulink 模块浏览器窗口

(1) 打开模型编辑窗口:通过单击 Simulink 工具栏中新模型的图标或选择 File→New→Model 菜单项实现。

(2) 复制相关模块:双击所需子模块库图标,则可打开它,以鼠标左键选中所需的子模块,拖入模型编辑窗口。

在本例中,需要把 Sources 组中的 Step 模块拖入模型编辑窗口;把 Math 组中的 Sum 模块拖入模型编辑窗口;把 Continuous 组中的 Transfer Fcn 模块拖入模型编辑窗口;把 Sinks 组中的 Scope 模块拖入模型编辑窗口;至此,把电流环的动态结构框图所需的模块都已拖入模型编辑窗口,如图 2-53 所示。

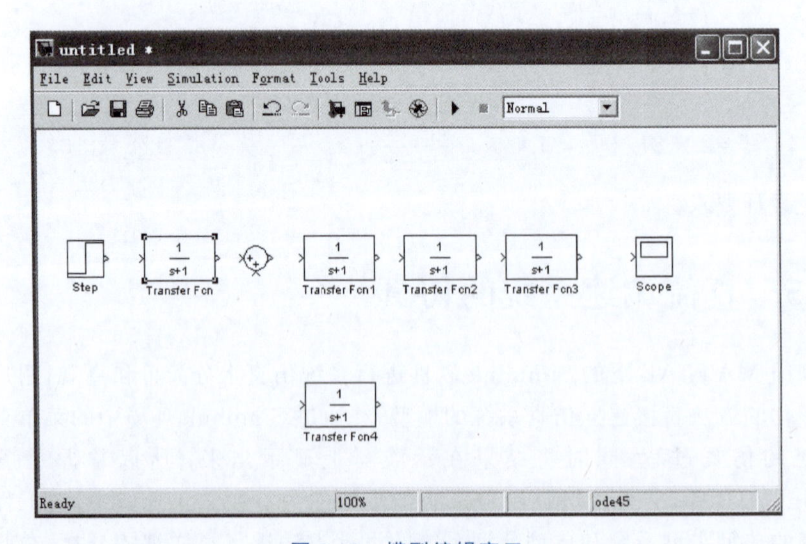

图 2-53 模型编辑窗口

(3) 修改模块参数：双击模块图案，则出现关于该图案的对话框，通过修改对话框内容来设定模块的参数。

在本例中，双击加法器模块 Sum，打开如图 2-54 所示的对话框，在 List of signs 栏目描述加法器 3 路输入的符号，其中|表示该路没有信号，所以用|+－取代原来的符号，得到动态结构框图中所需的减法器模块。

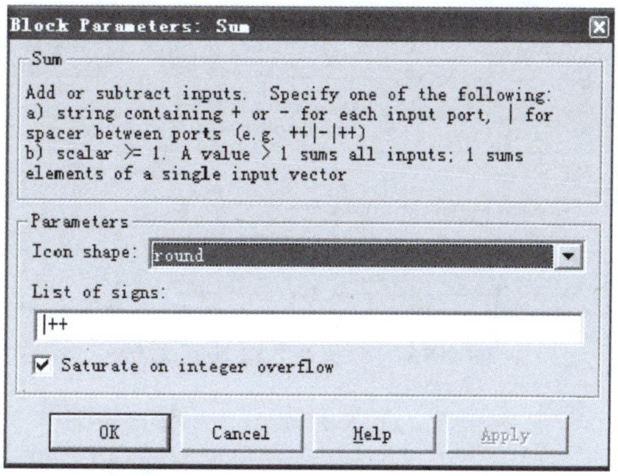

图 2-54　加法器模块对话框

双击控制器的模块(Transfer Fcn)，则将打开如图 2-55 所示的对话框，只需在其分子 Numerator 和分母 Denominator 栏目分别填写系统的分子多项式和分母多项式系数，例如 0.002s+1 是用向量[0.002 1]来表示的。

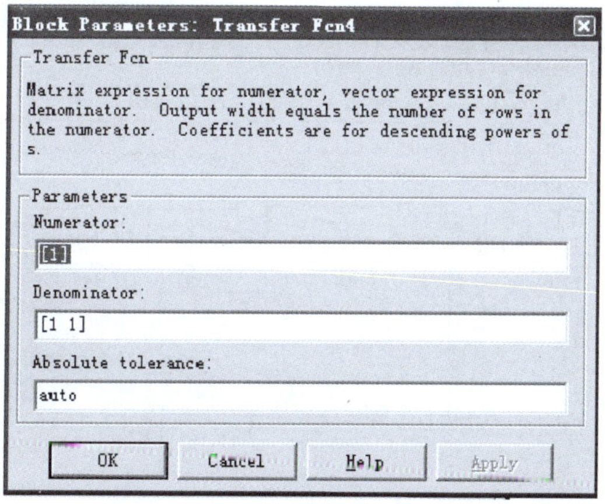

图 2-55　传递函数模块对话框

双击阶跃输入模块可以把阶跃时刻(Step time)参数从默认的 1 改到 0，把阶跃值(Final value) 从默认的 1 改到 10，见图 2-56。

(4) 模块连接：以鼠标左键单击起点模块输出端，拖动鼠标至终点模块输入端处，则在两模块间产生"→"线。

按照图 2-53 的情况，反馈回路中的模块的输入端和输出端的方向位置不妥，

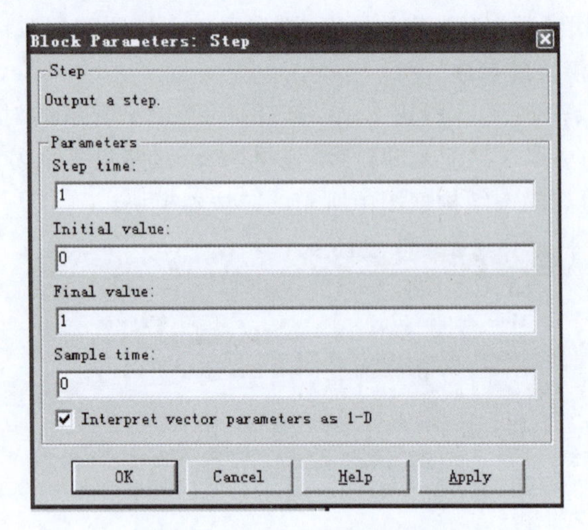

图 2-56 阶跃输入模块对话框

应该把它水平反转。单击该模块,选取 Format→Rotate Block 菜单项可使模块旋转 90°;选取 Format→Flip Block 菜单项可使模块翻转。

当一个信号要分送到不同模块的多个输入端时,需要绘制分支线,通常可把鼠标移到期望的分支线的起点处,按下鼠标的右键,看到光标变为十字后,拖动鼠标直至分支线的终点处,释放鼠标按钮,就完成了分支线的绘制。

模块连接完成后的仿真模型如图 2-57 所示。

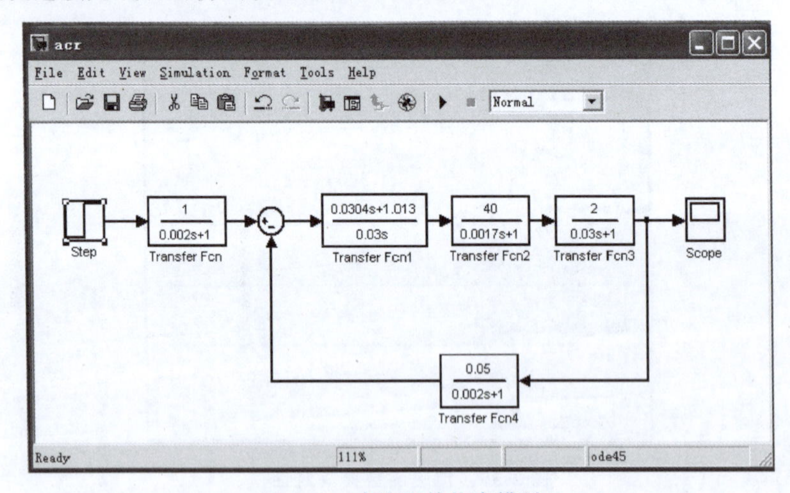

图 2-57 电流环的仿真模型

2. 电流闭环控制系统仿真

(1) 仿真过程的启动:单击启动仿真工具条的按钮▶或选择 Simulation→Start 菜单项,则可启动仿真过程,再双击示波器模块就可以显示仿真结果,如图 2-58 所示。

(2) 仿真参数的设置：从图 2-58 显示的仿真结果来看，无法对阶跃给定响应的过渡过程有一个清晰的了解，需要对示波器显示格式作一个修改，对示波器的默认值逐一改动。改动的方法有多种，其中一种方法是选中图 2-53 Simulink 模型窗口的 Simulation→Simulation Parameters 菜单项，打开如图 2-59 所示的对话框，对仿真控制参数进行设置。

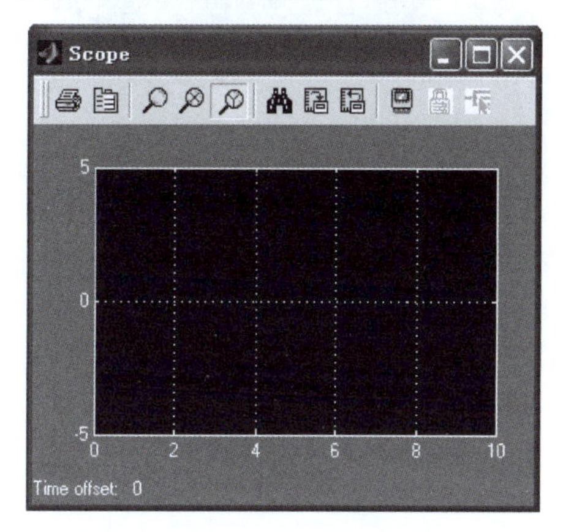

图 2-58　直接仿真结果

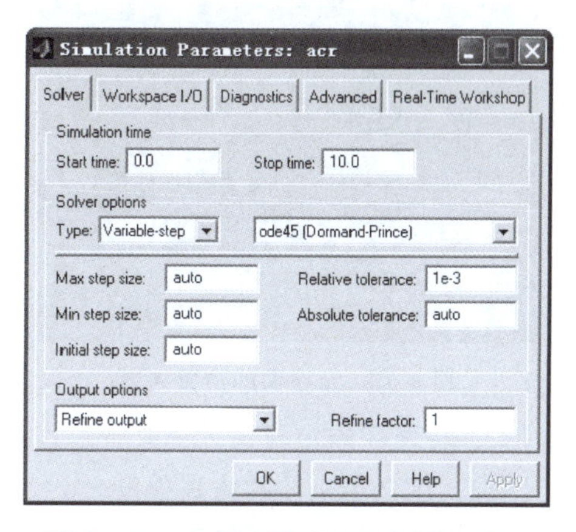

图 2-59　Simulink 仿真控制参数对话框

其中的 Start time 和 Stop time 栏目分别允许填写仿真的起始时间和结束时间，把默认的结束时间从 10.0s 修改为 0.05s。再一次地启动仿真过程，然后启动 Scope 工具条中的第 6 个按钮 自动刻度(Autoscale)，它会把当前窗中信号的最大、最小值作为纵坐标的上下限，从而得到了图 2-60 所示的清晰图形。

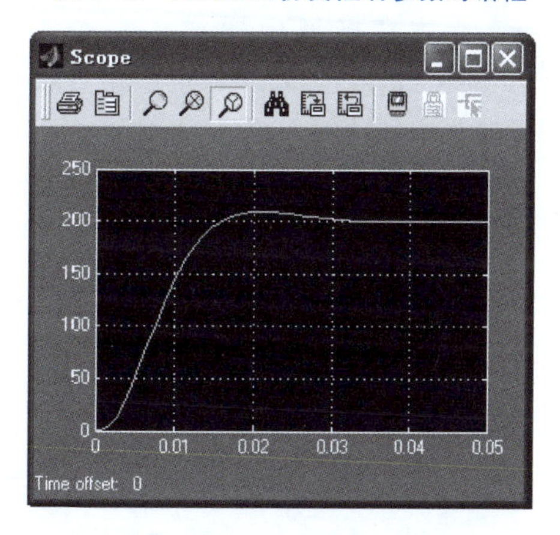

图 2-60　修改控制参数后的仿真结果

(3) 调节器参数的调整：利用 MATLAB 下的 Simulink 软件进行系统仿真是十分简单和直观的，在图 2-57 所示的电流环的仿真模型中，只要调整 PI 调节器的参数，可以很快地得到电流环的其他阶跃响应曲线。例如：以 $KT=0.25$ 的关系式按典型 I 型系统的设计方法得到了 PI 调节器的传递函数为 $\dfrac{0.5067(0.03s+1)}{0.03s}$，很快地得到了电流环的阶跃响应的仿真结果如图 2-61 所示，无超调，但上升时间长；以 $KT=1.0$ 的关系式得到了 PI 调节器的传递函数为 $\dfrac{2.027(0.03s+1)}{0.03s}$，同样得到了电流环的阶跃响应的仿真结果如图 2-62 所示，超调大，但上升时间短。图 2-60 至图 2-62 反映了 PI 调节器的参数对系统品质的影响趋势,在工程设计中,可以根据工艺的要求,直接修改PI调节器的参数,找到一个在超调量和动态响应快慢上都较满意的电流环调节器。

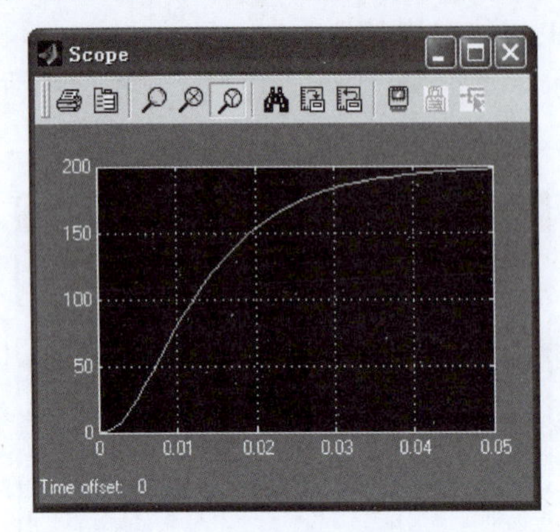

图 2-61 无超调的仿真结果

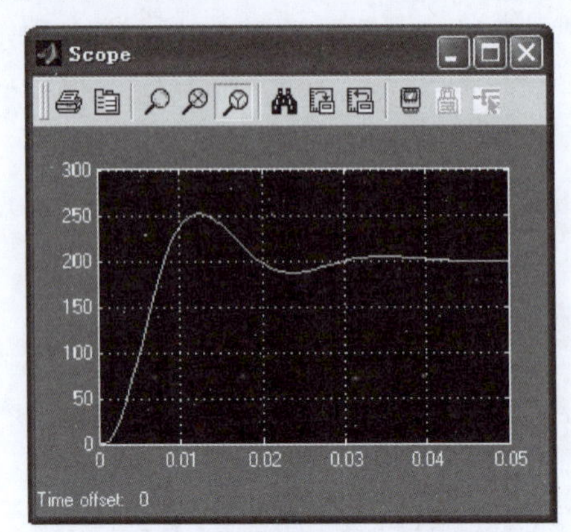

图 2-62 超调量较大的仿真结果

3. 转速环的仿真设计

(1) 建立转速环的仿真模型

按照前述的电流环的仿真模型的建立方法,得到转速环的仿真模型,如图2-63所示。在仿真模型中增加了一个饱和非线性模块(Saturation),它来自于Nonlinear组,双击该模块,把饱和上界(Upper limit)和下界(Lower limit)参数分别设置为本例题的限幅值+10和−10。

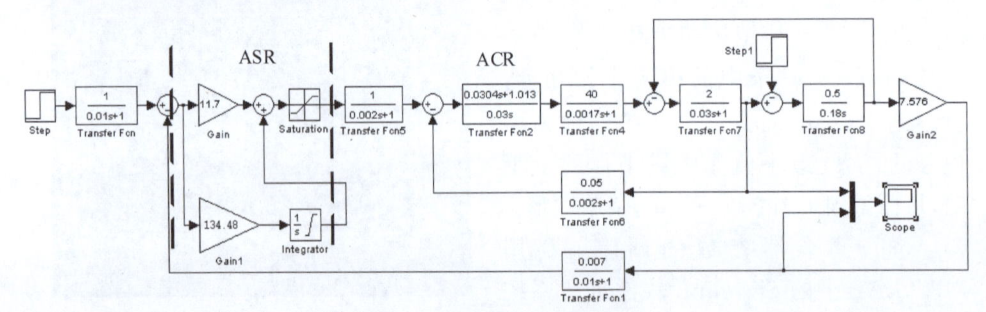

图 2-63 转速环的仿真模型

在电流环的仿真模型中,是用了Transfer Fcn模块来仿真PI调节器,在转速环的仿真模型中,做了改变,它是用了来自Math组的Gain模块来仿真比例器,用Continuous组的Integrator模块和Gain模块的串接来仿真积分器,两者通过加法器模块Sum构成了PI调节器。

双击Gain模块打开如图2-64所示的对话框,在Gain栏目中填写所需要的放大系数。双击Integrator模块打开如图2-65所示的对话框,选择Limit output框,在Upper saturation limit和Lower saturation limit栏目中填写本例的积分饱和值10和−10。其原因是转速调节器是工作在限幅饱和状态,故要在仿真模型中真实地反映出来。

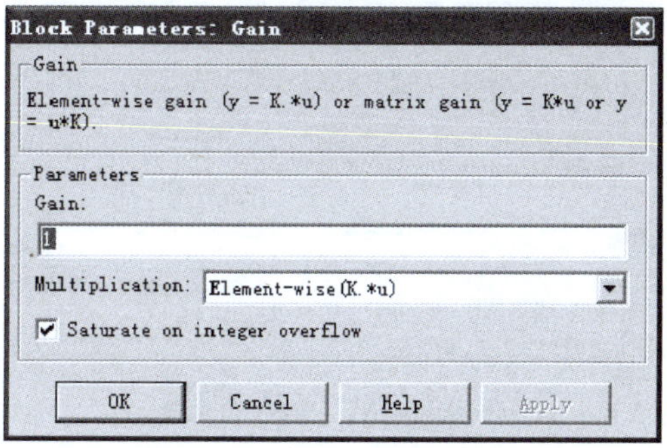

Block Parameters: Gain

Gain

Element-wise gain (y = K.*u) or matrix gain (y = K*u or y = u*K).

Parameters

Gain:

1

Multiplication: Element-wise(K.*u)

Saturate on integer overflow

OK Cancel Help Apply

图 2-64 增益模块对话框

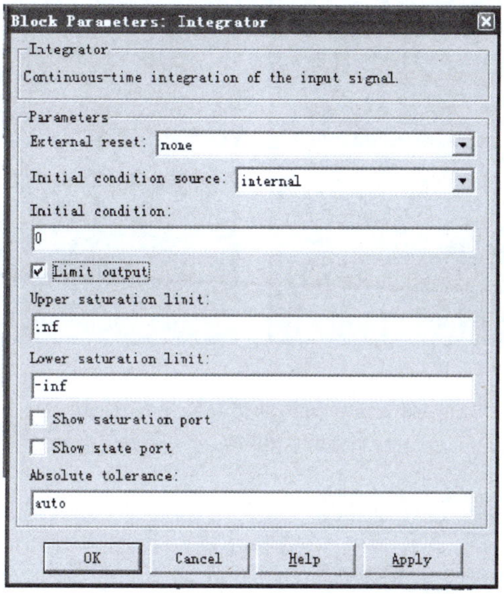

Block Parameters: Integrator

Integrator

Continuous-time integration of the input signal.

Parameters

External reset: none

Initial condition source: internal

Initial condition:

0

Limit output

Upper saturation limit:

inf

Lower saturation limit:

-inf

Show saturation port

Show state port

Absolute tolerance:

auto

OK Cancel Help Apply

图 2-65 Integrator 模块对话框

为了在示波器模块中反映出转速电流的关系，仿真模型中从 Signals & Systems 组中选用了 Mux 模块来把几个输入聚合成一个向量输出给 Scope。图 2-66 是聚合模块的对话框，可以在 Number of inputs 栏目中设置输入量的个数。

(2) 转速环仿真模型的运行

双击阶跃输入模块确定阶跃值的大小，得到了高速启动时的波形图和低速启动时的波形图，如图 2-67 所示。

利用转速环仿真模型同样可以对转速环抗扰过程进行仿真，它是在负载电流 $I_{dL}(s)$ 的输入端加上负载电流，图 2-68 是在空载高速运行过程中受到了额定电流扰动时的波形图。

MATLAB 下的 Simulink 软件具有强大的功能，而且在不断地得到发展，随着它的版本的更新，各个版本的模块浏览器的表示形式略有不同，但本书所采用

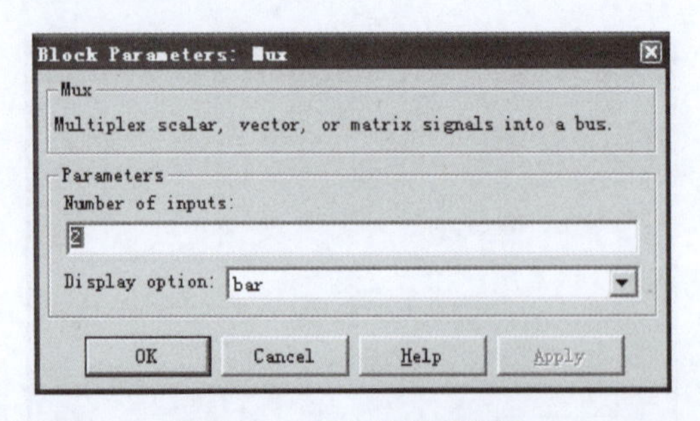

图 2-66 聚合模块对话框

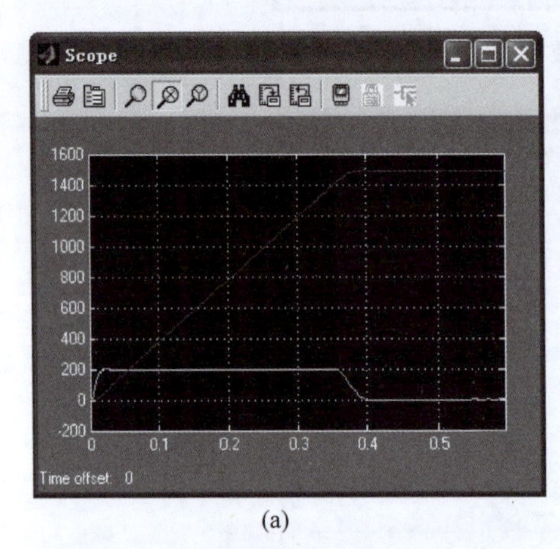

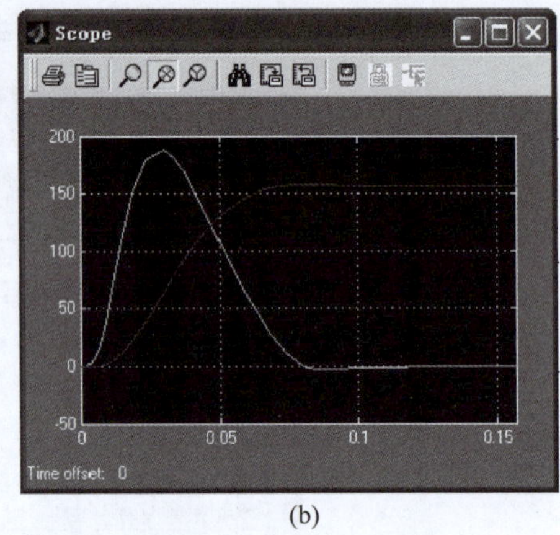

(a) (b)

图 2-67 转速环仿真结果波形图

(a) 高速启动波形图;(b) 低速启动波形图

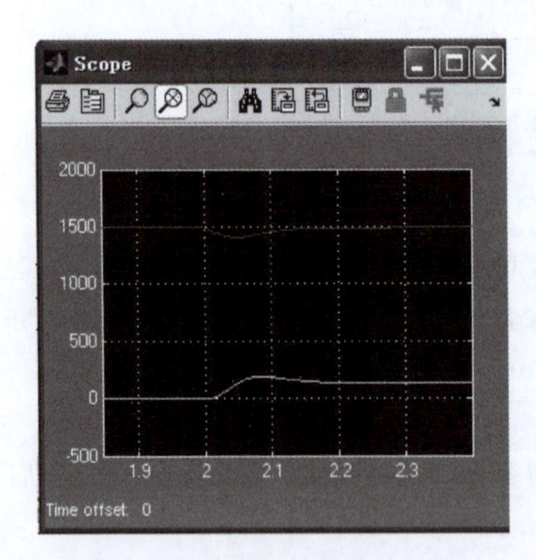

图 2-68 转速环的抗扰波形图

的都是基本仿真模块,可以在有关的组中找到,在进一步地学习和应用 Simulink 软件的其他模块后,会为工程设计带来便捷和精确。

在工程设计时,首先根据典型Ⅰ型系统或典型Ⅱ型系统的方法计算调节器参数,然后利用 MATLAB 下的 Simulink 软件进行仿真,灵活修正调节器参数,直至得到满意的结果。也可用 MATLAB 仿真软件包的设计工具箱设计其他各种控制规律的调节器,鉴于篇幅不一一展开。

思考题

2.1 转速单闭环调速系统有哪些特点?改变给定电压能否改变电动机的转速?为什么?如果给定电压不变,调节测速反馈电压的分压比是否能够改变转速？为什么？如果测速发电机的励磁发生了变化，系统有无克服这种干扰的能力？

2.2　为什么用积分控制的调速系统是无静差的？在转速单闭环调速系统中，当积分调节器的输入偏差电压 $\Delta U=0$ 时，调节器的输出电压是多少？它决定于哪些因素？

2.3　在无静差转速单闭环调速系统中，转速的稳态精度是否还受给定电源和测速发电机精度的影响？试说明理由。

2.4　在转速负反馈单闭环有静差调速系统中，当下列参数变化时系统是否有调节作用？为什么？

(1) 放大器的放大系数 K_p；

(2) 供电电网电压 U_d；

(3) 电枢电阻 R_a；

(4) 电动机励磁电流 I_f；

(5) 转速反馈系数 α。

2.5　试回答下列问题：

(1) 在转速负反馈单闭环有静差调速系统中，突减负载后又进入稳定运行状态，此时晶闸管整流装置的输出电压 U_d 较之负载变化前是增加、减少还是不变？

(2) 在无静差调速系统中，突加负载后进入稳态时转速 n 和整流装置的输出电压 U_d 是增加、减少还是不变？

(3) 在采用 PI 调节器的单环自动调速系统中，调节对象包含有积分环节，突加给定电压后 PI 调节器没有饱和，系统到达稳速前被调量会出现超调吗？

2.6　转速负反馈调速系统中，为了解决动静态间的矛盾，可以采用 PI 调节器，为什么？

2.7　双闭环调速系统中，给定电压 U_n^* 不变，增加转速负反馈系数 α，系统稳定后转速反馈电压 U_n 是增加、减小还是不变？

2.8　双闭环调速系统调试时，遇到下列情况会出现什么现象？

(1) 电流反馈极性接反；

(2) 转速极性接反；

(3) 启动时 ASR 未达饱和；

(4) 启动时 ACR 达到饱和。

2.9　某双闭环调速系统，ASR、ACR 均采用 PI 调节器，试问

(1) 调试中怎样才能做到 $U_{im}^*=6\text{V}$ 时，$I_{dm}=20\text{A}$；如欲使 $U_{nm}^*=10\text{V}$ 时，$n=1000\text{r/min}$，应调什么参数？

(2) 如发现下垂段特性不够陡或工作段特性不够硬，应调什么参数？

2.10　在转速、电流双闭环调速系统中，若要改变电动机的转速，应调节什么参数？改变转速调节器的放大倍数 K_n 行不行？改变电力电子变换器的放大倍数

K_s 行不行？改变转速反馈系数 α 行不行？若要改变电动机的堵转电流，应调节系统中的什么参数？

2.11 转速、电流双闭环调速系统稳态运行时，两个调节器的输入偏差电压和输出电压各是多少？为什么？

2.12 在双闭环系统中，若速度调节器改为比例调节器，或电流调节器改为比例调节器，对系统的稳态性能影响如何？

2.13 试从下述5方面来比较转速、电流双闭环调速系统和带电流截止环节的转速单闭环调速系统。

(1) 调速系统的静态特性；

(2) 动态限流性能；

(3) 启动的快速性；

(4) 抗负载扰动的性能；

(5) 抗电源电压波动的性能。

2.14 在转速、电流双闭环调速系统中，两个调节器均采用PI调节器。当系统带额定负载运行时，转速反馈线突然断线，系统重新进入稳态后，电流调节器的输入偏差电压 ΔU_i 是否为零？为什么？

2.15 在转速、电流双闭环调速系统中，转速给定信号 U_n^* 未改变，若增大转速反馈系数 α，系统稳定后转速反馈电压 U_n 是增加还是减少？为什么？

习题

2.1 某闭环调速系统的调速范围是1500r/min～150r/min，要求系统的静差率 $s \leqslant 2\%$，那么系统允许的静态速降是多少？如果开环系统的静态速降是100r/min，则闭环系统的开环放大倍数应有多大？

2.2 某闭环调速系统的开环放大倍数为15时，额定负载下电动机的速降为8r/min，如果将开环放大倍数提高到30，它的速降为多少？在同样静差率要求下，调速范围可以扩大多少倍？

2.3 某闭环调速系统的调速范围 $D=20$，额定转速 $n_N=1500$r/min，开环转速降落 $\Delta n_{Nop}=240$r/min，若要求系统的静差率由10%减少到5%，则系统的开环增益将如何变化？

2.4 在转速负反馈调速系统中，当电网电压、负载转矩、电动机励磁电流、电枢电阻、测速发电机励磁各量发生变化时，都会引起转速的变化，问系统对上述各量有无调节能力？为什么？

2.5 有一V-M调速系统：电动机参数 $P_N=2.2$kW，$U_N=220$V，$I_N=12.5$A，$n_N=1500$r/min；电枢电阻 $R_a=1.2\Omega$，整流装置内阻 $R_{rec}=1.5\Omega$，触发整流环节的放大倍数 $K_s=35$。要求系统满足调速范围 $D=20$，静差率 $s \leqslant 10\%$。

(1) 计算开环系统的静态速降 Δn_{op} 和调速要求所允许的闭环静态速降 Δn_{cl}。

(2) 采用转速负反馈组成闭环系统,试画出系统的原理图和静态结构图。

(3) 调整该系统参数,使当 $U_n^*=15V$ 时,$I_d=I_N$,$n=n_N$,则转速负反馈系数 α 应该是多少?

(4) 计算放大器所需的放大倍数。

2.6　在题 2.5 的转速负反馈系统中增设电流截止环节,要求堵转电流 $I_{dbl}\leqslant 2I_N$,临界截止电流 $I_{dcr}\geqslant 1.2I_N$,应该选用多大的比较电压和电流反馈采样电阻?要求电流反馈采样电阻不超过主电路总电阻的 1/3,如果做不到,需要增加电流反馈放大器,试画出系统的原理图和静态结构图,并计算电流反馈放大系数。这时电流反馈采样电阻和比较电压各为多少?

2.7　在题 2.5 的系统中,若主电路电感 $L=50mH$,系统运动部分的飞轮惯量 $GD^2=1.6Nm^2$,整流装置采用三相零式电路,试判断按题 2.5 要求设计的转速负反馈系统能否稳定运行?如要保证系统稳定运行,允许的最大开环放大系数 K 是多少?

2.8　某调速系统原理图如图 2-69 所示,已知数据如下:

电动机 $P_N=18kW$,$U_N=220V$, $I_N=94A$,$n_N=1000r/min$;$R_a=0.15\Omega$,整流装置内阻 $R_{rec}=0.3\Omega$,触发整流环节的放大倍数 $K_s=40$;最大给定电压 $U_{nm}^*=15V$,当主电路电流达到最大值时,整定电流反馈电压 $U_{im}=10V$。

设计指标:要求系统满足调速范围 $D=20$,静差率 $s\leqslant 10\%$,$I_{dbl}=1.5I_N$,$I_{dcr}=1.1I_N$。试画出系统的静态结构图,并计算。

(1) 转速反馈系数 α;

(2) 调节器放大系数 K_p;

(3) 电阻 R_1 的数值;

(4) 电阻 R_2 的数值和稳压管 VST 的击穿电压值。

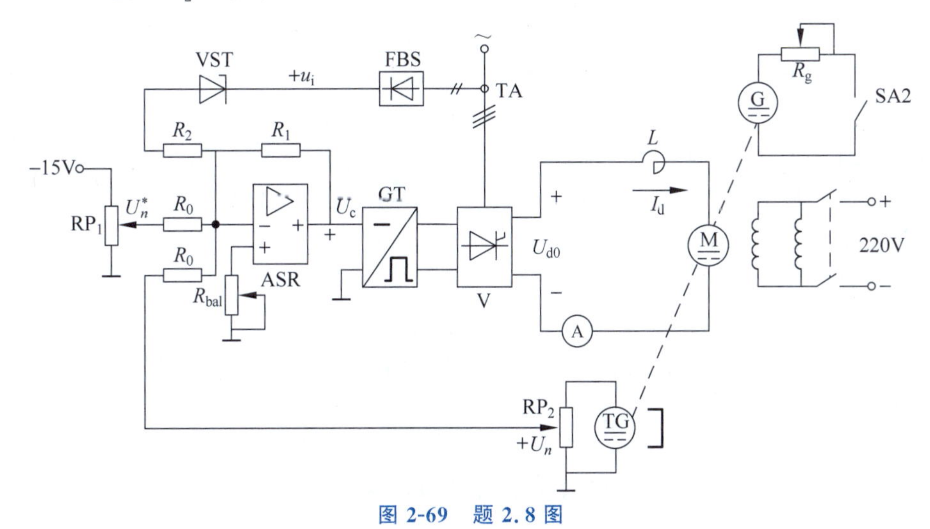

图 2-69　题 2.8 图

2.9 有一个V-M系统,已知:电动机 $P_{N}=2.8kW$,$U_{N}=220V$,$I_{N}=15.6A$,$n_{N}=1500r/min$;$R_{a}=1.5\Omega$,整流装置内阻 $R_{rec}=1\Omega$,触发整流环节的放大倍数 $K_{s}=35$。

(1) 系统开环工作时,试计算调速范围 $D=30$ 时的静差率 s 值。

(2) 当 $D=30$,$s=10\%$时,计算系统允许的稳态速降。

(3) 如组成转速负反馈有静差调速系统,要求 $D=30$,$s=10\%$,在 $U_{n}^{*}=10V$ 时 $I_{d}=I_{N}$,$n=n_{N}$,计算转速负反馈系数 α 和放大器放大系数 K_{p}。

2.10 双闭环调速系统的ASR和ACR均为PI调节器,最大给定电压和限幅电压15V,$n_{N}=1500r/min$,$I_{N}=20A$,电流过载倍数为2,电枢回路总电阻 $R=2\Omega$,$K_{s}=20$,$C_{e}=0.127V\cdot min/r$,求

(1) 当系统稳定运行在 $U_{n}^{*}=5V$,$I_{dL}=10A$ 时,系统的 n、U_{n}、U_{i}^{*}、U_{i} 和 U_{c} 各为多少?

(2) 当电动机负载过大而堵转时,U_{i}^{*} 和 U_{c} 各为多少?

2.11 在转速、电流双闭环调速系统中,两个调节器ASR,ACR均采用PI调节器。已知参数:电动机 $P_{N}=3.7kW$,$U_{N}=220V$,$I_{N}=20A$,$n_{N}=1000r/min$,电枢回路总电阻 $R=1.5\Omega$,设 $U_{nm}^{*}=U_{im}^{*}=U_{cm}=8V$,电枢回路最大电流 $I_{dm}=40A$,电力电子变换器的放大系数 $K_{s}=40$。试求

(1) 电流反馈系数 β 和转速反馈系数 α;

(2) 当电动机在最高转速发生堵转时的 U_{d0}、U_{i}^{*}、U_{i}、U_{c} 值。

2.12 在转速、电流双闭环调速系统中,调节器ASR,ACR均采用PI调节器。当ASR输出达到 $U_{im}^{*}=8V$ 时,主电路电流达到最大电流80A。当负载电流由40A增加到70A时,试问:

(1) U_{i}^{*} 应如何变化?

(2) U_{c} 应如何变化?

(3) U_{c} 值由哪些条件决定?

2.13 在转速、电流双闭环调速系统中,电动机拖动恒转矩负载在额定工作点正常运行,现因某种原因使电动机励磁电源电压突然下降一半,系统工作情况将会如何变化?写出 U_{i}^{*},U_{c},U_{d0},I_{d} 及 n 在系统重新进入稳定后的表达式。

2.14 某反馈控制系统已校正成典型Ⅰ型系统。已知时间常数 $T=0.1s$,要求阶跃响应超调量 $\sigma\leqslant10\%$。

(1) 求系统的开环增益;

(2) 计算过渡过程时间 t_{s} 和上升时间 t_{r};

(3) 绘出开环对数幅频特性。如果要求上升时间 $t_{r}<0.25s$,求 K,σ。

2.15 有一系统,已知 $W_{op}(s)=\dfrac{20}{(0.25s+1)(0.005s+1)}$,要求将系统校正成典型Ⅰ型系统,试选择调节器类型并计算调节器参数。

2.16 有一系统，已知其前向通道传递函数为 $W(s)=\dfrac{20}{0.12s(0.01s+1)}$，反馈通道传递函数为 $\dfrac{0.003}{0.005s+1}$，将给系统校正为典型Ⅱ型系统，画出校正后系统动态结构图。

2.17 有一个系统，其控制对象的传递函数为 $W_{obj}(s)=\dfrac{K_1}{\tau s+1}=\dfrac{10}{0.01s+1}$，要求设计一个无静差系统，在阶跃输入下系统超调量 $\sigma\leqslant5\%$（按线性系统考虑）。试对系统进行动态校正，决定调节器结构，并选择其参数。

2.18 有一个闭环系统，其控制对象的传递函数为 $W_{obj}(s)=\dfrac{K_1}{s(Ts+1)}=\dfrac{10}{s(0.02s+1)}$，要求校正为典型Ⅱ型系统，在阶跃输入下系统超调量 $\sigma\leqslant30\%$（按线性系统考虑）。试决定调节器结构，并选择其参数。

2.19 调节对象的传递函数为 $W_{obj}(s)=\dfrac{18}{(0.25s+1)(0.005s+1)}$，要求用调节器分别将其校正为典型Ⅰ型和Ⅱ型系统，求调节器的结构与参数。

2.20 在一个由三相零式晶闸管整流装置供电的转速、电流双闭环调速系统中，已知电动机的额定数据为：$P_N=60\text{kW}$，$U_N=220\text{V}$，$I_N=308\text{A}$，$n_N=1000\text{r/min}$，电动势系数 $C_e=0.196\text{V}\cdot\text{min/r}$，主回路总电阻 $R=0.18\Omega$，触发整流环节的放大倍数 $K_s=35$。电磁时间常数 $T_l=0.012\text{s}$，机电时间常数 $T_m=0.12\text{s}$，电流反馈滤波时间常数 $T_{0i}=0.0025\text{s}$，转速反馈滤波时间常数 $T_{0n}=0.015\text{s}$。额定转速时的给定电压 $(U_n^*)_N=10\text{V}$，调节器 ASR，ACR 饱和输出电压 $U_{im}^*=8\text{V}$，$U_{cm}=6.5\text{V}$。

系统的静、动态指标为：稳态无静差，调速范围 $D=10$，电流超调量 $\sigma_i\leqslant5\%$，空载启动到额定转速时的转速超调量 $\sigma_n\leqslant10\%$。

(1) 确定电流反馈系数 β（假设启动电流限制在 339A 以内）和转速反馈系数 α。

(2) 试设计电流调节器 ACR，计算其参数 R_i、C_i、C_{0i}。画出其电路图，调节器输入回路电阻 $R_0-40\text{k}\Omega$。

(3) 设计转速调节器 ASR，计算其参数 R_n、C_n、C_{0n}（$R_0=40\text{k}\Omega$）。

(4) 计算电动机带 40%额定负载启动到最低转速时的转速超调量 σ_n。

(5) 计算空载启动到额定转速的时间。

2.21 将题 2.20 设计的模拟电流调节器进行数字化，采样周期 $T_{sam}=0.5\text{ms}$，调节器输出限幅及积分限幅 $\pm U_{max}$，写出位置式和增量式数字 PI 调节器的表达式，并用已掌握的汇编语言设计实时控制程序。

2.22 有一转速、电流双闭环调速系统，主电路采用三相桥式整流电路。已

知电动机参数为 $P_N=555\text{kW}$,$U_N=750\text{V}$,$I_N=760\text{A}$,$n_N=375\text{r/min}$,电动势系数 $C_e=1.82\text{V}\cdot\text{min/r}$,电枢回路总电阻 $R=0.14\Omega$,允许电流过载倍数 $\lambda=1.5$,触发整流环节的放大倍数 $K_s=75$,电磁时间常数 $T_l=0.031\text{s}$,机电时间常数 $T_m=0.112\text{s}$,电流反馈滤波时间常数 $T_{0i}=0.002\text{s}$,转速反馈滤波时间常数 $T_{0n}=0.02\text{s}$。设调节器输入输出电压 $U_{nm}^*=U_{im}^*=U_{nm}=10\text{V}$,调节器输入电阻 $R_0=40\text{k}\Omega$。

设计指标:稳态无静差,电流超调量 $\sigma_i\leqslant5\%$,空载启动到额定转速时的转速超调量 $\sigma_n\leqslant10\%$。电流调节器已按典型Ⅰ型系统设计,并取参数 $KT=0.5$。

(1) 选择转速调节器结构,并计算其参数。

(2) 计算电流环的截止频率 ω_{ci} 和转速环的截止频率 ω_{cn},并考虑它们是否合理?

2.23 在一个转速、电流双闭环 V-M 系统中,转速调节器 ASR,电流调节器 ACR 均采用 PI 调节器。

(1) 在此系统中,当转速给定信号最大值 $U_{nm}^*=15\text{V}$ 时,$n=n_N=1500\text{r/min}$;电流给定信号最大值 $U_{im}^*=10\text{V}$ 时,允许最大电流 $I_{dm}=30\text{A}$,电枢回路总电阻 $R=2\Omega$,晶闸管装置的放大倍数 $K_s=30$,电动机额定电流 $I_N=20\text{A}$,电动势系数 $C_e=0.128\text{V}\cdot\text{min/r}$。现系统在 $U_n^*=5\text{V}$,$I_{dL}=20\text{A}$ 时稳定运行。求此时的稳态转速 n 和 ACR 的输出电压 U_c。

(2) 当系统在上述情况下运行时,电动机突然失磁($\Phi=0$),系统将会发生什么现象?试分析并说明。若系统能够稳定下来,则稳定后 n,U_n,U_i^*,U_i,I_d,U_c 各是多少?

(3) 该系统转速环按典型Ⅱ型系统设计,且按 M_{rmin} 准则选择参数,取中频宽 $h=5$,已知转速环小时间常数 $T_{\Sigma n}=0.05\text{s}$,求转速环在跟随给定作用下的开环传递函数,并计算出放大系数及各时间常数。

(4) 该系统由空载($I_{dL}=0$)突加额定负载时,电流 I_d 和转速 n 的动态过程波形是怎样的?已知机电时间常数 $T_m=0.05\text{s}$,计算其最大动态速降 Δn_{max} 和恢复时间 t_v。

2.24 旋转编码器光栅数 1024,倍频系数 4,M 法测速时间为 0.01s,T 法测速高频时钟脉冲频率 $f_0=1\text{MHz}$,求转速 $n=1500\text{r/min}$ 和 $n=150\text{r/min}$ 时,两种测速方法分辨率和误差率最大值。

*第 3 章

可逆、弱磁控制的直流调速系统

内 容 提 要

本章在前两章的基础上进一步探讨可逆直流调速系统和弱磁控制的直流调速系统。3.1 节首先讨论可逆直流调速系统，而 V-M 系统的可逆问题还包括主电路的可逆线路、晶闸管装置的逆变与回馈，PWM 调速系统的可逆控制存在着能量回馈问题。3.2 节讨论了弱磁控制的直流调速系统，在转速、电流双闭环调速系统的基础上增设电动势控制环和励磁电流控制环，以控制直流电动机的气隙磁通，实现弱磁调速。

3.1 可逆直流调速系统

第 2 章所讨论的直流调速系统具有良好的静、动态调速性能，但它不能施加反向电压，没有制动功能，是不可逆调速系统。这种调速系统不能满足需要正反转的生产机械的要求，诸如可逆轧机、龙门刨床等要求运动控制系统能够实现快速的正反转，以提高产量与加工质量；又如开卷机、卷取机等虽无正反向运行的要求，但却要求能有快速减速与快速停车的功能。将上述生产要求转换为对运动控制系统的性能要求，就是电动机不仅要能提供带动生产机械运动的电动转矩，还能产生制动转矩，实现生产机械快速的减速、停车与正反向运行等功能。以转速 n 和电磁转矩 T_e 的坐标系表征，就是要求运动控制系统具有在该坐标系上作四象限运行的功能，如图 3-1 所示由于这样的调速系统转速可以反向，故称作可逆调速系统。

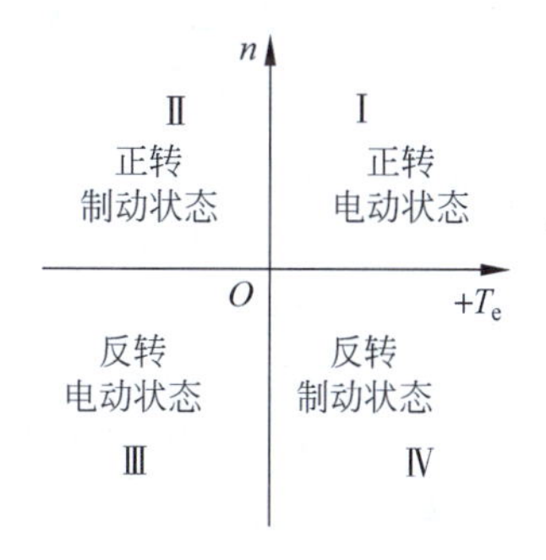

图 3-1 调速系统的四象限运行

改变电枢电压的极性，或者改变励磁磁通的方向，都能够改变直流电动机的旋转方向，这本来是很简单的事。然而当直流电动机采用电力电子装置供电时，由于电力电子器件的单向导电性，问题就变得复杂起来了。第1章介绍了相控整流器-电动机系统和用全控型电力电子器件组成的直流 PWM 变换器-电动机系统，要实现直流电动机的可逆运行，对两种可控直流电源的要求是不一样的，本节将对两种可控直流电源-电动机可逆系统进行详细的讨论。

3.1.1 相控整流器-可逆直流调速系统

对卷扬机械这一类位能性负载，其特点是在运动过程中负载转矩恒定(不计空载损耗的影响)，在图 3-2(c)中以大小为 T_L 的直线表示，它贯穿于Ⅰ、Ⅳ象限。当调速系统带有这一类负载时，不论作正向运行还是反向运行，电机的电磁转矩大小与方向都不变，与 T_L 相等；但其运行状态却有正转(电动状态)与反转(制动状态)两种。在图 3-1 所示的坐标系中，系统是工作在第Ⅰ、Ⅳ象限，电磁转矩 T_e(或电枢电流 I_d)的方向始终不变，单组晶闸管装置供电的 V-M 系统就可以胜任此类拖动位能性负载的工作。

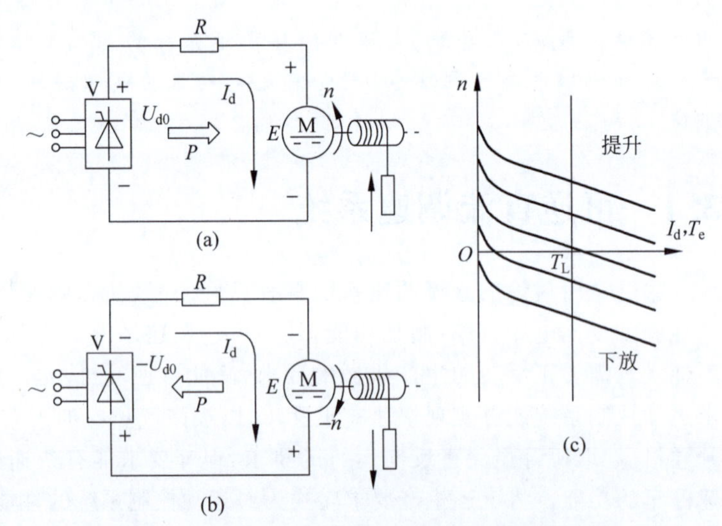

图 3-2 单组 V-M 系统带位能性负载时的整流和逆变状态

(a) 提升工作，整流状态；(b) 下放工作，逆变状态；(c) 机械特性

在图 3-2(a)中，当 $\alpha<90°$ 时，平均整流电压 U_d 为正，且理想空载电压 $U_{d0}>E$ (E 为电机反电动势)，所以输出整流电流 I_d，使电机产生电磁转矩 T_e 作电动运行，提升重物，这时电能 P 从交流电网经晶闸管装置 V 传送给电动机，V 处于整流状态，V-M 系统运行于第Ⅰ象限(见图 3-2(c))

在图 3-2(b)中，当 $\alpha>90°$ 时，U_d 为负，晶闸管装置本身不能输出电流，电机不能产生转矩提升重物，只有靠重物本身的重量下降，迫使电机反转，感生反向的电动势 $-E$，图中标明了它的极性。当 $|E|>|U_{d0}|$ 时，可以产生与图 3-2(a)同方向

的电流，因而产生与提升重物同方向的转矩，起制动作用，避免由于自由落体造成重物的快速下降。这时电动机处于带位能性负载反转制动状态，成为受重物拖动的发电机，将重物的位能转化成电能，通过晶闸管装置V回馈给电网，V则工作于逆变状态，V-M系统运行于第Ⅳ象限(图3-2(c))。

以单组晶闸管装置供电的V-M系统可以实现直流电动机的正、反转运行，其外部条件是电动机必须拖动位能性负载，内部条件是V的控制角在$\alpha_{min}\sim\alpha_{max}$(一般为30°～150°)内连续可调，电动机工作在T_e-n坐标系的Ⅰ、Ⅳ象限。

当要求直流电动机能工作在正向电动(象限Ⅰ)和反向电动(象限Ⅲ)状态时，电动机需要产生正向或反向的电动转矩。在励磁电流维持额定且方向不变时，需要改变电枢电流方向来改变电动机的转矩方向。由于晶闸管的单向导电性，所以单组晶闸管装置供电的V-M系统已不适用，通常采用两组晶闸管可控整流装置反并联的可逆线路，如图3-3所示。

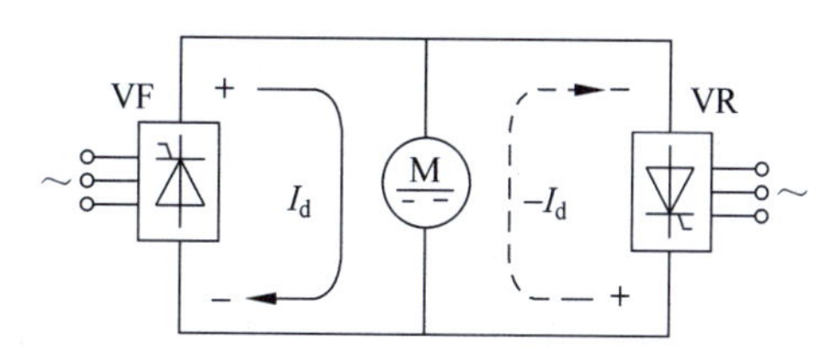

图3-3 两组晶闸管可控整流装置反并联可逆线路

采用两组晶闸管可控整流装置反并联可逆线路的特点是能够产生正反两个方向的电枢电流，当$I_d>0$时，正组晶闸管装置VF处于工作状态；而$I_d<0$时，反组晶闸管装置VR处于工作状态。两组晶闸管分别由两套触发装置控制，能灵活地控制电动机的启、制动和升、降速。但在一般情况下不允许让两组晶闸管同时处于整流状态，否则将造成电源短路，因此对控制电路提出了严格的要求。

采用两组晶闸管可控整流装置反并联可逆线路，可以使直流电动机运行在第Ⅰ、Ⅲ象限，也可以使得V-M系统运行在第Ⅱ、Ⅳ象限。图3-4(a)是工作在第Ⅰ象限的正组整流电动运行状态，由正组晶闸管VF供电，能量是从电网通过VF输入到电动机，它和前述的单组晶闸管整流运行状态无甚区别。当电动机需要回馈制动时，由于电机反电动势的极性未变，要回馈电能必须产生反向电流，而反向电流是不可能通过VF流通的。这时，可以利用控制电路切换到反组晶闸管装置VR，如图3-4(b)所示，VR工作在逆变状态，产生图中所示极性的逆变电压U_{d0r}，当$E>|U_{d0r}|$时，反向电流$-I_d$便通过VR流通，电机输出电能实现回馈制动，V-M系统工作在第Ⅱ象限，和带位能性负载的单组V-M系统的逆变状态完全不一样了。

如果电动机原先是在第Ⅲ象限反转运行，那么，它是利用反组晶闸管VR实现整流电动运行，利用反组晶闸管VF实现逆变回馈制动。

要注意的是，两组晶闸管反并联可逆V-M系统不仅是用在可逆调速系统上，对于不可逆调速系统，如果它需要快速的制动，也需要采用两组反并联的晶闸管

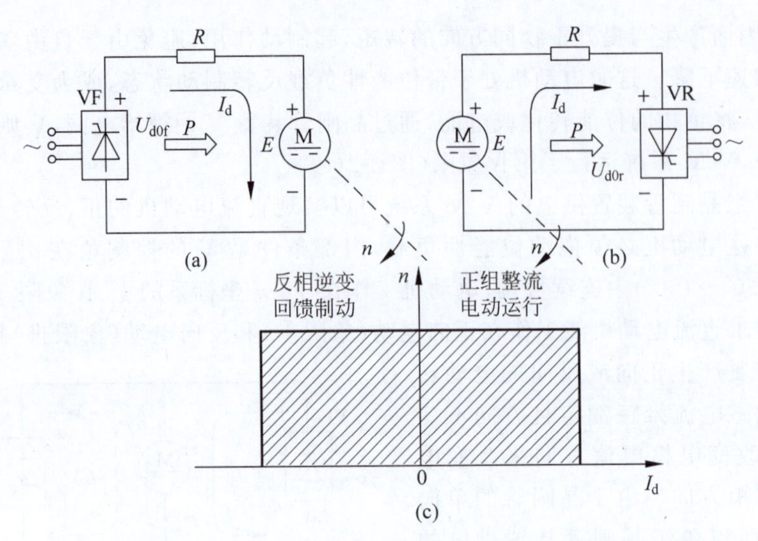

图 3-4 两组晶闸管反并联可逆 V-M 系统的正组整流和反组逆变状态

(a) 正组整流电动运行;(b) 反组逆变回馈制动;(c) 机械特性允许范围

装置,实现回馈制动,否则只能是自由停车或者能耗制动了,效果都较差。归纳起来,可将可逆线路正反转时晶闸管装置和电机的工作状态列于表 3-1 中。

表 3-1 V-M 系统反并联可逆线路的工作状态

V-M 系统的工作状态	正向运行	正向制动	反向运行	反向制动
电枢端电压极性	+	+	−	−
电枢电流极性	+	−	−	+
电机旋转方向	+	+	−	−
电机运行状态	电动	回馈发电	电动	回馈发电
晶闸管工作的组别和状态	正组、整流	反组、逆变	反组、整流	正组、逆变
机械特性所在象限	Ⅰ	Ⅱ	Ⅲ	Ⅳ

注:表中各量的极性均以正向电动运行时为"+"。

3.1.2 PWM 可逆直流调速系统

1. 制动过程的能量回馈

中、小功率的可逆直流调速系统多采用桥式可逆 PWM 变换器,在第 1 章里已描述了它和相控整流器的区别。应该说它使得电流连续,可使电动机在Ⅳ象限运行,这是晶闸管整流装置所不具备的。图 3-5 绘制了桥式可逆直流脉宽调速系统主电路的原理图(略去吸收电路),图中的左半部分是由六个二极管组成的整流器,常采用不可控整流,把电网提供的交流电整流成直流电;图的中间部分是大电容滤波;图的右半部分是 H 型桥式 PWM 变换器。

当可逆系统进入制动过程时,晶闸管整流装置通过逆变工作状态把电动机的

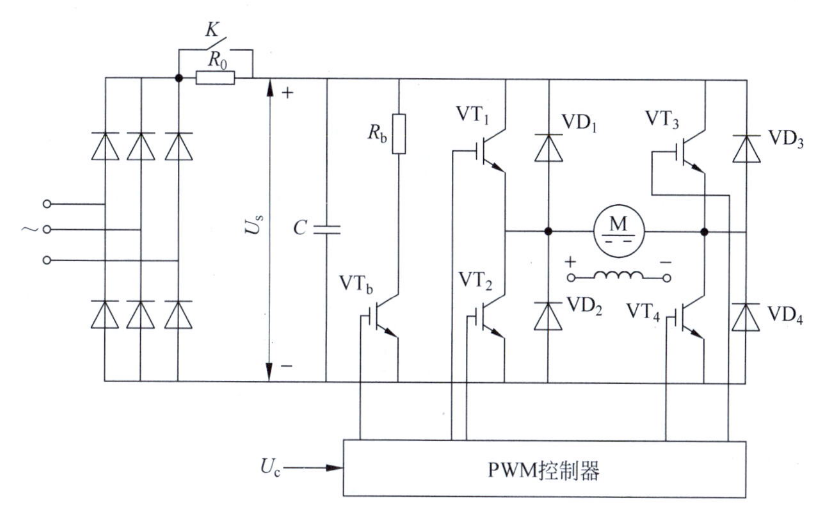

图 3-5 桥式可逆直流脉宽调速系统主电路的原理图

动能回馈到电网，在直流 PWM 系统中，它是把动能变为电能回馈到直流侧，但由于不可控整流器的能量单向传递性，电能不可能通过整流装置送回交流电网，只能向滤波电容充电，产生泵升电压，这就是直流 PWM 变换器-电动机系统特有的电能回馈问题。

过高的泵升电压将超过电力电子器件的耐压限制值，因此电容量不能太小，一般几千瓦的调速系统需要几千微法的电容。在大容量或负载有较大惯量的系统中，不可能只靠电容器来限制泵升电压，图 3-5 中间部分的开关器件 VT_b 提供了能量释放回路，它受到了 PWM 控制器的控制，当 PWM 控制器检测到泵升电压高于规定值时，开关器件 VT_b 导通，令制动过程中储存在 C 中的那部分电场能量以铜耗的形式消耗在放电电阻 R_b 中。此时，PWM 可逆调速系统的制动过程是一种形式上的回馈制动、实际上的能耗制动过程。

如果在大容量的调速系统中，希望实现电能回馈到交流电网，取得更好的制动效果和节能，可以在二极管整流器输出端并接逆变器，把多余的电能回馈电网。

滤波电容 C 的大电容量，在突加电源时也会产生问题，它相当于短路，会产生很大的充电电流，容易损坏整流二极管。图 3-5 中左半部分的电阻 R_0 就是串在整流器和滤波电容之间，用以限制充电电流。在合上电源后，经过延时或当直流电压达到一定值时，闭合接触器触点 K 把电阻 R_0 短路，以免在运行中造成附加损耗。

2. 单片微机控制的 PWM 可逆直流调速系统

图 3-6 是单片微机 PWM 可逆直流调速系统的原理图，其中主电路与图 3-5 相同，在这里做了适当的简化。

三相交流电源经不可控整流器变换为电压恒定的直流电源，再经过直流 PWM 变换器得到可调的直流电压，给直流电动机供电。

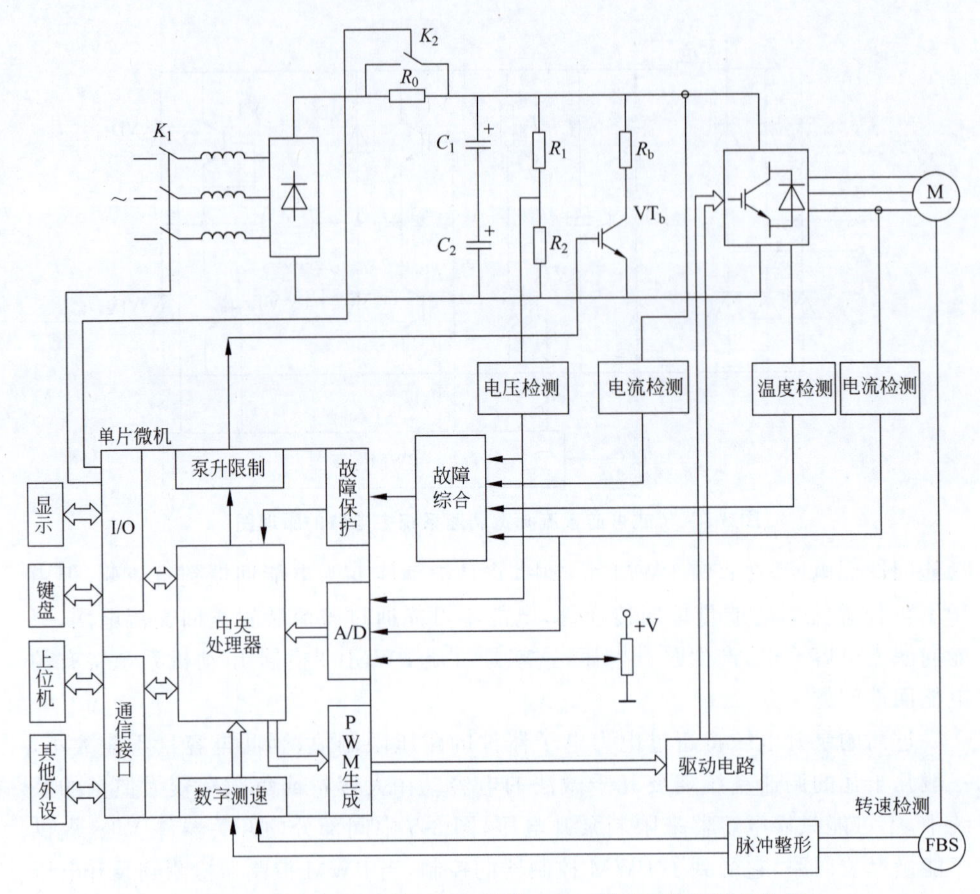

图 3-6 微机数字控制双闭环直流 PWM 调速系统硬件结构图

检测回路包括电压、电流、温度和转速检测，其中电压、电流和温度检测由A/D转换通道变为数字量送入微机，转速检测用数字测速(在2.3.2节介绍了多种数字测速方法)。

微机控制的优势之一是能具备故障检测功能，图中设计了多个检测接口，对电压、电流、温度等信号进行分析比较，若发生故障立即报警，以便及时处理，避免故障进一步扩大。

数字控制器是系统的核心，选用专为电机控制设计的 Intel 8X196MC 系列或TMS320X240 系列单片微机，配以显示、键盘等外围电路，通过通信接口与上位机或其他外设交换数据。这种微机芯片本身都带有 A/D 转换器、通用 I/O 和通信接口，还带有一般微机并不具备的故障保护、数字测速和 PWM 生成功能，可大大简化数字控制系统的硬件电路。控制软件一般采用转速、电流双闭环控制，电流环为内环，转速环为外环，内环的采样周期小于外环的采样周期。无论是电流采样值还是转速采样值都有交流分量，常采用阻容电路滤波，但阻容值太大时会延缓动态响应，为此可采用硬件滤波与软件滤波相结合的办法。转速调节环节 ASR

和电流调节环节 ACR 大多采用 PI 调节，当系统对动态性能要求较高时，还可以采用各种非线性和智能化的控制算法，使调节器能够更好地适宜控制对象的变化。

转速给定信号可以是由电位器给出的模拟信号，经 A/D 转换后送入微机系统，也可以直接由计数器或码盘发出数字信号。当转速给定信号在 $-n_{max}^{*}\sim 0\sim +n_{max}^{*}$ 之间变化并达到稳态后，由微机输出的 PWM 信号占空比 ρ 在 $0\sim \frac{1}{2}\sim 1$ 的范围内变化，使 UPW 变换器的输出平均电压系数为 $\gamma=-1\sim 0\sim +1$（参看式(1-20)），实现双极式可逆控制。在控制过程中，为了避免同一桥臂上、下两个电力电子器件同时导通而引起直流电源短路，在由 VT_1、VT_4 导通切换到 VT_2、VT_3 导通或反向切换时（参看图 3-5），必须留有死区时间。对于功率晶体管，死区时间约需 30μs；对于 IGBT，死区时间约需 5μs 或更小些。

3.2　弱磁控制的直流调速系统

3.2.1　弱磁与调压的配合控制

调节直流电动机的转速有 3 种方法：改变电枢回路电阻调速法、减弱磁通调速法和调节电枢电压调速法。到此为止，本书讨论的直流他励电动机调速系统都是基于调压调速方法，它是从基速（即额定转速 n_N）向下调速，系统保持直流电动机的磁通为额定值，电动机允许长期运行时的最大电流（不是启动时的过载电流）是其额定值 I_{dN}。根据电磁转矩公式 $T_e=K_m\Phi I_d$，在调压调速范围内，因为励磁磁通不变，在额定电流时容许的电磁转矩也不会变，称作恒转矩调速方式。

而降低励磁电流以减弱磁通则是从基速向上调速。在弱磁调速范围内，转速越高，磁通越弱，容许的电磁转矩不得不减少，转矩与转速的乘积则不变，即容许功率不变，是为恒功率调速方式。

之所以如此分别，是受到了直流电动机产品特性的限制，在基速以下，维持磁通为额定值，可以得到最大的电磁转矩，通过电枢电压的调整，可得到所需要的转速；在基速以上，电枢电压已不可能再升高了，只能依赖于磁通的减少来得到转速的升高，但电动机能提供的最大电磁转矩也被减少。

弱磁控制的目的是扩大直流电动机的调速范围，把转速范围从基速以下扩大到基速以上，但要尽可能地提供最大的电磁转矩，以满足调速对象的需要。但是，直流电动机允许的弱磁调速范围有限，一般电动机不超过 2∶1，专用的“调速电动机”也不过是 3∶1 或 4∶1。

弱磁控制的调速系统是采用调压和弱磁配合控制的办法，即在基速以下保持磁通为额定值不变，只调节电枢电压，而在基速以上则把电压保持为额定值，减弱磁通升速，这样的配合控制特性示于图 3-7。调压与弱磁配合控制只能在基速以上满足恒功率调速的要求，在基速以下，输出功率不得不有所降低。

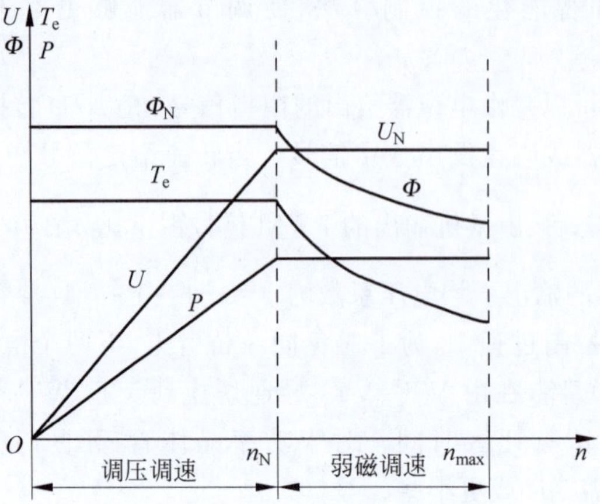

图 3-7 调压与弱磁配合控制特性

3.2.2 调压与弱磁配合控制的调速系统

在调压与弱磁配合控制的调速系统中要进行弱磁调速，可以在原有的调压调速系统转速给定电位器之外再单独设置一个调磁电位器，通过励磁电流调节器来控制直流电动机磁通，这叫作独立控制励磁的调速系统。实际调速时，必须先保证励磁电位器放在满磁位置不动，调节调压电位器在基速以下调速；当电枢电压和转速达到额定值时，才允许减小调磁电位器输出电压，实行弱磁调速。由于转速的上升，在减小调磁电位器输出电压的同时，必须增加转速给定。因此，在弱磁调速时，两个电位器必须配合调节，操作很不方便。

如把调压与弱磁的给定装置统一成一个电位器，弱磁升速靠系统内部的信号自动进行，就成了非独立控制励磁的调速系统。根据图 3-7 的变电压与弱磁配合控制特性，在基速以下，应该在满磁的条件下调节电压，在基速以上，应该在额定电压下调节励磁，因此存在恒转矩的变压调速和恒功率的弱磁调速两个不同的区段。实际运行中，需要选择一种合适的控制方法，可以在这两个区段中交替工作，也应该能从一个区段平滑地过渡到另一个区段中去。

在原先转速、电流双闭环系统的基础上，设置一个励磁控制系统，由电动势环和励磁电流环组成。励磁电流环是内环，它直接控制励磁电流，达到控制磁通的目的；电动势环是外环，它实现了电枢电压与励磁的配合控制。

如 ASR 调节器一样，电动势调节器 AER 有饱和与不饱和两种工作状态，在基速以下时，AER 处于饱和工作状态，它的输出限幅值是 U_{ifm}，保持直流电动机励磁电流为额定值不变，靠电枢电压的双闭环控制系统来控制转速。电动势给定信号 U_e^* 的设置值相当于 $E_{max}\approx(0.9\sim0.95)U_{dN}$，在基速以下时，$U_e<U_e^*$，AER 迅速饱和，所以和常规的转速、电流双闭环调速系统一致。

在转速上升时，受 ACR 输出限幅值 U_{cm} 的限制，电枢电压 U_d 最高升到其额定值 U_{dN}，此时 $U_e > U_e^*$，使 AER 退出饱和状态，其输出量 U_{if}^* 开始降低，通过 AFR 减小励磁电流，系统便自动进入弱磁升速范围。在弱磁升速范围内，AER 的目的是保持电动势 E 不变，由于 $E = K_e\Phi n$，且 ACR 已经受到了 U_{cm} 的限制，AER 调节器将减小励磁电流调节器的给定值 U_{if}^*，通过 AFR 减弱励磁，电动势 E 值被保持不变，采用 PI 型的电动势调节器保证了电动势无静差的控制要求。和 ACR 调节器一样，AFR 调节器以跟随性能为主，控制励磁电流的大小，一般也采用 PI 调节器。

电动势调节器是实现非独立控制励磁的关键部件，如何得到电动势信号是必须要解决的问题，在图 3-8 中，用 AE 电动势运算器来重构电动势信号 U_e，考虑到

$$E = U_d - I_d R - L\frac{dI_d}{dt} \tag{3-1}$$

故用电枢电压检测信号 U_v 和电枢电流检测信号 U_i 构造电动势信号，无论在稳态还是在动态过程中，它都能反映真实的电动势值。在图 3-7 中，有两个电位器，分别是调速电位器 RP_n 和基速电动势给定电位器 RP_e，其中基速电动势给定电位器 RP_e 可事先离线调好，在调速时，只要改变调速电位器 RP_n 即可。与独立控制励磁的调速系统相比，操作简便。

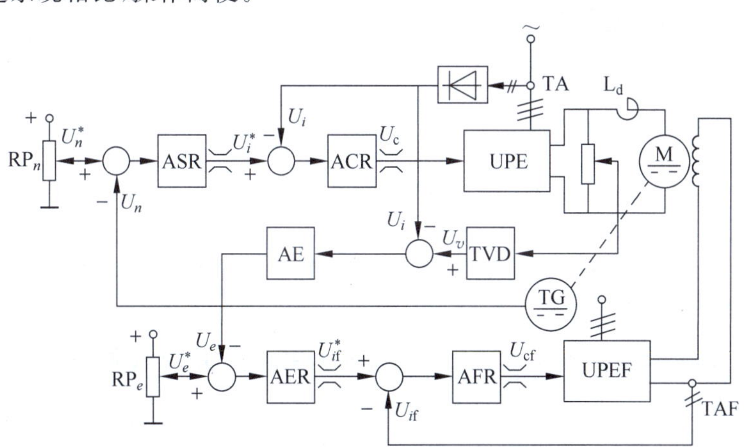

图 3-8　非独立控制励磁的调速系统

RP_n—调速电位器；RP_e—基速电动势给定电位器；AE—电动势运算器；AER—电动势调节器；AFR—励磁电流调节器；UPEF—励磁电力电子变换器；TVD—直流电压隔离变换器；TAF—励磁电流互感器

前面讨论的直流电动机数学模型都是在恒磁通条件下建立的，它不能适用于弱磁过程。当磁通为变量时，参数 C_e 和 C_m 都不能再看作常数，而应被 $K_e\Phi$ 和 $K_m\Phi$ 所取代，即

$$E = K_e\Phi n \tag{3-2}$$

$$T_e = K_m \Phi I_d \tag{3-3}$$

而原来定义的机电时间常数变成

$$T_m = \frac{GD^2 R}{375 K_e K_m \Phi^2} \tag{3-4}$$

并且不能再视作常数。所以在基速以下的恒磁调速时，所设计的ASR仍能适用。在弱磁调速时，需要随磁通实时地改变调节器的参数，用微机数字控制实现的调压与弱磁配合控制调速，能及时地改变调节器的参数，满足控制系统的要求，获得良好的调速性能。

思考题

3.1　晶闸管-电动机系统需要快速回馈制动时，为什么必须采用可逆线路？

3.2　对于采用单组晶闸管装置供电的V-M系统，画出其在整流和逆变状态下的机械特性，并分析该种机械特性适合于何种性质的负载。

3.3　两组晶闸管供电的可逆线路中有哪几种环流？是如何产生的？它对系统的影响？

3.4　为什么非独立励磁调速系统基速电动势整定在90%～95%的额定值上？电动势调节器起什么作用？

习题

3.1　试分析提升机构在提升重物和重物下降时，晶闸管、电动机工作状态及α角的控制范围。

3.2　从系统组成、功用、工作原理、特性等方面比较直流PWM可逆调速系统与晶闸管直流可逆调速系统的异同点。

3.3　独立励磁调速系统若想启动到额定转速以上，主电路电流和励磁电流应如何变化？

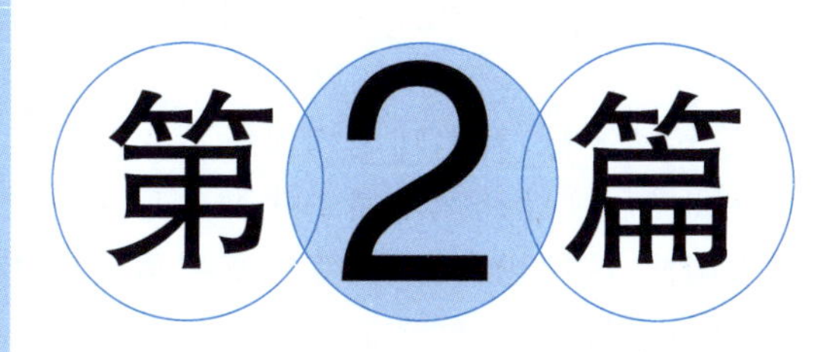

交流调速系统

与直流电动机相比,交流电动机具有结构简单、制造容易、维护工作量小等优点,但交流电动机的控制却比直流电动机复杂得多。早期的交流传动均用于不可调传动,而可调传动则用直流传动;随着电力电子技术、控制技术和计算机技术的发展,交流可调传动已逐步普及,其应用现在已经超过了直流传动。交流可调传动的应用主要有四方面。

(1) 生产工艺要求的一般性能调速;

(2) 风机、泵类传动电动机调速,以获得可观的节能效益;

(3) 要求较高静、动态性能的交流调速系统;

(4) 特大容量、极高转速的交流调速。

交流电动机有异步电动机(即感应电动机)和同步电动机两大类。

按照异步电动机内部的功率流向,从定子传入转子的电磁功率 P_{m} 可分成两部分:一部分 $P_{mech}=(1-s)P_{m}$ 是机械轴上输出的机械功率;另一部分 $P_{s}=sP_{m}$ 是与转差率 s 成正比的转差功率。从电磁能量转换效率上看,调速时转差功率是否增大,是消耗掉还是得到回收,是评价调速系统性能的重要标志。从这点出发,可以把异步电动机的调速系统分成3类:

(1) 转差功率消耗型调速系统。在这类系统中,全部转差功率都转换成热能消耗在转子回路中,它是以增加转差功率的消耗来换取转速的降低的(恒转矩负载时),因而效率较低,而且转速越低时效率也越低。然而这类系统结构简单,设备成本低,仍具有一定的应用价值,例如异步电动机降电压调速。

(2) 转差功率馈送型调速系统。转差功率的一部分被消耗掉,大部分则通过变换装置回馈给电网或转化成机械能予以利用,这类系统的效率比转差功率消耗型高,但设备成本也高。若转差功率由转子侧送入,则可使转速高于同步转速。此类系统只能用于绕线型感应电动机,应用场合受到一定的限制,例如绕线电动机双馈调速。

(3) 转差功率不变型调速系统。无论转速高低,转差功率均保持不变。这类系统效率较高,异步电动机变极对数调速和变压变频调速均属于此类。变极对数调速需要特制的电动机,且只能实现有级调速,应用场合有限,变压变频调速是目前应用最为广泛的异步电动机调速方法,但设备投资相对较高。

从调速性能上看,可以将异步电动机调速系统分为两类:第一类基于稳态模型,动态性能要求不高,例如转速开环的变压变频调速系统和转速闭环的转差频率控制系统;而另一类则基于动态模型,动态性能要求高,例如矢量控制系统和直接转矩控制系统。

同步电动机的转差率恒为零,从定子传入的电磁功率 P_{m} 全部变为机械轴上输出的机械功率 P_{mech},只能是转差功率不变型的调速系统。其转速表达式为

$$n = n_1 = \frac{60f}{n_{\mathrm{p}}}$$

同步电动机的调速只能通过改变同步转速 n_1 来实现,由于同步电动机极对数是固定的,只能采用变压变频调速。

第2篇共分为3章:第4章介绍异步电动机稳态模型及基于稳态模型的调速系统,第5章介绍异步电动机动态数学模型及基于动态模型的高性能交流调速系统,第6章介绍同步电动机变频调速系统。鉴于篇幅与学时上的限制,删去转差功率消耗型和转差功率馈送型调速系统等内容,需要时可见参考文献[2,3,36,37,41]。

第4章 基于稳态模型的异步电动机调速系统

内容提要

异步电动机具有结构简单、制造容易、转速高、容量大、维修工作量小等优点，早期多用于不可调传动。随着电力电子技术的发展和静止式变频器的诞生，异步电动机在可调传动中逐渐得到广泛的应用。变压变频调速是异步电动机常用的一种调速方式，具有效率高、调速范围大等优点。本章介绍基于异步电动机稳态模型的变压变频调速系统，高动态性能的异步电动机变频调速系统将在第5章中讨论。

本章4.1节介绍基于等效电路的异步电动机稳态模型，讨论异步电动机变压变频调速的基本原理和基频以下的电流补偿控制。4.2节首先介绍交流PWM变频器的主电路，然后讨论正弦PWM(SPWM)、电流跟踪PWM(CFPWM)和电压空间矢量PWM(SVPWM)三种控制方式，讨论电压矢量与定子磁链的关系，最后介绍交流PWM变频器在异步电动机调速系统中应用的特殊问题。4.3节讨论转速开环电压频率协调控制的变压变频调速系统和通用变频器。4.4节详细讨论转速闭环转差频率控制系统的工作原理和控制规律，介绍系统的实现，分析系统的优、缺点。4.5节介绍变频调速在恒压供水系统中的应用实例。

4.1 异步电动机变压变频调速基本原理

4.1.1 异步电动机稳态数学模型

根据电机学原理[6,7,8]，在下述3个假定条件下，异步电动机的稳态模型可以用T型等效电路表示(见图4-1)。

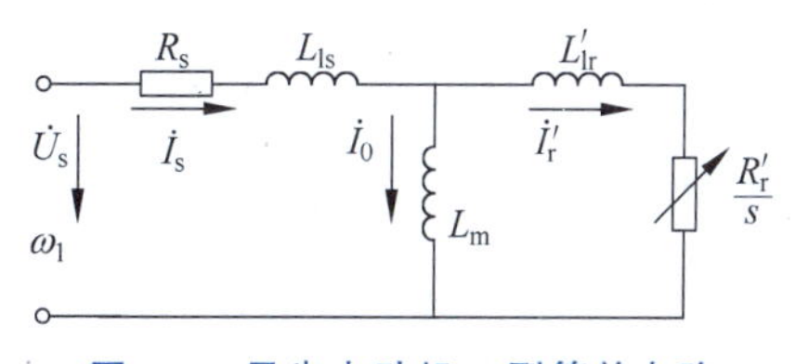

图4-1 异步电动机T型等效电路

(1) 忽略空间和时间谐波；

(2) 忽略磁饱和;

(3) 忽略铁损。

各参数定义如下: R_s、R'_r——定子每相电阻和折合到定子侧的转子每相电阻,L_{ls}、L'_{lr}——定子每相漏感和折合到定子侧的转子每相漏感,L_m——定子每相绕组产生气隙主磁通的等效电感,即励磁电感,$\dot{U}_s$、ω_1——定子相电压相量和电源角频率,$\dot{I}_s$、$\dot{I}'_r$——定子相电流相量和折合到定子侧的转子相电流相量,s——转差率。

由图 4-1 可以导出转子相电流(折合到定子侧):

$$I'_r=\frac{U_s}{\sqrt{\left(R_s+C_1\frac{R'_r}{s}\right)^2+\omega_1^2(L_{ls}+C_1L'_{lr})^2}} \tag{4-1}$$

式中 $C_1=1+\frac{R_s+\mathrm{j}\omega_1L_{ls}}{\mathrm{j}\omega_1L_m}\approx1+\frac{L_{ls}}{L_m}$。

在一般情况下,$L_m\gg L_{ls}$,即 $C_1\approx1$。因此,可以忽略励磁电流,得到如图 4-2 所示的简化等效电路。

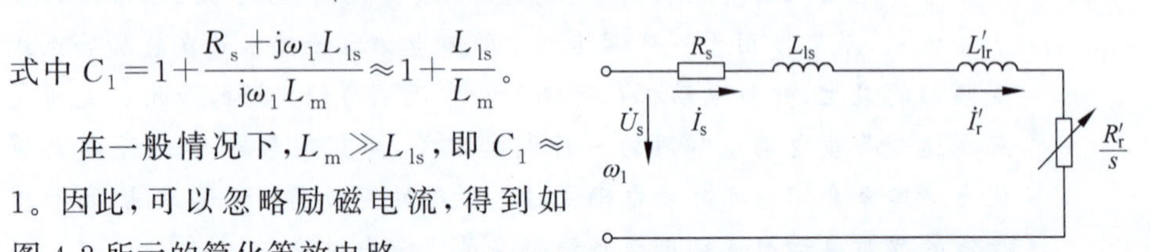

图 4-2 异步电动机简化等效电路

电流公式可简化成

$$I_s\approx I'_r=\frac{U_s}{\sqrt{\left(R_s+\frac{R'_r}{s}\right)^2+\omega_1^2(L_{ls}+L'_{lr})^2}} \tag{4-2}$$

异步电动机传递的电磁功率 $P_m=\frac{3I'^2_rR'_r}{s}$,同步机械角转速度 $\omega_{m1}=\frac{\omega_1}{n_p}$,$n_p$ 为电动机极对数,则异步电动机的电磁转矩为

$$\begin{aligned}T_e&=\frac{P_m}{\omega_{m1}}=\frac{3n_p}{\omega_1}I'^2_r\frac{R'_r}{s}=\frac{3n_pU_s^2R'_r/s}{\omega_1\left[\left(R_s+\frac{R'_r}{s}\right)^2+\omega_1^2(L_{ls}+L'_{lr})^2\right]}\\&=\frac{3n_pU_s^2R'_rs}{\omega_1\left[(sR_s+R'_r)^2+s^2\omega_1^2(L_{ls}+L'_{lr})^2\right]}\end{aligned} \tag{4-3}$$

式(4-3)就是异步电动机的机械特性方程式。

将式(4-3)对 s 求导,并令 $\frac{\mathrm{d}T_e}{\mathrm{d}s}=0$,可求出对应于最大转矩时的转差率,称作临界转差率,即

$$s_m=\frac{R'_r}{\sqrt{R_s^2+\omega_1^2(L_{ls}+L'_{lr})^2}} \tag{4-4}$$

和对应于临界转差率的最大转矩，称作临界转矩，即

$$T_{em}=\frac{3n_pU_s^2}{2\omega_1\left[R_s+\sqrt{R_s^2+\omega_1^2(L_{ls}+L'_{lr})^2}\right]} \tag{4-5}$$

恒压恒频供电时异步电动机的机械特性如图 4-3 所示，其中 n_1 为同步转速。

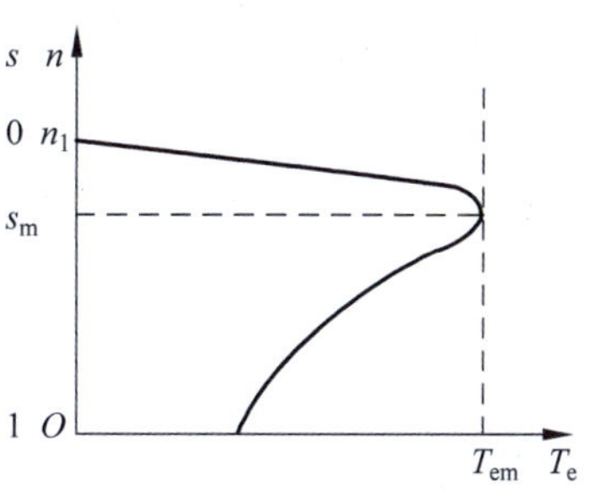

图 4-3　异步电动机的机械特性

4.1.2　变压变频调速基本原理

变压变频调速是改变同步转速的一种调速方法，同步转速 n_1 随频率而变化，即

$$n_1=\frac{60f_1}{n_p}=\frac{60\omega_1}{2\pi n_p} \tag{4-6}$$

异步电动机转速为

$$n=n_1(1-s)=n_1-sn_1=n_1-\Delta n \tag{4-7}$$

其中，稳态速降 $\Delta n=sn_1$ 与负载有关。

为了达到良好的控制效果，常采用电压-频率协调控制。三相异步电动机定子每相电动势的有效值为

$$E_g=4.44f_1N_sk_{N_s}\Phi_m \tag{4-8}$$

式中：E_g——气隙磁通在定子每相中感应电动势的有效值，f_1——定子频率，N_s——定子每相绕组匝数，k_{N_s}——定子基波绕组系数，Φ_m——每极气隙磁通量。

由式(4-8)可知，只要控制好 E_g 和 f_1，便可达到控制气隙磁通 Φ_m 的目的，对此，需要考虑基频(额定频率)以下和基频以上两种情况。

1. 基频以下调速

基频以下运行时，如果磁通太弱，就没有充分利用电机的铁心，是一种浪费；如果磁通过大，又会使铁心饱和，从而导致过大的励磁电流，严重时会因绕组过热而损坏电机。最好是保持每极磁通量 Φ_m 为额定值 Φ_{mN} 不变。因此，当频率 f_1 从额定值 f_{1N} 向下调节时，必须同时降低 E_g，使

$$\frac{E_g}{f_1}=4.44N_sk_{N_s}\Phi_{mN}=常值 \tag{4-9}$$

即采用电动势频率比为恒值的控制方式。

然而，异步电动机绕组中的电动势是难以直接控制的，当电动势值较高时，可忽略定子电阻和漏磁感抗压降，而认为定子相电压 $U_s\approx E_g$，则得

$$\frac{U_s}{f_1}=常值 \tag{4-10}$$

这就是恒压频比的控制方式。

低频时,U_s 和 E_g 都较小,定子电阻和漏磁感抗压降所占的分量比较显著,不能再忽略。这时,可以人为地把定子电压 U_s 抬高一些,以便近似地补偿定子阻抗压降,称作低频补偿,也可称作低频转矩提升。带定子压降补偿的恒压频比控制特性示于图4-4中的 b 线,无补偿的控制特性则为 a 线。

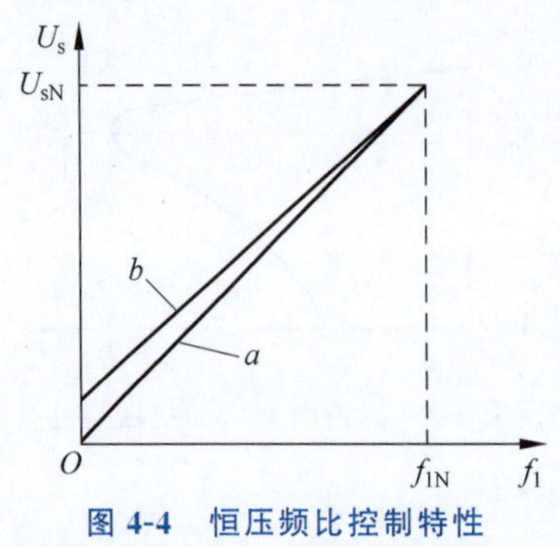

图 4-4　恒压频比控制特性

a—无补偿；b—带定子压降补偿

2. 基频以上调速

在基频以上调速时,频率从 f_{1N} 向上升高,受到电机绝缘耐压的限制,定子电压 U_s 不能随之升高,只能保持额定电压 U_{sN} 不变,这将导致磁通与频率成反比地降低,使得异步电动机工作在弱磁状态。

3. 异步电动机电压-频率协调控制

把基频以下和基频以上两种情况的控制特性画在一起,如图4-5所示。一般认为,异步电动机在不同转速下允许长期运行的电流为额定电流,即能在允许温升下长期运行的电流,额定电流不变时,电动机允许输出的转矩将随磁通变化。在基频以下,由于磁通恒定,允许输出转矩也恒定,属于"恒转矩调速"方式；在基频以上,转速升高时磁通减小,允许输出转矩也随之降低,基本上属于"恒功率调速"方式。

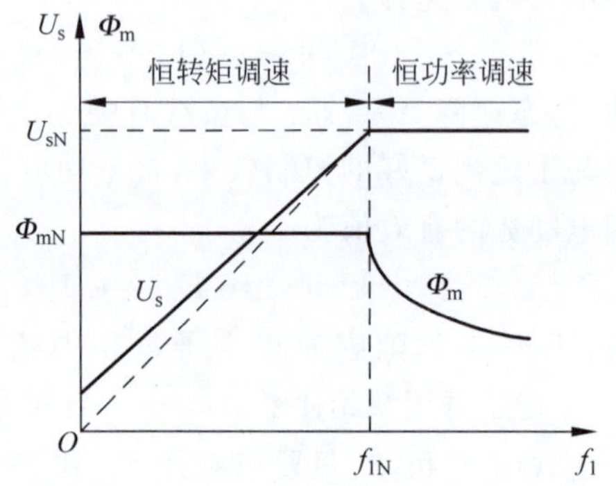

图 4-5　异步电动机变压变频调速的控制特性

在基频以下采用恒压频比控制时,可将异步电动机的电磁转矩改写为

$$T_e = 3n_p\left(\frac{U_s}{\omega_1}\right)^2 \frac{s\omega_1 R'_r}{(sR_s + R'_r)^2 + s^2\omega_1^2(L_{ls} + L'_{lr})^2} \tag{4-11}$$

当 s 很小时,可忽略上式分母中含 s 各项,则

$$T_e \approx 3n_p\left(\frac{U_s}{\omega_1}\right)^2 \frac{s\omega_1}{R'_r} \propto s \tag{4-12}$$

或

$$s\omega_1 \approx \frac{R'_r T_e}{3n_p\left(\frac{U_s}{\omega_1}\right)^2} \tag{4-13}$$

带负载时的转速降落 Δn 为

$$\Delta n = sn_1 = \frac{60}{2\pi n_p} s\omega_1 \approx \frac{10R'_r T_e}{\pi n_p^2}\left(\frac{\omega_1}{U_s}\right)^2 \propto T_e \tag{4-14}$$

由此可见，当 U_s/ω_1 为恒值时，对于同一转矩 T_e，Δn 基本不变。这就是说，在恒压频比的条件下改变频率 ω_1 时，机械特性基本上是平行下移的近似直线，如图 4-6 所示。

临界转矩亦可改写为

$$T_{em} = \frac{3n_p}{2}\left(\frac{U_s}{\omega_1}\right)^2 \frac{1}{\dfrac{R_s}{\omega_1} + \sqrt{\left(\dfrac{R_s}{\omega_1}\right)^2 + (L_{ls} + L'_{lr})^2}} \tag{4-15}$$

可见临界转矩 T_{em} 是随着 ω_1 的降低而减小的。当频率较低时，T_{em} 很小，电动机带载能力减弱，采用低频定子压降补偿，适当地提高电压 U_s，可以增强带载能力，见图 4-6。由于保持气隙磁通不变，故允许输出转矩基本不变，所以基频以下的变频调速属于恒转矩调速。

在基频 f_{1N} 以上变频调速时，电压 $U_s = U_{sN}$ 不变，式(4-3)的机械特性方程式可写成

$$T_e = 3n_p U_{sN}^2 \frac{sR'_r}{\omega_1[(sR_s + R'_r)^2 + s^2\omega_1^2(L_{ls} + L'_{lr})^2]} \tag{4-16}$$

而式(4-5)的临界转矩表达式可改写成

$$T_{em} = \frac{3}{2} n_p U_{sN}^2 \frac{1}{\omega_1\left[R_s + \sqrt{R_s^2 + \omega_1^2(L_{ls} + L'_{lr})^2}\right]} \tag{4-17}$$

由此可见，当角频率 ω_1 提高时，同步转速随之提高，临界转矩减小，机械特性上移，而形状基本不变，见图 4-6 中 n_{1N} 以上的特性。由于频率提高而定子电压不变，气隙磁通势必减弱，允许输出转矩减小，但转速却升高了，可以认为允许输出功率基

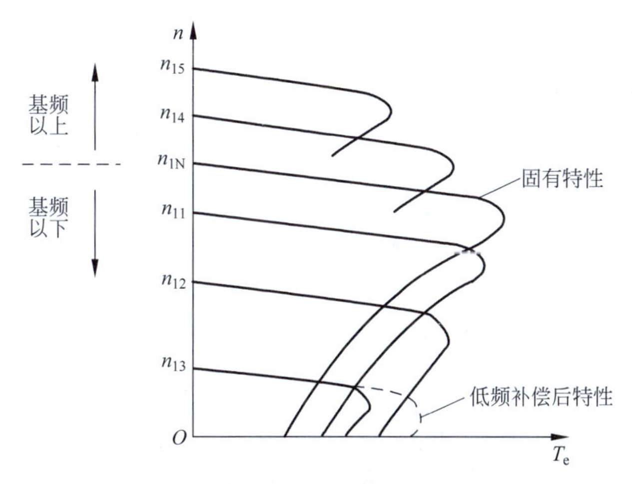

图 4-6　异步电动机变压变频调速机械特性

本不变。所以基频以上的变频调速属于弱磁恒功率调速。

4.1.3 基频以下电流补偿控制

基频以下运行时,采用恒压频比的控制方法具有控制简便的优点,但负载的变化将导致磁通的改变,因此采用定子电流补偿控制,根据定子电流的大小改变定子电压,可保持磁通恒定。将图 4-1 异步电动机 T 型等效电路再次绘出如图 4-7。为了使参考极性与电动状态下的实际极性相吻合,感应电动势采用电压降的表示方法,由高电位指向低电位。

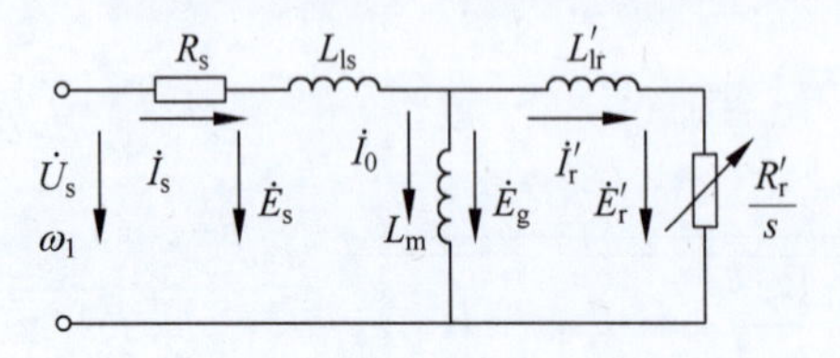

图 4-7 异步电动机等效电路和感应电动势

气隙磁通 Φ_m 在定子每相绕组中的感应电动势如式(4-8):

$$E_g = 4.44 f_1 N_s k_{N_s} \Phi_m$$

定子全磁通 Φ_{ms} 在定子每相绕组中的感应电动势为

$$E_s = 4.44 f_1 N_s k_{N_s} \Phi_{ms} \tag{4-18}$$

转子全磁通 Φ_{mr} 在转子绕组中的感应电动势(折合到定子边)为

$$E'_r = 4.44 f_1 N_s k_{N_s} \Phi_{mr} \tag{4-19}$$

以下分别讨论保持定子磁通 Φ_{ms}、气隙磁通 Φ_m 和转子磁通 Φ_{mr} 恒定的控制方法及机械特性。

1. 恒定子磁通 Φ_{ms} 控制

由式(4-18)可知,只要使 E_s/f_1 = 常值,即可保持定子磁通 Φ_{ms} 恒定,则定子电压为

$$\dot{U}_s = R_s \dot{I}_1 + \dot{E}_s \tag{4-20}$$

外加电压应按式(4-20)提高以补偿定子电阻压降。忽略励磁电流 $\dot{I}_0$ 时,由图 4-7 等效电路可得

$$I'_r = \frac{E_s}{\sqrt{\left(\frac{R'_r}{s}\right)^2 + \omega_1^2 (L_{ls} + L'_{lr})^2}} \tag{4-21}$$

代入电磁转矩关系式,得

$$\begin{aligned} T_e &= \frac{3n_p}{\omega_1} \cdot \frac{E_s^2}{\left(\frac{R'_r}{s}\right)^2 + \omega_1^2 (L_{ls} + L'_{lr})^2} \cdot \frac{R'_r}{s} \\ &= 3n_p \left(\frac{E_s}{\omega_1}\right)^2 \frac{s\omega_1 R'_r}{R'^2_r + s^2\omega_1^2 (L_{ls} + L'_{lr})^2} \end{aligned} \tag{4-22}$$

与式(4-11)相比较,恒定子磁通 Φ_{ms} 控制时转矩表达式的分母小于恒 U_s/ω_1 控制

特性中的同类项。当转差率 s 相同时，恒定子磁通 Φ_{ms} 控制的电磁转矩大于恒 U_s/ω_1 控制方式，或者说，当负载转矩相同时，恒定子磁通 Φ_{ms} 控制的转速降落小于恒 U_s/ω_1 控制方式。

将式(4-22)对 s 求导，并令 $\frac{\mathrm{d}T_e}{\mathrm{d}s}=0$，可求出临界转差率

$$s_m=\frac{R'_r}{\omega_1(L_{ls}+L'_{lr})} \tag{4-23}$$

和临界转矩

$$T_{em}=\frac{3n_p}{2}\left(\frac{E_s}{\omega_1}\right)^2\frac{1}{(L_{ls}+L'_{lr})} \tag{4-24}$$

与式(4-4)和式(4-5)相比较，恒定子磁通 Φ_{ms} 控制的临界转差率和临界转矩均大于恒 U_s/ω_1 控制方式。当频率变化时，临界转矩 T_{em} 恒定不变，机械特性见图 4-8 曲线 b。

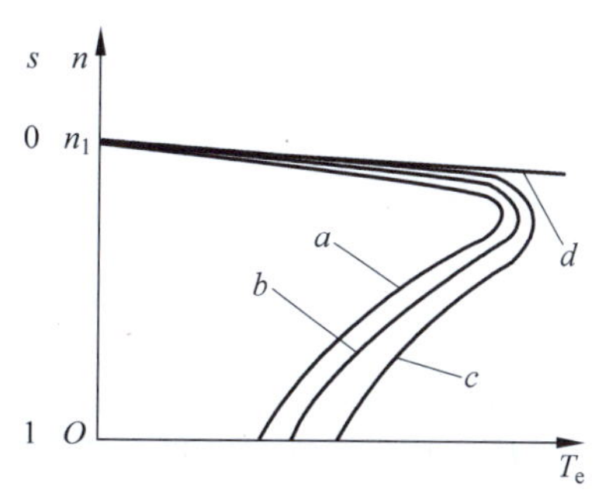

图 4-8　不同控制方式下，异步电动机的机械特性

a—恒 U_s/ω_1 控制；b—恒定子磁通 Φ_{ms} 控制；c—恒气隙磁通 Φ_m 控制；d—恒转子磁通 Φ_{mr} 控制

2. 恒气隙磁通 Φ_m 控制

维持 E_g/ω_1 为恒值，保持气隙磁通 Φ_m 为常值，定子电压为

$$\dot{U}_s=(R_s+\mathrm{j}\omega_1L_{ls})\dot{I}_1+\dot{E}_g \tag{4-25}$$

除了补偿定子电阻压降外，还应补偿定子漏抗电阻压降。由图 4-7 等效电路可得

$$I'_r=\frac{E_g}{\sqrt{\left(\frac{R'_r}{s}\right)^2+\omega_1^2L'^2_{lr}}} \tag{4-26}$$

代入电磁转矩关系式，得电磁转矩公式为

$$T_e=\frac{3n_p}{\omega_1}\cdot\frac{E_g^2}{\left(\frac{R'_r}{s}\right)^2+\omega_1^2L'^2_{lr}}\cdot\frac{R'_r}{s}=3n_p\left(\frac{E_g}{\omega_1}\right)^2\frac{s\omega_1R'_r}{R'^2_r+s^2\omega_1^2L'^2_{lr}} \tag{4-27}$$

将式(4-27)对 s 求导，并令 $\frac{\mathrm{d}T_e}{\mathrm{d}s}=0$，可求出临界转差率

$$s_m=\frac{R'_r}{\omega_1L'_{lr}} \tag{4-28}$$

和临界转矩

$$T_{em}=\frac{3n_p}{2}\left(\frac{E_s}{\omega_1}\right)^2\frac{1}{L'_{lr}} \tag{4-29}$$

机械特性如图 4-8 曲线 c 所示,与恒定子磁通 Φ_{ms} 控制方式相比较,恒气隙磁通 Φ_m 控制方式的临界转差率和临界转矩更大,机械特性更硬。

3. 恒转子磁通 $\boldsymbol{\Phi}_{mr}$ 控制

如果令定子电压

$$\dot{U}_s = [R_s + j\omega_1(L_{ls} + L'_{lr})]\dot{I}_1 + \dot{E}_r \tag{4-30}$$

且保持 E_r/ω_1 恒定,即可保持转子磁通 Φ_{mr} 恒定,转子电流为

$$I'_r = \frac{E_r}{R'_r/s} \tag{4-31}$$

代入电磁转矩基本关系式,得

$$T_e = \frac{3n_p}{\omega_1} \cdot \frac{E_r^2}{\left(\frac{R'_r}{s}\right)^2} \cdot \frac{R'_r}{s} = 3n_p\left(\frac{E_r}{\omega_1}\right)^2 \cdot \frac{s\omega_1}{R'_r} \tag{4-32}$$

这时的机械特性 $T_e = f(s)$ 完全是一条直线,见图 4-8 曲线 d。显然,恒 E_r/ω_1 控制的稳态性能最好,可以获得和直流电动机一样的线性机械特性,这正是高性能交流变频调速所要求的性能。

4. 小结

恒压频比(U_s/ω_1 = 恒值)控制最容易实现,它的变频机械特性基本上是平行下移,硬度也较好,能够满足一般的调速要求,低速时需适当提高定子电压,以近似补偿定子阻抗压降。

恒定子磁通 Φ_{ms}、恒气隙磁通 Φ_m 和恒转子磁通 Φ_{mr} 的控制方式均需要定子电流补偿,控制要复杂一些。恒定子磁通 Φ_{ms} 和恒气隙磁通 Φ_m 的控制方式虽然改善了低速性能,但机械特性还是非线性的,产生转矩的能力仍受到限制。恒转子磁通 Φ_{mr} 的控制方式,可以得到和直流他励电动机一样的线性机械特性,性能最佳。

4.2 交流 PWM 变频技术

异步电动机变频调速需要电压与频率均可调的交流电源,常用的交流可调电源是由电力电子器件构成的静止式功率变换器,一般称为变频器。变频器结构如图 4-9 所示,按变流方式可分为交-直-交变频器和交-交变频器两种:交-直-交变频器先将恒压恒频的交流电整成直流,再将直流电逆变成电压与频率均为可调的交流,称作间接变频;交-交变频器将恒压恒频的交流电直接变换为电压与频率均为可调的交流电,无须中间直流环节,称作直接变频。

早期的变频器用晶闸管(SCR)组成,SCR 属于半控型器件,通过门极只能使其开通而不能关断,需强迫换流才能关断 SCR,故主回路结构复杂。此外,晶闸管的开关速度慢,变频器的开关频率低,输出电压谐波分量大。全控型器件通

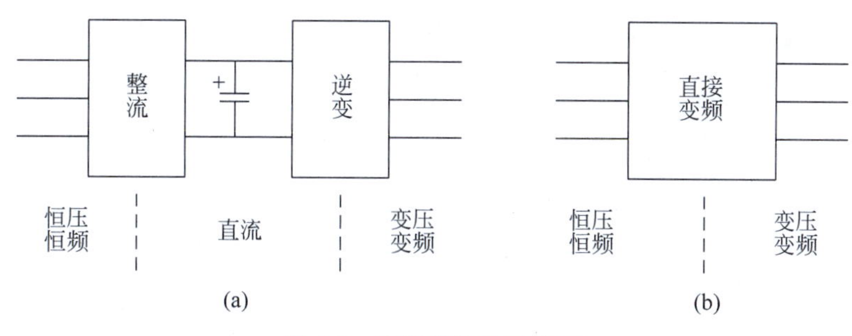

图 4-9　变频器结构示意图

(a) 交-直-交变频器；(b) 交-交变频器

过门极既可使其开通又可使其关断，该类器件的开关速度普遍高于晶闸管，用全控型器件构成的变频器具有主回路结构简单、输出电压质量好的优点。常用的全控型器件有电力场效应管(Power-MOSFET)、绝缘栅极双极型晶体管(IGBT)等。

现代变频器中用得最多的控制技术是脉冲宽度调制(pulse width modulation)，简称 PWM，其基本思想是：控制逆变器中电力电子器件的开通或关断，输出电压为高度相等、宽度按一定规律变化的脉冲序列，用这样的高频脉冲序列代替期望的输出电压。

传统的交流 PWM 技术是用正弦波来调制等腰三角波，称为正弦脉冲宽度调制(SPWM)；随着控制技术的发展，产生了电流跟踪 PWM(CFPWM)控制技术和电压空间矢量 PWM(SVPWM)控制技术。鉴于 SPWM 技术在电力电子技术教材中已进行过详细论述，在此只概述其要点，本书着重介绍后两种。

4.2.1　交-直-交 PWM 变频器主回路

常用的交-直-交 PWM 变频器主回路结构如图 4-10 所示，左半部分为不可控整流桥，将三相电网的交流电整流成电压恒定的直流电压，再用逆变器将直流电压变换为频率与电压均可调的交流电，中间的滤波环节是为了减小直流电压脉动而设置的。这种主回路只有一套可控功率级，具有结构、控制方便的优点，采用脉宽调制的方法，输出谐波分量小；缺点是能量不能回馈至电网，当电动机负载工作在回馈制动状态时，造成直流侧电压上升，称作泵升电压。

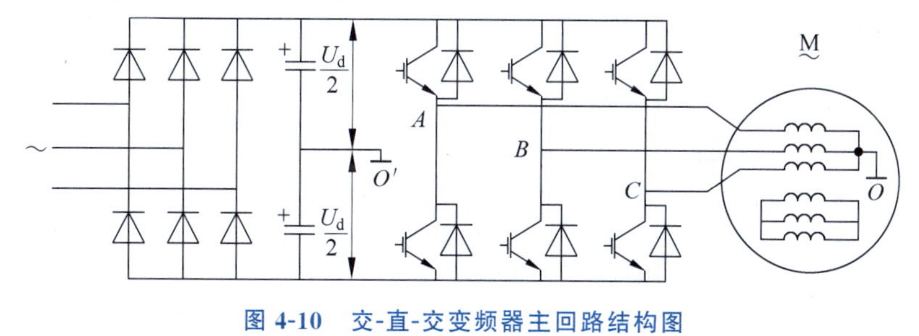

图 4-10　交-直-交变频器主回路结构图

随着交流调速技术的发展，变频器的应用越来越广泛，可以采用直流母线给多台逆变器供电的方式，如图4-11所示。多台逆变器并联使用，逆变器从直流母线上汲取能量，只需一套整流装置给直流母线供电。此种方式可以减少整流装置的电力电子器件，还可以通过直流母线来实现能量平衡，提高整流装置的工作效率。例如，当某个电动机工作在回馈制动状态时，直流母线能将回馈的能量送至其他负载，实现能量交换，有效地抑制泵升电压。

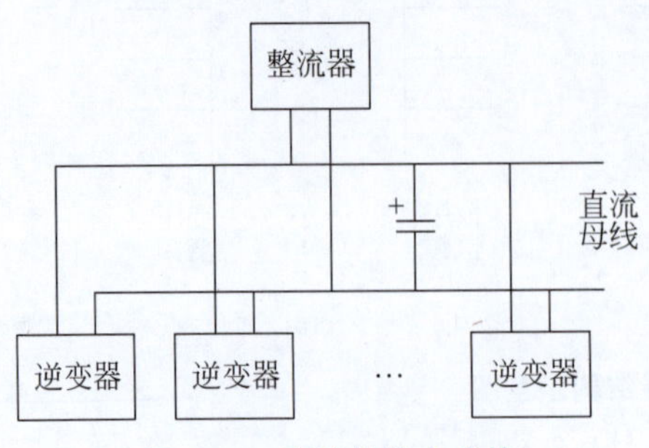

图4-11 直流母线方式的变频器主回路结构图

4.2.2 正弦波脉宽调制(SPWM)技术

以频率与期望的输出电压波相同的正弦波作为调制波(modulation wave)，以频率比期望波高得多的等腰三角波作为载波(carrier wave)，当调制波与载波相交时，由它们的交点确定逆变器开关器件的通断时刻，从而获得高度相等、宽度按正弦规律变化的脉冲序列，这种调制方法称作正弦波脉宽调制(sinusoidal pulse width modulation，SPWM)[2,9]。

双极性控制方式的PWM方式，三相输出电压共有8个状态，S_A、S_B、S_C分别表示A、B、C三相的开关状态，“1”表示上桥臂导通，“0”表示下桥臂导通。u_A、u_B、u_C分别为以电源中点O'为参考点的三相输出电压，u_{AO}、u_{BO}、u_{CO}为电动机三相电压。电动机中点O的电压为

$$u_O = \frac{u_A + u_B + u_C}{3} \tag{4-33}$$

由于$u_A + u_B + u_C \neq 0$，故O'和O的电位不等，因此，$u_A \neq u_{AO}$，对B、C两相也同样如此，表4-1列出了PWM开关状态与输出电压、异步电动机相电压及线电压间的关系。

表4-1 PWM开关状态与输出电压

S_A	S_B	S_C	u_A	u_B	u_C	u_O	u_{AO}	u_{BO}	u_{CO}	u_{AB}
0	0	0	$-\frac{U_d}{2}$	$-\frac{U_d}{2}$	$-\frac{U_d}{2}$	$-\frac{U_d}{2}$	0	0	0	0
1	0	0	$\frac{U_d}{2}$	$-\frac{U_d}{2}$	$-\frac{U_d}{2}$	$-\frac{U_d}{6}$	$\frac{2U_d}{3}$	$-\frac{U_d}{3}$	$-\frac{U_d}{3}$	U_d
1	1	0	$\frac{U_d}{2}$	$\frac{U_d}{2}$	$-\frac{U_d}{2}$	$\frac{U_d}{6}$	$\frac{U_d}{3}$	$\frac{U_d}{3}$	$-\frac{2U_d}{3}$	0
0	1	0	$-\frac{U_d}{2}$	$\frac{U_d}{2}$	$-\frac{U_d}{2}$	$-\frac{U_d}{6}$	$-\frac{U_d}{3}$	$\frac{2U_d}{3}$	$-\frac{U_d}{3}$	$-U_d$

续表

S_A	S_B	S_C	u_A	u_B	u_C	u_O	u_{AO}	u_{BO}	u_{CO}	u_{AB}
0	1	1	$-\frac{U_d}{2}$	$\frac{U_d}{2}$	$\frac{U_d}{2}$	$\frac{U_d}{6}$	$-\frac{2U_d}{3}$	$\frac{U_d}{3}$	$\frac{U_d}{3}$	$-U_d$
0	0	1	$-\frac{U_d}{2}$	$-\frac{U_d}{2}$	$\frac{U_d}{2}$	$-\frac{U_d}{6}$	$-\frac{U_d}{3}$	$-\frac{U_d}{3}$	$\frac{2U_d}{3}$	0
1	0	1	$\frac{U_d}{2}$	$-\frac{U_d}{2}$	$\frac{U_d}{2}$	$\frac{U_d}{6}$	$\frac{U_d}{3}$	$-\frac{2U_d}{3}$	$\frac{U_d}{3}$	U_d
1	1	1	$\frac{U_d}{2}$	$\frac{U_d}{2}$	$\frac{U_d}{2}$	$\frac{U_d}{2}$	0	0	0	0

图 4-12 为双极性控制方式的三相 SPWM 波形，其中 u_{RA}、u_{RB}、u_{RC} 为三相的正弦调制波，u_t 为双极性三角载波，u_A、u_B、u_C 为三相输出与电源中性点 O' 之

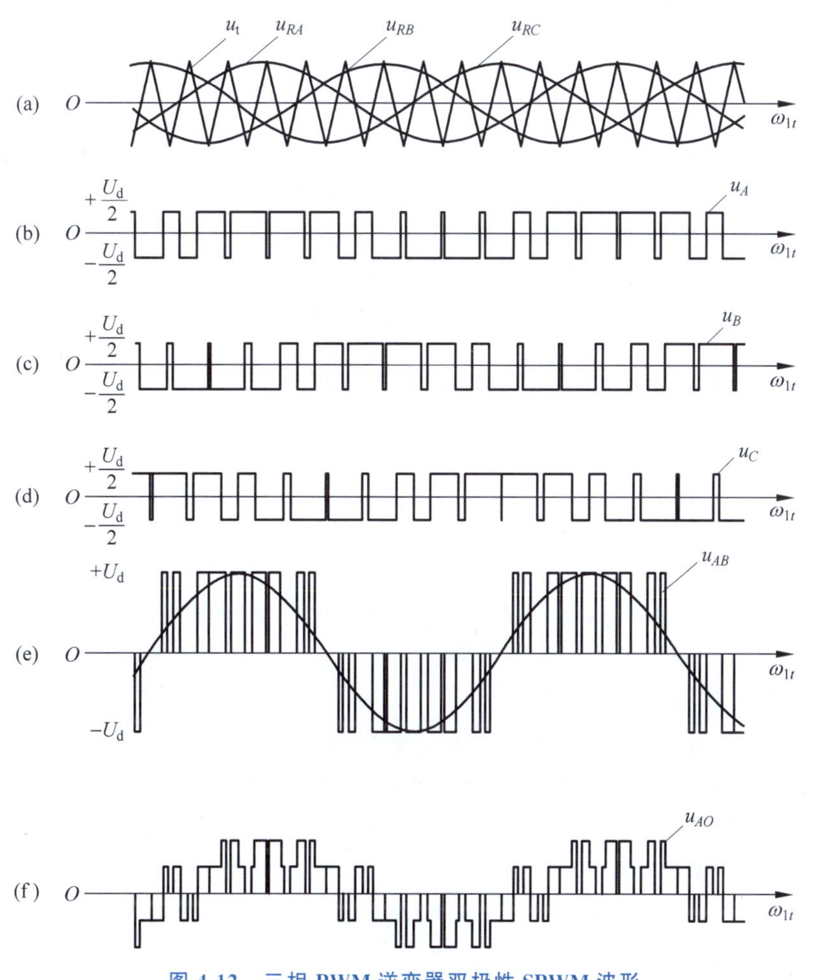

图 4-12　三相 PWM 逆变器双极性 SPWM 波形

(a) 三相正弦调制波与双极性三角载波；(b) 相电压 u_A；(c) 相电压 u_B；(d) 相电压 u_C；(e) 输出线电压 u_{AB}；(f) 电动机相电压 u_{AO}

间的相电压波形，u_{AB} 为输出线电压波形，其脉冲幅值为 $+U_{\mathrm{d}}$ 或 $-U_{\mathrm{d}}$，U_{AO} 为电动机相电压波形，其脉冲幅值为 $\pm\frac{2}{3}U_{\mathrm{d}}$、$\pm\frac{1}{3}U_{\mathrm{d}}$ 和 0 共 5 种电平组成。

逆变器开关器件的通断时刻是由调制波与载波的交点确定的，故称作“自然采样法”，用硬件电路构成正弦波发生器、三角波发生器和比较器来实现上述的 SPWM 控制，十分方便。由于调制波与载波的交点(采样点)在时间上具有不确定性，同样的方法用计算机软件实现时，运算比较复杂，适当的简化后，衍生出“规则采样法”[2,9]。

SPWM 采用三相分别调制，在调制度为 1 时，输出相电压的基波幅值为 $\frac{U_{\mathrm{d}}}{2}$，输出线电压的基波幅值为 $\frac{\sqrt{3}}{2}U_{\mathrm{d}}$，直流电压的利用率仅为 0.866[9]。若调制度大于 1，直流电压的利用率可以提高，但会产生失真现象，谐波分量增加。

随着 PWM 变频器的广泛应用，已制成多种专用集成电路芯片作为 SPWM 信号的发生器，许多用于电机控制的微机芯片集成了带有死区的 PWM 控制功能，经功率放大后，即可驱动电力电子器件，使用相当简便。

普通的 SPWM 变频器输出电压带有一定的谐波分量，为降低谐波分量，减少电动机转矩脉动，在 SPWM 的基础上衍生出“消除指定次数谐波”的 PWM (selected harmonics elimination PWM, SHEPWM)控制技术[2,9]。

4.2.3 电流跟踪 PWM(CFPWM)控制技术

SPWM 控制技术以输出电压接近正弦波为目标，电流波形则因负载的性质及大小而异。然而对于交流电动机来说，应该保证为正弦波的是电流，稳态时在绕组中通入三相平衡的正弦电流才能使合成的电磁转矩为恒定值，不产生脉动，因此以正弦波电流为控制目标更为合适。电流跟踪 PWM(current follow PWM, CFPWM)的控制方法是：在原来主回路的基础上，采用电流闭环控制，使实际电流快速跟随给定值，在稳态时，尽可能使实际电流接近正弦波形，这就能比电压控制的 SPWM 获得更好的性能。

常用的一种电流闭环控制方法是电流滞环跟踪 PWM(current hysteresis band PWM, CHBPWM)控制，具有电流滞环跟踪 PWM 控制的 PWM 变压变频器的 A 相控制原理图示于图 4-13。其中，电流控制器是带滞环的比较器，环宽为 $2h$。将给定电流 i_A^* 与输出电流 i_A 进行比较，电流偏差 Δi_A 超过 $\pm h$ 时，经滞环控制器 HBC 控制逆变器 A 相上(或下)桥臂的功率器件动作。B、C 二相的原理图均与此相同。

采用电流滞环跟踪控制时，变频器的电流波形与 PWM 电压波形示于图 4-14。在 t_0 时刻，$i_A < i_A^*$，且 $\Delta i_A = i_A^* - i_A \geqslant h$，滞环控制器 HBC 输出正电平，使上桥臂功

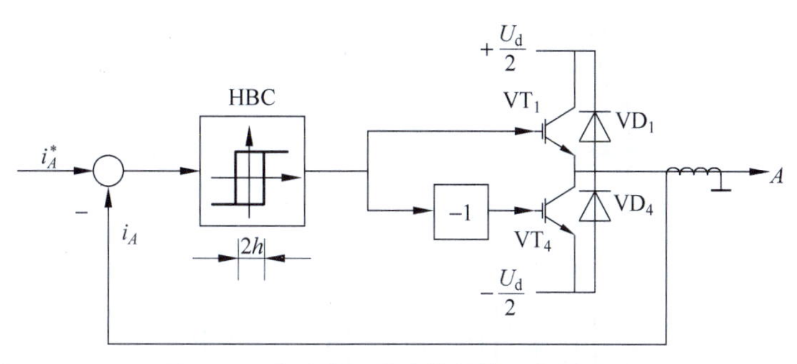

图 4-13　电流滞环跟踪控制的 A 相原理图

率开关器件 VT_1 导通，输出电压为正，使 i_A 增大。当 i_A 增大到与 i_A^* 相等时，虽然 $\Delta i_A=0$，但 HBC 仍保持正电平输出，VT_1 保持导通，使 i_A 继续增大。直到 $t=t_1$ 时刻，达到 $i_A=i_A^*+h$，$\Delta i_A=-h$，使滞环翻转，HBC 输出负电平，关断 VT_1，并经延时后驱动 VT_4。但此时 VT_4 未必能够导通，由于电机绕组的电感作用，电流 i_A 不会反向，而是通过二极管 VD_4 续流，使 VT_4 受到反向钳位而不能导通，输出电压为负。此后，i_A 逐渐减小，直到 $t=t_2$ 时，$i_A=i_A^*-h$，到达滞环偏差的下限值，使 HBC 再翻转，又重复使 VT_1 导通。这样，VT_1 与 VD_4 交替工作，使输出电流 i_A 快速跟随给定值 i_A^*，两者的偏差始终保持在 $\pm h$ 范围内。稳态时 i_A^* 为正弦波，i_A 在 i_A^* 上下作锯齿状变化，如图 4-14 所示，输出电流 i_A 接近正弦波。以上分析了给定正弦波电流 i_A^* 正半波的工作原理和输出电流 i_A 和相电压波形，负半波的工作原理与正半波相同，只是 VT_4 与 VD_1 交替工作。

图 4-15 为 PWM 主回路及三相电动机负载，R 为每相输入电阻，L 为每相输入电感，e_A、e_B、e_C 分别为三相感应电动势。为分析简便作如下假定。

(1) 忽略开关死区时间，认为同一桥臂上、下两个开关器件的“开”和“关”是瞬时完成；

(2) 考虑到器件允许开关频率较高，认为在一个开关周期内，三相感应电动势基本不变。

A 相电压平衡方程式为

$$\begin{aligned} Ri_A+L\frac{\mathrm{d}i_A}{\mathrm{d}t}&=u_{AO}-e_A \\ &=u_A-\frac{u_A+u_B+u_C}{3}-e_A \\ &=\frac{2u_A-u_B-u_C}{3}-e_A \end{aligned} \tag{4-34}$$

解式(4-34)得 A 相电流表达式

$$i_A(t)=\frac{u_{AO}-e_A(\tau)}{R}\left[1-\mathrm{e}^{-\frac{R}{L}(t-t_0)}\right]+i_A(t_0)\mathrm{e}^{-\frac{R}{L}(t-t_0)} \tag{4-35}$$

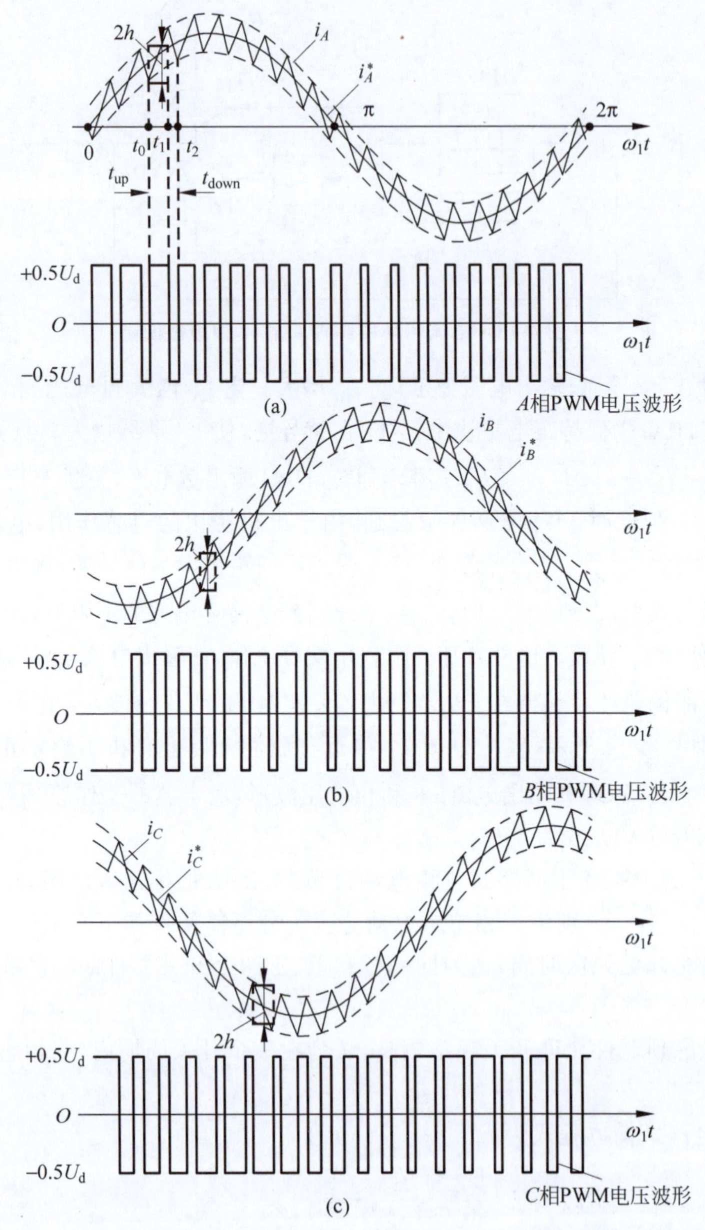

图 4-14 电流滞环跟踪控制时的三相电流波形与相电压 PWM 波形

(a) A 相电流与电压波形；(b) B 相电流与电压波形；(c) C 相电流与电压波形

同理，B 相和 C 相电流分别为

$$
\begin{aligned}
i_B(t) &= \frac{u_{BO} - e_B(\tau)}{R}\left[1 - \mathrm{e}^{-\frac{R}{L}(t-t_0)}\right] + i_B(t_0)\mathrm{e}^{-\frac{R}{L}(t-t_0)} \\
i_C(t) &= \frac{u_{CO} - e_C(\tau)}{R}\left[1 - \mathrm{e}^{-\frac{R}{L}(t-t_0)}\right] + i_C(t_0)\mathrm{e}^{-\frac{R}{L}(t-t_0)}
\end{aligned}
\tag{4-36}
$$

其中，$e_A(\tau)$、$e_B(\tau)$、$e_C(\tau)$为三相感应电动势，$i_A(t_0)$、$i_B(t_0)$、$i_C(t_0)$为三相电流初始值，且 $i_A(t_0)+i_B(t_0)+i_C(t_0)=0$。

当 $t=t_0$ 时，初始电流 $i_A(t_0)=i_A^*(t_0)-h$，A 相由下桥臂导通切换至上桥臂导通，$u_{AO}(t_0)=\frac{2}{3}U_d$ 或 $u_{AO}(t_0)=\frac{1}{3}U_d$，电流 i_A 上升。在 $t=t_1$ 时，

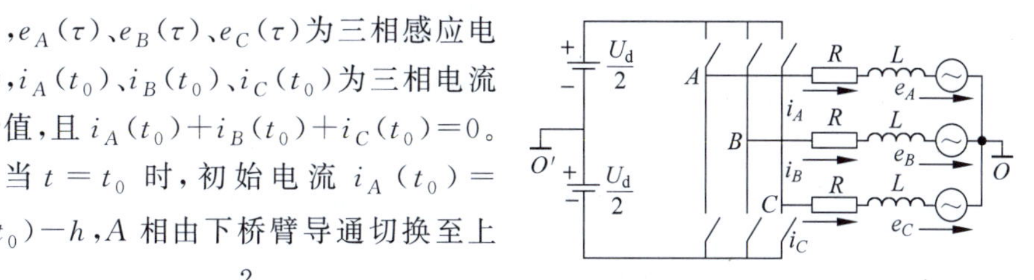

图 4-15　PWM 主回路及三相电动机负载

$$
\begin{aligned}
i_A(t_1) &= \frac{u_{AO}(t_0)-e_A(\tau)}{R}\left[1-\mathrm{e}^{-\frac{R}{L}(t_1-t_0)}\right]+\left[i_A^*(t_0)-h\right]\mathrm{e}^{-\frac{R}{L}(t_1-t_0)} \\
&= i_A^*(t_1)+h
\end{aligned} \tag{4-37}
$$

A 相又由上桥臂导通切换至下桥臂导通，$u_{AO}(t_1)=-\frac{2}{3}U_d$ 或 $u_{AO}(t_1)=-\frac{1}{3}U_d$，电流 i_A 下降。在 $t=t_2$ 时，

$$
\begin{aligned}
i_A(t_2) &= \frac{u_{AO}(t_1)-e_A(\tau)}{R}\left[1-\mathrm{e}^{-\frac{R}{L}(t_2-t_1)}\right]+\left[i_A^*(t_1)+h\right]\mathrm{e}^{-\frac{R}{L}(t_2-t_1)} \\
&= i_A^*(t_2)-h
\end{aligned} \tag{4-38}
$$

A 相再次由下桥臂导通切换至上桥臂导通，完成一个开关周期。

式(4-37)和式(4-38)均为超越方程，难以精确求得电流上升时间 $t_{up}=t_1-t_0$ 和下降时间 $t_{down}=t_2-t_1$，为分析环宽与器件开关频率之间的关系，忽略电阻 R，近似认为电流呈线性变化，则电流 i_A 的上升段有

$$
\frac{\mathrm{d}i_A^+}{\mathrm{d}t}=\frac{u_{AO}(t_0)-e_A(\tau)}{L} \tag{4-39}
$$

由电流波形的近似三角形可以写出

$$
\frac{\mathrm{d}i_A^+}{\mathrm{d}t}=\frac{t_{up}\dfrac{\mathrm{d}i_A^*(\tau)}{\mathrm{d}t}+2h}{t_{up}} \tag{4-40}
$$

将式(4-40)代入式(4-39)，得电流上升段时间为

$$
t_{up}=\frac{2hL}{u_{AO}(t_0)-e_A(\tau)-L\dfrac{\mathrm{d}i_A^*(\tau)}{\mathrm{d}t}} \tag{4-41}
$$

由表 4-1 可知，$u_{AO}(t_0)$的最大值为$\frac{2}{3}U_d$，代入式(4-41)，电流上升的最短时间为

$$
t_{up}\Big|_{min}=\frac{2hL}{\dfrac{2}{3}U_d-e_A(\tau)-L\dfrac{\mathrm{d}i_A^*(\tau)}{\mathrm{d}t}} \tag{4-42}
$$

同理，对电流下降段可求得

$$\frac{\mathrm{d}i_A^-}{\mathrm{d}t}=\frac{u_{AO}(t_1)-e_A(\tau)}{L} \tag{4-43}$$

和

$$\frac{\mathrm{d}i_A^-}{\mathrm{d}t}=\frac{t_{\mathrm{down}}\frac{\mathrm{d}i_A^*(\tau)}{\mathrm{d}t}-2h}{t_{\mathrm{down}}} \tag{4-44}$$

电流下降时间为

$$t_{\mathrm{down}}=\frac{-2hL}{u_{AO}(t_1)-e_A(\tau)-L\frac{\mathrm{d}i_A^*(\tau)}{\mathrm{d}t}} \tag{4-45}$$

将 $u_{AO}(t_1)$ 的最小值 $-\frac{2}{3}U_\mathrm{d}$ 代入，电流下降的最短时间为

$$t_{\mathrm{down}}\Big|_{\min}=\frac{2hL}{\frac{2}{3}U_\mathrm{d}+e_A(\tau)+L\frac{\mathrm{d}i_A^*(\tau)}{\mathrm{d}t}} \tag{4-46}$$

变频器的开关周期为

$$\begin{aligned}T=t_{\mathrm{up}}+t_{\mathrm{down}}&=\frac{2hL}{u_{AO}(t_0)-e_A(\tau)-L\frac{\mathrm{d}i_A^*(\tau)}{\mathrm{d}t}}+\frac{-2hL}{u_{AO}(t_1)-e_A(\tau)-L\frac{\mathrm{d}i_A^*(\tau)}{\mathrm{d}t}}\\&=\frac{2hL[u_{AO'}(t_1)-u_{AO'}(t_0)]}{\left[u_{AO}(t_0)-e_A(\tau)-L\frac{\mathrm{d}i_A^*(\tau)}{\mathrm{d}t}\right]\left[u_{AO}(t_1)-e_A(\tau)-L\frac{\mathrm{d}i_A^*(\tau)}{\mathrm{d}t}\right]}\end{aligned} \tag{4-47}$$

而变频器的最小开关周期为

$$T_{\min}=t_{\mathrm{up}}\Big|_{\min}+t_{\mathrm{down}}\Big|_{\min}=\frac{\frac{4}{3}hLU_\mathrm{d}}{\left(\frac{2}{3}U_\mathrm{d}\right)^2-\left(e_A(\tau)+L\frac{\mathrm{d}i_A^*(\tau)}{\mathrm{d}t}\right)^2} \tag{4-48}$$

相应的最大开关频率为

$$f_{\max}=\frac{\left(\frac{2}{3}U_\mathrm{d}\right)^2-\left(e_A(\tau)+L\frac{\mathrm{d}i_A^*(\tau)}{\mathrm{d}t}\right)^2}{\frac{4}{3}hLU_\mathrm{d}} \tag{4-49}$$

以上分析表明，采用电流滞环跟踪控制时，电力电子器件的开关频率与环宽 $2h$ 成反比，开关频率并不是常数，与感应电动势和给定电流的变化率有关。稳态时，感应电动势和给定电流的变化率按正弦函数周期地变化，开关频率也随之呈正弦函数周期地变化。需要指出的是，即使在相同的时间段内，三相开关频率并不相等。

由此可见，电流跟踪控制的精度与滞环的宽度有关，同时还受到功率开关器件允许开关频率的制约。当环宽 $2h$ 选得较大时，开关频率低，但电流波形失真较多，谐波分量高；如果环宽小，电流跟踪性能好，但开关频率却增大了。实际使用中，应在器件开关频率允许的前提下，尽可能选择小的环宽。

电流滞环跟踪控制方法精度高、响应快，且易于实现，但功率开关器件的开关频率不定。为了克服这个缺点，可以采用具有恒定开关频率的电流控制器[35]，或者在局部范围内限制开关频率，但这样对电流波形都会产生影响。

具有电流滞环跟踪控制的 PWM 型变频器用于调速系统时，只需改变电流给定信号的频率即可实现变频调速，无须再人为地调节逆变器电压。此时，电流控制环只是系统的内环，外边仍应有转速外环，才能视不同负载的需要自动控制给定电流的幅值。

4.2.4　电压空间矢量 PWM(SVPWM)控制技术

经典的 SPWM 控制主要着眼于使变压变频器的输出电压尽量接近正弦波，并未顾及输出电流的波形。而电流跟踪控制则直接控制输出电流，使之在正弦波附近变化，这就比只要求正弦电压前进了一步。然而交流电动机需要输入三相正弦电流的最终目的是在电动机空间形成圆形旋转磁场，从而产生恒定的电磁转矩。把逆变器和交流电动机视为一体，以圆形旋转磁场为目标来控制逆变器的工作，这种控制方法称作“磁链跟踪控制”，磁链轨迹的控制是通过交替使用不同的电压空间矢量实现的，所以又称“电压空间矢量 PWM(space vector PWM，SVPWM)控制”。

1. 空间矢量的定义

交流电动机绕组的电压、电流、磁链等物理量都是随时间变化的，如果考虑到它们所在绕组的空间位置，可以定义为空间矢量。在图 4-16 中，A、B、C 分别表示在空间静止的电动机定子三相绕组的轴线，它们在空间互差 $\frac{2\pi}{3}$，三相定子相电压 u_{AO}、u_{BO}、u_{CO} 分别加在三相绕组上。可以定义 3 个定子电压空间矢量 $\boldsymbol{u}_{AO}$、$\boldsymbol{u}_{BO}$、$\boldsymbol{u}_{CO}$，参见图 4-16，$u_{AO}>0$ 时，$\boldsymbol{u}_{AO}$ 与 A 轴同向，$u_{AO}<0$ 时，$\boldsymbol{u}_{AO}$ 与 A 轴反向，B、C 两相也同样如此。令

$$
\begin{aligned}
\boldsymbol{u}_{AO} &= k u_{AO} \\
\boldsymbol{u}_{BO} &= k u_{BO} \mathrm{e}^{\mathrm{j}\gamma} \\
\boldsymbol{u}_{CO} &= k u_{CO} \mathrm{e}^{\mathrm{j}2\gamma}
\end{aligned}
\qquad (4\text{-}50)
$$

其中，$\gamma=\frac{2\pi}{3}$，k 为待定系数。

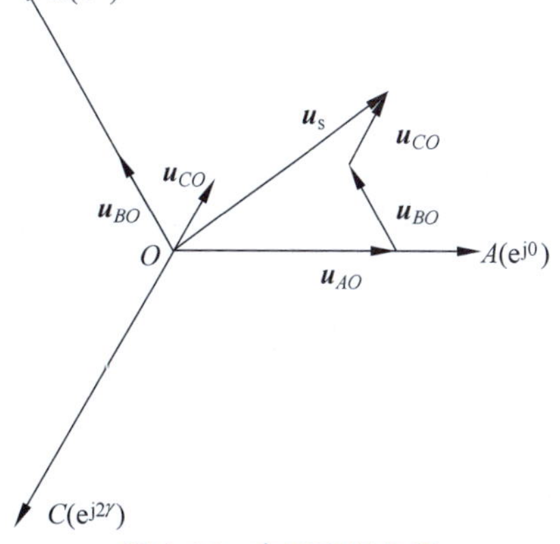

图 4-16　电压空间矢量

三相合成矢量

$$
\boldsymbol{u}_{\mathrm{s}} = \boldsymbol{u}_{AO} + \boldsymbol{u}_{BO} + \boldsymbol{u}_{CO} = k u_{AO} + k u_{BO} \mathrm{e}^{\mathrm{j}\gamma} + k u_{CO} \mathrm{e}^{\mathrm{j}2\gamma} \qquad (4\text{-}51)
$$

图 4-16 为 $u_{AO}>0$、$u_{BO}>0$、$u_{CO}<0$ 时的合成矢量。

与定子电压空间矢量相仿，可以定义定子电流和磁链的空间矢量 $\boldsymbol{i}_{\mathrm{s}}$ 和 $\boldsymbol{\psi}_{\mathrm{s}}$，

$$\boldsymbol{i}_s=\boldsymbol{i}_{AO}+\boldsymbol{i}_{BO}+\boldsymbol{i}_{CO}=ki_{AO}+ki_{BO}\mathrm{e}^{\mathrm{j}\gamma}+ki_{CO}\mathrm{e}^{\mathrm{j}2\gamma} \tag{4-52}$$

$$\boldsymbol{\psi}_s=\boldsymbol{\psi}_{AO}+\boldsymbol{\psi}_{BO}+\boldsymbol{\psi}_{CO}=k\psi_{AO}+k\psi_{BO}\mathrm{e}^{\mathrm{j}\gamma}+k\psi_{CO}\mathrm{e}^{\mathrm{j}2\gamma} \tag{4-53}$$

由式(4-51)和式(4-52)可得空间矢量功率表达式为

$$\begin{aligned}p'&=\mathrm{Re}(\boldsymbol{u}_s\boldsymbol{i}'_s)\\&=\mathrm{Re}[k^2(u_{AO}+u_{BO}\mathrm{e}^{\mathrm{j}\gamma}+u_{CO}\mathrm{e}^{\mathrm{j}2\gamma})(i_{AO}+i_{BO}\mathrm{e}^{-\mathrm{j}\gamma}+i_{CO}\mathrm{e}^{-\mathrm{j}2\gamma})]\end{aligned} \tag{4-54}$$

$\boldsymbol{i}'_s$是$\boldsymbol{i}_s$的共轭矢量，将式(4-54)展开，得

$$\begin{aligned}p'&=\mathrm{Re}(\boldsymbol{u}_s\boldsymbol{i}'_s)\\&=\mathrm{Re}[k^2(u_{AO}+u_{BO}\mathrm{e}^{\mathrm{j}\gamma}+u_{CO}\mathrm{e}^{\mathrm{j}2\gamma})(i_{AO}+i_{BO}\mathrm{e}^{-\mathrm{j}\gamma}+i_{CO}\mathrm{e}^{-\mathrm{j}2\gamma})]\\&=k^2(u_{AO}i_{AO}+u_{BO}i_{BO}+u_{CO}i_{CO})+\\&\quad k^2\mathrm{Re}[(u_{BO}i_{AO}\mathrm{e}^{\mathrm{j}\gamma}+u_{CO}i_{AO}\mathrm{e}^{\mathrm{j}2\gamma}+u_{AO}i_{BO}\mathrm{e}^{-\mathrm{j}\gamma}+\\&\quad u_{CO}i_{BO}\mathrm{e}^{\mathrm{j}\gamma}+u_{AO}i_{CO}\mathrm{e}^{-\mathrm{j}2\gamma}+u_{BO}i_{CO}\mathrm{e}^{-\mathrm{j}\gamma})]\end{aligned}$$

考虑到$i_{AO}+i_{BO}+i_{CO}=0$和$\gamma=\frac{2\pi}{3}$，得

$$\begin{aligned}&\mathrm{Re}[(u_{BO}i_{AO}\mathrm{e}^{\mathrm{j}\gamma}+u_{CO}i_{AO}\mathrm{e}^{\mathrm{j}2\gamma}+u_{AO}i_{BO}\mathrm{e}^{-\mathrm{j}\gamma}+u_{CO}i_{BO}\mathrm{e}^{\mathrm{j}\gamma}+\\&u_{AO}i_{CO}\mathrm{e}^{-\mathrm{j}2\gamma}+u_{BO}i_{CO}\mathrm{e}^{-\mathrm{j}\gamma})]\\&=(u_{BO}i_{AO}\cos\gamma+u_{CO}i_{AO}\cos2\gamma+u_{AO}i_{BO}\cos\gamma+u_{CO}i_{BO}\cos\gamma+\\&u_{AO}i_{CO}\cos2\gamma+u_{BO}i_{CO}\cos\gamma)\\&=-(u_{AO}i_{AO}+u_{BO}i_{BO}+u_{CO}i_{CO})\cos\gamma=\frac{1}{2}(u_{AO}i_{AO}+\\&u_{BO}i_{BO}+u_{CO}i_{CO})\end{aligned}$$

由此可得

$$p'=\frac{3}{2}k^2(u_{AO}i_{AO}+u_{BO}i_{BO}+u_{CO}i_{CO})=\frac{3}{2}k^2p \tag{4-55}$$

其中，$p=u_{AO}i_{AO}+u_{BO}i_{BO}+u_{CO}i_{CO}$为三相瞬时功率。

按空间矢量功率p'与三相瞬时功率p相等的原则，应使$\frac{3}{2}k^2=1$，即$k=\sqrt{\frac{2}{3}}$。空间矢量表达式

$$\boldsymbol{u}_s=\sqrt{\frac{2}{3}}(u_{AO}+u_{BO}\mathrm{e}^{\mathrm{j}\gamma}+u_{CO}\mathrm{e}^{\mathrm{j}2\gamma}) \tag{4-56}$$

$$\boldsymbol{i}_s=\sqrt{\frac{2}{3}}(i_{AO}+i_{BO}\mathrm{e}^{\mathrm{j}\gamma}+i_{CO}\mathrm{e}^{\mathrm{j}2\gamma}) \tag{4-57}$$

$$\boldsymbol{\psi}_s=\sqrt{\frac{2}{3}}(\psi_{AO}+\psi_{BO}\mathrm{e}^{\mathrm{j}\gamma}+\psi_{CO}\mathrm{e}^{\mathrm{j}2\gamma}) \tag{4-58}$$

当定子相电压u_{AO}、u_{BO}、u_{CO}为三相平衡正弦电压时，三相合成矢量

$$\begin{aligned}\boldsymbol{u}_{\mathrm{s}} &= \boldsymbol{u}_{AO} + \boldsymbol{u}_{BO} + \boldsymbol{u}_{CO} \\ &= \sqrt{\frac{2}{3}}\left[U_{\mathrm{m}}\cos(\omega_1 t) + U_{\mathrm{m}}\cos\left(\omega_1 t - \frac{2\pi}{3}\right)\mathrm{e}^{\mathrm{j}\gamma} + \right. \\ &\quad \left. U_{\mathrm{m}}\cos\left(\omega_1 t - \frac{4\pi}{3}\right)\mathrm{e}^{\mathrm{j}2\gamma}\right] \\ &= \sqrt{\frac{3}{2}}U_{\mathrm{m}}\mathrm{e}^{\mathrm{j}\omega_1 t} = U_{\mathrm{s}}\mathrm{e}^{\mathrm{j}\omega_1 t}\end{aligned} \tag{4-59}$$

$\boldsymbol{u}_{\mathrm{s}}$ 是一个以电源角频率 ω_1 为角速度作恒速旋转的空间矢量，它的幅值是相电压幅值的 $\sqrt{\frac{3}{2}}$ 倍，当某相电压为最大值时，合成电压矢量 $\boldsymbol{u}_{\mathrm{s}}$ 就落在该相的轴线上。

在三相平衡正弦电压供电，且电动机已达到稳态时，定子电流和磁链的空间矢量 $\boldsymbol{i}_{\mathrm{s}}$ 和 $\boldsymbol{\psi}_{\mathrm{s}}$ 的幅值不变，以电源角频率 ω_1 为电气角速度在空间作恒速旋转。

2. 电压与磁链空间矢量的关系

当异步电动机的三相对称定子绕组由三相电压供电时，对每一相都可写出一个电压平衡方程式，求三相电压平衡方程式的矢量和，可用合成空间矢量表示的定子电压方程式

$$\boldsymbol{u}_{\mathrm{s}} = \boldsymbol{R}_{\mathrm{s}}\boldsymbol{i}_{\mathrm{s}} + \frac{\mathrm{d}\boldsymbol{\psi}_{\mathrm{s}}}{\mathrm{d}t} \tag{4-60}$$

当电动机转速不是很低时，定子电阻压降所占的成分很小，可忽略不计，则定子合成电压与合成磁链空间矢量的近似关系为

$$\boldsymbol{u}_{\mathrm{s}} \approx \frac{\mathrm{d}\boldsymbol{\psi}_{\mathrm{s}}}{\mathrm{d}t} \tag{4-61}$$

或

$$\boldsymbol{\psi}_{\mathrm{s}} \approx \int \boldsymbol{u}_{\mathrm{s}}\mathrm{d}t \tag{4-62}$$

当电动机由三相平衡正弦电压供电时，电动机定子磁链幅值恒定，其空间矢量以恒速旋转，磁链矢量顶端的运动轨迹呈圆形(简称为磁链圆)。定子磁链旋转矢量为

$$\boldsymbol{\psi}_{\mathrm{s}} = \psi_{\mathrm{s}}\mathrm{e}^{\mathrm{j}(\omega_1 t + \varphi)} \tag{4-63}$$

ψ_{s} 是定子磁链矢量幅值，φ 是定子磁链矢量的空间角度，将式(4-63)对 t 求导得

$$\boldsymbol{u}_{\mathrm{s}} \approx \frac{\mathrm{d}}{\mathrm{d}t}\left[\psi_{\mathrm{s}}\mathrm{e}^{\mathrm{j}(\omega_1 t + \varphi)}\right] = \mathrm{j}\omega_1\psi_{\mathrm{s}}\mathrm{e}^{\mathrm{j}(\omega_1 t + \varphi)} = \omega_1\psi_{\mathrm{s}}\mathrm{e}^{\mathrm{j}(\omega_1 t + \frac{\pi}{2} + \varphi)} \tag{4-64}$$

式(4-64)表明，磁链幅值 ψ_{s} 等于电压与频率之比 $\frac{u_{\mathrm{s}}}{\omega_1}$，$\boldsymbol{u}_{\mathrm{s}}$ 方向与磁链矢量 $\boldsymbol{\psi}_{\mathrm{s}}$ 正交，即磁链圆的切线方向，如图 4-17 所示。当磁链矢量在空间旋转一周时，电压矢量也连续地按磁链圆的切线方向运动 2π 弧度，若将电压矢量的参考点放在一起，则电压矢量轨迹也是个圆，如图 4-18 所示。因此，电动机旋转磁场的轨迹问题就可

转化为电压空间矢量的运动轨迹问题。

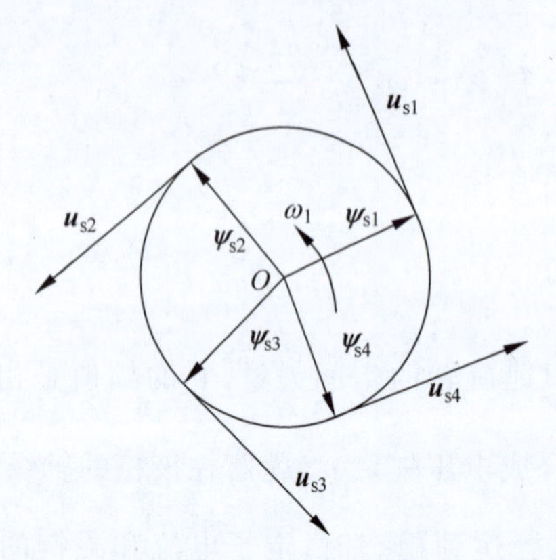

图 4-17 旋转磁场与电压空间矢量的运动轨迹

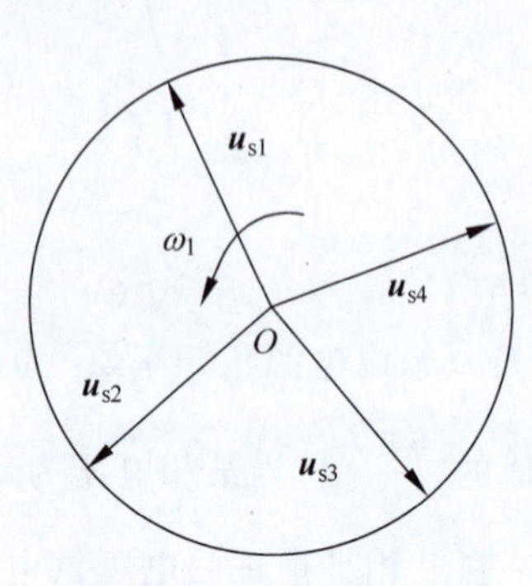

图 4-18 电压矢量圆轨迹

3. PWM 逆变器基本输出电压矢量

由式(4-51)得

$$
\begin{aligned}
\boldsymbol{u}_s &= \boldsymbol{u}_{AO} + \boldsymbol{u}_{BO} + \boldsymbol{u}_{CO} = \sqrt{\frac{2}{3}}\left[u_{AO} + u_{BO}\mathrm{e}^{\mathrm{j}\gamma} + u_{CO}\mathrm{e}^{\mathrm{j}2\gamma}\right] \\
&= \sqrt{\frac{2}{3}}\left[(u_A - u_{OO'}) + (u_B - u_{OO'})\mathrm{e}^{\mathrm{j}\gamma} + (u_C - u_{OO'})\mathrm{e}^{\mathrm{j}2\gamma}\right] \\
&= \sqrt{\frac{2}{3}}\left[u_A + u_B\mathrm{e}^{\mathrm{j}\gamma} + u_C\mathrm{e}^{\mathrm{j}2\gamma} - u_{OO'}(1 + \mathrm{e}^{\mathrm{j}\gamma} + \mathrm{e}^{\mathrm{j}2\gamma})\right] \\
&= \sqrt{\frac{2}{3}}\left[u_A + u_B\mathrm{e}^{\mathrm{j}\gamma} + u_C\mathrm{e}^{\mathrm{j}2\gamma}\right]
\end{aligned}
\tag{4-65}
$$

其中,$\gamma=\frac{2\pi}{3}$,$1+\mathrm{e}^{\mathrm{j}\gamma}+\mathrm{e}^{\mathrm{j}2\gamma}=0$,$u_A$、$u_B$、$u_C$ 是以直流电源中点 O' 为参考点的 PWM 逆变器三相输出电压。由式(4-65)可知,虽然直流电源中点 O' 和交流电动机中点 O 的电位不等,但合成电压矢量的表达式相等。因此,三相合成电压空间矢量与参考点无关。

图 4-15 所示的 PWM 逆变器共有 8 种工作状态,当$(S_A,S_B,S_C)=(1,0,0)$时,$(u_A,u_B,u_C)=\left(\frac{U_d}{2},-\frac{U_d}{2},-\frac{U_d}{2}\right)$,代入式(4-65)得

$$
\begin{aligned}
\boldsymbol{u}_1 &= \sqrt{\frac{2}{3}}\,\frac{U_d}{2}(1-\mathrm{e}^{\mathrm{j}\gamma}-\mathrm{e}^{\mathrm{j}2\gamma}) = \frac{U_d}{2}(1-\mathrm{e}^{\mathrm{j}\frac{2\pi}{3}}-\mathrm{e}^{\mathrm{j}\frac{4\pi}{3}}) \\
&= \sqrt{\frac{2}{3}}\,\frac{U_d}{2}\left[\left(1-\cos\frac{2\pi}{3}-\cos\frac{4\pi}{3}\right)-\mathrm{j}\left(\sin\frac{2\pi}{3}+\sin\frac{4\pi}{3}\right)\right] \\
&= \sqrt{\frac{2}{3}}U_d
\end{aligned}
\tag{4-66}
$$

同理,当$(S_A,S_B,S_C)=(1,1,0)$时,$(u_A,u_B,u_C)=\left(\frac{U_d}{2},\frac{U_d}{2},-\frac{U_d}{2}\right)$,得

$$\boldsymbol{u}_2=\sqrt{\frac{2}{3}}\frac{U_{\mathrm{d}}}{2}(1+\mathrm{e}^{\mathrm{j}\gamma}-\mathrm{e}^{\mathrm{j}2\gamma})=\sqrt{\frac{2}{3}}\frac{U_{\mathrm{d}}}{2}(1+\mathrm{e}^{\mathrm{j}\frac{2\pi}{3}}-\mathrm{e}^{\mathrm{j}\frac{4\pi}{3}})$$
$$=\sqrt{\frac{2}{3}}\frac{U_{\mathrm{d}}}{2}\left[\left(1+\cos\frac{2\pi}{3}-\cos\frac{4\pi}{3}\right)+\mathrm{j}\left(\sin\frac{2\pi}{3}-\sin\frac{4\pi}{3}\right)\right]$$
$$=\sqrt{\frac{2}{3}}\frac{U_{\mathrm{d}}}{2}(1+\mathrm{j}\sqrt{3})=\sqrt{\frac{2}{3}}U_{\mathrm{d}}\mathrm{e}^{\mathrm{j}\frac{\pi}{3}} \tag{4-67}$$

依此类推，可得 8 个基本空间矢量，见表 4-2，其中 6 个有效工作矢量 $\boldsymbol{u}_1\sim\boldsymbol{u}_6$，幅值为直流电压 U_{d}，在空间互差$\frac{\pi}{3}$，另 2 个为零矢量 $\boldsymbol{u}_0$ 和 $\boldsymbol{u}_7$，图 4-19 是基本电压空间矢量图。

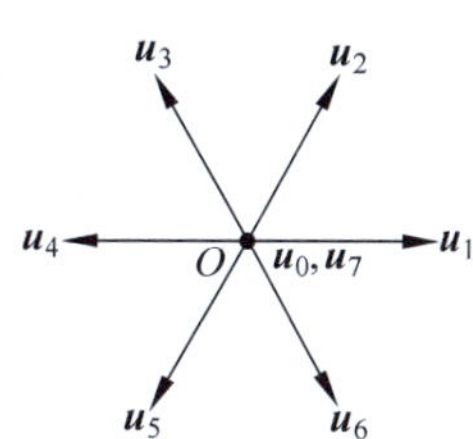

图 4-19　基本电压空间矢量图

表 4-2　基本空间电压矢量

输出电压	S_A	S_B	S_C	u_A	u_B	u_C	$\boldsymbol{u}_s$
$\boldsymbol{u}_0$	0	0	0	$-\frac{U_d}{2}$	$-\frac{U_d}{2}$	$-\frac{U_d}{2}$	0
$\boldsymbol{u}_1$	1	0	0	$\frac{U_d}{2}$	$-\frac{U_d}{2}$	$-\frac{U_d}{2}$	$\sqrt{\frac{2}{3}}U_d$
$\boldsymbol{u}_2$	1	1	0	$\frac{U_d}{2}$	$\frac{U_d}{2}$	$-\frac{U_d}{2}$	$\sqrt{\frac{2}{3}}U_d\mathrm{e}^{\mathrm{j}\frac{\pi}{3}}$
$\boldsymbol{u}_3$	0	1	0	$-\frac{U_d}{2}$	$\frac{U_d}{2}$	$-\frac{U_d}{2}$	$\sqrt{\frac{2}{3}}U_d\mathrm{e}^{\mathrm{j}\frac{2\pi}{3}}$
$\boldsymbol{u}_4$	0	1	1	$-\frac{U_d}{2}$	$\frac{U_d}{2}$	$\frac{U_d}{2}$	$\sqrt{\frac{2}{3}}U_d\mathrm{e}^{\mathrm{j}\pi}$
$\boldsymbol{u}_5$	0	0	1	$-\frac{U_d}{2}$	$-\frac{U_d}{2}$	$\frac{U_d}{2}$	$\sqrt{\frac{2}{3}}U_d\mathrm{e}^{\mathrm{j}\frac{4\pi}{3}}$
$\boldsymbol{u}_6$	1	0	1	$\frac{U_d}{2}$	$-\frac{U_d}{2}$	$\frac{U_d}{2}$	$\sqrt{\frac{2}{3}}U_d\mathrm{e}^{\mathrm{j}\frac{5\pi}{3}}$
$\boldsymbol{u}_7$	1	1	1	$\frac{U_d}{2}$	$\frac{U_d}{2}$	$\frac{U_d}{2}$	0

4. 正六边形空间旋转磁场

令 6 个有效工作矢量按 $\boldsymbol{u}_1$ 至 $\boldsymbol{u}_6$ 的顺序分别作用 Δt 时间，并使

$$\Delta t=\frac{\pi}{3\omega_1} \tag{4-68}$$

也就是说，每个有效工作矢量作用$\frac{\pi}{3}$弧度，6 个有效工作矢量完成一个周期，输出基波电压角频率 $\omega_1=\frac{\pi}{3\Delta t}$。在 Δt 时间内，$\boldsymbol{u}_s(k)$保持不变，根据式(4-61)可知，定子磁链矢量的增量为

$$\Delta\boldsymbol{\psi}_s(k)=\boldsymbol{u}_s(k)\Delta t=U_d\Delta t\cdot\mathrm{e}^{\mathrm{j}\frac{(k-1)\pi}{3}}\quad k=1,2,3,4,5,6 \tag{4-69}$$

其方向与电压矢量相同，幅值等于直流侧电压$\sqrt{\frac{2}{3}}U_d$ 与作用时间 Δt 的乘积，定

子磁链矢量的运动轨迹为

$$\boldsymbol{\psi}_s(k)=\boldsymbol{\psi}_s(k-1)+\Delta\boldsymbol{\psi}_s(k)=\boldsymbol{\psi}_s(k-1)+\boldsymbol{u}_s(k)\Delta t \tag{4-70}$$

图4-20显示了定子磁链矢量增量$\Delta\boldsymbol{\psi}_s(k)$与电压矢量$\boldsymbol{u}_s(k)$和时间增量$\Delta t$的关系。

在一个周期内,6个有效工作矢量顺序作用一次,将6个$\Delta\boldsymbol{\psi}_s(k)$首尾相接,定子磁链矢量是一个封闭的正六边形,如图4-21所示。

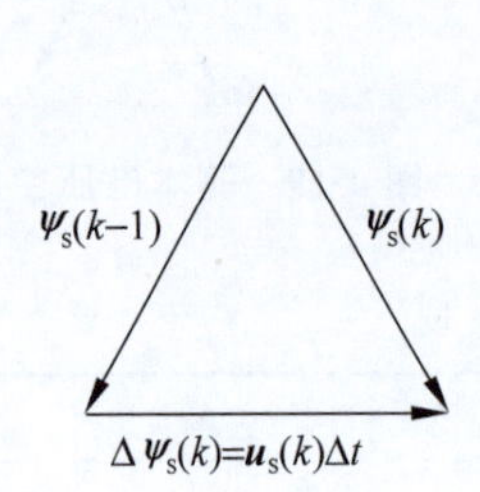

图4-20 定子磁链矢量增量$\Delta\boldsymbol{\psi}_s(k)$与电压矢量$\boldsymbol{u}_s(k)$和时间增量$\Delta t$的关系

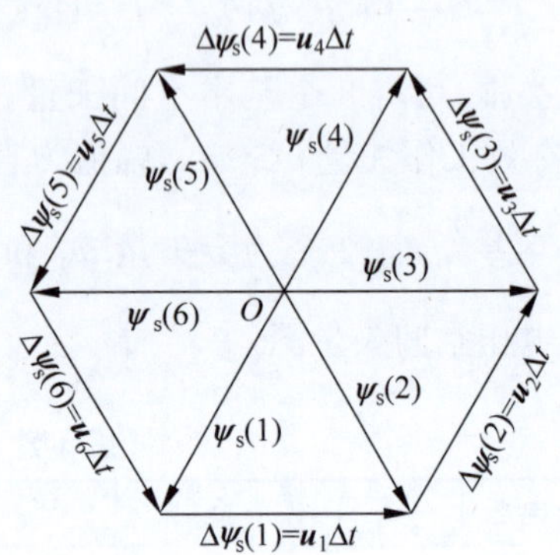

图4-21 正六边形定子磁链轨迹

由正六边形的性质可知,

$$|\boldsymbol{\psi}_s(k)|=|\Delta\boldsymbol{\psi}_s(k)|=|\boldsymbol{u}(k)|\Delta t=\sqrt{\frac{2}{3}}U_d\Delta t=\sqrt{\frac{2}{3}}\frac{U_d\pi}{3\omega_1} \tag{4-71}$$

式(4-71)表明,正六边形定子磁链的大小与直流侧电压U_d成正比,而与电源角频率成反比。在基频以下调速时,应保持正六边形定子磁链的最大值恒定,但ω_1越小时Δt越大,若直流侧电压U_d恒定,势必导致$|\boldsymbol{\psi}_s(k)|$增大。如果要保持正六边形定子磁链不变,必须使$\dfrac{U_d}{\omega_1}$为常数,这意味着在变频的同时必须调节直流电压U_d,造成了控制的复杂性。

有效的方法是插入零矢量,使有效工作矢量的作用时间仅为$\Delta t_1<\Delta t$,其余的时间$\Delta t_0=\Delta t-\Delta t_1$用零矢量来补,在$\dfrac{\pi}{3}$弧度内定子磁链矢量的增量为

$$\Delta\boldsymbol{\psi}_s(k)=\boldsymbol{u}_s(k)\Delta t_1+0\Delta t_0=\sqrt{\frac{2}{3}}U_d\Delta t_1\cdot e^{j\frac{(k-1)\pi}{3}}\quad k=1,2,3,4,5,6 \tag{4-72}$$

正六边形定子磁链的最大值

$$|\boldsymbol{\psi}_s(k)|=|\Delta\boldsymbol{\psi}_s(k)|=|\boldsymbol{u}_s(k)|\Delta t_1=\sqrt{\frac{2}{3}}U_d\Delta t_1 \tag{4-73}$$

在直流电压U_d不变的条件下,要保持$|\boldsymbol{\psi}_s(k)|$恒定,只要使Δt_1为常数即可。在Δt_1时间段内,定子磁链矢量轨迹沿着有效工作电压矢量方向运行,在Δt_0时间段内,零矢量起作用,定子磁链矢量轨迹停留在原地,等待下一个有效工作矢量的到

来。电源角频率 ω_1 越低，$\Delta t=\frac{\pi}{3\omega_1}$越大，零矢量作用时间 $\Delta t_0=\Delta t-\Delta t_1$ 也越大，定子磁链矢量轨迹停留的时间越长。由此可知，零矢量的插入有效地解决了定子磁链矢量幅值与旋转速度的矛盾。

5. 期望电压空间矢量的合成与 SVPWM 控制

每个有效工作矢量在一个周期内只作用一次的方式只能生成正六边形的旋转磁场，与在正弦波供电时所产生的圆形旋转磁场相差甚远，六边形旋转磁场带有较大的谐波分量，这将导致转矩与转速的脉动。要获得更多边形或接近圆形的旋转磁场，就必须有更多的空间位置不同的电压空间矢量以供选择，但 PWM 逆变器只有 8 个基本电压矢量，能否用这 8 个基本矢量合成其他多个矢量？答案是肯定的，按空间矢量的平行四边形合成法则，用相邻的两个有效工作矢量合成期望的输出矢量，这就是电压空间矢量 PWM(SVPWM)的基本思想。

按 6 个有效工作矢量将电压矢量空间分为对称的 6 个扇区，如图 4-22 所示，每个扇区对应$\frac{\pi}{3}$，当期望的输出电压矢量落在某个扇区内时，就用该扇区的两条边等效合成期望的输出矢量。所谓等效是指在一个开关周期内，产生的定子磁链的增量近似相等。

以期望输出矢量落在第Ⅰ扇区为例，分析电压空间矢量 PWM 的基本工作原理，由于扇区的对称性，可推广到其他各个扇区。图 4-23 表示由基本电压空间矢量 $\boldsymbol{u}_1$ 和 $\boldsymbol{u}_2$ 的线性组合构成期望的电压矢量 $\boldsymbol{u}_s$，θ 为期望输出电压矢量与扇区起始边的夹角。

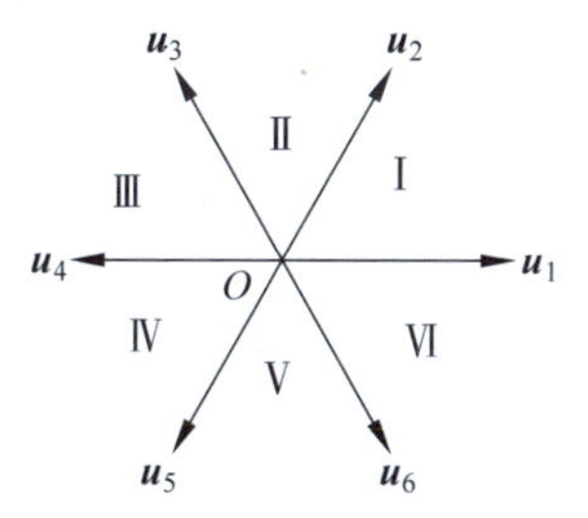

图 4-22　电压空间矢量的 6 个扇区

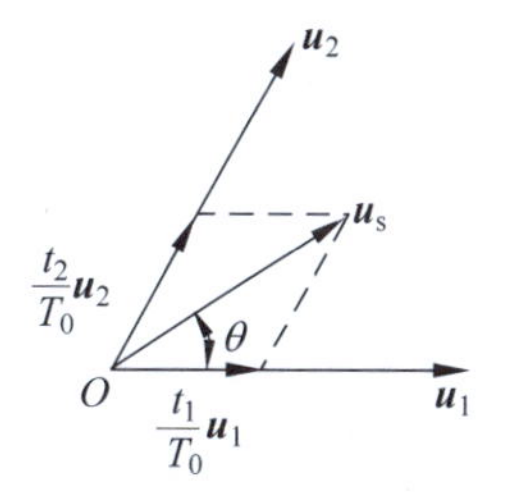

图 4-23　期望输出电压矢量的合成

在一个开关周期 T_0 中，$\boldsymbol{u}_1$ 的作用时间为 t_1，$\boldsymbol{u}_2$ 的作用时间为 t_2，按矢量合成法则可得

$$\boldsymbol{u}_s=\frac{t_1}{T_0}\boldsymbol{u}_1+\frac{t_2}{T_0}\boldsymbol{u}_2=\frac{t_1}{T_0}\sqrt{\frac{2}{3}}U_d+\frac{t_2}{T_0}\sqrt{\frac{2}{3}}U_d e^{j\frac{\pi}{3}} \tag{4-74}$$

由正弦定理可得

$$\frac{\frac{t_1}{T_0}\sqrt{\frac{2}{3}}U_d}{\sin\left(\frac{\pi}{3}-\theta\right)}=\frac{\frac{t_2}{T_0}\sqrt{\frac{2}{3}}U_d}{\sin\theta}=\frac{u_s}{\sin\frac{2\pi}{3}} \tag{4-75}$$

由式(4-75)解得

$$t_1=\frac{\sqrt{2}u_\mathrm{s}T_0}{U_\mathrm{d}}\sin\left(\frac{\pi}{3}-\theta\right) \tag{4-76}$$

$$t_2=\frac{\sqrt{2}u_\mathrm{s}T_0}{U_\mathrm{d}}\sin\theta \tag{4-77}$$

两个基本矢量作用时间之和应满足

$$\frac{t_1+t_2}{T_0}=\frac{\sqrt{2}u_\mathrm{s}}{U_\mathrm{d}}\left[\sin\left(\frac{\pi}{3}-\theta\right)+\sin\theta\right]=\frac{\sqrt{2}u_\mathrm{s}}{U_\mathrm{d}}\cos\left(\frac{\pi}{6}-\theta\right)\leqslant 1 \tag{4-78}$$

由式(4-78)可知,当 $\theta=\frac{\pi}{6}$ 时,t_1+t_2 最大,输出电压矢量最大幅值为

$$u_\mathrm{smax}=\frac{U_\mathrm{d}}{\sqrt{2}} \tag{4-79}$$

由式(4-59)可知,当定子相电压 u_{AO}、u_{BO}、u_{CO} 为三相平衡正弦电压时,三相合成矢量幅值是相电压幅值的 $\sqrt{\frac{3}{2}}$ 倍,$U_\mathrm{s}=\sqrt{\frac{3}{2}}U_\mathrm{m}$,故基波相电压最大幅值可达

$$U_\mathrm{mmax}=\sqrt{\frac{2}{3}}u_\mathrm{smax}=\frac{U_\mathrm{d}}{\sqrt{3}} \tag{4-80}$$

基波线电压最大幅值为

$$U_\mathrm{lmmax}=\sqrt{3}U_\mathrm{mmax}=U_\mathrm{d} \tag{4-81}$$

而 SPWM 的基波线电压最大幅值为 $U'_\mathrm{lmmax}=\frac{\sqrt{3}U_\mathrm{d}}{2}$,两者之比

$$\frac{U_\mathrm{lmmax}}{U'_\mathrm{lmmax}}=\frac{2}{\sqrt{3}}\approx 1.15 \tag{4-82}$$

因此,SVPWM 方式的逆变器输出线电压基波最大值为直流侧电压,比 SPWM 逆变器输出电压约提高了 15%。

一般说来 $t_1+t_2<T_0$,其余的时间用零矢量 $\boldsymbol{u}_0$ 或 $\boldsymbol{u}_7$ 来补,零矢量的作用时间为

$$t_0=T_0-t_1-t_2 \tag{4-83}$$

由期望输出电压矢量的幅值及位置可确定相邻的两个基本电压矢量以及它们作用时间的长短,并由此得出零矢量的作用时间的大小,但尚未确定它们的作用顺序。这就给 SVPWM 的实现留下了很大的余地,通常以开关损耗较小和谐波分量较小为原则,安排基本矢量和零矢量的作用顺序,一般在减少开关次数的同时,尽量使 PWM 输出波形对称,以减少谐波分量。以第Ⅰ扇区为例,介绍两种常用的 SVPWM 实现方法。

(1) 零矢量集中的实现方法。

按照对称原则,将两个基本电压矢量 $\boldsymbol{u}_1$、$\boldsymbol{u}_2$ 的作用时间 t_1、t_2 平分为二后,安

放在开关周期的首端和末端，把零矢量的作用时间放在开关周期的中间，并按开关次数最少的原则选择零矢量。

图 4-24 给出了零矢量集中的 SVPWM 的实现，图 4-24(a)作用顺序为 $\boldsymbol{u}_1\left(\frac{t_1}{2}\right)$、$\boldsymbol{u}_2\left(\frac{t_2}{2}\right)$、$\boldsymbol{u}_7(t_0)$、$\boldsymbol{u}_2\left(\frac{t_2}{2}\right)$、$\boldsymbol{u}_1\left(\frac{t_1}{2}\right)$，选用零矢量 $\boldsymbol{u}_7$；图 4-24(b)作用顺序为 $\boldsymbol{u}_2\left(\frac{t_2}{2}\right)$、$\boldsymbol{u}_1\left(\frac{t_1}{2}\right)$、$\boldsymbol{u}_0(t_0)$、$\boldsymbol{u}_1\left(\frac{t_1}{2}\right)$、$\boldsymbol{u}_2\left(\frac{t_2}{2}\right)$，选用零矢量 $\boldsymbol{u}_0$。

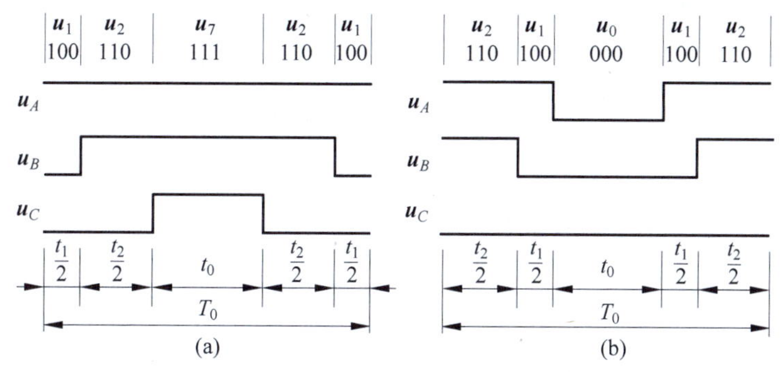

图 4-24　零矢量集中的 SVPWM 实现

在一个开关周期内，其中一相的状态保持不变，始终为“1”或为“0”，并且从一个矢量切换到另一个矢量时，只有一相状态发生变化，故开关次数少，开关损耗小。用于电机控制的 DSP(digital signal processor)单片微机集成了此种方法的 SVPWM，能根据基本矢量的作用顺序和时间，按照开关损耗最小的原则，自动选取零矢量，并确定零矢量的作用时间，大大减少了软件的工作量。

(2) 零矢量分布的实现方法。

将零矢量平均分为 4 份，在开关周期的首、尾各放 1 份，在中间放两份，将两个基本电压矢量 $\boldsymbol{u}_1$、$\boldsymbol{u}_2$ 的作用时间 t_1、t_2 平分为二后，插在零矢量间，按开关损耗较小的原则，首、尾的零矢量取 $\boldsymbol{u}_0$，中间的零矢量取 $\boldsymbol{u}_7$。SVPWM 的顺序和作用时间为：$\boldsymbol{u}_0\left(\frac{t_0}{4}\right)$、$\boldsymbol{u}_1\left(\frac{t_1}{2}\right)$、$\boldsymbol{u}_2\left(\frac{t_2}{2}\right)$、$\boldsymbol{u}_7\left(\frac{t_0}{2}\right)$、$\boldsymbol{u}_2\left(\frac{t_2}{2}\right)$、$\boldsymbol{u}_1\left(\frac{t_1}{2}\right)$、$\boldsymbol{u}_0\left(\frac{t_0}{4}\right)$，见图 4-25。

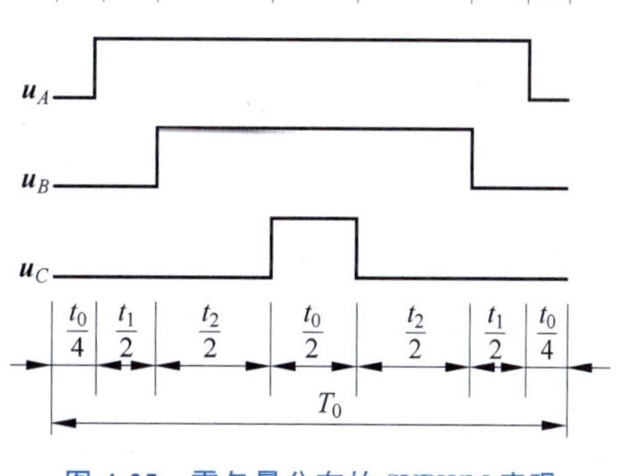

图 4-25　零矢量分布的 SVPWM 实现

这种实现方法的特点是：每个周期均以零矢量开始，并以零矢量结束，从一个矢量切换到另一个矢量时，只有一相状态发生变化，但在一个开关周期内，3 相状态均变化一次，开关损耗大于前一种方法。

6. SVPWM控制的定子磁链

将占据$\frac{\pi}{3}$的定子磁链矢量轨迹等分为N个小区间，每个小区间所占的时间为$T_0=\frac{\pi}{3\omega_1 N}$，则定子磁链矢量轨迹为正$6N$边形，与正六边形的磁链矢量轨迹相比较，正$6N$边形轨迹接近于圆，谐波分量小，能有效减小转矩脉动。图4-26是$N=4$时期望的定子磁链矢量轨迹，在每个小区间内，定子磁链矢量的增量为$\Delta\boldsymbol{\psi}_s(k)=\boldsymbol{u}_s(k)T_0$，由于$\boldsymbol{u}_s(k)$非基本电压矢量，必须用相邻的两个基本矢量合成。

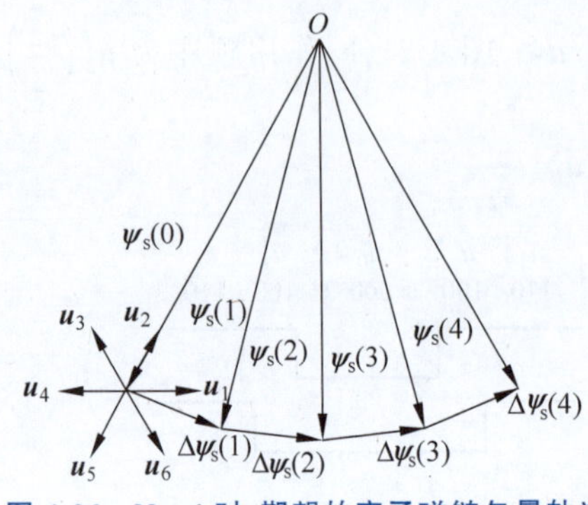

图4-26　$N=4$时，期望的定子磁链矢量轨迹

当$k=1$时，$\boldsymbol{u}_s(1)$可用$\boldsymbol{u}_6$和$\boldsymbol{u}_1$合成，即

$$\boldsymbol{u}_s(1)=\frac{t_1}{T_0}\boldsymbol{u}_6+\frac{t_2}{T_0}\boldsymbol{u}_1=\frac{t_1}{T_0}\sqrt{\frac{2}{3}}U_d e^{j\frac{5\pi}{3}}+\frac{t_2}{T_0}\sqrt{\frac{2}{3}}U_d \tag{4-84}$$

则定子磁链矢量的增量为

$$\Delta\boldsymbol{\psi}_s(1)=\boldsymbol{u}_s(1)T_0=t_1\boldsymbol{u}_6+t_2\boldsymbol{u}_1=t_1\sqrt{\frac{2}{3}}U_d e^{j\frac{5\pi}{3}}+t_2\sqrt{\frac{2}{3}}U_d \tag{4-85}$$

采用零矢量分布的实现方法，按开关损耗较小的原则，各基本矢量作用的顺序和时间为$\boldsymbol{u}_0\left(\frac{t_0}{4}\right)$、$\boldsymbol{u}_1\left(\frac{t_2}{2}\right)$、$\boldsymbol{u}_6\left(\frac{t_1}{2}\right)$、$\boldsymbol{u}_7\left(\frac{t_0}{2}\right)$、$\boldsymbol{u}_6\left(\frac{t_1}{2}\right)$、$\boldsymbol{u}_1\left(\frac{t_2}{2}\right)$、$\boldsymbol{u}_0\left(\frac{t_0}{4}\right)$。因此，在$T_0$时间内，定子磁链矢量的运动轨迹分为7步完成，

$$\Delta\boldsymbol{\psi}_s(1,*)=\begin{cases}1.\ \Delta\boldsymbol{\psi}_s(1,1)=0\\ 2.\ \Delta\boldsymbol{\psi}_s(1,2)=\frac{t_2}{2}\boldsymbol{u}_1\\ 3.\ \Delta\boldsymbol{\psi}_s(1,3)=\frac{t_1}{2}\boldsymbol{u}_6\\ 4.\ \Delta\boldsymbol{\psi}_s(1,4)=0\\ 5.\ \Delta\boldsymbol{\psi}_s(1,5)=\frac{t_1}{2}\boldsymbol{u}_6\\ 6.\ \Delta\boldsymbol{\psi}_s(1,6)=\frac{t_2}{2}\boldsymbol{u}_1\\ 7.\ \Delta\boldsymbol{\psi}_s(1,7)=0\end{cases} \tag{4-86}$$

由式(4-86)可知，当$\Delta\boldsymbol{\psi}_s(1,*)=0$时，定子磁链矢量停留在原地，$\Delta\boldsymbol{\psi}_s(1,*)\neq0$定子磁链矢量沿着电压矢量的方向运动。对于$\Delta\boldsymbol{\psi}_s(2)$的分析方法与此相同，对

于 $\Delta\boldsymbol{\psi}_s(3)$ 和 $\Delta\boldsymbol{\psi}_s(4)$ 需用 $\boldsymbol{u}_1$ 和 $\boldsymbol{u}_2$ 合成，图 4-27 是在 $\frac{\pi}{3}$ 弧度内实际的定子磁链矢量轨迹。

当磁链矢量位于其他的 $\frac{5\pi}{3}$ 区域内时，可用不同的基本电压矢量合成期望的电压矢量，分析方法相同，不再重述。图 4-28 是定子磁链矢量轨迹，实际的定子磁链矢量轨迹在期望的磁链圆周围波动。N 越大，T_0 越小，磁链轨迹越接近于圆，但开关频率随之增大。由于 N 是有限的，所以磁链轨迹只能接近于圆，而不可能等于圆。

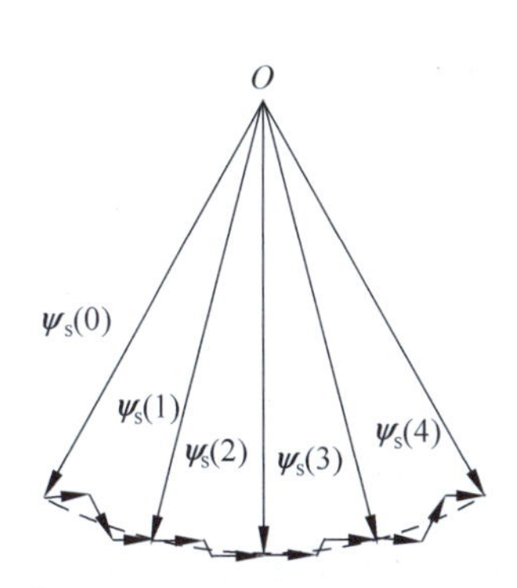

图 4-27　$N=4$ 时，实际的定子磁链矢量轨迹

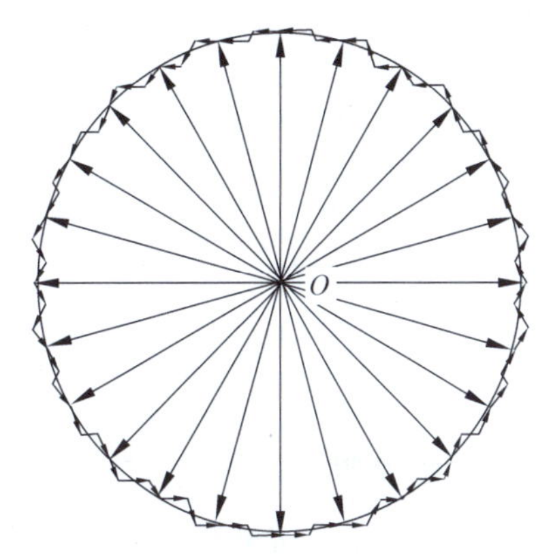

图 4-28　定子旋转磁链矢量轨迹

归纳起来，SVPWM 控制模式有以下特点：

（1）逆变器共有 8 个基本输出矢量，6 个有效工作矢量和 2 个零矢量，在一个旋转周期内，每个有效工作矢量只作用 1 次的方式；只能生成正六边形的旋转磁链，谐波分量大，将导致转矩脉动。

（2）用相邻的 2 个有效工作矢量，可合成任意的期望输出电压矢量，使磁链轨迹接近于圆。开关周期 T_0 越小，旋转磁场越接近圆，但功率器件的开关频率提高。

（3）利用电压空间矢量直接生成三相 PWM 波，计算简便。

（4）与一般的 SPWM 相比较，SVPWM 控制方式的输出电压可提高 15%。

4.2.5　交流 PWM 变频器-异步电动机系统的特殊问题

由电力电子器件构成的 PWM 变频器具有结构紧凑、体积小、动态响应快、功率损耗小等优点，被广泛应用于交流电动机调速。PWM 变频器的输出电压为等高不等宽的脉冲序列，该脉冲序列可分解为基波和一系列谐波分量，基波产生恒定的电磁转矩，而谐波分量则带来一些负面效应。

1. 转矩脉动

为减少谐波并简化控制，一般使 PWM 波正负半波镜对称和 $\frac{1}{4}$ 周期对称，则

三相对称的电压 PWM 波可用傅氏级数表示,

$$
\begin{aligned}
u_A(t) &= \sum_{k=\text{奇数}}^{\infty} U_{k\mathrm{m}} \sin(k\omega_1 t) \\
u_B(t) &= \sum_{k=\text{奇数}}^{\infty} U_{k\mathrm{m}} \sin\left(k\omega_1 t - \frac{2k\pi}{3}\right) \\
u_C(t) &= \sum_{k=\text{奇数}}^{\infty} U_{k\mathrm{m}} \sin\left(k\omega_1 t + \frac{2k\pi}{3}\right)
\end{aligned}
\tag{4-87}
$$

$U_{k\mathrm{m}}$ 是 k 次谐波电压幅值,ω_1 是基波角频率。当谐波次数 k 是 3 的整数倍时,谐波电压为零序分量,不产生该次谐波电流。因此,三相电流可表示为

$$
\begin{aligned}
i_A(t) &= \sum_{k>0}^{\infty} \frac{U_{k\mathrm{m}}}{z_k} \sin(k\omega_1 t - \varphi_k) = \sum_{k>0}^{\infty} I_{k\mathrm{m}} \sin(k\omega_1 t - \varphi_k) \\
i_B(t) &= \sum_{k>0}^{\infty} \frac{U_{k\mathrm{m}}}{z_k} \sin\left(k\omega_1 t - \frac{2k\pi}{3} - \varphi_k\right) = \sum_{k>0}^{\infty} I_{k\mathrm{m}} \sin\left(k\omega_1 t - \frac{2k\pi}{3} - \varphi_k\right) \\
i_C(t) &= \sum_{k>0}^{\infty} \frac{U_{k\mathrm{m}}}{z_k} \sin\left(k\omega_1 t + \frac{2k\pi}{3} - \varphi_k\right) = \sum_{k>0}^{\infty} I_{k\mathrm{m}} \sin\left(k\omega_1 t + \frac{2k\pi}{3} - \varphi_k\right)
\end{aligned}
\tag{4-88}
$$

其中,谐波阻抗 $z_k = \sqrt{R^2 + (k\omega_1 L)^2}$,谐波功率因数角 $\varphi_k = \arctan \dfrac{k\omega_1 L}{R}$,$k = 6k' \pm 1$,$k'$为非负整数。取"+"时,为正序分量,产生正向旋转磁场,如 7、13 次谐波;取"−"时,为负序分量,产生逆向旋转磁场,如 5、11 次谐波。

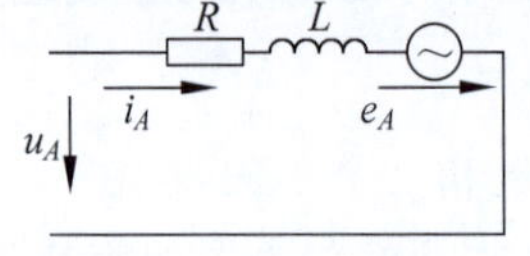

图 4-29 单相等效电路

考虑到高次谐波的阻抗 z_k 较大,故高次谐波电压主要降落在谐波阻抗 z_k 上,因此,三相感应电动势近似为正弦波,忽略基波阻抗压降,其幅值约等于基波电压幅值 $U_{1\mathrm{m}}$,由单相等效电路图 4-29 得

$$
\begin{aligned}
e_A(t) &\approx u_{A1} = U_{1\mathrm{m}} \sin(\omega_1 t) \\
e_B(t) &\approx u_{B1} = U_{1\mathrm{m}} \sin\left(\omega_1 t - \frac{2\pi}{3}\right) \\
e_C(t) &\approx u_{C1} = U_{1\mathrm{m}} \sin\left(\omega_1 t + \frac{2\pi}{3}\right)
\end{aligned}
\tag{4-89}
$$

基波感应电动势与 k 次谐波电流传输的瞬时功率为

$$
\begin{aligned}
p_{1,k} &= e_A(t) i_{Ak}(t) + e_B(t) i_{Bk}(t) + e_C(t) i_{Ck}(t) \\
&= \frac{1}{2} U_{1\mathrm{m}} I_{k\mathrm{m}} \left[1 + 2\cos\left(\frac{2\pi}{3}(k-1)\right)\right] \cos[(k-1)\omega_1 t - \varphi_k] - \\
&\quad \frac{1}{2} U_{1\mathrm{m}} I_{k\mathrm{m}} \left[1 + 2\cos\left(\frac{2\pi}{3}(k+1)\right)\right] \cos[(k+1)\omega_1 t - \varphi_k]
\end{aligned}
\tag{4-90}
$$

k 次谐波电流产生的电磁转矩

$$T_{1,k} \approx \frac{p_{1,k}}{\omega_1} = \frac{1}{2\omega_1} U_{1\mathrm{m}} I_{k\mathrm{m}} \left[1 + 2\cos\left(\frac{2\pi}{3}(k-1)\right)\right] \cos[(k-1)\omega_1 t - \varphi_k] - \frac{1}{2\omega_1} U_{1\mathrm{m}} I_{k\mathrm{m}} \left[1 + 2\cos\left(\frac{2\pi}{3}(k+1)\right)\right] \cos[(k+1)\omega_1 t - \varphi_k] \tag{4-91}$$

将 $k=5,7,11,13$ 代入，得

$$\begin{aligned} T_{1,5} &\approx \frac{p_{1,5}}{\omega_1} = -\frac{3}{2\omega_1} U_{1\mathrm{m}} I_{5\mathrm{m}} \cos(6\omega_1 t - \varphi_5) \\ T_{1,7} &\approx \frac{p_{1,7}}{\omega_1} = \frac{3}{2\omega_1} U_{1\mathrm{m}} I_{7\mathrm{m}} \cos(6\omega_1 t - \varphi_7) \\ T_{1,11} &\approx \frac{p_{1,11}}{\omega_1} = -\frac{3}{2\omega_1} U_{1\mathrm{m}} I_{11\mathrm{m}} \cos(12\omega_1 t - \varphi_{11}) \\ T_{1,13} &\approx \frac{p_{1,13}}{\omega_1} = \frac{3}{2\omega_1} U_{1\mathrm{m}} I_{13\mathrm{m}} \cos(12\omega_1 t - \varphi_{13}) \end{aligned} \tag{4-92}$$

式(4-92)表明，5次和7次谐波电流产生6次的脉动转矩，11次和13次谐波电流产生12次的脉动转矩，当 k 继续增大时，谐波电流较小，脉动转矩不大，可忽略不计。因此，在PWM控制时，应抑制这些谐波分量。

2. 电压变化率

当电动机由三相平衡电压供电时，线电压 $u_{AB}(\omega_1 t)$ 的变化率

$$\frac{\mathrm{d}u_{AB}(\omega_1 t)}{\mathrm{d}t} = \frac{\mathrm{d}}{\mathrm{d}t}[U_{AB\mathrm{m}} \sin(\omega_1 t)] = \omega_1 U_{AB\mathrm{m}} \cos(\omega_1 t) \tag{4-93}$$

$U_{AB\mathrm{m}}$ 为线电压幅值，线电压变化率最大值为 $\omega_1 U_{AB\mathrm{m}}$。

采用PWM方式供电时，线电压的跳变幅值为 $\pm U_\mathrm{d}$，几乎在瞬间完成，因此，$\frac{\mathrm{d}u_{AB}(t)}{\mathrm{d}t}$ 很大，如此大的电压变化率将在电动机绕组的匝间和轴间产生较大的漏电流，不利于电动机的正常运行。采用多重化技术，可有效降低电压变化率，但变频器主回路和控制将复杂得多，一般用于中、高压交流电动机的调速。

过大的电压变化率将产生很大的电磁辐射，对其他仪器设备造成电磁干扰。

3. 能量回馈与泵升电压

图4-10所示的交-直-交变频器采用不可控整流，能量不能从直流侧回馈至电网，当交流电动机工作在发电制动状态时，能量从电动机侧回馈至直流侧，将导致直流电压上升，称为泵升电压。若电动机储存的动能较大、制动时间较短或电动机长时间工作在发电制动状态，泵升电压将很大，严重时将损坏变频器。

为限制泵升电压，可采取以下的两种方法：

(1) 在直流侧并入一个制动电阻，当泵升电压达到一定值时，开通与制动电阻相串联的功率器件，通过制动电阻释放电能，以降低泵升电压，见图4-30。

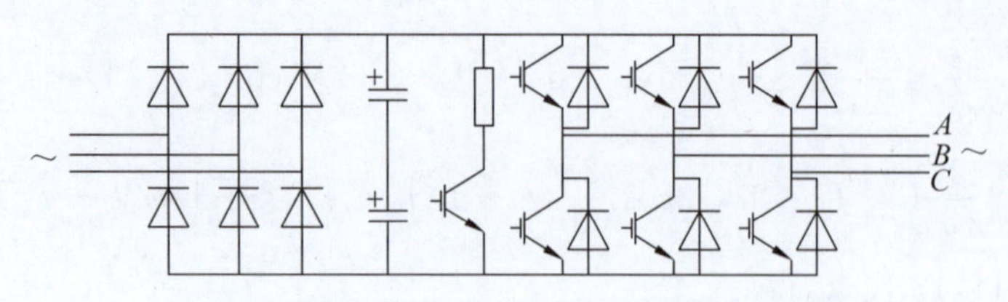

图 4-30 带制动电阻的交-直-交变频器主回路

(2) 在直流侧并入一组晶闸管有源逆变器(图 4-31)或采用 PWM 可控整流(图 4-32),当泵升电压升高时,将能量回馈至电网,以限制泵升电压。

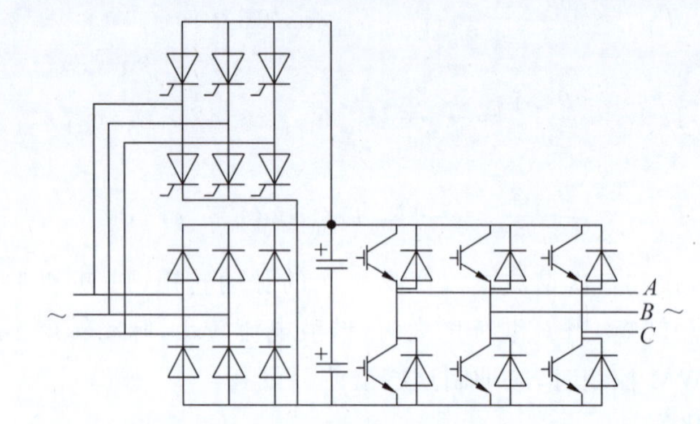

图 4-31 直流侧并晶闸管有源逆变器的交-直-交变频器主回路

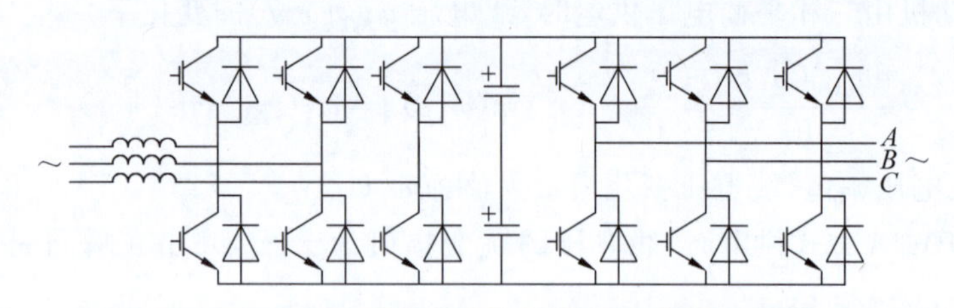

图 4-32 PWM 可控整流的交-直-交变频器主回路

PWM 可控整流除了限制泵升电压外,还具有改善变频器输入侧功率因数和抑制输入电流谐波等功能[9,45]。

4. 对电网的污染

二极管整流器是全波整流装置,但由于直流侧存在较大的滤波电容,只有当输入交流线电压幅值大于电容电压时,才有充电电流流通,交流电压低于电容电压时,电流便终止,因此输入电流呈脉冲形状,如图 4-33 所示。这样的电流波形具有较大的谐波分量,使电源受到污染。

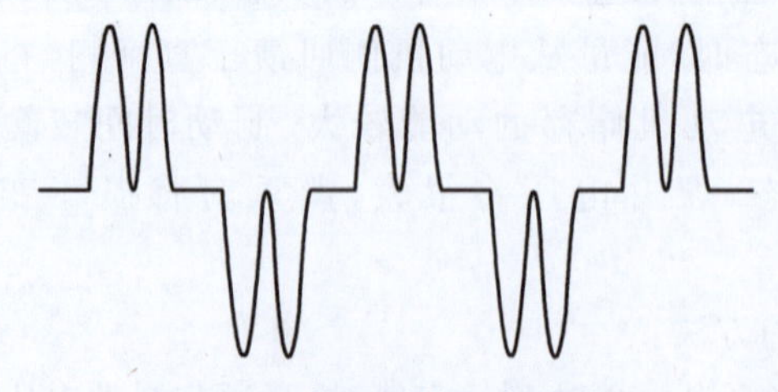
图 4-33 电网侧输入电流波形

为了抑制谐波电流,对于容量较大的 PWM 变频器,应在输入端设有进线电抗器,有时也可以在整流器和电容器之间串接直流电抗器。

4.3 转速开环变压变频调速系统

对于风机、水泵类性能要求不高、只要在一定范围内能实现高效率的调速就行的负载，可以根据电动机的稳态模型，采用转速开环电压频率协调控制的方案，这就是一般的通用变频器控制系统。所谓“通用”，包含两方面的含义：一是可以和通用的笼型异步电动机配套使用；二是具有多种可供选择的功能，适用于各种不同性质的负载。近年来，许多企业不断推出具有更多自动控制功能的变频器，使产品性能更加完善，质量不断提高。

4.3.1 转速开环变压变频调速系统结构

转速开环变压变频调速系统的基本原理在 4.1 节已作了详细的论述，图 4-34 为控制系统结构图，PWM 控制可采用 4.2 节介绍的 SPWM 或 SVPWM。

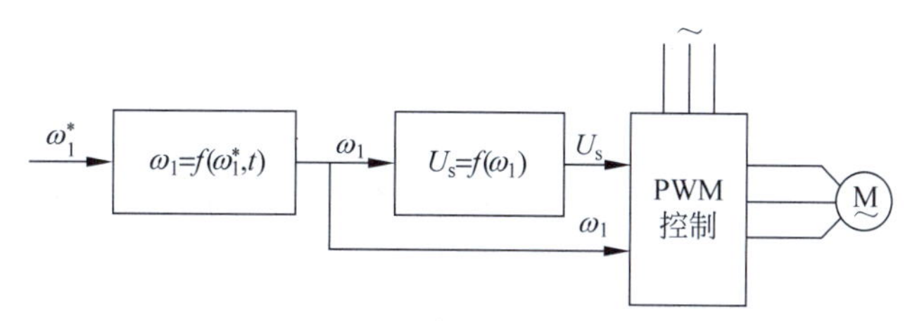

图 4-34 转速开环变压变频调速系统

由于系统本身没有自动限制启、制动电流的作用，因此，频率设定必须通过给定积分算法产生平缓的升速或降速信号，即

$$\omega_1(t)=\begin{cases}\omega_1^* & \omega_1=\omega_1^*\\ \omega_1(t_0)+\int_{t_0}^{t}\frac{\omega_{1N}}{\tau_{up}}\mathrm{d}t & \omega_1<\omega_1^*\\ \omega_1(t_0)-\int_{t_0}^{t}\frac{\omega_{1N}}{\tau_{down}}\mathrm{d}t & \omega_1>\omega_1^*\end{cases} \tag{4-94}$$

其中 τ_{up} 为从 0 上升到额定频率 ω_{1N} 的时间，τ_{down} 为从额定频率 ω_{1N} 下降到 0 的时间，可根据负载需要分别进行选择。

电压/频率特性为

$$U_s=f(\omega_1)=\begin{cases}U_N & \omega_1\geqslant\omega_{1N}\\ f'(\omega_1) & \omega_1<\omega_{1N}\end{cases} \tag{4-95}$$

当实际频率 ω_1 大于或等于额定频率 ω_{1N} 时，只能保持额定电压 U_N 不变。而当实际频率 ω_1 小于额定频率 ω_{1N} 时，$U_s=f'(\omega_1)$一般是带低频补偿的恒压频比控制。

调速系统的机械特性如图 4-6 所示,在负载扰动下,转速开环变压变频调速系统存在转速降落,属于有静差调速系统,故调速范围有限,只能用于调速性能要求不高的场合。

4.3.2 系统实现

图 4-35 为基于微机控制的数字控制通用变频器-异步电动机调速系统硬件原理图。它包括主电路、驱动电路、微机控制电路、信号采集与故障综合电路,图中未绘出开关器件的吸收电路和其他辅助电路。

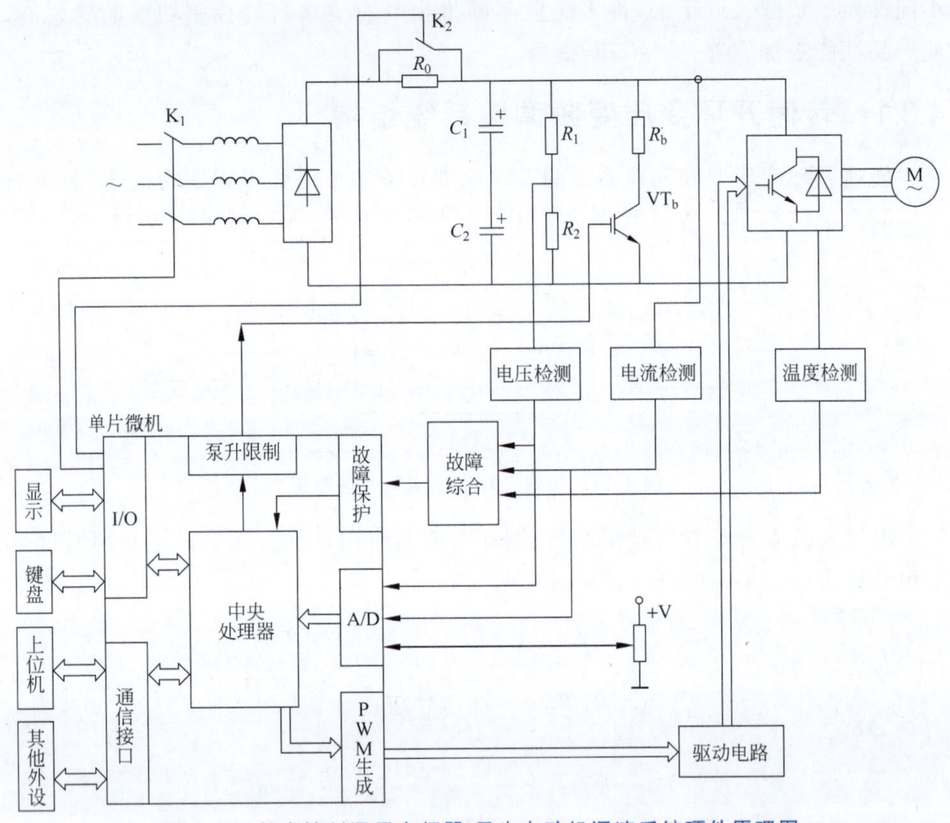

图 4-35 数字控制通用变频器-异步电动机调速系统硬件原理图

1. 主回路与驱动电路

现代通用变频器大都是采用二极管整流器和由全控开关器件 IGBT 或功率模块 IPM 组成的 PWM 逆变器,构成交-直-交电压源型变压变频器。VT_b 和 R_b 为泵升限制电路,为了便于散热,制动电阻器常作为附件单独装在变频器机箱外边。

为了避免大电容在合上电源开关 K_1 后通电的瞬间产生过大的充电电流,在整流器和滤波电容间的直流回路上串入限流电阻 R_0(或电抗)。刚通上电源时,由 R_0 限制充电电流,然后延时用开关 K_2 将 R_0 短路,以免长期接入 R_0 时影响变频器的正常工作，并产生附加损耗。

驱动电路的作用是将微机控制电路产生的 PWM 信号经功率放大后，控制电力电子器件的开通或关断，起到弱电控制强电的作用。

2. 信号采集与故障综合电路

电压、电流、温度等检测信号经信号处理电路进行分压、光电隔离、滤波、放大等综合处理，再进入 A/D 转换器，输入给 CPU 作为控制算法的依据，并同时用作显示和故障保护。

3. 微机控制电路

现代 PWM 变频器的控制电路大都是以微处理器为核心的数字电路，其功能主要是接受各种设定信息和指令，再根据它们的要求形成驱动逆变器工作的 PWM 信号。微机芯片主要采用 8 位或 16 位的单片机，或用 32 位的 DSP，现在已有应用 RISC 的产品出现。PWM 信号可以由微机本身的软件产生，由 PWM 端口输出，也可采用专用的 PWM 生成电路芯片。

4. 控制软件

控制软件是系统的核心，除了 PWM 生成、给定积分和压频控制等主要功能软件外，还包括信号采集、故障综合及分析、键盘及给定电位器输入、显示和通信等辅助功能软件。

现代通用变频器功能强大，可设定或修改的参数达数百个。有多组压频曲线可供选择，除了常用的带低频补偿的恒压频比控制，还带有 S 型和二次型曲线；具有多段加速或减速功能，每段的上升或下降斜率均可分别设定，还具有摆频、频率跟踪以及逻辑控制和 PI 控制等功能，以满足不同用户的需求。

4.4　转速闭环转差频率控制的变压变频调速系统

4.3 节所述的转速开环变频调速系统可以满足平滑调速的要求，但静、动态性能和调速范围都有限。采用转速闭环控制可提高静、动态性能，实现稳态无静差，转速闭环转差频率控制的变压变频调速是基于异步电动机稳态模型的转速闭环控制系统，但需增加转速传感器、相应的检测电路和测速软件等。

4.4.1　转差频率控制的基本概念及特点

运动控制的根本问题是转矩控制，为了充分利用电机铁心，对磁链也应进行控制。4.1.3 节的式(4-27)为异步电动机的电磁转矩公式，即

$$T_{\mathrm{e}}=3n_{\mathrm{p}}\left(\frac{E_{\mathrm{g}}}{\omega_1}\right)^2\frac{s\omega_1 R'_{\mathrm{r}}}{R'^2_{\mathrm{r}}+s^2\omega_1^2 L'^2_{\mathrm{lr}}}\tag{4-27}$$

将 $E_{\mathrm{g}}=4.44f_1N_{\mathrm{s}}k_{N_{\mathrm{s}}}\Phi_{\mathrm{m}}=4.44\dfrac{\omega_1}{2\pi}N_{\mathrm{s}}k_{N_{\mathrm{s}}}\Phi_{\mathrm{m}}=\dfrac{1}{\sqrt{2}}\omega_1N_{\mathrm{s}}k_{N_{\mathrm{s}}}\Phi_{\mathrm{m}}$ 代入上式，得

$$T_e = \frac{3}{2} n_p N_s^2 k_{N_s}^2 \Phi_m^2 \frac{s\omega_1 R'_r}{R'^2_r + s^2\omega_1^2 L'^2_{lr}} \tag{4-96}$$

其中 $K_m = \frac{3}{2} n_p N_s^2 k_{N_s}^2$,是电机的结构常数。定义转差角频率 $\omega_s = s\omega_1$,则

$$T_e = K_m \Phi_m^2 \frac{\omega_s R'_r}{R'^2_r + (\omega_s L'_{lr})^2} \tag{4-97}$$

当电机稳态运行时,转差 s 较小,因而 ω_s 也较小,只有 ω_1 的百分之几,可以认为 $\omega_s L'_{lr} \ll R'_r$,则转矩可近似表示为

$$T_e \approx K_m \Phi_m^2 \frac{\omega_s}{R'_r} \tag{4-98}$$

由此可知,若能够保持气隙磁通 Φ_m 不变,则在 s 值较小的稳态运行范围内,异步电动机的转矩就近似与转差角频率 ω_s 成正比。也就是说,在保持气隙磁通 Φ_m 不变的前提下,可以通过转差角频率 ω_s 来控制转矩,这就是转差频率控制的基本思想。

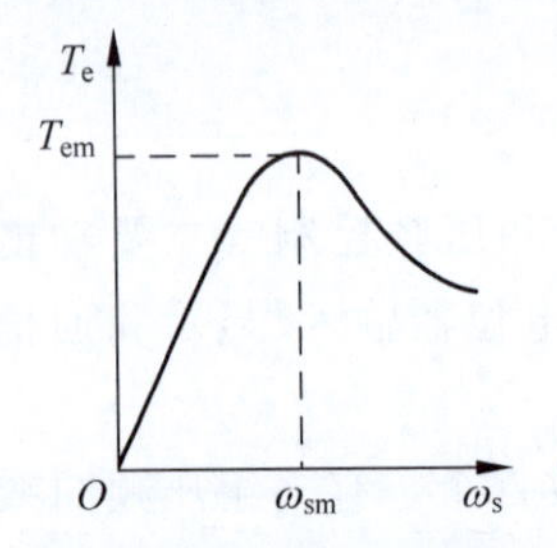

图 4-36 按恒 Φ_m 值控制的 $T_e = f(\omega_s)$ 特性

式(4-98)的转矩表达式是在 ω_s 较小的条件下得到的,当 ω_s 较大时,就得采用式(4-97)的转矩公式,图 4-36 为转矩特性(即机械特性)$T_e = f(\omega_s)$,在 ω_s 较小的稳态运行段,转矩 T_e 基本上与 ω_s 成正比,当 T_e 达到其最大值 T_{em} 时,ω_s 达到临界值 ω_{sm},当 ω_s 继续增大时,转矩反而减小,对于恒转矩负载为不稳定区域。

对于式(4-97),取 $\frac{dT_e}{d\omega_s} = 0$,可得

$$\omega_{sm} = \frac{R'_r}{L'_{lr}} = \frac{R_r}{L_{lr}} \tag{4-99}$$

而对应的最大转矩(临界转矩)

$$T_{em} = \frac{K_m \Phi_m^2}{2L'_{lr}} \tag{4-100}$$

要保证系统稳定运行,必须使 $\omega_s < \omega_{sm}$。因此,在转差频率控制系统中,必须对 ω_s 限制,使系统最大的允许转差频率小于临界转差频率,即

$$\omega_{smax} < \omega_{sm} = \frac{R_r}{L_{lr}} \tag{4-101}$$

就可以保持 T_e 与 ω_s 的正比关系,也就可以用转差频率来控制转矩。这是转差频率控制的基本规律之一。

上述规律是在保持 Φ_m 恒定的前提下才成立的,那么如何保持 Φ_m 恒定,是转差频率控制系统要解决的第二个问题。按恒 E_g/ω_1 控制时可保持 Φ_m 恒定,由单相等效电路可得定子电压为

$$\dot{U}_s = \dot{I}_s(R_s + j\omega_1 L_{ls}) + \dot{E}_g = \dot{I}_s(R_s + j\omega_1 L_{ls}) + \left(\frac{\dot{E}_g}{\omega_1}\right)\omega_1 \tag{4-102}$$

由此可见，要实现恒 E_g/ω_1 控制，必须采用定子电流补偿控制，以抵消定子电阻和漏抗的压降。理论上说，定子电流补偿应该是幅值和相位的补偿，但这无疑使控制系统复杂，若忽略电流相量相位变化的影响，仅采用幅值补偿，则电压-频率特性为

$$\begin{aligned} U_s &= f(\omega_1, I_s) = \sqrt{R_s^2 + (\omega_1 L_{ls})^2}\, I_s + E_g \\ &= Z_{ls}(\omega_1) I_s + \left(\frac{E_g}{\omega_1}\right)\omega_1 = Z_{ls}(\omega_1) I_s + C_g \omega_1 \end{aligned} \tag{4-103}$$

其中，$C_g = \dfrac{E_g}{\omega_1}$ = 常数，采用定子电流补偿恒 E_g/ω_1 控制的电压-频率特性 $U_s = f(\omega_1, I_s)$ 如图 4-37 所示。高频时，定子漏抗压降占主导地位，可忽略定子电阻，式(4-103)可简化为

$$\begin{aligned} U_s &= f(\omega_1, I_s) \approx \omega_1 L_{ls} I_s + E_g \\ &= \omega_1 L_{ls} I_s + C_g \omega_1 \end{aligned} \tag{4-104}$$

电压-频率特性近似呈线性；低频时，R_s 的影响不可忽略，曲线呈现非线性性质。

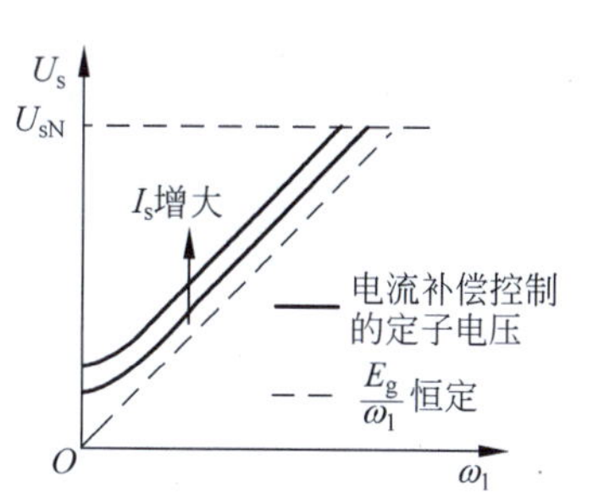

图 4-37　定子电流补偿恒 E_g/ω_1 控制的电压-频率特性

因此，转差频率控制的规律可总结为：

(1) 在 $\omega_s \leqslant \omega_{sm}$ 的范围内，转矩 T_e 基本上与 ω_s 成正比，条件是气隙磁通不变。

(2) 在不同的定子电流值时，按图 4-37 的 $U_s = f(\omega_1, I_s)$ 函数关系控制定子电压和频率，就能保持气隙磁通 Φ_m 恒定。

4.4.2　转差频率控制系统结构及性能分析

1. 系统结构

转速闭环的转差频率控制变压变频调速系统结构原理如图 4-38 所示，系统共有两个转速反馈控制，以下分析两个转速反馈的控制作用。

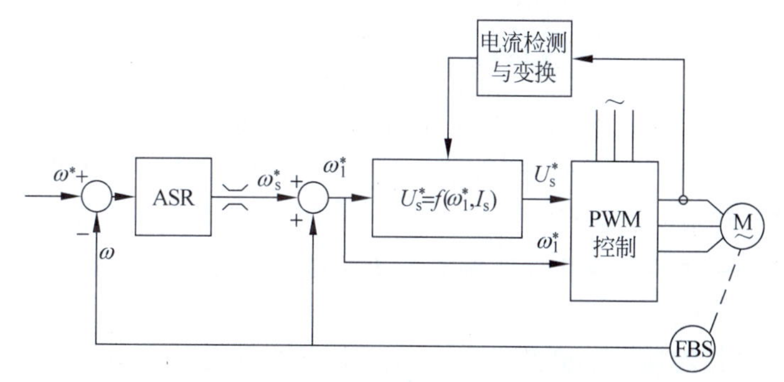

图 4-38　转差频率控制的转速闭环变压变频调速系统结构原理图

内环为正反馈,将转速调节器 ASR 的输出信号给定转差频率 ω_s^* 与实际转速 ω 相加,得到定子频率给定信号 ω_1^*,即

$$\omega_1^* = \omega_s^* + \omega \tag{4-105}$$

实际转速 ω 由速度传感器 FBS 测得。然后,根据 $U_s = f(\omega_1, I_s)$ 函数,由给定频率 ω_1^* 和当前定子电流 I_s 求得定子电压给定信号 $U_s^* = f(\omega_1^*, I_s)$,用 U_s^* 和 ω_1^* 控制 PWM 变频器,即得异步电动机调速所需的定子电压和频率。

由于正反馈是不稳定结构,需设置转速负反馈外环,才能使系统稳定运行,ASR 为转速调节器,一般选用 PI 调节器。

2. 启动过程

在 $t=0$ 时,突加给定,假定转速调节器 ASR 的比例系数足够大,则 ASR 很快进入饱和,输出为限幅值 ω_{smax},由于转速和电流尚未建立,即 $\omega=0$、$I_s=0$,给定定子频率 $\omega_1^* = \omega_{smax}$,定子电压为

$$U_s = \left(\frac{E_g}{\omega_1}\right)\omega_{smax} = C_g \omega_{smax} \tag{4-106}$$

电流与转矩快速上升,$t=t_1$,电流达到最大,即

$$I'_r = \frac{E_g}{\sqrt{\left(\dfrac{R'_r}{s}\right)^2 + \omega_1^2 L'^2_{lr}}} = \frac{E_g}{\omega_1 \sqrt{\left(\dfrac{R'_r}{s\omega_1}\right)^2 + L'^2_{lr}}}$$

$$= \frac{E_g/\omega_1}{\sqrt{\left(\dfrac{R'_r}{\omega_s}\right)^2 + L'^2_{lr}}} = \frac{C_g}{\sqrt{\left(\dfrac{R'_r}{\omega_s}\right)^2 + L'^2_{lr}}}$$

则启动电流等于最大的允许电流为

$$I_{smax} = I_{sQ} \approx I'_{rQ} = \frac{E_g/\omega_1}{\sqrt{\left(\dfrac{R'_r}{\omega_{smax}}\right)^2 + L'^2_{lr}}} = \frac{C_g}{\sqrt{\left(\dfrac{R'_r}{\omega_{smax}}\right)^2 + L'^2_{lr}}} \tag{4-107}$$

启动转矩等于系统最大的允许输出转矩,即

$$T_{emax} = T_{eQ} \approx 3n_p \left(\frac{E_g}{\omega_1}\right)^2 \frac{\omega_{smax}}{R'_r} = 3n_p C_g^2 \frac{\omega_{smax}}{R'_r} \tag{4-108}$$

随着电流 I_s 的建立和转速 ω 的上升,定子电压 U_s 和频率 ω_1 按式(4-102)的规律上升,但由于 $\omega_s = \omega_{smax}$ 不变,启动电流 I_{sQ} 和启动转矩 T_{eQ} 也不变,电动机在允许的最大输出转矩下加速运行。式(4-107)表明,ω_{smax} 与 I_{smax} 有唯一的对应关系,因此,转差频率控制变压变频调速系统通过最大转差频率间接限制了最大的允许电流。

当 $t=t_2$ 时,转速 ω 达到给定值 ω^*,ASR 开始退饱和,转速 ω 略有超调后,到达稳态 $\omega=\omega^*$,定子电压频率 $\omega_1 = \omega + \omega_s$,转差频率 ω_s 与负载有关。

与直流调速系统相似，启动过程可分为转矩上升、恒转矩升速与转速调节3个阶段：在恒转矩升速阶段内，转速调节器ASR不参与调节，相当于转速开环，在正反馈内环的作用下，保持加速度恒定；转速超调后，ASR退出饱和，进入转速调节阶段，最后达到稳态。

3. 加载过程

假定系统已进入稳定运行，转速等于给定值，电磁转矩等于负载转矩，即$\omega=\omega^*$、$T_e=T_L$，定子电压频率$\omega_1=\omega+\omega_s$。在$t=t_1$时，负载转矩由T_L增大为T'_L，在负载转矩的作用下转速ω下降，正反馈内环的作用使ω_1下降，但在外环的作用下，给定转差频率ω_s^*上升，定子电压频率ω_1上升，电磁转矩T_e增大，转速ω回升，到达稳态时，转速ω仍等于给定值ω^*，电磁转矩T_e等于负载转矩T'_L。由式(4-98)可知，当$T'_L>T_L$时，$\omega'_s>\omega_s$，定子电压频率$\omega'_1=\omega+\omega'_s>\omega_1=\omega+\omega_s$。与直流调速系统相似，在转速负反馈外环的控制作用下，转速稳态无静差，但对于交流电动机而言，定子电压频率和转差频率均大于轻载时的相应值，图4-39为转差频率控制的转速闭环变压变频调速系统静态特性图。

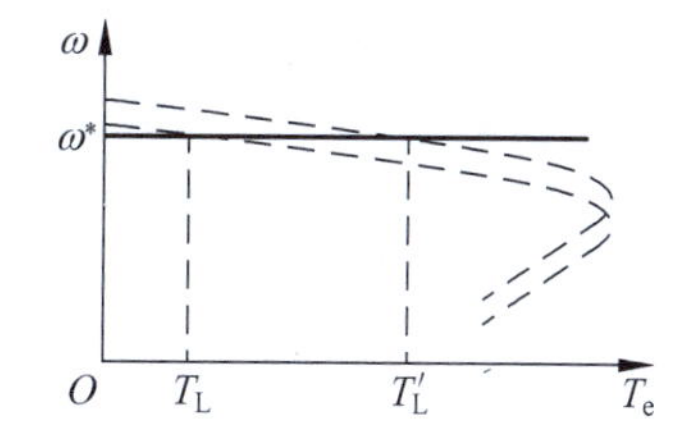

图4-39 转差频率控制的转速闭环变压变频调速系统静态特性

4.4.3 最大转差频率ω_{smax}的计算

由式(4-101)可知，只要使系统最大的允许转差频率小于临界转差频率，即式(4-101)

$$\omega_{smax}<\omega_{sm}=\frac{R_r}{L_{lr}}$$

就可以保持T_e与ω_s的正比关系，使系统稳定运行，并通过转差频率来控制电磁转矩。

然而，由式(4-107)和式(4-108)可知，最大转差频率ω_{smax}与启动电流I_{sQ}和启动转矩T_{eQ}有关。若系统的额定电流为I_{sN}，额定转矩为T_{eN}，允许的过流倍数为$\lambda_I=\dfrac{I_{sQ}}{I_{sN}}$，要求的启动转矩倍数为$\lambda_T=\dfrac{T_{eQ}}{T_{eN}}$，使系统具有一定的重载启动和过载能力，且启动电流小于允许电流，则最大转差频率ω_{smax}应满足

$$\frac{R'_r\lambda_T T_{eN}}{3n_p C_g^2}<\omega_{smax}<\frac{\lambda_I R'_r I_{sN}}{\sqrt{C_g^2-(\lambda_I L'_{lr} I_{sN})^2}} \tag{4-109}$$

具体计算时，可根据启动转矩倍数确定最大转差频率，然后，由最大转差频率求得过流倍数，并由此确定变频器主回路的容量。

4.4.4 转差频率控制系统的特点

转差频率控制系统突出的特点或优点有：转差角频率 ω_s^* 与实测转速 ω 相加后得到定子频率 ω_1^*，在调速过程中，实际频率 ω_1 随着实际转速 ω 同步地上升或下降，有如水涨而船高，因此加、减速平滑而且稳定。同时，由于在动态过程中转速调节器 ASR 饱和，系统以对应于 ω_{smax} 的最大转矩 T_{emax} 启、制动，并限制了最大电流 I_{smax}，保证了在允许条件下的快速性。

转速闭环转差频率控制的交流变压变频调速系统的静、动态性能接近转速、电流双闭环的直流电动机调速系统，是一个较好的控制策略。然而，它的性能还不能完全达到直流双闭环系统的水平，其原因如下：

(1) 转差频率控制系统是基于异步电动机稳态模型的，所谓的"保持磁通 Φ_m 恒定"的结论也只在稳态情况下才能成立。在动态中 Φ_m 难以保持磁通恒定，这将影响到系统的动态性能。

(2) $U_s=f(\omega_1,I_s)$ 函数关系中只抓住了定子电流的幅值，没有控制到电流的相位，而在动态中电流的相位也是影响转矩变化的因素。

(3) 在频率控制环节中，取 $\omega_1=\omega_s+\omega$，使频率 ω_1 得以与转速 ω 同步升降，这本是转差频率控制的优点。然而，如果转速检测信号不准确或存在干扰，也就会直接给频率造成误差，因为所有这些偏差和干扰都以正反馈的形式毫无衰减地传递到频率控制信号上来了。

要进一步提高异步电动机调速性能，必须从动态模型出发，研究其控制规律。

*4.5 变频调速在恒压供水系统中的应用

变频调速恒压供水系统能根据用水量的大小自动调节水泵电机的转速、增加或减少投入运行的水泵数量，以保持供水压力的恒定。变频调速恒压供水系统不仅解决了老式屋顶水箱供水方式带来的水质二次污染问题，而且对水泵、电机起到了很好的保护作用，有效地降低了能量的损耗。变频启、制动避免了电机在启、制动过程中对电网、水泵和供水管道与其他设备的冲击作用。因此，变频调速恒压供水系统逐步被应用于城市自来水管网系统、住宅小区生活消防水系统、楼宇中央空调冷却循环水系统。

1. 变频调速恒压供水系统的基本结构

变频调速恒压供水系统以保持出口管道水压恒定为目标，通过水压的给定值和实际值的偏差，利用 PID 调节控制水泵的转速，达到恒压供水的目的。

通常采用一台变频器、多台水泵的控制方式，图 4-40 为变频调速恒压供水系统主回路结构图，以 3 台水泵为例。图中，$QF_1 \sim QF_4$ 是三相交流断路器，起到过电流保护作用，$KM_1 \sim KM_6$ 是三相交流接触器，根据 $KM_1 \sim KM_6$ 的工作状态，可以使水泵由变频器供电运行在变频工作方式，也可直接投入电网工频运行或停止运行。为了保证系统安全，避免变频器输出与电网短路，KM_1 和 KM_2 必须具有互锁作用，即不允许两个接触器同时闭合，对于 KM_3 和 KM_4、KM_5 和 KM_6 也同样如此。变频器采用转速开环电压频率协调控制方式，其容量按 1 台水泵的额定功率选择，若 3 台水泵的额定功率不同，则按功率最大的选取。这样做的好处是降低系统的投资，提高恒压供水系统的性价比。为了避免变频器过载，KM_1、KM_3、KM_5 也应具有互锁作用。

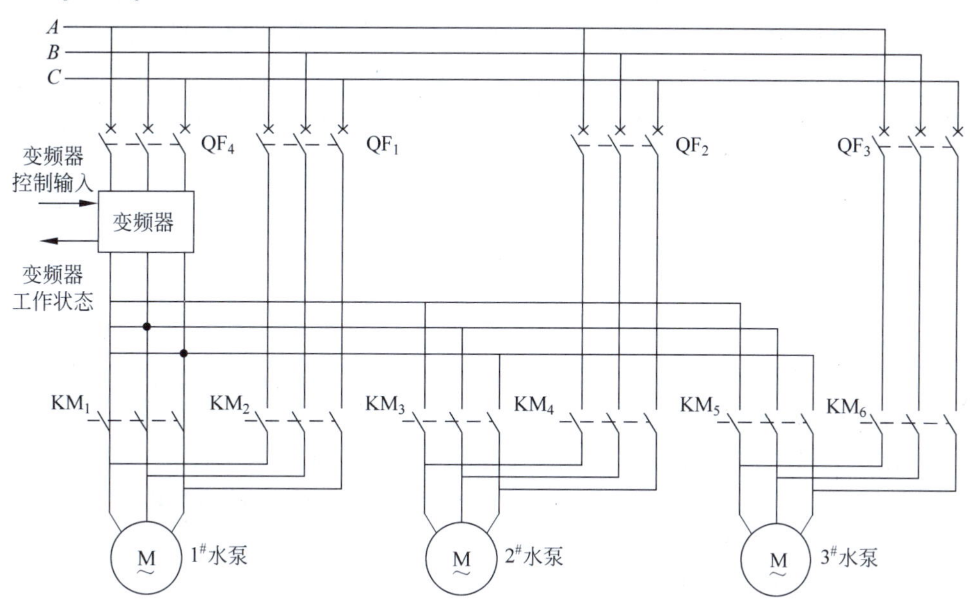

图 4-40　变频调速恒压供水系统主回路结构图

图 4-41 是变频调速恒压供水系统控制器结构图，将水压的给定值和实际值送入调节器，根据水压的偏差，进行 PID 调节，改变水泵电机的转速，达到恒压供水的目的。可编程逻辑控制器 PLC 根据调节器、变频器和接触器的工作状态进行逻辑运算和判断，控制变频器和交流接触器 $KM_1 \sim KM_6$ 的运行。

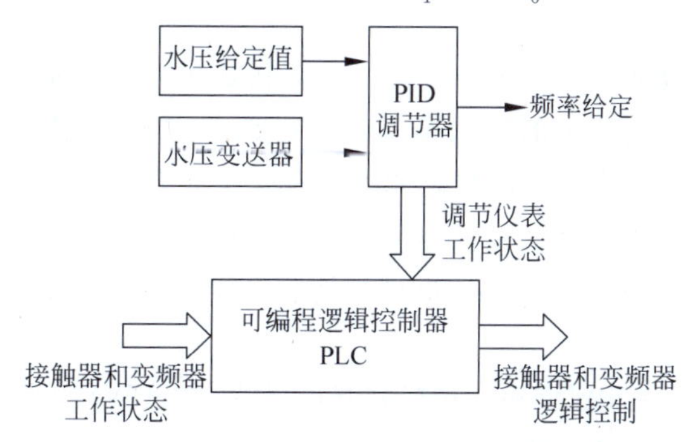

图 4-41　变频调速恒压供水系统控制器结构图

2. 变频调速恒压供水系统的控制原理

图4-40所示恒压供水系统,有一台水泵运行在变频工作方式,而其他水泵则根据水压的要求直接投入电网工频运行或停止运行。

假定当前状态为1#水泵工作在变频方式,2#和3#水泵停止运行,KM_1闭合,KM_2～KM_6断开。若实际水压低于给定值,则PID的输出增加,1#水泵的转速提高,出水口水压提高,直到实际水压等于给定值。若用水量较大,变频器输出达到工频时,变频器将送出到达最高频率信号,而实际水压仍未达到给定值,则断开KM_1,闭合KM_2,将1#水泵投入电网工频运行;然后,闭合KM_3,启动2#水泵,投入变频运行,使实际水压继续提高,直到达到平衡。如果2#水泵输出达到工频后,实际水压仍未达到给定值,再将2#水泵投入电网工频运行,并启动3#水泵。

反之,若3#水泵工作在变频方式,1#和2#水泵投入电网工频运行,当实际水压大于给定值,则PID的输出减小,3#水泵的转速降低,水压减小,直到实际水压等于给定值。若变频器输出达到最小频率,变频器将送出到达最低频率信号,而实际水压仍大于给定值,则停止3#水泵,并将2#水泵从电网撤下,改为变频运行,使实际水压继续减小。如果用水量很小,最后2#水泵将停止运行,1#水泵处于变频运行,维持水压恒定。

以上分析了恒压供水系统的主回路和控制器结构、变频自动恒压的工作原理,作为一个完整的控制系统还应有其他的辅助功能,例如,故障诊断与处理,变频器出现故障时投入手动工作方式,多台水泵的循环使用等功能[55],恕不一一展开,读者可参阅相关文献。

思考题

4.1　异步电动机变频调速时,为何要电压协调控制,在整个调速范围内,保持电压恒定是否可行?为何在基频以下时,采用恒压频比控制,而在基频以上保存电压恒定?

4.2　异步电动机变频调速时,基频以下和基频以上分别属于恒功率还是恒转矩调速方式,为什么?所谓恒功率或恒转矩调速方式,是否指输出功率或转矩恒定?若不是,那么恒功率或恒转矩调速究竟是指什么?

4.3　基频以下调速可以是恒压频比控制、恒定子磁通Φ_{ms}、恒气隙磁通Φ_m和恒转子磁通Φ_{mr}的控制方式,从机械特性和系统实现两方面分析与比较4种控制方法的优缺点。

4.4　常用的交流PWM有3种控制方式,分别为SPWM、CFPWM和SVPWM,论述它们的基本特征,各自的优缺点。

4.5　分析电流滞环跟踪PWM控制中,环宽h对电流波动与开关频率的影响。

4.6　三相异步电动机 Y 型连接，能否将中点与直流侧参考点短接，为什么？

4.7　当三相异步电动机由正弦对称电压供电，并达到稳态时，可以定义电压相量 $\dot{U}$、电流相量 $\dot{I}$ 等，用于分析三相异步电动机的稳定工作状态，4.2.4 节定义的空间矢量 $\boldsymbol{u}_s$、$\boldsymbol{i}_s$ 与相量有何区别？在正弦稳态时，两者有何联系？

4.8　采用 SVPWM 控制，用有效工作电压矢量合成期望的输出电压矢量，由于期望输出电压矢量是连续可调的，因此，定子磁链矢量轨迹可以是圆，这种说法是否正确，为什么？

4.9　总结转速闭环转差频率控制系统的控制规律，若 $U_s = f(\omega_1, I_s)$ 设置不当，会产生什么影响？一般说来，正反馈系统是不稳定的，而转速闭环转差频率控制系统具有正反馈的内环，系统却能稳定，为什么？

习题

4.1　一台三相笼型异步电动机铭牌数据为：额定电压 $U_N = 380$V，额定转速 $n_N = 960$r/min，额定频率 $f_N = 50$Hz，定子绕组 Y 连接。由实验测得定子电阻 $R_s = 0.35\Omega$，定子漏感 $L_{ls} = 0.006$H，定子每相绕组产生气隙主磁通的等效电感 $L_m = 0.26$H，转子电阻 $R_r' = 0.5\Omega$，转子漏感 $L_{lr}' = 0.007$H，转子参数已折合到定子侧，忽略铁心损耗。

（1）画出异步电动机 T 型等效电路和简化等效电路；

（2）求额定运行时的转差率 s_N，定子额定电流 I_{1N} 和额定电磁转矩；

（3）定子电压和频率均为额定值时，求理想空载时的励磁电流 I_0；

（4）定子电压和频率均为额定值时，求临界转差率 s_m 和临界转矩 T_m，画出异步电动机的机械特性。

4.2　异步电动机参数如 4.1 题，若定子每相绕组匝数 $N_s = 125$，定子基波绕组系数 $k_{N_s} = 0.92$，定子电压和频率均为额定值。

（1）忽略定子漏阻抗，每极气隙磁通量 Φ_m 和气隙磁通在定子每相中异步电动势的有效值 E_g；

（2）考虑定子漏阻抗，在理想空载和额定负载时的 Φ_m 和 E_g；

（3）比较上述 3 种情况下 Φ_m 和 E_g 的差异，并说明原因。

4.3　接上题。

（1）计算在理想空载和额定负载时的定子磁通 Φ_{ms} 和定子每相绕组感应电动势 E_s；

（2）计算转子磁通 Φ_{mr} 和转子绕组中的感应电动势（折合到定子边）E_r；

（3）分析与比较在额定负载时，Φ_m、Φ_{ms} 和 Φ_{mr} 的差异，E_g、E_s 和 E_r 的差异，并说明原因。

4.4　按基频以下和基频以上,分析电压频率协调的控制方式,画出

(1) 恒压恒频正弦波供电时异步电动机的机械特性;

(2) 基频以下电压-频率协调控制时异步电动机的机械特性;

(3) 基频以上恒压变频控制时异步电动机的机械特性;

(4) 画出电压频率特性曲线。

4.5　异步电动机参数同 4.1 题,输出频率 f 等于额定频率 f_N 时,输出电压 U 等于额定电压 U_N,考虑低频补偿,当频率 $f=0$,输出电压 $U=10\%U_N$ 时:

(1) 求出基频以下,电压频率特性曲线的表达式,并画出特性曲线;

(2) 当 $f=5\text{Hz}$ 和 $f=2\text{Hz}$ 时,比较补偿与不补偿的机械特性曲线和临界转矩 T_{emax}。

4.6　异步电动机基频下调速时,气隙磁通量 Φ_m、定子磁通 Φ_{ms} 和转子磁通 Φ_{mr} 受负载的变换而变化,要保持恒定需采用电流补偿控制。写出保持 3 种磁通恒定的电流补偿控制的相量表达式;若仅采用幅值补偿是否可行?比较两者的差异。

4.7　两电平 PWM 逆变器主回路采用双极性调制时,用"1"表示上桥臂开通,"0"表示上桥臂关断,共有几种开关状态?写出其开关函数。根据开关状态写出其电压空间矢量表达式,画出空间电压矢量图。

4.8　当三相电压分别为 u_{AO}、u_{BO}、u_{CO},如何定义三相定子电压空间矢量 $\boldsymbol{u}_{AO}$、$\boldsymbol{u}_{BO}$、$\boldsymbol{u}_{CO}$ 和合成矢量 $\boldsymbol{u}_s$,写出它们的表达式。

4.9　忽略定子电阻的影响,讨论定子电压空间矢量 $\boldsymbol{u}_s$ 与定子磁链 $\boldsymbol{\psi}_s$ 的关系,当三相电压 u_{AO}、u_{BO}、u_{CO} 为正弦对称时,写出电压空间矢量 $\boldsymbol{u}_s$ 与定子磁链 $\boldsymbol{\psi}_s$ 的表达式,画出各自的运动轨迹。

4.10　采用电压空间矢量 PWM 调制方法,若直流电压 u_d 恒定,如何协调输出电压与输出频率的关系。

4.11　两电平 PWM 逆变器主回路的输出电压矢量是有限的,若期望输出电压矢量 $\boldsymbol{u}_s$ 的幅值小于直流电压 u_d,空间角度 θ 任意,如何用有限的 PWM 逆变器输出电压矢量来逼近期望的输出电压矢量。

4.12　在转速开环变压变频调速系统中需要给定积分环节,论述给定积分环节的原理与作用。

4.13　论述转速闭环转差频率控制的基本特点,实现方法以及系统的优缺点。

4.14　用题 4.1 参数计算转差频率控制系统的临界转差频率 ω_{sm},假定系统最大的允许转差频率 $\omega_{smax}=0.9\omega_{sm}$,试计算启动时定子电流。

第5章 基于动态模型的异步电动机调速系统

内容提要

异步电动机具有非线性、强耦合、多变量的性质，要获得良好的调速性能，必须从动态模型出发，分析异步电动机的转矩和磁链控制规律，研究高性能异步电动机的调速方案。矢量控制和直接转矩控制是两种基于动态模型的高性能的交流电动机调速系统，矢量控制系统通过矢量变换和按转子磁链定向，得到等效直流电动机模型，然后按照直流电动机模型设计控制系统；直接转矩控制系统利用转矩偏差和定子磁链幅值偏差的符号，根据当前定子磁链矢量所在的位置，直接选取合适的定子电压矢量，实施电磁转矩和定子磁链的控制。两种交流电动机调速系统都能实现优良的静、动态性能，各有所长，也各有不足之处。

本章5.1节首先导出异步电动机三相原始的动态数学模型，并讨论其非线性、强耦合、多变量性质，然后利用坐标变换加以简化，得到两相旋转坐标系和两相静止坐标系上的数学模型。5.2节论述按转子磁链定向的基本原理，定子电流励磁分量和转矩分量的解耦作用，讨论矢量控制系统的多种实现方案。5.3节讨论定子电压矢量对转矩和定子磁链的控制作用，介绍基于定子磁链控制的直接转矩控制系统。5.4节对上述两类高性能的异步电动机调速系统进行比较，分析了各自的优、缺点。5.5节介绍矢量控制系统的应用实例。

5.1 异步电动机动态数学模型

基于稳态数学模型的异步电动机调速系统虽然能够在一定范围内实现平滑调速，但对于轧钢机、数控机床、机器人、载客电梯等动态性能高的对象，就不能完全适用了。要实现高动态性能的调速系统和伺服系统，必须依据异步电动机的动态数学模型来设计系统。

5.1.1 异步电动机动态数学模型的性质

电磁耦合是机电能量转换的必要条件,电流乘磁通产生转矩,转速乘磁通得到感应电动势,无论是直流电动机,还是交流电动机均如此,但由于电动机结构不同,其表象差异很大。

直流电动机的励磁绕组和电枢绕组相互独立,励磁电流和电枢电流单独可控,若忽略电枢反应或通过补偿绕组抵消之,则励磁和电枢绕组各自产生的磁动势在空间相差90°,无交叉耦合。气隙磁通由励磁绕组单独产生,而电磁转矩正比于磁通与电枢电流的乘积。不考虑弱磁调速时,可以在电枢合上电源以前建立磁通,并保持励磁电流恒定,可以认为磁通不参与系统的动态过程。因此,可以通过励磁电流控制磁通,通过电枢电流控制电磁转矩。

在上述假定条件下,直流电动机的动态数学模型只有一个输入变量——电枢电压和一个输出变量——转速,可以用单变量(单输入单输出)的线性系统来描述,完全可以应用线性控制理论和工程设计方法进行分析与设计。

而交流电动机的数学模型则不同,不能简单地使用同样的理论和方法来分析与设计交流调速系统,这是由于以下几个原因。

(1) 异步电动机变压变频调速时需要进行电压(或电流)和频率的协调控制,有电压(或电流)和频率两种独立的输入变量。在输出变量中,除转速外,磁通也是一个输出变量,这是由于异步电动机输入为三相电源,磁通的建立和转速的变化是同时进行的,存在严重的交叉耦合。为了获得良好的动态性能,在基频以下时,希望磁通在动态过程中保持恒定,以便产生较大的动态转矩。

(2) 在直流电动机中,磁通能够单独控制,在基速以下运行时,容易保持磁通恒定,乘积项可以视为比例项。异步电动机无法单独对磁通进行控制,在数学模型中就含有两个变量的乘积项,因此,即使不考虑磁路饱和等因素,数学模型也是非线性的。

(3) 三相异步电动机定子三相绕组在空间互差120°,转子也可等效为空间互差120°的3个绕组,各绕组间存在严重的交叉耦合。此外,每个绕组都有各自的电磁惯性,再考虑运动系统的机电惯性,转速与转角的积分关系等,动态模型是一个高阶系统。

总之,异步电动机是一个高阶、非线性、强耦合的多变量系统。

5.1.2 异步电动机三相原始数学模型

在研究异步电动机数学模型时,常作如下假设。

(1) 忽略空间谐波,设三相绕组对称,在空间中互差120°电角度,所产生的磁动势沿气隙按正弦规律分布;

(2) 忽略磁路饱和,各绕组的自感和互感都是恒定的;

(3) 忽略铁心损耗；

(4) 不考虑频率变化和温度变化对绕组电阻的影响。

无论异步电动机转子是绕线型还是笼型的，都可以等效成三相绕线转子，并折算到定子侧，折算后的定子和转子绕组匝数都相等。三相异步电动机的物理模型如图 5-1 所示，定子三相绕组轴线 A、B、C 在空间是固定的，转子绕组轴线 a、b、c 随转子旋转，以 A 轴为参考坐标轴，转子 a 轴和定子 A 轴间的电角度 θ 为空间角位移变量。规定各绕组电压、电流、磁链的正方向符合电动机惯例和右手螺旋定则。

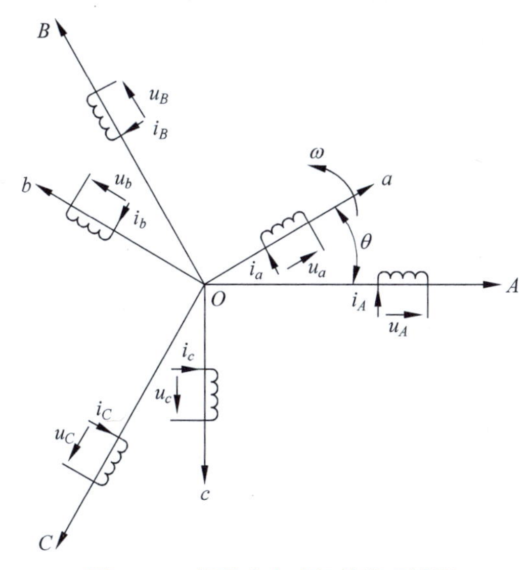

图 5-1　三相异步电动机的物理模型

1. 异步电动机动态模型的数学表达式

异步电动机动态模型由电压方程、磁链方程、转矩方程和运动方程组成。

(1) 电压方程。

三相定子绕组的电压平衡方程为

$$\begin{aligned} u_A &= i_A R_s + \frac{d\psi_A}{dt} \\ u_B &= i_B R_s + \frac{d\psi_B}{dt} \\ u_C &= i_C R_s + \frac{d\psi_C}{dt} \end{aligned} \tag{5-1}$$

与此相应，三相转子绕组折算到定子侧后的电压方程为

$$u_a = i_a R_r + \frac{d\psi_a}{dt}$$

$$u_b = i_b R_r + \frac{d\psi_b}{dt}$$

$$u_c = i_c R_r + \frac{d\psi_c}{dt} \tag{5-2}$$

式中,u_A,u_B,u_C,u_a,u_b,u_c——定子和转子相电压的瞬时值,i_A,i_B,i_C,i_a,i_b,i_c——定子和转子相电流的瞬时值,$\psi_A,\psi_B,\psi_C,\psi_a,\psi_b,\psi_c$——各相绕组的全磁链,$R_s,R_r$——定子和转子绕组电阻。上述各量都已折算到定子侧,为了简单起见,表示折算的上角标“′”均省略,以下同此。

将电压方程写成矩阵形式为

$$\begin{bmatrix} u_A \\ u_B \\ u_C \\ u_a \\ u_b \\ u_c \end{bmatrix} = \begin{bmatrix} R_s & 0 & 0 & 0 & 0 & 0 \\ 0 & R_s & 0 & 0 & 0 & 0 \\ 0 & 0 & R_s & 0 & 0 & 0 \\ 0 & 0 & 0 & R_r & 0 & 0 \\ 0 & 0 & 0 & 0 & R_r & 0 \\ 0 & 0 & 0 & 0 & 0 & R_r \end{bmatrix} \begin{bmatrix} i_A \\ i_B \\ i_C \\ i_a \\ i_b \\ i_c \end{bmatrix} + \frac{d}{dt} \begin{bmatrix} \psi_A \\ \psi_B \\ \psi_C \\ \psi_a \\ \psi_b \\ \psi_c \end{bmatrix} \tag{5-3}$$

或写成

$$\boldsymbol{u} = \boldsymbol{R}\boldsymbol{i} + \frac{d\boldsymbol{\psi}}{dt} \tag{5-3a}$$

(2) 磁链方程。

每个绕组的磁链是它本身的自感磁链和其他绕组对它的互感磁链之和,因此,6个绕组的磁链可表达为

$$\begin{bmatrix} \psi_A \\ \psi_B \\ \psi_C \\ \psi_a \\ \psi_b \\ \psi_c \end{bmatrix} = \begin{bmatrix} L_{AA} & L_{AB} & L_{AC} & L_{Aa} & L_{Ab} & L_{Ac} \\ L_{BA} & L_{BB} & L_{BC} & L_{Ba} & L_{Bb} & L_{Bc} \\ L_{CA} & L_{CB} & L_{CC} & L_{Ca} & L_{Cb} & L_{Cc} \\ L_{aA} & L_{aB} & L_{aC} & L_{aa} & L_{ab} & L_{ac} \\ L_{bA} & L_{bB} & L_{bC} & L_{ba} & L_{bb} & L_{bc} \\ L_{cA} & L_{cB} & L_{cC} & L_{ca} & L_{cb} & L_{cc} \end{bmatrix} \begin{bmatrix} i_A \\ i_B \\ i_C \\ i_a \\ i_b \\ i_c \end{bmatrix} \tag{5-4}$$

或写成

$$\boldsymbol{\psi} = \boldsymbol{L}\boldsymbol{i} \tag{5-4a}$$

式中,$\boldsymbol{L}$ 是 6×6 电感矩阵,其中对角线元素 $L_{AA},L_{BB},L_{CC},L_{aa},L_{bb},L_{cc}$ 是各绕组的自感,其余各项则是相应绕组间的互感。定子各相漏磁通所对应的电感称作定子漏感 L_{ls},转子各相漏磁通则对应于转子漏感 L_{lr},由于绕组的对称性,各相漏感值均相等。与定子一相绕组交链的最大互感磁通对应于定子互感 L_{ms},与转子一相绕组交链的最大互感磁通对应于转子互感 L_{mr},由于折算后定、转子绕组匝数

相等，故 $L_{ms}=L_{mr}$。

对于每一相绕组来说，它所交链的磁通是互感磁通与漏感磁通之和，因此，定子各相自感为

$$L_{AA}=L_{BB}=L_{CC}=L_{ms}+L_{ls} \tag{5-5}$$

转子各相自感为

$$L_{aa}=L_{bb}=L_{cc}=L_{ms}+L_{lr} \tag{5-6}$$

两相绕组之间只有互感。互感又分为两类。

① 定子三相彼此之间和转子三相彼此之间位置都是固定的，故互感为常值；

② 定子任一相与转子任一相之间的位置是变化的，互感是角位移 θ 的函数。

现在先讨论第一类。三相绕组轴线彼此在空间的相位差是 $\pm 120°$，在假定气隙磁通为正弦分布的条件下，互感值应为 $L_{ms}\cos 120°=L_{ms}\cos(-120°)=-\frac{1}{2}L_{ms}$，于是

$$\begin{aligned}&L_{AB}=L_{BC}=L_{CA}=L_{BA}=L_{CB}=L_{AC}=-\frac{1}{2}L_{ms}\\&L_{ab}=L_{bc}=L_{ca}=L_{ba}=L_{cb}=L_{ac}=-\frac{1}{2}L_{ms}\end{aligned} \tag{5-7}$$

至于第二类，即定、转子绕组间的互感，由于相互间位置的变化（见图5-1），可分别表示为

$$\begin{aligned}&L_{Aa}=L_{aA}=L_{Bb}=L_{bB}=L_{Cc}=L_{cC}=L_{ms}\cos\theta\\&L_{Ab}=L_{bA}=L_{Bc}=L_{cB}=L_{Ca}=L_{aC}=L_{ms}\cos(\theta+120°)\\&L_{Ac}=L_{cA}=L_{Ba}=L_{aB}=L_{Cb}=L_{bC}=L_{ms}\cos(\theta-120°)\end{aligned} \tag{5-8}$$

当定、转子两相绕组轴线重合时，两者之间的互感值最大，就是每相最大互感 L_{ms}。

将式(5-5)～式(5-8)代入式(5-4)，即得完整的磁链方程用分块矩阵表示的形式

$$\begin{bmatrix}\boldsymbol{\psi}_s\\\boldsymbol{\psi}_r\end{bmatrix}=\begin{bmatrix}\boldsymbol{L}_{ss}&\boldsymbol{L}_{sr}\\\boldsymbol{L}_{rs}&\boldsymbol{L}_{rr}\end{bmatrix}\begin{bmatrix}\boldsymbol{i}_s\\\boldsymbol{i}_r\end{bmatrix} \tag{5-9}$$

式中，$\boldsymbol{\psi}_s=[\psi_A\quad\psi_B\quad\psi_C]^T$，$\boldsymbol{\psi}_r=[\psi_a\quad\psi_b\quad\psi_c]^T$，$\boldsymbol{i}_s=[i_A\quad i_B\quad i_C]^T$，$\boldsymbol{i}_r=[i_a\quad i_b\quad i_c]^T$，

$$\boldsymbol{L}_{ss}=\begin{bmatrix}L_{ms}+L_{ls}&-\frac{1}{2}L_{ms}&-\frac{1}{2}L_{ms}\\-\frac{1}{2}L_{ms}&L_{ms}+L_{ls}&-\frac{1}{2}L_{ms}\\-\frac{1}{2}L_{ms}&-\frac{1}{2}L_{ms}&L_{ms}+L_{ls}\end{bmatrix} \tag{5-10}$$

$$\boldsymbol{L}_{\mathrm{rr}}=\begin{bmatrix} L_{\mathrm{ms}}+L_{\mathrm{lr}} & -\frac{1}{2}L_{\mathrm{ms}} & -\frac{1}{2}L_{\mathrm{ms}} \\ -\frac{1}{2}L_{\mathrm{ms}} & L_{\mathrm{ms}}+L_{\mathrm{lr}} & -\frac{1}{2}L_{\mathrm{ms}} \\ -\frac{1}{2}L_{\mathrm{ms}} & -\frac{1}{2}L_{\mathrm{ms}} & L_{\mathrm{ms}}+L_{\mathrm{lr}} \end{bmatrix} \tag{5-11}$$

$$\boldsymbol{L}_{\mathrm{rs}}=\boldsymbol{L}_{\mathrm{sr}}^{\mathrm{T}}=L_{\mathrm{ms}}\begin{bmatrix} \cos\theta & \cos(\theta-120°) & \cos(\theta+120°) \\ \cos(\theta+120°) & \cos\theta & \cos(\theta-120°) \\ \cos(\theta-120°) & \cos(\theta+120°) & \cos\theta \end{bmatrix} \tag{5-12}$$

$\boldsymbol{L}_{\mathrm{rs}}$ 和 $\boldsymbol{L}_{\mathrm{sr}}$ 两个分块矩阵互为转置,且均与转子位置 θ 有关,它们的元素都是变参数,这是系统非线性的一个根源。

如果把磁链方程代入电压方程,得到展开后的电压方程:

$$\begin{aligned}\boldsymbol{u}&=\boldsymbol{R}\boldsymbol{i}+\frac{\mathrm{d}}{\mathrm{d}t}(\boldsymbol{L}\boldsymbol{i})=\boldsymbol{R}\boldsymbol{i}+\boldsymbol{L}\frac{\mathrm{d}\boldsymbol{i}}{\mathrm{d}t}+\frac{\mathrm{d}\boldsymbol{L}}{\mathrm{d}t}\boldsymbol{i}\\&=\boldsymbol{R}\boldsymbol{i}+\boldsymbol{L}\frac{\mathrm{d}\boldsymbol{i}}{\mathrm{d}t}+\frac{\mathrm{d}\boldsymbol{L}}{\mathrm{d}\theta}\omega\boldsymbol{i}\end{aligned} \tag{5-13}$$

式中,$\boldsymbol{L}\frac{\mathrm{d}\boldsymbol{i}}{\mathrm{d}t}$是由于电流变化引起的脉变电动势(或称变压器电动势),$\frac{\mathrm{d}\boldsymbol{L}}{\mathrm{d}\theta}\omega\boldsymbol{i}$ 是由于定、转子相对位置变化产生的与转速 ω 成正比的旋转电动势。

(3) 转矩方程。

根据机电能量转换原理,在线性电感的条件下,磁场的储能 W_{m} 和磁共能 W_{m}' 为

$$W_{\mathrm{m}}=W'_{\mathrm{m}}=\frac{1}{2}\boldsymbol{i}^{\mathrm{T}}\boldsymbol{\psi}=\frac{1}{2}\boldsymbol{i}^{\mathrm{T}}\boldsymbol{L}\boldsymbol{i} \tag{5-14}$$

电磁转矩等于机械角位移变化时磁共能的变化率$\frac{\partial W_{\mathrm{m}}'}{\partial\theta_{\mathrm{m}}}$(电流约束为常值),且机械角位移 $\theta_{\mathrm{m}}=\theta/n_{\mathrm{p}}$,于是

$$T_{\mathrm{e}}=\left.\frac{\partial W'_{\mathrm{m}}}{\partial\theta_{\mathrm{m}}}\right|_{i=\mathrm{const.}}=n_{\mathrm{p}}\left.\frac{\partial W'_{\mathrm{m}}}{\partial\theta}\right|_{i=\mathrm{const.}} \tag{5-15}$$

将式(5-14)代入式(5-15),并考虑到电感的分块矩阵关系式,得

$$T_{\mathrm{e}}=\frac{1}{2}n_{\mathrm{p}}\boldsymbol{i}^{\mathrm{T}}\frac{\partial\boldsymbol{L}}{\partial\theta}\boldsymbol{i}=\frac{1}{2}n_{\mathrm{p}}\boldsymbol{i}^{\mathrm{T}}\begin{bmatrix} 0 & \frac{\partial\boldsymbol{L}_{\mathrm{sr}}}{\partial\theta} \\ \frac{\partial\boldsymbol{L}_{\mathrm{rs}}}{\partial\theta} & 0 \end{bmatrix}\boldsymbol{i} \tag{5-16}$$

又考虑到 $\boldsymbol{i}^{\mathrm{T}}=[\boldsymbol{i}_{\mathrm{s}}^{\mathrm{T}}\quad \boldsymbol{i}_{\mathrm{r}}^{\mathrm{T}}]=[i_A\quad i_B\quad i_C\quad i_a\quad i_b\quad i_c]$,代入式(5-16)得

$$T_{\mathrm{e}}=\frac{1}{2}n_{\mathrm{p}}\left[\boldsymbol{i}_{\mathrm{r}}^{\mathrm{T}}\frac{\partial\boldsymbol{L}_{\mathrm{rs}}}{\partial\theta}\boldsymbol{i}_{\mathrm{s}}+\boldsymbol{i}_{\mathrm{s}}^{\mathrm{T}}\frac{\partial\boldsymbol{L}_{\mathrm{sr}}}{\partial\theta}\boldsymbol{i}_{\mathrm{r}}\right] \tag{5-17}$$

将式(5-12)代入式(5-17)并展开后，得

$$
\begin{aligned}
T_{\mathrm{e}} = -n_{\mathrm{p}} L_{\mathrm{ms}} [&(i_A i_a + i_B i_b + i_C i_c)\sin\theta + (i_A i_b + i_B i_c + i_C i_a)\sin(\theta + 120°) \\
&+ (i_A i_c + i_B i_a + i_C i_b)\sin(\theta - 120°)]
\end{aligned}
\tag{5-18}
$$

(4) 运动方程。

运动控制系统的运动方程式为

$$
\frac{J}{n_{\mathrm{p}}} \frac{\mathrm{d}\omega}{\mathrm{d}t} = T_{\mathrm{e}} - T_{\mathrm{L}} \tag{5-19}
$$

式中，J——机组的转动惯量，T_{L}——包括摩擦阻转矩和弹性扭矩的负载转矩。

(5) 异步电动机动态模型数学表达式。

异步电动机转角方程

$$
\frac{\mathrm{d}\theta}{\mathrm{d}t} = \omega \tag{5-20}
$$

再加上运动方程式(5-19)

$$
\frac{\mathrm{d}\omega}{\mathrm{d}t} = \frac{n_{\mathrm{p}}}{J}(T_{\mathrm{e}} - T_{\mathrm{L}})
$$

和展开后的电压方程式(5-13)

$$
\boldsymbol{L}\frac{\mathrm{d}\boldsymbol{i}}{\mathrm{d}t} = -\boldsymbol{R}\boldsymbol{i} - \frac{\mathrm{d}\boldsymbol{L}}{\mathrm{d}\theta}\omega\boldsymbol{i} + \boldsymbol{u}
$$

得到状态变量为$[\theta \quad \omega \quad i_A \quad i_B \quad i_C \quad i_a \quad i_b \quad i_c]^{\mathrm{T}}$，输入变量为$[u_A \quad u_B \quad u_C \quad T_{\mathrm{L}}]^{\mathrm{T}}$的八阶微分方程组，其中 T_{L} 为扰动输入，电磁转矩 T_{e} 参见式(5-18)。

异步电动机动态模型是在线性磁路、磁动势在空间按正弦分布的假定条件下得出来的，对定、转子电压和电流未作任何假定，因此，上述动态模型完全可以用来分析含有高次谐波的三相异步电动机调速系统的动态过程。

2. 异步电动机三相原始模型的性质

(1) 异步电动机三相原始模型的非独立性。

假定异步电动机三相绕组为 Y 无中线连接，若为△连接，可等效为 Y 连接，则定子和转子三相电流代数和

$$
i_{\mathrm{s}\Sigma} = i_A + i_B + i_C = 0 \tag{5-21}
$$

根据磁链方程式(5-4)导出三相定子磁链代数和

$$
\begin{aligned}
\psi_{\mathrm{s}\Sigma} &= \psi_A + \psi_B + \psi_C \\
&= [1 \quad 1 \quad 1]\left[\boldsymbol{L}_{\mathrm{ss}}\begin{bmatrix} i_A \\ i_B \\ i_C \end{bmatrix} + \boldsymbol{L}_{\mathrm{sr}}\begin{bmatrix} i_a \\ i_b \\ i_c \end{bmatrix}\right] = L_{\mathrm{ls}} i_{\mathrm{s}\Sigma} = 0
\end{aligned}
\tag{5-22}
$$

再由电压方程式(5-1)可知三相定子电压代数和

$$
\begin{aligned}
u_{s\Sigma} &= u_A + u_B + u_C \\
&= R_s(i_A + i_B + i_C) + \frac{d}{dt}(\psi_A + \psi_B + \psi_C) \\
&= R_s i_{s\Sigma} + L_{ls}\frac{di_{s\Sigma}}{dt} = 0
\end{aligned}
\tag{5-23}
$$

因此,三相异步电机数学模型中存在一定的约束条件:

$$
\begin{aligned}
\psi_{s\Sigma} &= \psi_A + \psi_B + \psi_C = 0 \\
i_{s\Sigma} &= i_A + i_B + i_C = 0 \\
u_{s\Sigma} &= u_A + u_B + u_C = 0
\end{aligned}
\tag{5-24}
$$

同理转子绕组也存在相应的约束条件:

$$
\begin{aligned}
\psi_{r\Sigma} &= \psi_a + \psi_b + \psi_c = 0 \\
i_{r\Sigma} &= i_a + i_b + i_c = 0 \\
u_{r\Sigma} &= u_a + u_b + u_c = 0
\end{aligned}
\tag{5-25}
$$

以上分析表明,三相变量中只有两相是独立的,因此三相原始数学模型并不是其物理对象最简洁的描述,完全可以且完全有必要用两相模型代替。

(2) 异步电动机三相原始模型的非线性强耦合性质。

异步电机三相原始模型中的非线性耦合主要表现在磁链方程式(5-4)与转矩方程式(5-18)中,既存在定子和转子间的耦合,也存在三相绕组间的交叉耦合。三相绕组在空间按120°分布,必然引起三相绕组间的耦合。而交流异步电机的能量转换及传递过程,决定了定、转子间的耦合不可避免。由于定、转子间的相对运动,导致其夹角θ不断变化,使得互感矩阵$\boldsymbol{L}_{sr}$和$\boldsymbol{L}_{rs}$均为非线性变参数矩阵。因此,异步电动机是一个高阶、非线性、强耦合的多变量系统。

5.1.3 坐标变换

异步电动机三相原始动态模型相当复杂,分析和求解这组非线性方程十分困难。在实际应用中必须予以简化,简化的基本方法就是坐标变换。异步电动机数学模型之所以复杂,关键是因为有一个复杂的6×6电感矩阵,它体现了影响磁链和受磁链影响的复杂关系。因此,要简化数学模型,须从简化磁链关系入手。

1. 三相-两相变换(3/2变换)

在三相对称绕组中,通以三相平衡电流i_A、i_B和i_C,所产生的合成磁动势是旋转磁动势,它在空间呈正弦分布,以同步转速ω_1(即电流的角频率)旋转。但旋转磁动势并不一定非要三相不可,除单相以外,任意对称的多相绕组,通入平衡的多相电流,都能产生旋转磁动势,当然以两相最为简单。此外,三相变量中只有两相为独立变量,完全可以也应该消去一相。所以,三相绕组可以用相互独立的对称两相绕组等效代替,等效的原则是产生的磁动势相等。所谓独立是指两相绕组间无约束条件,即不存在与式(5-24)和式(5-25)类似的约束条件。所谓对称是指两相绕组在空间互差 90°，如图 5-2 中绘出的两相绕组 α、β，通以两相平衡交流电流 i_α 和 i_β，也能产生旋转磁动势。

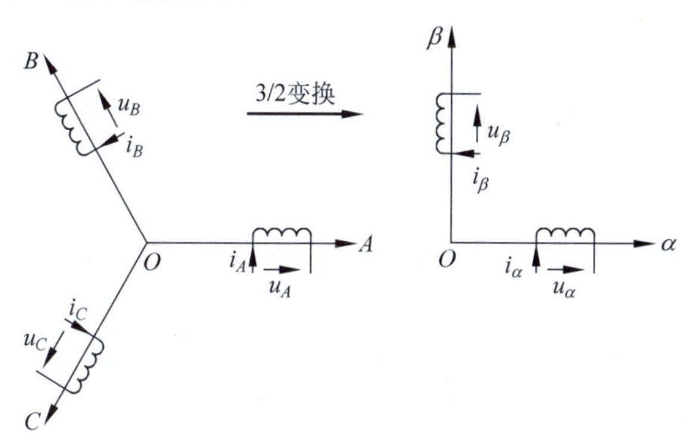

图 5-2　三相坐标系和两相坐标系间的变换

在三相绕组 ABC 和两相绕组 $\alpha\beta$ 之间的变换，称三相坐标系和两相坐标系间的变换，简称 3/2 变换。

图 5-3 中绘出了 ABC 和 $\alpha\beta$ 两个坐标系中的磁动势矢量，将两个坐标系原点并在一起，使 A 轴和 α 轴重合。设三相绕组每相有效匝数为 N_3，两相绕组每相有效匝数为 N_2，各相磁动势为有效匝数与电流的乘积，其空间矢量均位于相关的坐标轴上。

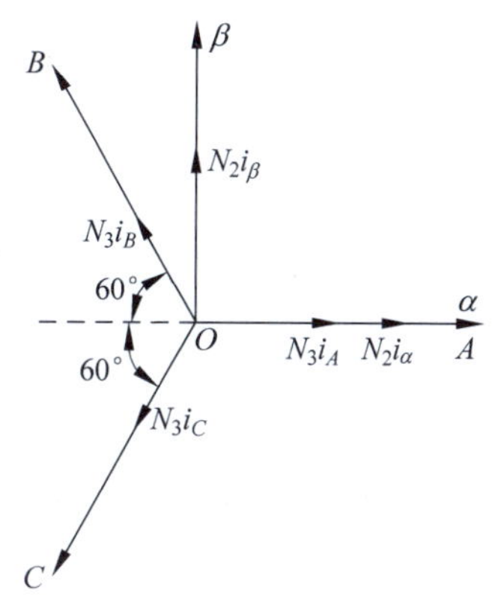

图 5-3　三相坐标系和两相坐标系中的磁动势矢量

按照磁动势相等的等效原则，三相合成磁动势与二相合成磁动势相等，故两套绕组磁动势在 $\alpha\beta$ 轴上的投影都应相等，因此

$$N_2 i_\alpha = N_3 i_A - N_3 i_B \cos 60° - N_3 i_C \cos 60° = N_3 \left(i_A - \frac{1}{2} i_B - \frac{1}{2} i_C \right)$$

$$N_2 i_\beta = N_3 i_B \sin 60° - N_3 i_C \sin 60° = \frac{\sqrt{3}}{2} N_3 (i_B - i_C)$$

写成矩阵形式，得

$$\begin{bmatrix} i_\alpha \\ i_\beta \end{bmatrix} = \frac{N_3}{N_2} \begin{bmatrix} 1 & -\frac{1}{2} & -\frac{1}{2} \\ 0 & \frac{\sqrt{3}}{2} & -\frac{\sqrt{3}}{2} \end{bmatrix} \begin{bmatrix} i_A \\ i_B \\ i_C \end{bmatrix} \tag{5-26}$$

考虑变换前后总功率不变(参见附录)，匝数比应为

$$\frac{N_3}{N_2} = \sqrt{\frac{2}{3}} \tag{5-27}$$

代入式(5-26)，得

$$\begin{bmatrix} i_\alpha \\ i_\beta \end{bmatrix} = \sqrt{\frac{2}{3}} \begin{bmatrix} 1 & -\frac{1}{2} & -\frac{1}{2} \\ 0 & \frac{\sqrt{3}}{2} & -\frac{\sqrt{3}}{2} \end{bmatrix} \begin{bmatrix} i_A \\ i_B \\ i_C \end{bmatrix} \tag{5-28}$$

令 $\boldsymbol{C}_{3/2}$ 表示从三相坐标系变换到两相坐标系的变换矩阵,则

$$\boldsymbol{C}_{3/2} = \sqrt{\frac{2}{3}} \begin{bmatrix} 1 & -\frac{1}{2} & -\frac{1}{2} \\ 0 & \frac{\sqrt{3}}{2} & -\frac{\sqrt{3}}{2} \end{bmatrix} \tag{5-29}$$

如果要从两相坐标系变换到三相坐标系(简称 2/3 变换),可利用增广矩阵的方法把 $\boldsymbol{C}_{3/2}$ 扩成方阵,求其逆矩阵后,再除去增加的一列,即得

$$\boldsymbol{C}_{2/3} = \sqrt{\frac{2}{3}} \begin{bmatrix} 1 & 0 \\ -\frac{1}{2} & \frac{\sqrt{3}}{2} \\ -\frac{1}{2} & -\frac{\sqrt{3}}{2} \end{bmatrix} \tag{5-30}$$

考虑到 $i_A + i_B + i_C = 0$,代入式(5-26)并整理后得

$$\begin{bmatrix} i_\alpha \\ i_\beta \end{bmatrix} = \begin{bmatrix} \sqrt{\frac{3}{2}} & 0 \\ \frac{1}{\sqrt{2}} & \sqrt{2} \end{bmatrix} \begin{bmatrix} i_A \\ i_B \end{bmatrix} \tag{5-31}$$

相应的逆变换

$$\begin{bmatrix} i_A \\ i_B \end{bmatrix} = \begin{bmatrix} \sqrt{\frac{2}{3}} & 0 \\ -\frac{1}{\sqrt{6}} & \frac{1}{\sqrt{2}} \end{bmatrix} \begin{bmatrix} i_\alpha \\ i_\beta \end{bmatrix} \tag{5-32}$$

可以证明,电流变换阵也就是电压变换阵和磁链变换阵。

2. 两相静止-两相旋转变换(2s/2r 变换)

两相静止绕组 $\alpha\beta$,通以两相平衡交流电流,产生旋转磁动势。如果令两相绕组转起来,且旋转角速度等于合成磁动势的旋转角速度,则两相绕组通以直流电流就产生空间旋转磁动势。图 5-4 中绘出两相旋转绕组 d 和 q,从两相静止坐标系 $\alpha\beta$ 到两相旋转坐标系 dq 的变换,称作两相静止-两相旋转变换,简称 2s/2r 变换,其中 s 表示静止,r 表示旋转,变换的原则同样是产生的磁动势相等。

图 5-5 中绘出了 $\alpha\beta$ 和 dq 坐标系中的磁动势矢量,绕组每相有效匝数均为 N_2,磁动势矢量位于相关的坐标轴上。两相交流电流 i_α、i_β 和两个直流电流 i_d、i_q 产生同样的以角速度 ω_1 旋转的合成磁动势 F_s。

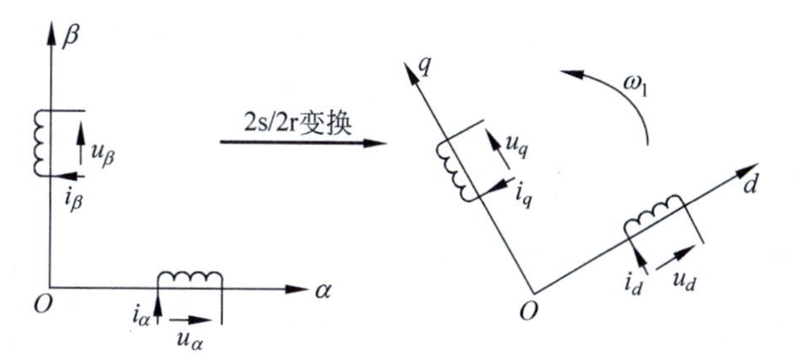

图 5-4　静止两相坐标系到旋转两相坐标系变换

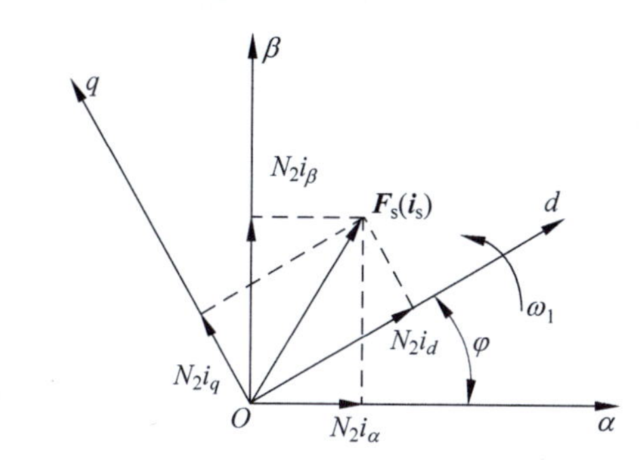

图 5-5　两相静止和旋转坐标系中的磁动势矢量

由图可见，i_α、i_β 和 i_d、i_q 之间存在下列关系：

$$i_d = i_\alpha \cos\varphi + i_\beta \sin\varphi$$

$$i_q = -i_\alpha \sin\varphi + i_\beta \cos\varphi$$

写成矩阵形式，得

$$\begin{bmatrix} i_d \\ i_q \end{bmatrix} = \begin{bmatrix} \cos\varphi & \sin\varphi \\ -\sin\varphi & \cos\varphi \end{bmatrix} \begin{bmatrix} i_\alpha \\ i_\beta \end{bmatrix} = \boldsymbol{C}_{2s/2r} \begin{bmatrix} i_\alpha \\ i_\beta \end{bmatrix} \tag{5-33}$$

两相静止坐标系到两相旋转坐标系的变换阵

$$\boldsymbol{C}_{2s/2r} = \begin{bmatrix} \cos\varphi & \sin\varphi \\ -\sin\varphi & \cos\varphi \end{bmatrix} \tag{5-34}$$

对式(5-33)两边都左乘以变换阵 $\boldsymbol{C}_{2s/2r}$ 的逆矩阵，即得

$$\begin{bmatrix} i_\alpha \\ i_\beta \end{bmatrix} = \begin{bmatrix} \cos\varphi & \sin\varphi \\ -\sin\varphi & \cos\varphi \end{bmatrix}^{-1} \begin{bmatrix} i_d \\ i_q \end{bmatrix} = \begin{bmatrix} \cos\varphi & -\sin\varphi \\ \sin\varphi & \cos\varphi \end{bmatrix} \begin{bmatrix} i_d \\ i_q \end{bmatrix} \tag{5-35}$$

则两相旋转坐标系到两相静止坐标系的变换阵是

$$\boldsymbol{C}_{2r/2s} = \begin{bmatrix} \cos\varphi & -\sin\varphi \\ \sin\varphi & \cos\varphi \end{bmatrix} \tag{5-36}$$

电压和磁链的旋转变换阵与电流旋转变换阵相同。

5.1.4　异步电动机在两相坐标系上的动态数学模型

异步电动机三相原始模型相当复杂，通过坐标变换能够简化数学模型，便于

进行分析和计算。按照从特殊到一般，首先推导静止两相坐标系中的数学模型及坐标变换的作用，然后推广到任意旋转坐标系，由于运动方程不随坐标变换而变化，故仅讨论电压方程、磁链方程和转矩方程，以下论述中，下标 s 表示定子，下标 r 表示转子。

1. 静止两相坐标系中的数学模型

异步电动机定子绕组是静止的，只要进行 3/2 变换就行了，而转子绕组是旋转的，必须通过 3/2 变换和两相旋转坐标系到两相静止坐标系的旋转变换，才能变换到静止两相坐标系。

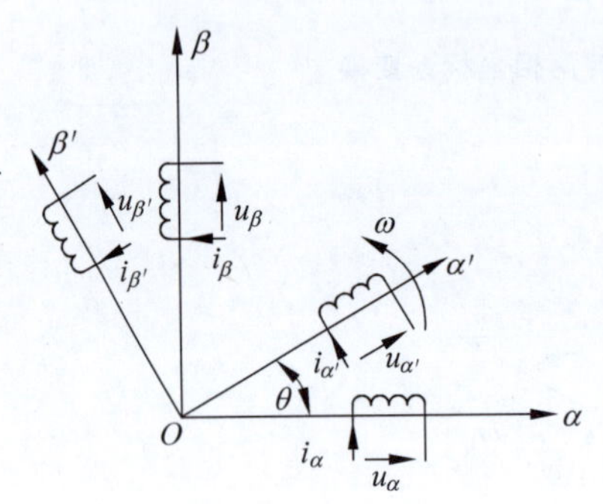

图 5-6　定子$\alpha\beta$及转子$\alpha'\beta'$坐标系

(1) 3/2 变换。

对静止的定子三相绕组和旋转的转子三相绕组进行相同的 3/2 变换，如图 5-6 所示，变换后的定子 $\alpha\beta$ 坐标系静止，而转子 $\alpha'\beta'$ 坐标系则以 ω 的角速度逆时针旋转，相应的数学模型如下：

电压方程为

$$\begin{bmatrix} u_{s\alpha} \\ u_{s\beta} \\ u_{r\alpha'} \\ u_{r\beta'} \end{bmatrix} = \begin{bmatrix} R_s & 0 & 0 & 0 \\ 0 & R_s & 0 & 0 \\ 0 & 0 & R_r & 0 \\ 0 & 0 & 0 & R_r \end{bmatrix} \begin{bmatrix} i_{s\alpha} \\ i_{s\beta} \\ i_{r\alpha'} \\ i_{r\beta'} \end{bmatrix} + \frac{\mathrm{d}}{\mathrm{d}t} \begin{bmatrix} \psi_{s\alpha} \\ \psi_{s\beta} \\ \psi_{r\alpha'} \\ \psi_{r\beta'} \end{bmatrix} \tag{5-37}$$

磁链方程为

$$\begin{bmatrix} \psi_{s\alpha} \\ \psi_{s\beta} \\ \psi_{r\alpha'} \\ \psi_{r\beta'} \end{bmatrix} = \begin{bmatrix} L_s & 0 & L_m\cos\theta & -L_m\sin\theta \\ 0 & L_s & L_m\sin\theta & L_m\cos\theta \\ L_m\cos\theta & L_m\sin\theta & L_r & 0 \\ -L_m\sin\theta & L_m\cos\theta & 0 & L_r \end{bmatrix} \begin{bmatrix} i_{s\alpha} \\ i_{s\beta} \\ i_{r\alpha'} \\ i_{r\beta'} \end{bmatrix} \tag{5-38}$$

转矩方程为

$$T_e = -n_p L_m[(i_{s\alpha}i_{r\alpha'} + i_{s\beta}i_{r\beta'})\sin\theta + (i_{s\alpha}i_{r\beta'} - i_{s\beta}i_{r\alpha'})\cos\theta] \tag{5-39}$$

式中，$L_m = \frac{3}{2}L_{ms}$——定子与转子同轴等效绕组间的互感，$L_s = \frac{3}{2}L_{ms} + L_{ls} = L_m + L_{ls}$——定子等效两相绕组的自感，$L_r = \frac{3}{2}L_{ms} + L_{lr} = L_m + L_{lr}$——转子等效两相绕组的自感。

3/2 变换将按 120°分布的三相绕组等效为互相垂直的两相绕组，从而消除了定子三相绕组、转子三相绕组间的相互耦合。但定子绕组与转子绕组间仍存在相对运动，因而定、转子绕组互感阵仍是非线性的变参数阵。输出转矩仍是定、转子电流及其定、转子夹角 θ 的函数。与三相原始模型相比，3/2 变换减少状态变量维数，简化了定子和转子的自感矩阵。

(2) 转子旋转坐标变换及静止 $\alpha\beta$ 坐标系中的数学模型。

对图5-6所示的转子坐标系 $\alpha'\beta'$ 作旋转变换(两相旋转坐标系到两相静止坐标系的变换)，即将 $\alpha'\beta'$ 坐标系顺时针旋转 θ 角，使其与定子 $\alpha\beta$ 坐标系重合，且保持静止。将旋转的转子坐标系 $\alpha'\beta'$ 变换为静止坐标系 $\alpha\beta$，意味着用静止的两相绕组等效代替原先转动的转子两相绕组。

旋转变换阵为

$$\boldsymbol{C}_{2r/2s}(\theta)=\begin{bmatrix}\cos\theta & -\sin\theta\\ \sin\theta & \cos\theta\end{bmatrix} \tag{5-40}$$

变换后的电压方程为

$$\begin{bmatrix}u_{s\alpha}\\ u_{s\beta}\\ u_{r\alpha}\\ u_{r\beta}\end{bmatrix}=\begin{bmatrix}R_s & 0 & 0 & 0\\ 0 & R_s & 0 & 0\\ 0 & 0 & R_r & 0\\ 0 & 0 & 0 & R_r\end{bmatrix}\begin{bmatrix}i_{s\alpha}\\ i_{s\beta}\\ i_{r\alpha}\\ i_{r\beta}\end{bmatrix}+\frac{\mathrm{d}}{\mathrm{d}t}\begin{bmatrix}\psi_{s\alpha}\\ \psi_{s\beta}\\ \psi_{r\alpha}\\ \psi_{r\beta}\end{bmatrix}+\begin{bmatrix}0\\ 0\\ \omega_r\psi_{r\beta}\\ -\omega_r\psi_{r\alpha}\end{bmatrix} \tag{5-41}$$

磁链方程为

$$\begin{bmatrix}\psi_{s\alpha}\\ \psi_{s\beta}\\ \psi_{r\alpha}\\ \psi_{r\beta}\end{bmatrix}=\begin{bmatrix}L_s & 0 & L_m & 0\\ 0 & L_s & 0 & L_m\\ L_m & 0 & L_r & 0\\ 0 & L_m & 0 & L_r\end{bmatrix}\begin{bmatrix}i_{s\alpha}\\ i_{s\beta}\\ i_{r\alpha}\\ i_{r\beta}\end{bmatrix} \tag{5-42}$$

转矩方程为

$$T_e=n_pL_m(i_{s\beta}i_{r\alpha}-i_{s\alpha}i_{r\beta}) \tag{5-43}$$

旋转变换改变了定、转子绕组间的耦合关系，将相对运动的定、转子绕组用相对静止的等效绕组来代替，从而消除了定、转子绕组间夹角 θ 对磁链和转矩的影响。旋转变换的优点在于将非线性变参数的磁链方程转化为线性定常的方程，但却加剧了电压方程中的非线性耦合程度，将矛盾从磁链方程转移到电压方程中，并没有改变对象的非线性耦合性质。

2. 任意旋转坐标系中的数学模型

以上讨论了将相对于定子旋转的转子坐标系 $\alpha'\beta'$ 作旋转变换，得到统一坐标系 $\alpha\beta$，这只是旋转变换的一个特例。更广义的坐标旋转变换是对定子坐标系 $\alpha\beta$ 和转子坐标系 $\alpha'\beta'$ 同时施行旋转变换，把它们变换到同一个旋转坐标系 dq 上，dq 相对于定子的旋转角速度为 ω_1，参见图5-7。

定子旋转变换阵为

$$\boldsymbol{C}_{2s/2r}(\varphi)=\begin{bmatrix}\cos\varphi & \sin\varphi\\ -\sin\varphi & \cos\varphi\end{bmatrix} \tag{5-44}$$

转子旋转变换阵为

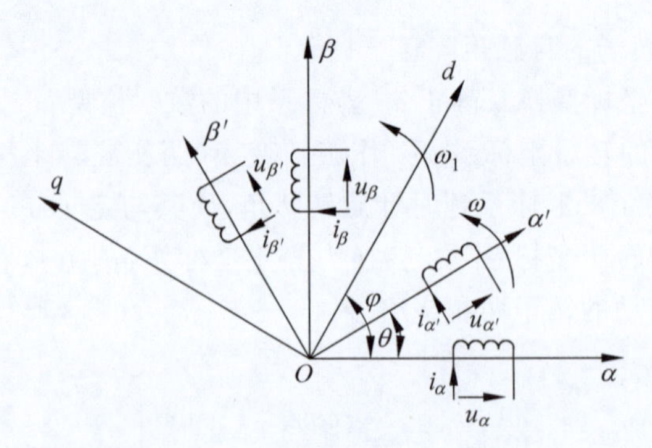

图 5-7 定子坐标系αβ 和转子坐标系α′β′变换到旋转坐标系 dq

$$\boldsymbol{C}_{2\mathrm{r}/2\mathrm{r}}(\varphi-\theta)=\begin{bmatrix}\cos(\varphi-\theta) & \sin(\varphi-\theta)\\ -\sin(\varphi-\theta) & \cos(\varphi-\theta)\end{bmatrix} \tag{5-45}$$

其中，$\boldsymbol{C}_{2\mathrm{r}/2\mathrm{r}}$——两相旋转坐标系 $\alpha'\beta'$ 到两相旋转坐标系 dq 的变换矩阵。

任意旋转变换是用旋转的绕组代替原来静止的定子绕组，并使等效的转子绕组与等效的定子绕组重合，且保持严格同步，等效后定、转子绕组间不存在相对运动。变换后，可得到异步电机的模型如下：

电压方程为

$$\begin{bmatrix}u_{\mathrm{s}d}\\ u_{\mathrm{s}q}\\ u_{\mathrm{r}d}\\ u_{\mathrm{r}q}\end{bmatrix}=\begin{bmatrix}R_{\mathrm{s}} & 0 & 0 & 0\\ 0 & R_{\mathrm{s}} & 0 & 0\\ 0 & 0 & R_{\mathrm{r}} & 0\\ 0 & 0 & 0 & R_{\mathrm{r}}\end{bmatrix}\begin{bmatrix}i_{\mathrm{s}d}\\ i_{\mathrm{s}q}\\ i_{\mathrm{r}d}\\ i_{\mathrm{r}q}\end{bmatrix}+\frac{\mathrm{d}}{\mathrm{d}t}\begin{bmatrix}\psi_{\mathrm{s}d}\\ \psi_{\mathrm{s}q}\\ \psi_{\mathrm{r}d}\\ \psi_{\mathrm{r}q}\end{bmatrix}+\begin{bmatrix}-\omega_1\psi_{\mathrm{s}q}\\ \omega_1\psi_{\mathrm{s}d}\\ -(\omega_1-\omega)\psi_{\mathrm{r}q}\\ (\omega_1-\omega)\psi_{\mathrm{r}d}\end{bmatrix} \tag{5-46}$$

磁链方程为

$$\begin{bmatrix}\psi_{\mathrm{s}d}\\ \psi_{\mathrm{s}q}\\ \psi_{\mathrm{r}d}\\ \psi_{\mathrm{r}q}\end{bmatrix}=\begin{bmatrix}L_{\mathrm{s}} & 0 & L_{\mathrm{m}} & 0\\ 0 & L_{\mathrm{s}} & 0 & L_{\mathrm{m}}\\ L_{\mathrm{m}} & 0 & L_{\mathrm{r}} & 0\\ 0 & L_{\mathrm{m}} & 0 & L_{\mathrm{r}}\end{bmatrix}\begin{bmatrix}i_{\mathrm{s}d}\\ i_{\mathrm{s}q}\\ i_{\mathrm{r}d}\\ i_{\mathrm{r}q}\end{bmatrix} \tag{5-47}$$

转矩方程为

$$T_{\mathrm{e}}=n_{\mathrm{p}}L_{\mathrm{m}}(i_{\mathrm{s}q}i_{\mathrm{r}d}-i_{\mathrm{s}d}i_{\mathrm{r}q}) \tag{5-48}$$

任意旋转变换保持定、转子等效绕组的相对静止，与式(5-41)、式(5-42)和式(5-43)相比较，磁链方程与转矩方程形式相同，仅下标发生变化，而电压方程中旋转电势的非线性耦合作用更为严重，这是因为不仅对转子绕组进行了旋转变换，对定子绕组也施行了相应的旋转变换。从表面上看来，任意旋转坐标系(dq)中的数学模型还不如静止两相坐标系($\alpha\beta$)中的简单，实际上任意旋转坐标系的优点在于增加了一个输入量 ω_1，提高了系统控制的自由度，磁场定向控制就是通过选择 ω_1 而实现的。

完全任意的旋转坐标系无实际使用意义，常用的是同步旋转坐标系，将绕组中的交流量变为直流量，以便模拟直流电动机进行控制。

5.1.5 异步电动机在两相坐标系上的状态方程

以上讨论了用矩阵方程表示的异步电动机动态数学模型，其中既有微分方程（电压方程与运动方程），又有代数方程（磁链方程和转矩方程），本节讨论用状态方程描述的动态数学模型。

1. 状态变量的选取

两相坐标系上的异步电动机具有 4 阶电压方程和 1 阶运动方程，因此须选取 5 个状态变量。可选的变量共有 9 个，这 9 个变量分为 5 组：转速 ω；定子电流 i_{sd} 和 i_{sq}；转子电流 i_{rd} 和 i_{rq}；定子磁链 ψ_{sd} 和 ψ_{sq}；转子磁链 ψ_{rd} 和 ψ_{rq}。转速作为输出必须选取，其余的 4 组变量可以任意选取两组，定子电流可以直接检测，应当选为状态变量，剩下的 3 组均不可直接检测或检测十分困难，考虑到磁链对电机的运行很重要，可以在定子磁链和转子磁链中任选 1 组。

2. $\omega-i_s-\psi_r$ 为状态变量的状态方程

式(5-47)表示 dq 坐标系上的磁链方程：

$$
\begin{aligned}
\psi_{sd} &= L_s i_{sd} + L_m i_{rd} \\
\psi_{sq} &= L_s i_{sq} + L_m i_{rq} \\
\psi_{rd} &= L_m i_{sd} + L_r i_{rd} \\
\psi_{rq} &= L_m i_{sq} + L_r i_{rq}
\end{aligned}
$$

式(5-46)为任意旋转坐标系上的电压方程：

$$
\begin{aligned}
\frac{d\psi_{sd}}{dt} &= -R_s i_{sd} + \omega_1 \psi_{sq} + u_{sd} \\
\frac{d\psi_{sq}}{dt} &= -R_s i_{sq} - \omega_1 \psi_{sd} + u_{sq} \\
\frac{d\psi_{rd}}{dt} &= -R_r i_{rd} + (\omega_1 - \omega)\psi_{rq} + u_{rd} \\
\frac{d\psi_{rq}}{dt} &= -R_r i_{rq} - (\omega_1 - \omega)\psi_{rd} + u_{rq}
\end{aligned}
$$

考虑到笼型转子内部是短路的，则 $u_{rd}=u_{rq}=0$，于是，电压方程可写成

$$
\begin{aligned}
\frac{d\psi_{sd}}{dt} &= -R_s i_{sd} + \omega_1 \psi_{sq} + u_{sd} \\
\frac{d\psi_{sq}}{dt} &= -R_s i_{sq} - \omega_1 \psi_{sd} + u_{sq} \\
\frac{d\psi_{rd}}{dt} &= -R_r i_{rd} + (\omega_1 - \omega)\psi_{rq} \\
\frac{d\psi_{rq}}{dt} &= -R_r i_{rq} - (\omega_1 - \omega)\psi_{rd}
\end{aligned}
\tag{5-49}
$$

由式(5-47)中第3、4两行可解出

$$
\begin{aligned}
i_{rd} &= \frac{1}{L_r}(\psi_{rd} - L_m i_{sd}) \\
i_{rq} &= \frac{1}{L_r}(\psi_{rq} - L_m i_{sq})
\end{aligned} \tag{5-50}
$$

代入式(5-48)的转矩公式,得

$$
\begin{aligned}
T_e &= \frac{n_p L_m}{L_r}(i_{sq}\psi_{rd} - L_m i_{sd} i_{sq} - i_{sd}\psi_{rq} + L_m i_{sd} i_{sq}) \\
&= \frac{n_p L_m}{L_r}(i_{sq}\psi_{rd} - i_{sd}\psi_{rq})
\end{aligned} \tag{5-51}
$$

将式(5-50)代入式(5-47)前2行,得

$$
\begin{aligned}
\psi_{sd} &= \sigma L_s i_{sd} + \frac{L_m}{L_r}\psi_{rd} \\
\psi_{sq} &= \sigma L_s i_{sq} + \frac{L_m}{L_r}\psi_{rq}
\end{aligned} \tag{5-52}
$$

将式(5-50)和式(5-52)代入微分方程组式(5-49),消去 $i_{rd}, i_{rq}, \psi_{sd}, \psi_{sq}$,再将式(5-51)代入运动方程式(5-19),经整理后得状态方程:

$$
\begin{aligned}
\frac{d\omega}{dt} &= \frac{n_p^2 L_m}{J L_r}(i_{sq}\psi_{rd} - i_{sd}\psi_{rq}) - \frac{n_p}{J}T_L \\
\frac{d\psi_{rd}}{dt} &= -\frac{1}{T_r}\psi_{rd} + (\omega_1 - \omega)\psi_{rq} + \frac{L_m}{T_r}i_{sd} \\
\frac{d\psi_{rq}}{dt} &= -\frac{1}{T_r}\psi_{rq} - (\omega_1 - \omega)\psi_{rd} + \frac{L_m}{T_r}i_{sq} \\
\frac{di_{sd}}{dt} &= \frac{L_m}{\sigma L_s L_r T_r}\psi_{rd} + \frac{L_m}{\sigma L_s L_r}\omega\psi_{rq} - \frac{R_s L_r^2 + R_r L_m^2}{\sigma L_s L_r^2}i_{sd} + \omega_1 i_{sq} + \frac{u_{sd}}{\sigma L_s} \\
\frac{di_{sq}}{dt} &= \frac{L_m}{\sigma L_s L_r T_r}\psi_{rq} - \frac{L_m}{\sigma L_s L_r}\omega\psi_{rd} - \frac{R_s L_r^2 + R_r L_m^2}{\sigma L_s L_r^2}i_{sq} - \omega_1 i_{sd} + \frac{u_{sq}}{\sigma L_s}
\end{aligned} \tag{5-53}
$$

式中,$\sigma = 1 - \frac{L_m^2}{L_s L_r}$——电机漏磁系数,$T_r = \frac{L_r}{R_r}$——转子电磁时间常数。

状态变量为

$$
\boldsymbol{X} = [\omega \quad \psi_{rd} \quad \psi_{rq} \quad i_{sd} \quad i_{sq}]^T \tag{5-54}
$$

输入变量为

$$
\boldsymbol{U} = [u_{sd} \quad u_{sq} \quad \omega_1 \quad T_L]^T \tag{5-55}
$$

若令式(5-53)中的$\omega_1=0$,任意旋转坐标退化为静止两相坐标系,并将dq换为$\alpha\beta$,即得静止两相坐标系$\alpha\beta$中状态方程:

$$
\begin{aligned}
\frac{\mathrm{d}\omega}{\mathrm{d}t}&=\frac{n_p^2L_m}{JL_r}(i_{s\beta}\psi_{r\alpha}-i_{s\alpha}\psi_{r\beta})-\frac{n_p}{J}T_L\\
\frac{\mathrm{d}\psi_{r\alpha}}{\mathrm{d}t}&=-\frac{1}{T_r}\psi_{r\alpha}-\omega\psi_{r\beta}+\frac{L_m}{T_r}i_{s\alpha}\\
\frac{\mathrm{d}\psi_{r\beta}}{\mathrm{d}t}&=-\frac{1}{T_r}\psi_{r\beta}+\omega\psi_{r\alpha}+\frac{L_m}{T_r}i_{s\beta}\\
\frac{\mathrm{d}i_{s\alpha}}{\mathrm{d}t}&=\frac{L_m}{\sigma L_sL_rT_r}\psi_{r\alpha}+\frac{L_m}{\sigma L_sL_r}\omega\psi_{r\beta}-\frac{R_sL_r^2+R_rL_m^2}{\sigma L_sL_r^2}i_{s\alpha}+\frac{u_{s\alpha}}{\sigma L_s}\\
\frac{\mathrm{d}i_{s\beta}}{\mathrm{d}t}&=\frac{L_m}{\sigma L_sL_rT_r}\psi_{r\beta}-\frac{L_m}{\sigma L_sL_r}\omega\psi_{r\alpha}-\frac{R_sL_r^2+R_rL_m^2}{\sigma L_sL_r^2}i_{s\beta}+\frac{u_{s\beta}}{\sigma L_s}
\end{aligned}
\tag{5-56}
$$

状态变量为

$$
\boldsymbol{X}=[\omega\quad\psi_{r\alpha}\quad\psi_{r\beta}\quad i_{s\alpha}\quad i_{s\beta}]^{\mathrm{T}}
\tag{5-57}
$$

输入变量为

$$
\boldsymbol{U}=[u_{s\alpha}\quad u_{s\beta}\quad T_L]^{\mathrm{T}}
\tag{5-58}
$$

3. ω-i_s-ψ_s 为状态变量的状态方程

由式(5-47)中第1、2两行解出

$$
\begin{aligned}
i_{rd}&=\frac{1}{L_m}(\psi_{sd}-L_si_{sd})\\
i_{rq}&=\frac{1}{L_m}(\psi_{sq}-L_si_{sq})
\end{aligned}
\tag{5-59}
$$

代入式(5-48)的转矩公式,得

$$
\begin{aligned}
T_e&=n_p(i_{sq}\psi_{sd}-L_si_{sd}i_{sq}-i_{sd}\psi_{sq}+L_si_{sq}i_{sd})\\
&=n_p(i_{sq}\psi_{sd}-i_{sd}\psi_{sq})
\end{aligned}
\tag{5-60}
$$

将式(5-59)代入式(5-47)后2行,得

$$
\begin{aligned}
\psi_{rd}&=-\sigma\frac{L_rL_s}{L_m}i_{sd}+\frac{L_r}{L_m}\psi_{sd}\\
\psi_{rq}&=-\sigma\frac{L_rL_s}{L_m}i_{sq}+\frac{L_r}{L_m}\psi_{sq}
\end{aligned}
\tag{5-61}
$$

将式(5-59)和式(5-61)代入微分方程组式(5-49),消去i_{rd},i_{rq},ψ_{rd},ψ_{rq},再考虑运动方程式(5-19),经整理后得状态方程:

$$
\begin{aligned}
\frac{\mathrm{d}\omega}{\mathrm{d}t} &= \frac{n_p^2}{J}(i_{sq}\psi_{sd} - i_{sd}\psi_{sq}) - \frac{n_p}{J}T_L \\
\frac{\mathrm{d}\psi_{sd}}{\mathrm{d}t} &= -R_s i_{sd} + \omega_1 \psi_{sq} + u_{sd} \\
\frac{\mathrm{d}\psi_{sq}}{\mathrm{d}t} &= -R_s i_{sq} - \omega_1 \psi_{sd} + u_{sq} \\
\frac{\mathrm{d}i_{sd}}{\mathrm{d}t} &= \frac{1}{\sigma L_s T_r}\psi_{sd} + \frac{1}{\sigma L_s}\omega\psi_{sq} - \frac{R_s L_r + R_r L_s}{\sigma L_s L_r} i_{sd} + (\omega_1 - \omega) i_{sq} + \frac{u_{sd}}{\sigma L_s} \\
\frac{\mathrm{d}i_{sq}}{\mathrm{d}t} &= \frac{1}{\sigma L_s T_r}\psi_{sq} - \frac{1}{\sigma L_s}\omega\psi_{sd} - \frac{R_s L_r + R_r L_s}{\sigma L_s L_r} i_{sq} - (\omega_1 - \omega) i_{sd} + \frac{u_{sq}}{\sigma L_s}
\end{aligned}
\tag{5-62}
$$

状态变量为

$$
\boldsymbol{X} = [\omega \quad \psi_{sd} \quad \psi_{sq} \quad i_{sd} \quad i_{sq}]^T \tag{5-63}
$$

输入变量为与式(5-55)相同

$$
\boldsymbol{U} = [u_{sd} \quad u_{sq} \quad \omega_1 \quad T_L]^T
$$

同样,若令 $\omega_1=0$,可得以 $\omega-i_s-\psi_s$ 为状态变量在静止两相坐标系 $\alpha\beta$ 中状态方程:

$$
\begin{aligned}
\frac{\mathrm{d}\omega}{\mathrm{d}t} &= \frac{n_p^2}{J}(i_{s\beta}\psi_{s\alpha} - i_{s\alpha}\psi_{s\beta}) - \frac{n_p}{J}T_L \\
\frac{\mathrm{d}\psi_{s\alpha}}{\mathrm{d}t} &= -R_s i_{s\alpha} + u_{s\alpha} \\
\frac{\mathrm{d}\psi_{s\beta}}{\mathrm{d}t} &= -R_s i_{s\beta} + u_{s\beta} \\
\frac{\mathrm{d}i_{s\alpha}}{\mathrm{d}t} &= \frac{1}{\sigma L_s T_r}\psi_{s\alpha} + \frac{1}{\sigma L_s}\omega\psi_{s\beta} - \frac{R_s L_r + R_r L_s}{\sigma L_s L_r} i_{s\alpha} - \omega i_{s\beta} + \frac{u_{s\alpha}}{\sigma L_s} \\
\frac{\mathrm{d}i_{s\beta}}{\mathrm{d}t} &= \frac{1}{\sigma L_s T_r}\psi_{s\beta} - \frac{1}{\sigma L_s}\omega\psi_{s\alpha} - \frac{R_s L_r + R_r L_s}{\sigma L_s L_r} i_{s\beta} + \omega i_{s\alpha} + \frac{u_{s\beta}}{\sigma L_s}
\end{aligned}
\tag{5-64}
$$

静止两相坐标系中电磁转矩表达式

$$
T_e = n_p(i_{s\beta}\psi_{s\alpha} - i_{s\alpha}\psi_{s\beta}) \tag{5-65}
$$

5.2 异步电动机按转子磁链定向的矢量控制系统

通过坐标变换和按转子磁链定向,可以得到等效的直流电动机模型,在按转子磁链定向坐标系中,用直流机的方法控制电磁转矩与磁链,然后将转子磁链定向坐标系中的控制量经逆变换得到三相坐标系的对应量,以实施控制。由于变换的是矢量,所以坐标变换也可称作矢量变换,相应的控制系统称为矢量控制

(vector control，VC)系统。

本节从按转子磁链定向的数学模型出发，介绍矢量控制的基本方法，矢量控制系统的实现及转子磁链计算等内容。

5.2.1　按转子磁链定向同步旋转坐标系 mt 中的状态方程

令 dq 坐标系与转子磁链矢量同步旋转，且使得 d 轴与转子磁链矢量重合，即为按转子磁链定向同步旋转坐标系 mt。由于 m 轴与转子磁链矢量重合，则

$$\begin{aligned}\psi_{rm}&=\psi_{rd}=\psi_{r}\\ \psi_{rt}&=\psi_{rq}=0\end{aligned}\tag{5-66}$$

为了保证 m 轴与转子磁链矢量始终重合，必须使

$$\frac{\mathrm{d}\psi_{rt}}{\mathrm{d}t}=\frac{\mathrm{d}\psi_{rq}}{\mathrm{d}t}=0\tag{5-67}$$

将式(5-66)、式(5-67)代入式(5-53)得按转子磁链定向同步旋转坐标系 mt 中状态方程：

$$\begin{aligned}\frac{\mathrm{d}\omega}{\mathrm{d}t}&=\frac{n_{p}^{2}L_{m}}{JL_{r}}i_{st}\psi_{r}-\frac{n_{p}}{J}T_{L}\\ \frac{\mathrm{d}\psi_{r}}{\mathrm{d}t}&=-\frac{1}{T_{r}}\psi_{r}+\frac{L_{m}}{T_{r}}i_{sm}\\ \frac{\mathrm{d}i_{sm}}{\mathrm{d}t}&=\frac{L_{m}}{\sigma L_{s}L_{r}T_{r}}\psi_{r}-\frac{R_{s}L_{r}^{2}+R_{r}L_{m}^{2}}{\sigma L_{s}L_{r}^{2}}i_{sm}+\omega_{1}i_{st}+\frac{u_{sm}}{\sigma L_{s}}\\ \frac{\mathrm{d}i_{st}}{\mathrm{d}t}&=-\frac{L_{m}}{\sigma L_{s}L_{r}}\omega\psi_{r}-\frac{R_{s}L_{r}^{2}+R_{r}L_{m}^{2}}{\sigma L_{s}L_{r}^{2}}i_{st}-\omega_{1}i_{sm}+\frac{u_{st}}{\sigma L_{s}}\end{aligned}\tag{5-68}$$

由

$$\frac{\mathrm{d}\psi_{rt}}{\mathrm{d}t}=-(\omega_{1}-\omega)\psi_{r}+\frac{L_{m}}{T_{r}}i_{st}=0$$

导出 mt 坐标系的旋转角速度为

$$\omega_{1}=\omega+\frac{L_{m}}{T_{r}\psi_{r}}i_{st}\tag{5-69}$$

将坐标系旋转角速度与转子转速之差定义为转差角频率 ω_{s}，即

$$\omega_{s}=\omega_{1}-\omega=\frac{L_{m}}{T_{r}\psi_{r}}i_{st}\tag{5-70}$$

将式(5-66)代入式(5-51)，得按转子磁链定向同步旋转坐标系 mt 中的电磁转矩为

$$T_{e}=\frac{n_{p}L_{m}}{L_{r}}i_{st}\psi_{r}\tag{5-71}$$

又由式(5-68)第 2 行得转子磁链

$$\psi_r = \frac{L_m}{T_r p + 1} i_{sm} \tag{5-72}$$

其中,p 为微分算子。式(5-71)、式(5-72)表明,异步电动机按转子磁链定向同步旋转坐标系 mt 中的数学模型与直流电动机的数学模型完全一致,或者说,若以定子电流为输入量,按转子磁链定向同步旋转坐标系中的异步电动机与直流电动机等效。

上述分析过程表明,按转子磁链定向同步旋转坐标系上的数学模型实际上是任意旋转坐标系模型的一个特例。通过坐标系旋转角速度的选取,简化了数学模型;通过按转子磁链定向,将定子电流分解为励磁分量 i_{sm} 和转矩分量 i_{st},使转子磁链 ψ_r 仅由定子电流励磁分量 i_{sm} 产生,而电磁转矩 T_e 正比于转子磁链和定子电流转矩分量的乘积 $i_{st}\psi_r$,实现了定子电流两个分量的解耦。因此,按转子磁链定向同步旋转坐标系中的异步电动机数学模型与直流电动机动态模型相当。

5.2.2 按转子磁链定向矢量控制的基本思想

在三相坐标系上的定子交流电流 i_A,i_B,i_C,通过三相-两相变换可以等效成两相静止坐标系上的交流电流 $i_{s\alpha}$ 和 $i_{s\beta}$,再通过与转子磁链同步的旋转变换,可以等效成同步旋转坐标系上的直流电流 i_{sm} 和 i_{st},如上所述,以 i_{sm} 和 i_{st} 为输入的电动机模型就是等效的直流电动机模型,见图 5-8。从整体上看,输入为 A,B,C 三相电流,输出为转速 ω,是一台异步电动机。从内部看,经过 3/2 变换和同步旋转变换,变成一台由 i_{sm} 和 i_{st} 输入,ω 为输出的直流电动机。m 绕组相当于直流电动机的励磁绕组,i_{sm} 相当于励磁电流,t 绕组相当于电枢绕组,i_{st} 相当于与转矩成正比的电枢电流。因此,可以采用控制直流电动机的方法控制交流电动机。

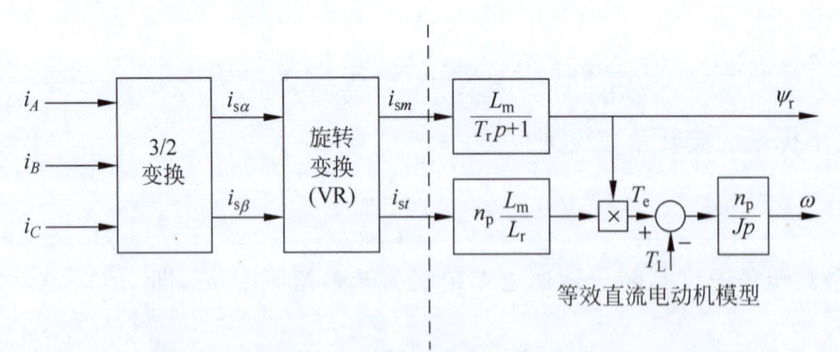

图 5-8 异步电动机矢量变换及等效直流电动机模型

异步电动机经过坐标变换等效成直流电动机后,就可以模仿直流电动机进行控制。即先用控制器产生按转子磁链定向坐标系中的定子电流励磁分量和转矩分量给定值 i_{sm}^* 和 i_{st}^*,经过反旋转变换 VR^{-1} 得到 $i_{s\alpha}^*$ 和 $i_{s\beta}^*$,再经过 2/3 变换得

到 i_A^*，i_B^* 和 i_C^*，然后通过电流闭环控制，输出异步电动机调速所需的三相定子电流。这样，就得到矢量控制系统的原理结构图，如图 5-9 所示。

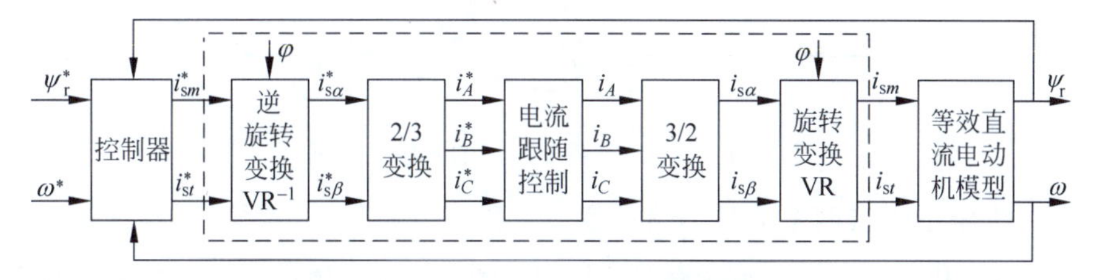

图 5-9　矢量控制系统原理结构图

若忽略变频器可能产生的滞后，再考虑到 2/3 变换器与电机内部的 3/2 变换环节相抵消，控制器后面的反旋转变换器 VR^{-1} 与电机内部的旋转变换环节 VR 相抵消，则图 5-9 中虚线框内的部分可以用传递函数为 1 的直线代替，那么，矢量控制系统就相当于直流调速系统了，图 5-10 为简化后的等效直流调速系统。可以想象，这样的矢量控制交流变压变频调速系统在静、动态性能上可以与直流调速系统媲美。

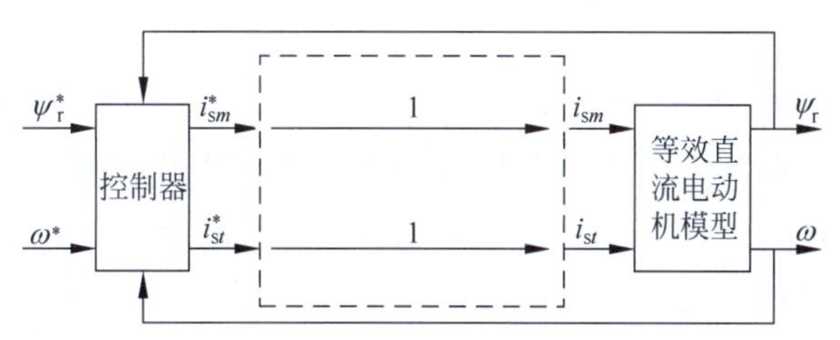

图 5-10　简化后的等效直流调速系统

5.2.3　按转子磁链定向矢量控制系统的实现

按转子磁链定向的矢量控制系统将定子电流分解为励磁分量和转矩分量，实现了两个分量的解耦，但由式(5-68)后两行

$$\frac{\mathrm{d}i_{sm}}{\mathrm{d}t}=\frac{L_m}{\sigma L_s L_r T_r}\psi_r-\frac{R_s L_r^2+R_r L_m^2}{\sigma L_s L_r^2}i_{sm}+\omega_1 i_{st}+\frac{u_{sm}}{\sigma L_s}$$

$$\frac{\mathrm{d}i_{st}}{\mathrm{d}t}=-\frac{L_m}{\sigma L_s L_r}\omega\psi_r-\frac{R_s L_r^2+R_r L_m^2}{\sigma L_s L_r^2}i_{st}-\omega_1 i_{sm}+\frac{u_{st}}{\sigma L_s}$$

可知，定子电流两个分量的变化率仍存在着交叉耦合，为了抑制这一现象，需采用电流闭环控制，使实际电流快速跟随给定值。

图 5-11 为电流闭环控制后的系统结构图，转子磁链环节为稳定的惯性环节，对转子磁链可以采用闭环控制，也可以采用开环控制方式；而转速通道存在积分环节，为不稳定结构，必须加转速外环使之稳定。

常用的电流闭环控制有两种方法：

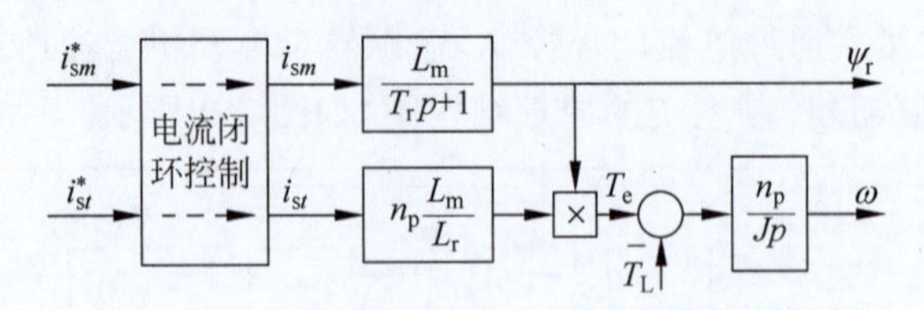

图 5-11 电流闭环控制后的系统结构图

(1) 将定子电流两个分量的给定值 i_{sm}^* 和 i_{st}^* 施行 2/3 变换,得到三相电流给定值 i_A^*,i_B^* 和 i_C^*,采用电流控制型 PWM 变频器,在三相定子坐标系中完成电流闭环控制,如图 5-12 所示。

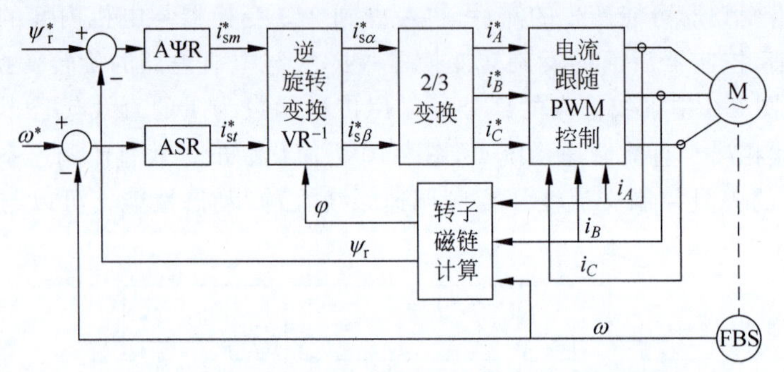

图 5-12 三相电流闭环控制的矢量控制系统结构图

(2) 将检测到的三相电流(实际只要检测两相就够了)施行 3/2 变换和旋转变换,得到按转子磁链定向坐标系中的电流 i_{sm} 和 i_{st},采用 PI 调节软件构成电流闭环控制,电流调节器的输出为定子电压给定值 u_{sm}^* 和 u_{st}^*,经过逆旋转变换得到静止两相坐标系的定子电压给定值 $u_{s\alpha}^*$ 和 $u_{s\beta}^*$,再经 SVPWM 控制逆变器输出三相电压,如图 5-13 所示。

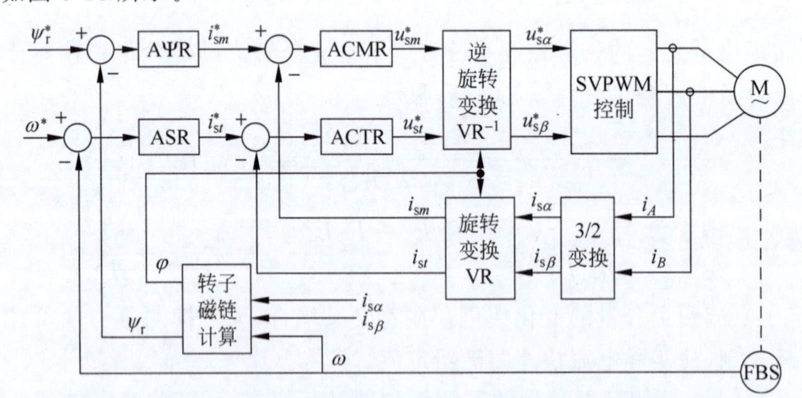

图 5-13 定子电流励磁分量和转矩分量闭环控制的矢量控制系统结构图

从理论上来说,两种电流闭环控制的作用相同,差异是前者采用电流的两点式控制,动态响应快,但电流纹波相对较大;后者采用连续的 PI 控制,一般电流纹波略小(与 SVPWM 有关)。前者一般采用硬件电路,后者用软件实现。由于受到微机运算速度的限制，早期的产品多采用前一种方案，随着计算机运算速度的提高、功能的强化，现代的产品多采用软件电流闭环。

图 5-12 为三相电流闭环控制的矢量控制系统结构图，图 5-13 为定子电流励磁分量和转矩分量闭环控制的矢量控制系统结构图。图中，ASR 为转速调节器，AΨR 为转子磁链调节器，ACMR 为定子电流励磁分量调节器，ACTR 为定子电流转矩分量调节器，FBS 为速度传感器，转子磁链的计算将另行讨论。对转子磁链和转速而言，均表现为双闭环控制的系统结构，内环为电流环，外环为转子磁链或转速环。若采用转子磁链开环控制，则去掉转子磁链调节器 AΨR，将 i_{sm}^* 作为给定值直接作用于控制系统。

5.2.4　按转子磁链定向矢量控制系统的转矩控制方式

5.2.3 节所介绍的矢量控制系统与直流调速系统相当。由图 5-11 可知，当转子磁链发生波动时，将影响电磁转矩，进而影响电动机转速。此时，转子磁链调节器力图使转子磁链恒定，而转速调节器则调节电流的转矩分量，以抵消转子磁链变化对电磁转矩的影响，最后达到平衡，转速 ω 等于给定值 ω^*，电磁转矩 T_e 等于负载转矩 T_L。以上分析表明，转速闭环控制能够通过调节电流转矩分量来抑制转子磁链波动所引起的电磁转矩变化，但这种调节只有当转速发生变化后才起作用。为了改善动态性能，可以采用转矩控制方式，常用的转矩控制方式有两种：转矩闭环控制，在转速调节器的输出增加除法环节。

图 5-14 是转矩闭环控制的矢量控制系统结构图，在转速调节器 ASR 和电流转矩分量调节器 ACTR 间增设了转矩调节器 ATR，当转子磁链发生波动时，通过转矩调节器及时调整电流转矩分量给定值，以抵消磁链变化的影响，尽可能不影响或少影响电动机转速。由图 5-15 所示的转矩闭环控制系统原理图可知，转子磁链扰动的作用点是包含在转矩环内的，可以通过转矩反馈控制来抑制此扰动；若没有转矩闭环，就只能通过转速外环来抑制转子磁链扰动，控制作用相对比较滞

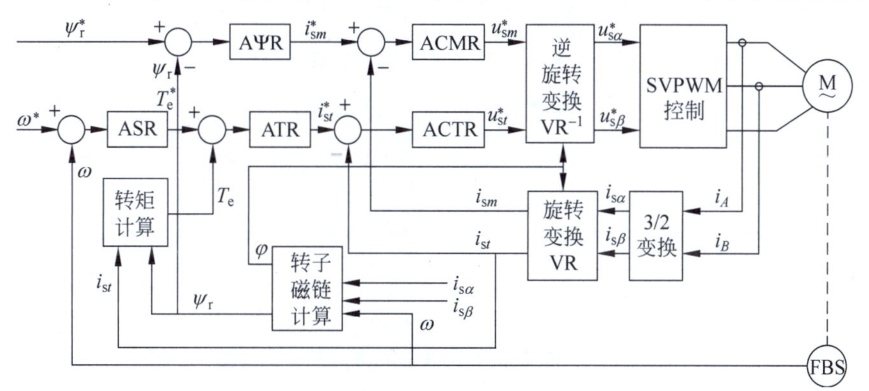

图 5-14　转矩闭环的矢量控制系统结构图

后。显然，采用转矩内环控制可以有效地改善系统的动态性能。当然，系统结构较为复杂。由于电磁转矩的实测相对困难，往往通过式(5-71)间接计算得到，现将式(5-71)重列如下：

$$T_e = \frac{n_p L_m}{L_r} i_{st} \psi_r$$

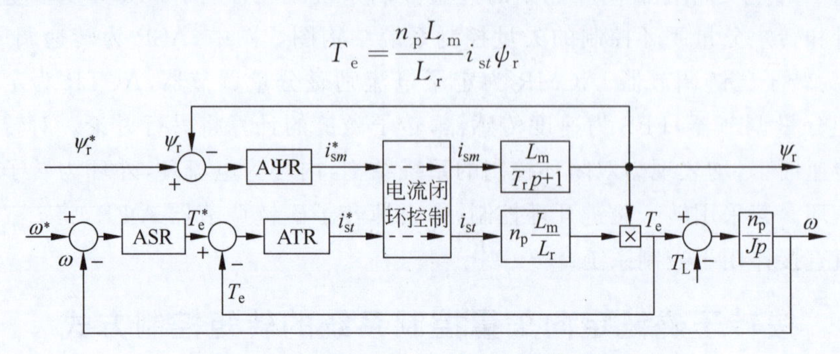

图 5-15　转矩闭环的矢量控制系统原理图

图 5-16 是带除法环节的矢量控制系统结构图，转速调节器 ASR 的输出为转矩给定 T_e^*，除以转子磁链 ψ_r 和相应的系数，得到电流转矩分量给定 i_{st}^*，当某种原因使 ψ_r 减小时，通过除法环节使 i_{st}^* 增大，尽可能保持电磁转矩不变。由图 5-17 控制系统原理图可知，用除法环节消去对象中固有的乘法环节，实现了转矩与转子磁链的动态解耦。

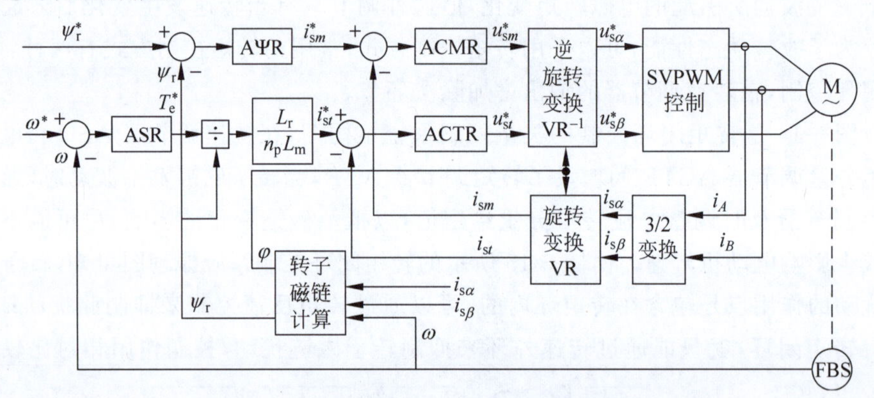

图 5-16　带除法环节的矢量控制系统结构图

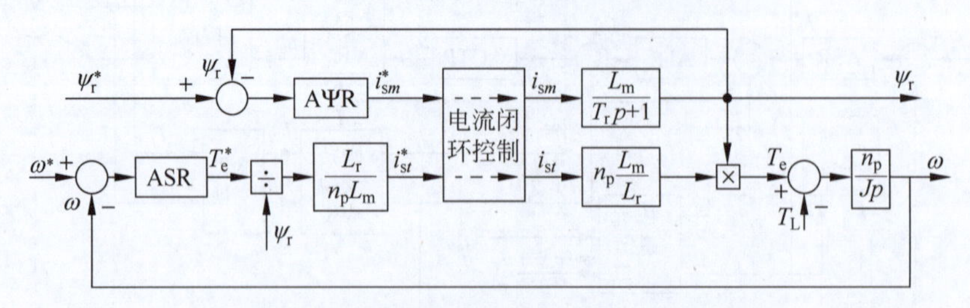

图 5-17　带除法环节的矢量控制系统原理图

5.2.5　转子磁链计算

按转子磁链定向的矢量控制系统的关键是准确定向，也就是说需要获得转子磁链矢量的空间位置，除此之外，在构成转子磁链反馈以及转矩控制时，转子磁链幅值也是不可缺少的信息。根据转子磁链的实际值进行矢量变换的方法，称作直接定向。

转子磁链的直接检测相对困难，现在实用的系统中，多采用间接计算的方法，即利用容易测得的电压、电流或转速等信号，借助于转子磁链模型，实时计算磁链的幅值与空间位置。转子磁链模型可以从电动机数学模型中推导出来，也可以利用状态观测器或状态估计理论得到闭环的观测模型。在实用中，多用比较简单的计算模型。在计算模型中，由于主要实测信号的不同，又分电流模型和电压模型两种。

1. 计算转子磁链的电流模型

根据描述磁链与电流关系的磁链方程来计算转子磁链，所得出的模型叫做电流模型。电流模型可以在不同的坐标系上获得。

(1) 在两相静止坐标系上转子磁链的电流模型。

由实测的三相定子电流通过 3/2 变换得到两相静止坐标系上的电流 $i_{s\alpha}$ 和 $i_{s\beta}$，再利用静止两相坐标系中的数学模型式(5-56)中第 2、3 行，计算转子磁链在 α，β 轴上的分量：

$$\begin{aligned}\frac{\mathrm{d}\psi_{r\alpha}}{\mathrm{d}t}&=-\frac{1}{T_r}\psi_{r\alpha}-\omega\psi_{r\beta}+\frac{L_m}{T_r}i_{s\alpha}\\ \frac{\mathrm{d}\psi_{r\beta}}{\mathrm{d}t}&=-\frac{1}{T_r}\psi_{r\beta}+\omega\psi_{r\alpha}+\frac{L_m}{T_r}i_{s\beta}\end{aligned}\tag{5-73}$$

也可表述为

$$\begin{aligned}\psi_{r\alpha}&=\frac{1}{T_r p+1}(L_m i_{s\alpha}-\omega T_r\psi_{r\beta})\\ \psi_{r\beta}&=\frac{1}{T_r p+1}(L_m i_{s\beta}+\omega T_r\psi_{r\alpha})\end{aligned}\tag{5-74}$$

然后，采用直角坐标-极坐标变换，就可得到转子磁链矢量的幅值 ψ_r 和空间位置 φ，考虑到矢量变换中实际使用的是 φ 的正弦和余弦函数，故可以采用变换式

$$\begin{aligned}\psi_r&=\sqrt{\psi_{r\alpha}^2+\psi_{r\beta}^2}\\ \sin\varphi&=\frac{\psi_{r\beta}}{\psi_r}\\ \cos\varphi&=\frac{\psi_{r\alpha}}{\psi_r}\end{aligned}\tag{5-75}$$

图 5-18 是在两相静止坐标系上计算转子磁链的电流模型的结构图。采用微机数

字控制时,将式(5-73)离散化即可,由于 $\psi_{r\alpha}$ 与 $\psi_{r\beta}$ 之间有交叉反馈关系,离散计算时有可能不收敛。

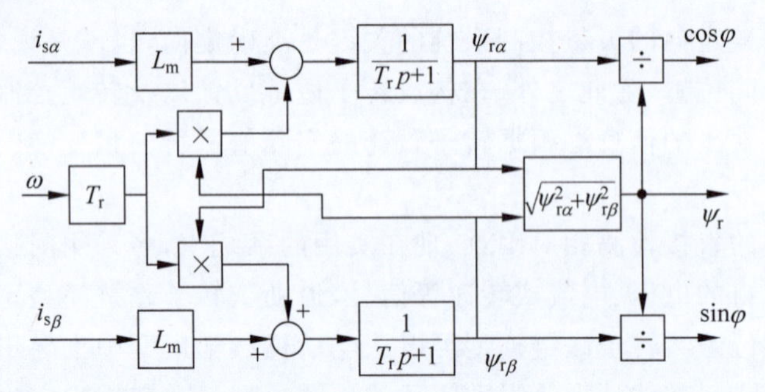

图 5-18 在两相静止坐标系上计算转子磁链的电流模型

(2) 在按磁场定向两相旋转坐标系上转子磁链的电流模型。

图 5-19 是在按转子磁链定向两相旋转坐标系上计算转子磁链的电流模型的计算框图。三相定子电流 i_A、i_B 和 i_C(实际上用 i_A、i_B 即可)经 3/2 变换变成两相静止坐标系电流 $i_{s\alpha}$, $i_{s\beta}$,再经同步旋转变换并按转子磁链定向,得到 mt 坐标系上的电流 i_{sm}, i_{st},利用矢量控制方程式(5-72)和式(5-70)可以获得 ψ_r 和 ω_s 信号,由 ω_s 与实测转速 ω 相加得到定子频率信号 ω_1,再经积分即为转子磁链的相位角 φ,也就是同步旋转变换的旋转相位角。和第一种模型相比,这种模型更适合于微机实时计算,容易收敛,也比较准确。

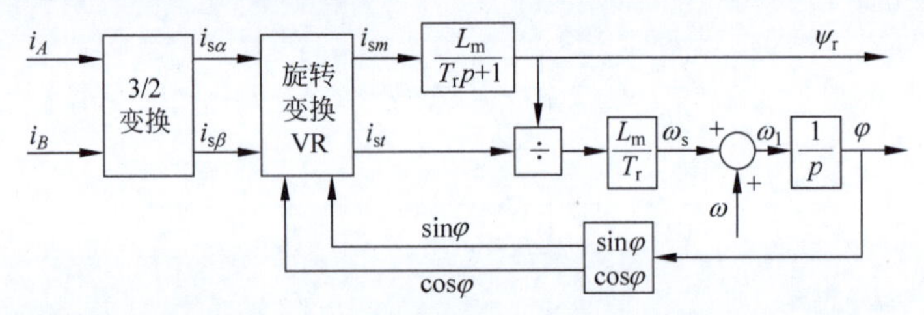

图 5-19 在按转子磁链定向两相旋转坐标系上计算转子磁链的电流模型

上述两种计算转子磁链的电流模型都需要实测的电流和转速信号,不论转速高低都能适用,但都受电动机参数变化的影响。例如电机温升和频率变化都会影响转子电阻 R_r,磁饱和程度将影响电感 L_m 和 L_r。这些影响都将导致磁链幅值与位置信号失真,而反馈信号的失真必然使磁链闭环控制系统的性能降低,这是电流模型的不足之处。

2. 计算转子磁链的电压模型

根据电压方程中感应电动势等于磁链变化率的关系,取电动势的积分就可以得到磁链,这样的模型叫作电压模型。

在式(5-46)中,令 $\omega_1=0$ 可得 $\alpha\beta$ 坐标系上定子电压方程

$$\frac{d\psi_{s\alpha}}{dt}=-R_s i_{s\alpha}+u_{s\alpha}$$

$$\frac{\mathrm{d}\psi_{s\beta}}{\mathrm{d}t}=-R_s i_{s\beta}+u_{s\beta} \tag{5-76}$$

和磁链方程

$$\begin{aligned}
\psi_{s\alpha}&=L_s i_{s\alpha}+L_m i_{r\alpha}\\
\psi_{s\beta}&=L_s i_{s\beta}+L_m i_{r\beta}\\
\psi_{r\alpha}&=L_m i_{s\alpha}+L_r i_{r\alpha}\\
\psi_{r\beta}&=L_m i_{s\beta}+L_r i_{r\beta}
\end{aligned} \tag{5-77}$$

由式(5-77)前2行解出

$$\begin{aligned}
i_{r\alpha}&=\frac{\psi_{s\alpha}-L_s i_{s\alpha}}{L_m}\\
i_{r\beta}&=\frac{\psi_{s\beta}-L_s i_{s\beta}}{L_m}
\end{aligned} \tag{5-78}$$

代入式(5-77)后2行得

$$\begin{aligned}
\psi_{r\alpha}&=\frac{L_r}{L_m}(\psi_{s\alpha}-\sigma L_s i_{s\alpha})\\
\psi_{r\beta}&=\frac{L_r}{L_m}(\psi_{s\beta}-\sigma L_s i_{s\beta})
\end{aligned} \tag{5-79}$$

由式(5-76)和式(5-79)得计算转子磁链的电压模型为

$$\begin{aligned}
\psi_{r\alpha}&=\frac{L_r}{L_m}\left[\int(u_{s\alpha}-R_s i_{s\alpha})\mathrm{d}t-\sigma L_s i_{s\alpha}\right]\\
\psi_{r\beta}&=\frac{L_r}{L_m}\left[\int(u_{s\beta}-R_s i_{s\beta})\mathrm{d}t-\sigma L_s i_{s\beta}\right]
\end{aligned} \tag{5-80}$$

计算转子磁链的电压模型如图5-20所示，其物理意义是：根据实测的电压和电流信号，计算定子磁链，然后，再计算转子磁链。电压模型不需要转速信号，且算法与转子电阻R_r无关，只与定子电阻R_s有关，而R_s是容易测得的。和电流模型相比，电压模型受电动机参数变化的影响较小，而且算法简单，便于应用。但是，由于电压模型包含纯积分项，积分的初始值和累积误差都影响计算结果，在低速时，定子电阻压降变化的影响也较大。

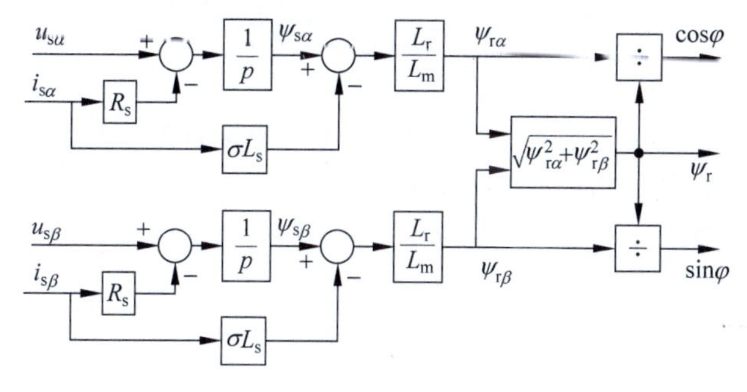

图5-20　计算转子磁链的电压模型

比较起来,电压模型更适合于中、高速范围,而电流模型能适应低速。有时为了提高准确度,把两种模型结合起来,在低速(例如 $n \leqslant 15\% n_N$)时采用电流模型,在中、高速时采用电压模型,只要解决好如何过渡的问题,就可以提高整个运行范围中计算转子磁链的准确度。

5.2.6 磁链开环转差型矢量控制系统——间接定向

以上介绍的转子磁链闭环控制的矢量控制系统中,转子磁链幅值和位置信号均由磁链模型计算获得,都受到电机参数 T_r 和 L_m 变化的影响,造成控制的不准确性。既然这样,与其采用磁链闭环控制而反馈不准,不如采用磁链开环控制,系统反而会简单一些。采用磁链开环的控制方式,无须转子磁链幅值,但对于矢量变换而言,仍然需要转子磁链的位置信号。由此可知,转子磁链的计算仍然不可避免,如果利用给定值间接计算转子磁链的位置,可简化系统结构,这种方法称为间接定向。

间接定向的矢量控制系统借助于矢量控制方程中的转差公式,构成转差型的矢量控制系统(见图5-21)。它继承了基于稳态模型转差频率控制系统的优点,又利用基于动态模型的矢量控制规律克服了它大部分的不足之处。

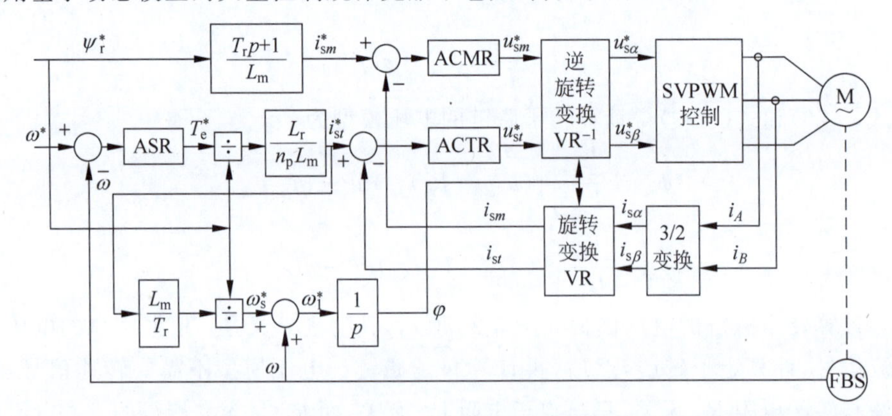

图5-21 磁链开环转差型矢量控制系统

该系统的主要特点如下:

(1) 用定子电流转矩分量 i_{st}^* 和转子磁链 ψ_r^* 计算转差频率给定信号 ω_s^*,即

$$\omega_s^* = \frac{L_m}{T_r \psi_r^*} i_{st}^* \tag{5-81}$$

将转差频率给定信号 ω_s^* 加上实际转速 ω,得到坐标系的旋转角速度 ω_1^*,经积分环节产生矢量变换角,实现转差频率控制功能。

(2) 定子电流励磁分量给定信号 i_{sm}^* 和转子磁链给定信号 ψ_r^* 之间的关系是靠式

$$i_{sm} = \frac{T_r p + 1}{L_m} \psi_r \tag{5-82}$$

建立的，其中的比例微分环节($T_r p+1$)使 i_{sm} 在动态中获得强迫励磁效应，从而克服实际磁通的滞后。

由以上特点可以看出，磁链开环转差型矢量控制系统的磁场定向由磁链和电流转矩分量给定信号确定，靠矢量控制方程保证，并没有用磁链模型实际计算转子磁链及其相位，所以属于间接的磁场定向。但由于矢量控制方程中包含电动机转子参数，定向精度仍受参数变化的影响，磁链和电流转矩分量给定值与实际值存在差异，将影响系统的性能。

最后，对 5.2 节论述的按转子磁链定向的矢量控制系统做一总结。

矢量控制系统的特点是：

(1) 按转子磁链定向，实现了定子电流励磁分量和转矩分量的解耦，需要电流闭环控制。

(2) 转子磁链系统的控制对象是稳定的惯性环节，可以采用磁链闭环控制，也可以是开环控制。

(3) 采用连续的 PI 控制，转矩与磁链变化平稳，电流闭环控制可有效地限制启、制动电流。

矢量控制系统存在的问题是：

(1) 转子磁链计算精度受易于变化的转子电阻的影响，转子磁链的角度精度影响定向的准确性。

(2) 需要矢量变换，系统结构复杂，运算量大。

矢量控制系统具有动态性能好、调速范围宽的优点，采用光电码盘转速传感器时，一般可以达到调速范围 $D=100$，已在实践中获得普遍应用，动态性能受电动机参数变化的影响是其主要的不足之处。为了解决这个问题，在参数辨识和自适应控制等方面都做过许多研究工作，获得了不少成果，但迄今尚少实际应用。

5.3 异步电动机按定子磁链控制的直接转矩控制系统

直接转矩控制系统简称 DTC(direct torque control)系统，是继矢量控制系统之后发展起来的另一种高动态性能的交流电动机变压变频调速系统。在它的转速环里面，利用转矩反馈直接控制电机的电磁转矩，因而得名。

由于在转速环里面设置了转矩内环，可以抑制定子磁链对内环控制对象的扰动，从而实现了转速和磁链子系统之间的近似解耦，不再追求控制对象的精确解耦。根据定子磁链幅值偏差 $\Delta\psi_s$ 的符号和电磁转矩偏差 ΔT_e 的符号，再依据当前定子磁链矢量 $\boldsymbol{\psi}_s$ 所在的位置，直接选取合适的电压空间矢量，减小定子磁链幅值的偏差和电磁转矩的偏差，实现电磁转矩与定子磁链的控制。

5.3.1 定子电压矢量对定子磁链与电磁转矩的控制作用

为了分析电压矢量的控制作用，理解直接转矩控制系统的基本原理，首先导出按定子磁链定向的动态数学模型，然后分析电压空间矢量对定子磁链与电磁转矩的控制作用。需要说明的是直接转矩控制系统并不需要按定子磁链定向，导出按定子磁链定向的动态数学模型，仅仅是为了分析电压空间矢量对定子磁链与电磁转矩的控制作用。

1. 按定子磁链定向的动态数学模型

式(5-62)是以定子电流 i_s、定子磁链 ψ_s 和转速 ω 为状态变量的动态数学模型：

$$
\begin{aligned}
\frac{d\omega}{dt} &= \frac{n_p^2}{J}(i_{sq}\psi_{sd} - i_{sd}\psi_{sq}) - \frac{n_p}{J}T_L \\
\frac{d\psi_{sd}}{dt} &= -R_s i_{sd} + \omega_1 \psi_{sq} + u_{sd} \\
\frac{d\psi_{sq}}{dt} &= -R_s i_{sq} - \omega_1 \psi_{sd} + u_{sq} \\
\frac{di_{sd}}{dt} &= \frac{1}{\sigma L_s T_r}\psi_{sd} + \frac{1}{\sigma L_s}\omega\psi_{sq} - \frac{R_s L_r + R_r L_s}{\sigma L_s L_r} i_{sd} + (\omega_1 - \omega) i_{sq} + \frac{u_{sd}}{\sigma L_s} \\
\frac{di_{sq}}{dt} &= \frac{1}{\sigma L_s T_r}\psi_{sq} - \frac{1}{\sigma L_s}\omega\psi_{sd} - \frac{R_s L_r + R_r L_s}{\sigma L_s L_r} i_{sq} - (\omega_1 - \omega) i_{sd} + \frac{u_{sq}}{\sigma L_s}
\end{aligned}
$$

式(5-60)是相应的电磁转矩表达式：

$$
\begin{aligned}
T_e &= n_p(i_{sq}\psi_{sd} - L_s i_{sd} i_{sq} - i_{sd}\psi_{sq} + L_s i_{sq} i_{sd}) \\
&= n_p(i_{sq}\psi_{sd} - i_{sd}\psi_{sq})
\end{aligned}
$$

采用按定子磁链定向(仍用 dq 表示)，使 d 轴与定子磁链矢量重合，则 $\psi_s = \psi_{sd}$、$\psi_{sq}=0$，为了保证 d 轴始终与定子磁链矢量重合，还应使 $\frac{d\psi_{sq}}{dt}=0$。因此，异步电机按定子磁链定向的动态模型为

$$
\begin{aligned}
\frac{d\omega}{dt} &= \frac{n_p^2}{J} i_{sq}\psi_s - \frac{n_p}{J}T_L \\
\frac{d\psi_s}{dt} &= -R_s i_{sd} + u_{sd} \\
\frac{di_{sd}}{dt} &= -\frac{L_s R_r + L_r R_s}{\sigma L_s L_r} i_{sd} + \frac{1}{\sigma L_s T_r}\psi_s + (\omega_d - \omega) i_{sq} + \frac{u_{sd}}{\sigma L_s} \\
\frac{di_{sq}}{dt} &= -\frac{L_s R_r + L_r R_s}{\sigma L_s L_r} i_{sq} - \frac{1}{\sigma L_s}\omega\psi_s - (\omega_d - \omega) i_{sd} + \frac{u_{sq}}{\sigma L_s}
\end{aligned}
\tag{5-83}
$$

电磁转矩表达式为

$$
T_e = n_p i_{sq} \psi_s \tag{5-84}
$$

由式(5-62)第3行取 $\frac{d\psi_{sq}}{dt}=0$，解得定子磁链矢量的旋转角速度 ω_d(令 $\omega_d=\omega_1$)：

$$\omega_d = \frac{d\theta_{\psi s}}{dt} = \frac{u_{sq} - R_s i_{sq}}{\psi_s} \tag{5-85}$$

由式(5-85)得 $u_{sq} = \psi_s \omega_d + R_s i_{sq}$，代入式(5-83)第4行，得

$$\begin{aligned}
\frac{d\omega}{dt} &= \frac{n_p^2}{J} i_{sq} \psi_s - \frac{n_p}{J} T_L \\
\frac{d\psi_s}{dt} &= -R_s i_{sd} + u_{sd} \\
\frac{di_{sd}}{dt} &= -\frac{L_s R_r + L_r R_s}{\sigma L_s L_r} i_{sd} + \frac{1}{\sigma L_s T_r} \psi_s + (\omega_d - \omega) i_{sq} + \frac{u_{sd}}{\sigma L_s} \\
&= -\frac{L_s R_r + L_r R_s}{\sigma L_s L_r} i_{sd} + \frac{1}{\sigma L_s T_r} \psi_s + \omega_s i_{sq} + \frac{u_{sd}}{\sigma L_s} \\
\frac{di_{sq}}{dt} &= -\frac{1}{\sigma T_r} i_{sq} + \frac{1}{\sigma L_s} (\omega_d - \omega)(\psi_s - \sigma L_s i_{sd}) \\
&= -\frac{1}{\sigma T_r} i_{sq} + \frac{1}{\sigma L_s} \omega_s (\psi_s - \sigma L_s i_{sd})
\end{aligned} \tag{5-86}$$

其中，$\omega_s = \omega_d - \omega$ 为转差频率。

对式(5-86)第2行积分得定子磁链幅值：

$$\psi_s = \int (-R_s i_{sd} + u_{sd}) dt \tag{5-87}$$

再将式(5-86)最后一行改写为

$$i_{sq} = \frac{T_r / L_s}{\sigma T_r p + 1} \omega_s (\psi_s - \sigma L_s i_{sd}) \tag{5-88}$$

一般说来，$\psi_s - \sigma L_s i_{sd} > 0$，因此，当转差频率 $\omega_s > 0$ 时，电流增加，转矩也随之加大；反之，$\omega_s < 0$ 时，电流与转矩减小。所以，可以通过 u_{sq} 控制定子磁链的旋转角速度 ω_d，进而控制电磁转矩。

按定子磁链定向将定子电压分解为两个分量 u_{sd} 和 u_{sq}，u_{sd} 控制定子磁链幅值的变化率，u_{sq} 控制定子磁链矢量旋转角速度，再通过转差频率控制定子电流的转矩分量 i_{sq}，最后控制转矩。但两者均受到定子电流两个分量 i_{sd} 和 i_{sq} 的影响，是受电流扰动的电压控制型。

2. 定子电压矢量的控制作用

第4章所介绍的两电平 PWM 逆变器可输出8个空间电压矢量，6个有效工作矢量 $\boldsymbol{u}_1 \sim \boldsymbol{u}_6$，2个零矢量 $\boldsymbol{u}_0$ 和 $\boldsymbol{u}_7$。将期望的定子磁链圆轨迹分为6个扇区，见图5-22，图中仅画出第Ⅰ扇区和第Ⅳ扇区的定子磁链矢量和施加

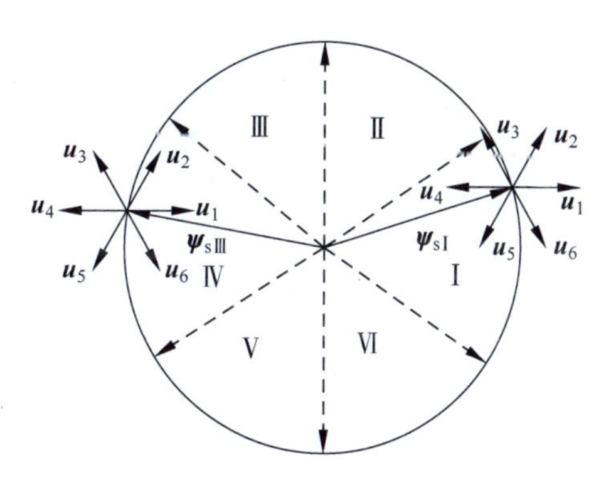

图5-22　定子磁链圆轨迹扇区图

的电压空间矢量。当定子磁链矢量$\boldsymbol{\psi}_{s\mathrm{I}}$位于第Ⅰ扇区时,施加电压矢量$\boldsymbol{u}_2$,将$\boldsymbol{u}_2$沿$\boldsymbol{\psi}_{s\mathrm{I}}$的$d$轴和$q$轴方向分解得到的$u_{sd}$和$u_{sq}$均大于零,如图5-23(a)所示,这说明$\boldsymbol{u}_2$的作用是在增加定子磁链幅值的同时使定子磁链矢量正向旋转。当定子磁链矢量$\boldsymbol{\psi}_{s\mathrm{IV}}$位于第Ⅳ扇区时,同样施加电压矢量$\boldsymbol{u}_2$,将$\boldsymbol{u}_2$沿$\boldsymbol{\psi}_{s\mathrm{IV}}$的$d$轴和$q$轴方向分解得到的$u_{sd}$和$u_{sq}$均小于零,如图5-23(b)所示,这说明$\boldsymbol{u}_2$的作用是使定子磁链幅值减小,并使其矢量反向旋转。忽略定子电阻压降,零矢量$\boldsymbol{u}_0$和$\boldsymbol{u}_7$作用时,定子磁链的幅值和位置均保持不变。其他5个有效工作电压矢量控制作用的分析方法,与此相同,不再重复。由此可知,当定子磁链矢量位于不同扇区时,同样的有效工作电压矢量沿d轴和q轴分解所得的两个电压分量u_{sd}和u_{sq}方向不同,对定子磁链与电磁转矩的控制作用也不同。

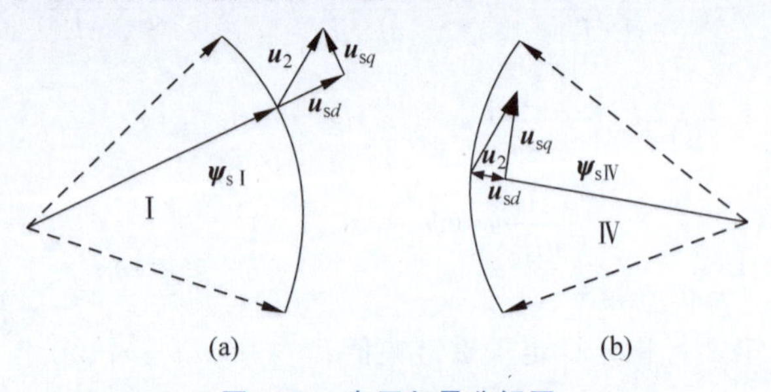

图5-23 电压矢量分解图

(a) 第Ⅰ扇区;(b) 第Ⅳ扇区

现以第Ⅰ扇区为例进行分析,并假定转速$\omega>0$,电动机运行在正向电动状态。图5-24为第Ⅰ扇区的定子磁链与电压空间矢量图,定子磁链矢量$\boldsymbol{\psi}_{s1}$位于前30°,定子磁链矢量$\boldsymbol{\psi}_{s2}$位于后30°。将8个电压空间矢量沿定子磁链矢量方向和垂直方向分解,分别得到它们的电压分量u_{sd}和u_{sq},两个分量的极性见表5-1。

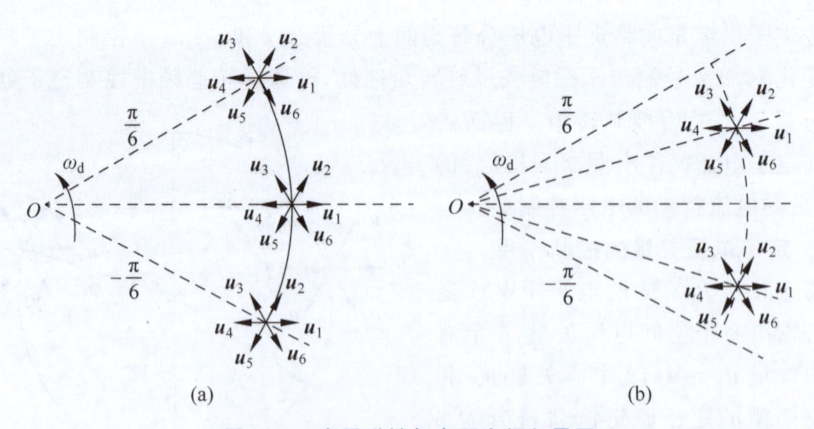

图5-24 定子磁链与电压空间矢量图

(a) 定子磁链矢量图;(b) 电压空间矢量图

表 5-1 电压空间矢量分量($\boldsymbol{u}_{sd}$, $\boldsymbol{u}_{sq}$)的极性

磁链位置	$\boldsymbol{u}_1$	$\boldsymbol{u}_2$	$\boldsymbol{u}_3$	$\boldsymbol{u}_4$	$\boldsymbol{u}_5$	$\boldsymbol{u}_6$	$\boldsymbol{u}_0$、$\boldsymbol{u}_7$
$-\frac{\pi}{6}$	(+,+)	(0,+)	(−,+)	(−,−)	(0,−)	(+,−)	(0,0)
$-\frac{\pi}{6}\sim 0$	(+,+)	(+,+)	(−,+)	(−,−)	(−,−)	(+,−)	(0,0)
0	(+,−)	(+,+)	(−,+)	(−,0)	(−,−)	(+,−)	(0,0)
$0\sim\frac{\pi}{6}$	(+,−)	(+,+)	(−,+)	(−,+)	(−,−)	(+,−)	(0,0)
$\frac{\pi}{6}$	(+,−)	(+,+)	(0,+)	(−,+)	(−,−)	(0,−)	(0,0)

忽略定子电阻压降,当所施加的定子电压分量 u_{sd} 为"+"时,定子磁链幅值加大,当 $u_{sd}=0$ 时,定子磁链幅值维持不变,当 u_{sd} 为"−"时,定子磁链幅值减小;当电压分量 u_{sq} 为"+"时,定子磁链矢量正向旋转,转差频率 ω_s 增大,电流转矩分量 i_{sq} 和电磁转矩 T_e 加大,当 $u_{sq}=0$ 时,定子磁链矢量停在原地,$\omega_d=0$,转差频率 ω_s 为负,电流转矩分量 i_{sq} 和电磁转矩 T_e 减小,当 u_{sq} 为"−"时,定子磁链矢量反向旋转,电流转矩分量 i_{sq} 急剧变负,产生制动转矩。若考虑定子电阻压降,则略为复杂些。

以上分析了第Ⅰ扇区内正向电动运行时,电压矢量对定子磁链与电磁转矩的控制规律,该分析方法可推广到其他运行状态和另外5个扇区,读者可自行分析,不再重述。

5.3.2 基于定子磁链控制的直接转矩控制系统

直接转矩控制系统的原理结构图示于图5-25,图中,ASR、AΨR 和 ATR 分别为速度调节器、定子磁链调节器和转矩调节器,速度调节器 ASR 采用 PI 调节器,定子磁链调节器 AΨR 采用带有滞环的双位式控制器,转矩调节器 ATR 采用带

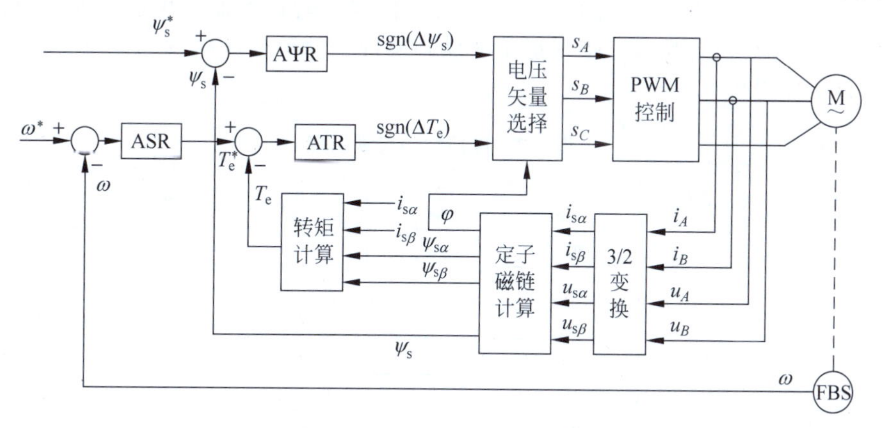

图 5-25 直接转矩控制系统原理结构图

有滞环的三位式控制器,见图5-26。

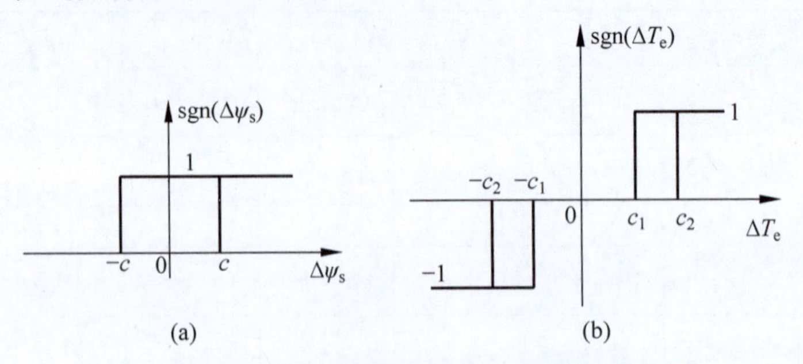

图5-26 带有滞环的双位和三位式控制器

(a) 双位式控制器;(b) 三位式控制器

定子磁链幅值偏差 $\Delta\psi_s$ 的符号函数

$$\operatorname{sgn}(\Delta\psi_s)=\begin{cases}1, & \Delta\psi_s=\psi_s^*-\psi_s>c\\0, & \Delta\psi_s=\psi_s^*-\psi_s<-c\end{cases}\tag{5-89}$$

当 $\operatorname{sgn}(\Delta\psi_s)=1$ 时,选择合适的矢量使定子磁链加大;反之,$\operatorname{sgn}(\Delta\psi_s)=0$ 时,选择合适的矢量使定子磁链减小。

电磁转矩偏差 ΔT_e 的符号函数

$$\operatorname{sgn}(\Delta T_e)=\begin{cases}1, & \Delta T_e=T_e^*-T_e>c_2\\0, & -c_1<\Delta T_e=T_e^*-T_e<c_1\\-1, & \Delta T=T_e^*-T_e<-c_2\end{cases}\tag{5-90}$$

当 $\operatorname{sgn}(\Delta T_e)=1$ 时,使定子磁场正向旋转,实际转矩 T_e 增大;当 $\operatorname{sgn}(\Delta T_e)=0$ 时,使定子磁场停止转动,电磁转矩减小;$\operatorname{sgn}(\Delta T_e)=-1$ 时,使定子磁场反向旋转,实际转矩 T_e 反向增大。

当定子磁链矢量位于第Ⅰ扇区不同位置时,按 $\operatorname{sgn}(\Delta\psi_s)$ 和 $\operatorname{sgn}(\Delta T_e)$ 值用查表法(见表5-2)选取电压空间矢量。如磁链控制和转矩控制发生冲突时,以转矩控制优先,零矢量可按开关损耗最小的原则选取。其他扇区磁链的电压空间矢量选择可依此类推。

表5-2 电压空间矢量选择

$\operatorname{sgn}(\Delta\psi_s)$	$\operatorname{sgn}(\Delta T_e)$	$-\frac{\pi}{6}$	$-\frac{\pi}{6}\sim 0$	0	$0\sim\frac{\pi}{6}$	$\frac{\pi}{6}$
1	1	$\boldsymbol{u}_1$	$\boldsymbol{u}_2$	$\boldsymbol{u}_2$	$\boldsymbol{u}_2$	$\boldsymbol{u}_2$
	0	$\boldsymbol{u}_0,\boldsymbol{u}_7$				
	−1	$\boldsymbol{u}_6$	$\boldsymbol{u}_6$	$\boldsymbol{u}_6$	$\boldsymbol{u}_6$	$\boldsymbol{u}_1$
0	1	$\boldsymbol{u}_3$	$\boldsymbol{u}_3$	$\boldsymbol{u}_3$	$\boldsymbol{u}_3$	$\boldsymbol{u}_4$
	0	$\boldsymbol{u}_0,\boldsymbol{u}_7$				
	−1	$\boldsymbol{u}_4$	$\boldsymbol{u}_5$	$\boldsymbol{u}_5$	$\boldsymbol{u}_5$	$\boldsymbol{u}_5$

5.3.3 定子磁链和转矩计算模型

直接转矩控制系统需要转矩和定子磁链的反馈，而两者的直接检测相当困难，常用动态数学模型计算定子磁链和电磁转矩。

由式(5-76)$\alpha\beta$ 坐标系上定子电压方程

$$\frac{\mathrm{d}\psi_{s\alpha}}{\mathrm{d}t}=-R_s i_{s\alpha}+u_{s\alpha}$$

$$\frac{\mathrm{d}\psi_{s\beta}}{\mathrm{d}t}=-R_s i_{s\beta}+u_{s\beta}$$

构建图 5-27 所示的定子磁链计算模型。

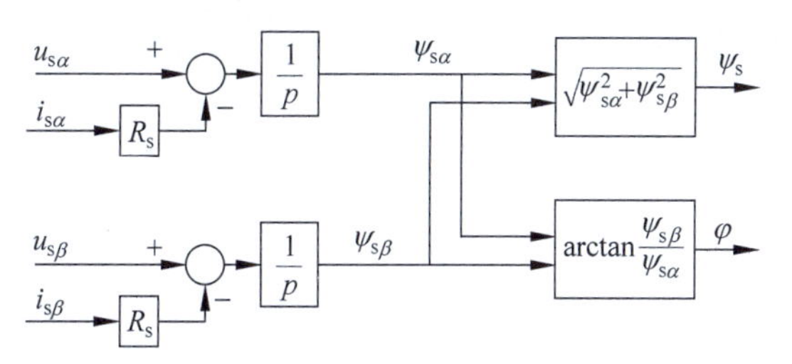

图 5-27 定子磁链计算模型

显然，这是一个电压模型，它不受电动机转子参数变化的影响，但在低速时误差较大，因此它仅适用于以中、高速运行的系统。若要求调速范围较宽，只好在低速时切换到电流模型，这样就得牺牲不受电动机转子参数变化影响的优点。

由式(5-65)静止两相坐标系中电磁转矩表达式

$$T_e=n_p(i_{s\beta}\psi_{s\alpha}-i_{s\alpha}\psi_{s\beta})$$

可计算电磁转矩，图 5-28 为电磁转矩计算模型。

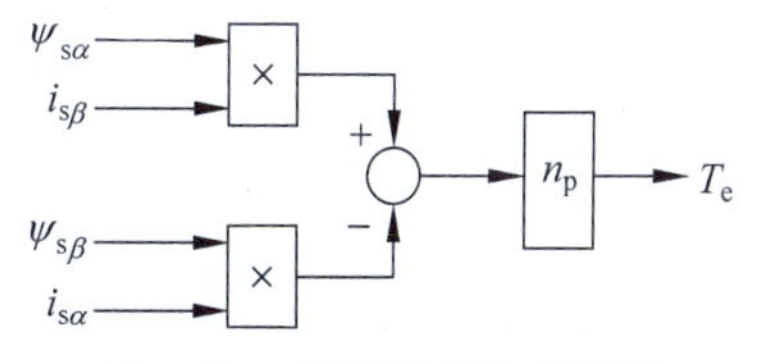

图 5-28 定子磁链计算模型

最后，对上述按定子磁链控制的直接转矩控制系统做一总结。

直接转矩控制系统特点是：

(1) 转矩和磁链的控制采用双位式控制器，并在 PWM 逆变器中直接用这两个控制信号产生电压的 SVPWM 波形，省去了旋转变换和电流控制，简化了控制器的结构。

(2) 选择定子磁链作为被控量，计算磁链的模型可以不受转子参数变化的影响，提高了控制系统的鲁棒性。如果从数学模型推导按定子磁链控制的规律，显然要比按转子磁链定向时复杂，但是，由于采用了非线性的双位式控制，不受这种复杂性的限制。

(3) 由于采用了直接转矩控制，在加减速或负载变化的动态过程中，可以获得快速的转矩响应。直接转矩控制系统的电流耦合程度大于矢量控制系统，一般不采用电流反馈控制,这样就必须注意限制过大的冲击电流,以免损坏功率开关器件,因此实际的转矩响应也是有限的。

直接转矩控制系统存在以下问题。

(1) 采用双位式控制,实际转矩必然在上下限内脉动;

(2) 由于磁链计算采用了带积分环节的电压模型,积分初值、累积误差和定子电阻的变化都会影响磁链计算的准确度。

这两个问题的影响在低速时都比较显著,因而限制了系统的调速范围。为了解决这些问题,许多学者做了不少的研究工作,使它们得到一定程度的改善,但尚未完全消除。

5.4 直接转矩控制系统与矢量控制系统的比较

直接转矩控制系统和矢量控制系统都是已获实际应用的高性能交流调速系统,两者都基于异步电动机动态数学模型,采用转矩(转速)和磁链分别控制,这是符合异步电动机高动态性能控制需要的,但两者在具体控制方法和实际性能上又各有千秋,表5-3列出了两种系统的特点与性能的比较。

表5-3 直接转矩控制系统和矢量控制系统特点与性能比较

性能与特点	直接转矩控制系统	矢量控制系统
磁链控制	定子磁链闭环控制	转子磁链闭环控制,间接定向时是开环控制
转矩控制	双位式控制,有转矩脉动	连续控制,比较平滑
电流控制	无闭环控制	闭环控制
坐标变换	静止坐标变换,较简单	旋转坐标变换,较复杂
磁链定向	需知道定子磁链矢量的位置,但无须定向	按转子磁链定向
调速范围	不够宽	比较宽
转矩动态响应	较快	不够快

矢量控制系统通过电流闭环控制,实现定子电流的两个分量 i_{sm} 和 i_{st} 的解耦,进一步实现 T_e 与 ψ_r 的解耦,有利于分别设计转速与磁链调节器。矢量控制系统采用连续控制,可获得较宽的调速范围,但按 ψ_r 定向受电动机转子参数变化的影响,降低了系统的鲁棒性。

直接转矩控制系统采用 T_e 和 ψ_s 双位式控制,根据定子磁链幅值偏差 $\Delta\psi_s$、电磁转矩偏差 ΔT_e 的符号再依据当前定子磁链矢量 ψ_s 所在的位置,直接选取输出电压矢量,避开了旋转坐标变换,简化了控制结构。直接转矩控制系统控制定子磁链而不是转子磁链,不受转子参数变化的影响,但不可避免地产生转矩脉动,影响低速性能,调速范围受到限制。

矢量控制与直接转矩控制的控制方法各有所长，也各有不足之处，如何取长补短，探索新型的控制方法是当前的研究课题之一，例如间接转矩控制[53]、按定子磁场定向控制[54]等，限于篇幅，此处不详细展开。

*5.5 矢量控制系统在塑料挤出机主传动中的应用

挤出成型是塑料成型加工工艺的主要加工方法之一，大部分热塑性塑料均可用此方法。目前，挤出成型机械已广泛应用于日用品、农业、建筑业、石油、化工、机械制造、电气产品所需的塑料制品的生产中。挤出机是挤出成型设备中的关键部分，塑料通过挤出机塑化成均匀的溶体，然后被定温、定量、定压地挤出机头，最后经成型机成型。

1. 工艺要求

主传动是挤出机的重要组成部分，其作用是驱动挤出机的螺杆，使螺杆在设定的工艺条件下，以必需的转矩和转速均匀的旋转，完成挤出过程。主传动的输出功率基本上与转速成正比，属于比较典型的恒转矩负载。要满足各种不同产品生产的需要，主传动必须能实现平滑连续的调速，且有较大的调速范围，在整个调速范围内都能输出最大允许转矩。为了保证产品的质量，工艺要求挤出口压力恒定，在正常挤出过程中，要求转速平稳，而在外界扰动作用时，要求快速调节转速，以保持挤出口的压力恒定。因此，系统应具有较强的抗干扰能力和快速响应能力。

2. 挤出机压力、转速控制系统

低档的挤出机主传动采用转速开环的变压变频调速系统，低频时采用电压补偿，性能难以达到以上所述的要求。对于高性能的挤出机主传动可采用转速闭环的矢量控制系统，在转速闭环的基础上，采用压力闭环控制，以保持挤出口的压力恒定，提高产品质量。

图5-29为挤出机压力、转速闭环控制系统结构图，M是三相异步电动机，选用矢量控制的变频调速器，转速传感器选用高精度的旋转编码器，以提高调速精度，压力调节器常采用PID控制方式。

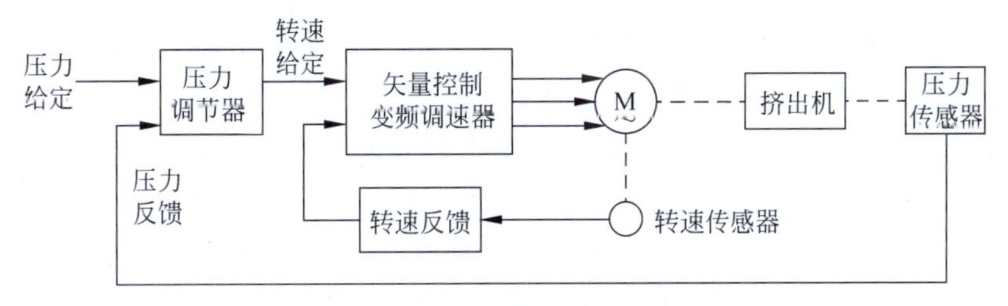

图5-29 挤出机压力、转速闭环控制系统结构图

采用矢量控制方式的挤出机压力、转速闭环控制系统，调速范围宽(不小于1∶50)，稳速精度高(可达0.5%)，低速出力能力强。对于要求不是很高的挤出机

也可采用无速度传感器矢量控制的调速方案,其性能略低于有速度传感器矢量控制系统,优于转速开环的变压变频调速系统。关于无速度传感器矢量控制系统的内容,本教材未作讨论,读者可参阅文献[31,41,46]。

思考题

5.1 结合异步电动机三相原始动态模型,讨论异步电动机非线性、强耦合和多变量的性质,并说明具体体现在哪些方面?

5.2 三相原始模型是否存在约束条件?为什么说,“三相原始数学模型并不是其物理对象最简洁的描述,完全可以且完全有必要用两相模型代替”?两相模型为什么相差90°?相差180°行吗?

5.3 3/2坐标变换的等效原则是什么?功率相等是坐标变换的必要条件吗?是否可以采用匝数相等的变换原则?如可以,变换前后的功率是否相等?

5.4 旋转变换的等效原则是什么?当磁动势矢量幅值恒定、匀速旋转时,在静止绕组中通入正弦对称的交流电流,而在同步旋转坐标系中的电流为什么是直流电流?如果坐标系的旋转速度大于或小于磁动势矢量的旋转速度,绕组中的电流是交流量还是直流量?

5.5 坐标变换(3/2变换和旋转变换)的优点何在?能否改变或减弱异步电动机非线性、强耦合和多变量的性质?

5.6 论述矢量控制系统的基本工作原理,矢量变换和按转子磁链定向的作用,等效的直流机模型,矢量控制系统的转矩与磁链控制规律。

5.7 比较图5-13、图5-14和图5-16所示的3种矢量控制系统,后两种结构略为复杂,在动态性能上有什么优势?

5.8 转子磁链计算模型有电压模型和电流模型两种,分析两种模型的基本原理,比较各自的优缺点。

5.9 讨论直接定向与间接定向矢量控制系统的特征,比较各自的优缺点,磁链定向的精度受哪些参数的影响?

5.10 分析与比较按转子磁链定向和按定子磁链定向异步电动机动态数学模型的特征,指出它们相同与不同之处。

5.11 分析定子电压矢量对定子磁链与转矩的控制作用,如何根据定子磁链和转矩偏差的符号以及当前定子磁链的位置选择电压空间矢量?

5.12 直接转矩控制系统常用带有滞环的双位式控制器作为转矩和定子磁链的控制器,与PI调节器相比较,带有滞环的双位式控制器有什么优缺点?

5.13 分析直接转矩控制系统的定子磁链和转矩的计算模型,说明它们的不足之处。

5.14 按定子磁链控制的直接转矩控制(DTC)系统与磁链闭环控制的矢量

控制(VC)系统在控制方法上有什么异同?

5.15　分析与比较矢量控制系统和直接转矩控制系统的特点与性能。

习题

5.1　按磁动势等效、功率相等的原则,三相坐标系变换到两相静止坐标系的变换矩阵为

$$\boldsymbol{C}_{3/2}=\sqrt{\frac{2}{3}}\begin{bmatrix}1 & -\dfrac{1}{2} & -\dfrac{1}{2}\\ 0 & \dfrac{\sqrt{3}}{2} & -\dfrac{\sqrt{3}}{2}\end{bmatrix}$$

现有三相正弦对称电流 $i_A=I_m\sin(\omega t)$,$i_B=I_m\sin\left(\omega t-\dfrac{2\pi}{3}\right)$,$i_C=I_m\sin\left(\omega t+\dfrac{2\pi}{3}\right)$,求变换后两相静止坐标系中的电流 $i_{s\alpha}$ 和 $i_{s\beta}$,分析两相电流的基本特征与三相电流的关系。

5.2　两相静止坐标系到两相旋转坐标系的变换阵为

$$\boldsymbol{C}_{2s/2r}=\begin{bmatrix}\cos\varphi & \sin\varphi\\ -\sin\varphi & \cos\varphi\end{bmatrix}$$

将上题中的两相静止坐标系中的电流 $i_{s\alpha}$ 和 $i_{s\beta}$ 变换到两相旋转坐标系中的电流 i_{sd} 和 i_{sq},坐标系旋转速度 $\dfrac{d\varphi}{dt}=\omega_1$。分析当 $\omega_1=\omega$ 时,i_{sd} 和 i_{sq} 的基本特征,电流矢量幅值 $i_s=\sqrt{i_{sd}^2+i_{sq}^2}$ 与三相电流幅值 I_m 的关系,其中 ω 是三相电源角频率。若 $\omega_1>\omega$ 或 $\omega_1<\omega$,求 i_{sd} 和 i_{sq} 的表现形式。

5.3　按转子磁链定向同步旋转坐标系中状态方程为

$$\frac{d\omega}{dt}=\frac{n_p^2L_m}{JL_r}i_{st}\psi_r-\frac{n_p}{J}T_L$$

$$\frac{d\psi_r}{dt}=-\frac{1}{T_r}\psi_r+\frac{L_m}{T_r}i_{sm}$$

$$\frac{di_{sm}}{dt}=\frac{L_m}{\sigma L_sL_rT_r}\psi_r-\frac{R_sL_r^2+R_rL_m^2}{\sigma L_sL_r^2}i_{sm}+\omega_1 i_{st}+\frac{u_{sm}}{\sigma L_s}$$

$$\frac{di_{st}}{dt}=-\frac{L_m}{\sigma L_sL_r}\omega\psi_r-\frac{R_sL_r^2+R_rL_m^2}{\sigma L_sL_r^2}i_{st}-\omega_1 i_{sm}+\frac{u_{st}}{\sigma L_s}$$

坐标系的旋转角速度为

$$\omega_1=\omega+\frac{L_m}{T_r\psi_r}i_{st}$$

假定电流闭环控制性能足够好,电流闭环控制的等效传递函数为惯性环节,

$$\frac{\mathrm{d}i_{sm}}{\mathrm{d}t}=-\frac{1}{T_{\mathrm{i}}}i_{sm}+\frac{1}{T_{\mathrm{i}}}i_{sm}^{*}$$

$$\frac{\mathrm{d}i_{st}}{\mathrm{d}t}=-\frac{1}{T_{\mathrm{i}}}i_{st}+\frac{1}{T_{\mathrm{i}}}i_{st}^{*}$$

T_{i} 为等效惯性时间常数,画出电流闭环控制后系统的动态结构图,输入为 i_{sm}^{*} 和 i_{s}^{*},输出为 ω 和 ψ_{r},讨论系统的稳定性。

5.4 笼型异步电动机铭牌数据为:额定功率 $P_{N}=3\mathrm{kW}$,额定电压 $U_{N}=380\mathrm{V}$,额定电流 $I_{N}=6.9\mathrm{A}$,额定转速 $n_{N}=1400\mathrm{r/min}$,额定频率 $f_{N}=50\mathrm{Hz}$,定子绕组Y连接。由实验测得定子电阻 $R_{s}=1.85\Omega$,转子电阻 $R_{r}=2.658\Omega$,定子自感 $L_{s}=0.294\mathrm{H}$,转子自感 $L_{r}=0.2898\mathrm{H}$,定、转子互感 $L_{m}=0.2838\mathrm{H}$,转子参数已折合到定子侧,系统的转动惯量 $J=0.1284\mathrm{kg\cdot m^2}$,电机稳定运行在额定工作状态,试求:转子磁链 ψ_{r} 和按转子磁链定向的定子电流两个分量 i_{sm}、i_{st}。

5.5 根据题5.3得到电流闭环控制后系统的动态结构图,电流闭环控制等效惯性时间常数 $T_{\mathrm{i}}=0.001\mathrm{s}$,设计图5-13中矢量控制系统转速调节器ASR和磁链调节器AΨR,其中,ASR按典型Ⅱ型系统设计,AΨR按典型Ⅰ型系统设计,调节器的限幅按2倍过流计算,电机参数同题5.4。

5.6 电机参数同题5.4,电机稳定运行在额定工作状态,求定子磁链 ψ_{s} 和按定子磁链定向的定子电流两个分量 i_{sd}、i_{sq},并与题5.4的结果进行比较。

5.7 用MATLAB Simulink仿真工具软件,对直接转矩控制系统进行仿真,分析仿真结果,观察转矩与磁链双位式控制器环宽对系统性能的影响。

5.8 根据仿真结果,对矢量控制系统直接转矩控制系统作分析与比较。

第6章 同步电动机变压变频调速系统

内容提要

同步电动机直接投入电网运行时，存在失步与启动两大问题，曾一直制约着同步电动机的应用。同步电动机的转速恒等于同步转速，所以同步电动机的调速只能是变频调速。变频调速的发展与成熟不仅实现了同步电动机的调速问题，同时也解决了失步与启动问题，使之不再是限制同步电动机运行的障碍。随着变频技术的发展，同步电动机调速系统的应用日益广泛。同步电动机的调速可分为自控式和他控式两种，适用于不同的应用场合。

本章6.1节介绍同步电动机的基本特征与调速方法，讨论同步电动机的矩角特性和稳定运行，分析同步电动机的失步与启动问题。6.2节介绍他控式同步电动机调速系统。6.3节介绍自控式同步电动机的构成，详细分析梯形波永磁同步电动机(无刷直流电动机)的工作原理及调速系统。6.4节推导同步电动机的动态数学模型，分析可控励磁同步电动机按气隙磁链定向和正弦波永磁同步电动机按转子磁链定向的矢量控制系统。6.5节介绍了可控励磁同步电动机和正弦波永磁同步电动机的直接转矩控制系统。

6.1 同步电动机的基本特征与调速方法

本节介绍同步电动机的基本特征与调速方法，讨论同步电动机的矩角特性和稳定运行，分析同步电动机的失步与起动问题；最后，讨论同步电动机变频调速的机械特性。

6.1.1 同步电动机的特点

与异步电动机相比，同步电动机具有以下特点：

(1) 交流电机旋转磁场的同步转速 n_1 与定子电源频率 f_1 有确定

的关系：

$$n_1=\frac{60f_1}{n_p}=\frac{60\omega_1}{2\pi n_p} \tag{6-1}$$

异步电动机的稳态转速总是低于同步转速的，而同步电动机的稳态转速等于同步转速，即 $n=n_1$。因此，同步电动机机械特性很硬。

(2) 异步电动机的转子磁动势靠感应产生，而同步电动机除定子磁动势外，在转子侧还有独立的直流励磁，或者靠永久磁钢励磁。

(3) 同步电动机和异步电动机的定子都有同样的交流绕组，一般都是三相的，而转子绕组则不同，同步电动机转子具有明确的极对数和极性，还可能有自身短路的阻尼绕组。

(4) 异步电动机的气隙是均匀的，而同步电动机则有隐极与凸极之分，隐极式电机气隙均匀；凸极式则不均匀，磁极直轴的磁阻小，极间的交轴磁阻大，两轴的电感系数不等，使数学模型更复杂。但凸极效应能产生转矩，单靠凸极效应运行的同步电动机称作磁阻式同步电动机。

(5) 由于同步电动机转子有独立励磁，在极低的电源频率下也能运行，因此，在同样条件下，同步电动机的调速范围比异步电动机更宽。

(6) 异步电动机要靠加大转差才能提高转矩，而同步电动机只需加大功角就能增大转矩，同步电动机比异步电动机对转矩扰动具有更强的承受能力，动态响应快。

6.1.2 同步电动机的分类

同步电动机按励磁方式分为可控励磁同步电动机和永磁同步电动机两种。

可控励磁同步电动机在转子侧有独立的直流励磁，可以通过调节转子的直流励磁电流，改变输入功率因数，可以滞后，也可以超前。当 $\cos\varphi=1.0$ 时，电枢铜损最小。

永磁同步电动机的转子用永磁材料制成，无须直流励磁。永磁同步电动机具有以下突出的优点，被广泛应用于调速和伺服系统。

(1) 由于采用了永磁材料磁极，特别是采用了稀土金属永磁，如钕铁硼(NdFeB)、钐钴(SmCo)等，其磁能积高，可得较高的气隙磁通密度，因此容量相同的电机体积小、重量轻；

(2) 转子没有铜损和铁损，又没有滑环和电刷的摩擦损耗，运行效率高；

(3) 转动惯量小，允许脉冲转矩大，可获得较高的加速度，动态性能好；

(4) 结构紧凑，运行可靠。

永磁同步电动机按气隙磁场分布可分为两种。

(1) 正弦波永磁同步电动机：磁极采用永磁材料，当输入为三相正弦波电流时，气隙磁场为正弦分布，此时该电机称作正弦波永磁同步电动机，简称永磁同步电动机(permanent magnet synchronous motor，PMSM)。

(2) 梯形波永磁同步电动机：磁极仍为永磁材料，但输入方波电流，气隙磁场呈梯形波分布，性能更接近于直流电动机。用梯形波永磁同步电动机构成的自控变频同步电动机又称作无刷直流电动机(brushless DC motor，BLDM)。

6.1.3　同步电动机的矩角特性

忽略定子电阻 R_s，图 6-1 是凸极同步电动机稳定运行且功率因数超前时的相量图，同步电动机从定子侧输入的电磁功率[6,7,8]为

$$P_M = P_1 = 3U_s I_s \cos\varphi \tag{6-2}$$

由图 6-1 得 $\varphi=\phi-\theta$，于是

$$\begin{aligned} P_M &= P_1 = 3UI\cos\varphi = 3UI\cos(\phi-\theta) \\ &= 3UI\cos\phi\cos\theta + 3UI\sin\phi\sin\theta \end{aligned} \tag{6-3}$$

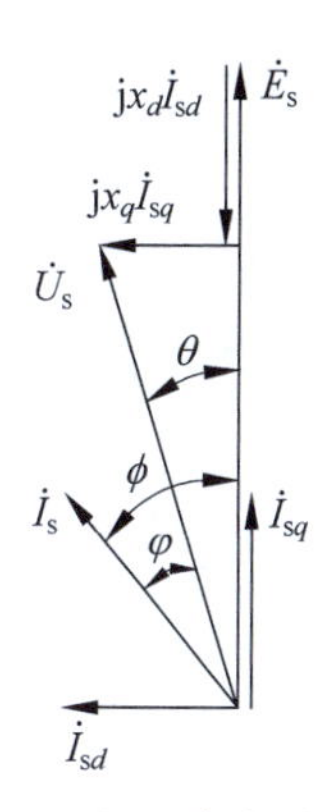

图 6-1　凸极同步电动机稳定运行相量图(功率因数超前)

令

$$\begin{cases} I_{sd} = I_s\sin\phi \\ I_{sq} = I_s\cos\phi \\ x_d I_{sd} = E_s - U_s\cos\theta \\ x_q I_{sq} = U_s\sin\theta \end{cases} \tag{6-4}$$

代入式(6-3)，得

$$\begin{aligned} P_M &= 3U_s I_s\cos\phi\cos\theta + 3U_s I_s\sin\phi\sin\theta \\ &= 3U_s I_{sq}\cos\theta + 3U_s I_{sd}\sin\theta \\ &= 3U_s\frac{U_s\sin\theta}{x_q}\cos\theta + 3U_s\frac{(E_s-U_s\cos\theta)}{x_d}\sin\theta \\ &= 3U_s\frac{E_s}{x_d}\sin\theta + 3U_s^2\left(\frac{1}{x_q}-\frac{1}{x_d}\right)\cos\theta\sin\theta \\ &= \frac{3U_sE_s}{x_d}\sin\theta + \frac{3U_s^2(x_d-x_q)}{2x_dx_q}\sin2\theta \end{aligned} \tag{6-5}$$

其中，U_s——定子相电压有效值，I_s——定子相电流有效值，E_s——转子磁势在定子绕组产生的感应电势，x_d——定子直轴电抗，x_q——定子交轴电抗，φ——功率因数角，ϕ——$\dot{I}_s$ 与 $\dot{E}_s$ 间的相位角，θ——$\dot{U}_s$ 与 $\dot{E}_s$ 间的相位角，在 U_s 和 E_s 恒定时，同步电动机的电磁功率和电磁转矩由 θ 确定，故称为功角或矩角。

在式(6-5)两边除以机械角速度 ω_m，得电磁转矩

$$T_e = \frac{3U_sE_s}{\omega_m x_d}\sin\theta + \frac{3U_s^2(x_d-x_q)}{2\omega_m x_d x_q}\sin2\theta \tag{6-6}$$

电磁转矩由两部分组成，第一部分由转子磁势产生，是同步电动机的主转矩；第二部分是由于磁路不对称产生的，称作磁阻反应转矩。式(6-5)和式(6-6)是凸极同步电动机的功角特性和矩角特性。按式(6-6)可画出凸极同步电动机的矩角特性，

如图 6-2 所示。由于磁阻反应转矩正比于 $\sin 2\theta$,使最大转矩位置提前。

对于隐极同步电动机,$x_d = x_q$,故隐极同步电动机电磁功率

$$P_{\mathrm{M}} = \frac{3U_{\mathrm{s}}E_{\mathrm{s}}}{x_d}\sin\theta \tag{6-7}$$

电磁转矩

$$T_{\mathrm{e}} = \frac{3U_{\mathrm{s}}E_{\mathrm{s}}}{\omega_{\mathrm{m}}x_d}\sin\theta \tag{6-8}$$

图 6-3 为隐极同步电动机的矩角特性,当 $\theta = \frac{\pi}{2}$ 时,电磁转矩最大,

$$T_{\mathrm{emax}} = \frac{3U_{\mathrm{s}}E_{\mathrm{s}}}{\omega_{\mathrm{m}}x_d} \tag{6-9}$$

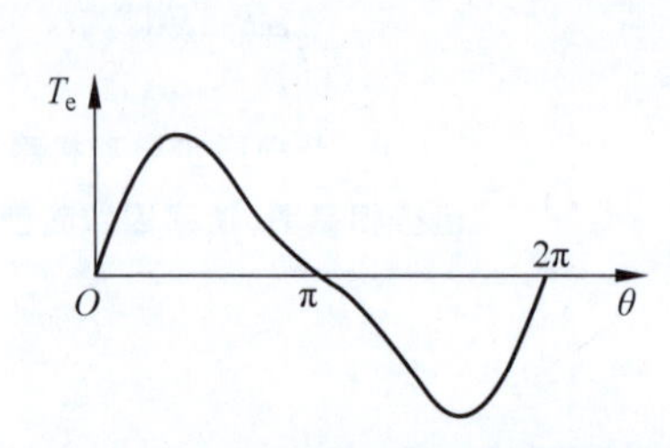

图 6-2 凸极同步电动机的矩角特性

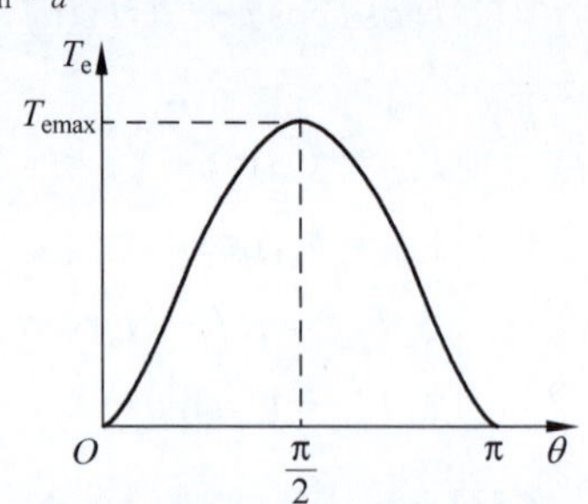

图 6-3 隐极同步电动机的矩角特性

6.1.4 同步电动机的稳定运行

以隐极同步电动机为例,分析同步电动机恒频恒压时的稳定运行问题。

1. 在 $0 < \theta < \frac{\pi}{2}$ 的范围内

在图 6-4 中,若同步电动机运行于 θ_1,$0 < \theta_1 < \frac{\pi}{2}$,此时电磁转矩 T_{e1} 和负载转矩 T_{L1} 相平衡,即 $T_{\mathrm{e1}} = T_{\mathrm{L1}} = \frac{3U_{\mathrm{s}}E_{\mathrm{s}}}{\omega_{\mathrm{m}}x_d}\sin\theta_1$。当负载转矩加大为 T_{L2} 时,转子减速,转子感应电动势滞后,θ 角增加,当 $\theta = \theta_2 < \frac{\pi}{2}$,电磁转矩 T_{e2} 和负载转矩 T_{L2} 又达到平衡,即 $T_{\mathrm{e2}} = T_{\mathrm{L2}} = \frac{3U_{\mathrm{s}}E_{\mathrm{s}}}{\omega_{\mathrm{m}}x_d}\sin\theta_2$,同步电动机仍以同步转速稳定运行,参见图 6-3。若负载转矩又恢复为 T_{L1},则 θ 角恢复为 θ_1,电磁转矩恢复为 T_{e1}。因此,在 $0 < \theta < \frac{\pi}{2}$ 的范围内,同步电动机能够稳定运行。

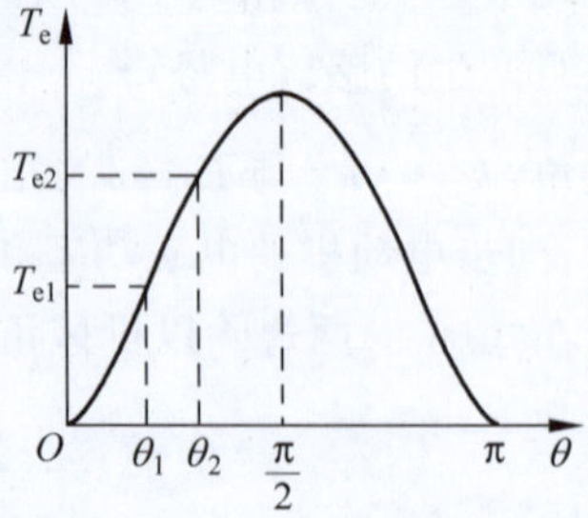

图 6-4 在 $0 < \theta < \frac{\pi}{2}$ 的范围内,隐极同步电动机的矩角特性

2. 在$\frac{\pi}{2}<\theta<\pi$的范围内

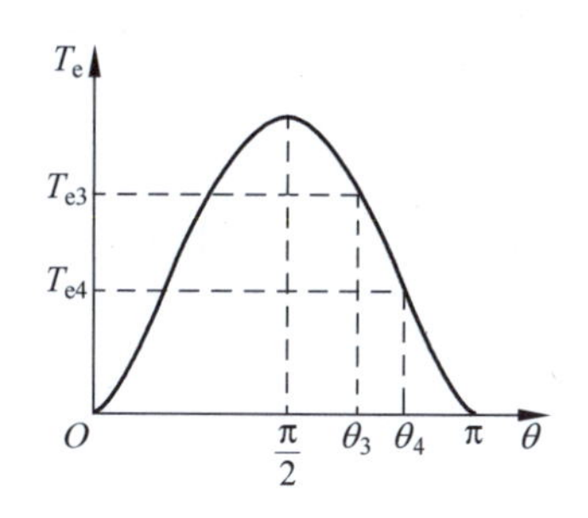

图 6-5　在$\frac{\pi}{2}<\theta<\pi$的范围内，隐极同步电动机的矩角特性

同步电动机的运行于 θ_3，$\frac{\pi}{2}<\theta_3<\pi$，假定电磁转矩 $T_{e3}=\frac{3U_sE_s}{\omega_m x_d}\sin\theta_3$ 和负载转矩 T_{L3} 相平衡。当负载转矩加大为 T_{L4} 时，转子减速使 θ 角增加，但随着 θ 角增加，电磁转矩 T_{e4} 反而减小，由于电磁转矩的减小，导致 θ 角继续增加，参见图 6-5。最终，同步电动机转速偏离同步转速，这种现象称为"失步"。所以，在$\frac{\pi}{2}<\theta<\pi$ 的范围内，同步电动机不能稳定运行，将产生失步现象。

6.1.5　同步电动机的起动

当同步电动机在工频电源下起动时，定子磁动势 $\boldsymbol{F}_s$ 立即以同步转速 $n_1=\frac{60\times f_N}{n_p}$旋转。由于机械惯性的作用，电动机转速具有较大的滞后，不能快速跟上同步转速；功角 θ 以 2π 为周期变化，电磁转矩呈正弦规律变化，如图 6-3 所示。在一个周期内，电磁转矩的平均值等于零，即 $T_{eav}=0$，故同步电动机不能起动。在实际的同步电动机中，转子都有类似笼型中的起动绕组，使电动机按异步电动机的方式起动，当转速接近同步转速时，再通入励磁电流牵入同步[6,7,8]。

6.1.6　同步电动机的调速

同步电动机的失步和启动问题限制了其应用场合和范围，采用变频技术，不仅实现了同步电动机的调速，也解决了失步和启动问题。

同步电动机的转速 n 等于同步转速 n_1，即

$$n=n_1=\frac{60f_1}{n_p} \tag{6-10}$$

而同步电动机的转子具有固定的极对数，所以同步电动机的调速只能是改变电源频率的变频调速。同步电动机的定子结构与异步电动机相同，若忽略定子漏阻抗压降，则定子电压

$$U_s\approx 4.44f_1N_sk_{N_s}\Phi_m \tag{6-11}$$

因此，同步电动机变频调速的电压频率特性与异步电动机变频调速相同，基频以下采用带定子压降补偿的恒压频比控制方式，基频以上采用电压恒定的控制方式。

由式(6-9)可知，当 $\theta=\frac{\pi}{2}$时，电磁转矩最大

$$T_{\mathrm{emax}}=\frac{3U_{\mathrm{s}}E_{\mathrm{s}}}{\omega_{\mathrm{m}}x_d}$$

基频以下采用带定子压降补偿的恒压频比控制方式，$\frac{U_{\mathrm{s}}}{\omega_{\mathrm{m}}}$=常数，最大电磁转矩

$$T_{\mathrm{emax}}=\frac{3E_{\mathrm{s}}}{x_d}\frac{U_{\mathrm{s}}}{\omega_{\mathrm{m}}}=\text{常数} \tag{6-12}$$

基频以上采用电压恒定的控制方式，最大电磁转矩

$$T_{\mathrm{emax}}=\frac{3U_{\mathrm{sN}}E_{\mathrm{s}}}{\omega_{\mathrm{m}}x_d}\propto\frac{1}{\omega_{\mathrm{m}}}\propto\frac{1}{n_1} \tag{6-13}$$

随着电源频率 f_1 的上升而下降。同步电动机变频调速的机械特性如图 6-6 所示。

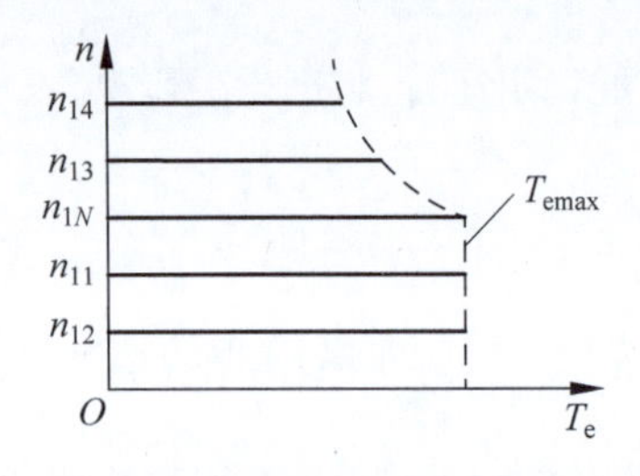

图 6-6 同步电动机变频调速的机械特性

同步电动机的变频调速方法有两种：用独立的变压变频装置给同步电动机供电的称作他控变频调速系统，根据转子位置直接控制变压变频装置换相时刻的称作自控变频调速系统。他控变频调速系统控制较为简单，实现容易，能够实现多机拖动，但仍有可能产生失步现象。自控变频调速系统严格保证电源频率与转速的同步，从根本上避免了失步现象，但系统结构复杂，需要转子位置检测器或根据电动机反电动势波形推算转子的位置。

6.2 他控变频同步电动机调速系统

他控变频调速的特点是电源频率与同步电动机的实际转速无直接的必然联系。其优点是控制系统结构简单，可以同时实现多台同步电动机调速；缺点是没有从根本上消除失步问题。

6.2.1 转速开环恒压频比控制的同步电动机群调速系统

图 6-7 所示是转速开环恒压频比控制的同步电动机群调速系统，是一种最简单的他控变频调速系统，常用于化工纺织业小容量多电动机拖动系统中。多台永磁或磁阻同步电动机并联接在公共的变频器上，由统一的频率给定信号 f^* 同时调节各台电动机的转速。图中的变频器采用电压源型 PWM 变压变频器。

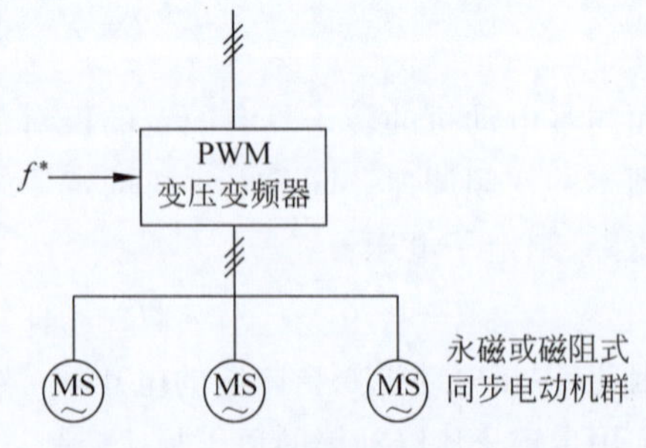

图 6-7 多台同步电动机的恒压频比控制调速系统

在 PWM 变压变频器中，带定子压降

补偿的恒压频比控制保证了同步电动机气隙磁通恒定，缓慢地调节频率给定 f^* 可以逐渐地同时改变各台电机的转速。这种开环调速系统存在一个明显的缺点，就是转子振荡和失步问题并未解决，因此各台同步电动机的负载不能太大。

6.2.2 大功率同步电动机调速系统

大功率的同步电动机转子上一般都具有励磁绕组，通过滑环由直流励磁电源供电，或者由交流励磁发电机经过随转子一起旋转的整流器供电，参见图 6-8。

一类大型同步电动机变压变频调速系统用于低速的电力拖动，例如无齿轮传动的可逆轧机、矿井提升机、水泥转窑等。由交-交变压变频器（又称周波变换器）供电，其输出频率为 20～25Hz（当电网频率为 50Hz 时），对于一台 20 极的同步电动机，同步转速为 120～150r/min，直接用来拖动轧钢机等设备是合适的，可以省去庞大的齿轮传动装置。

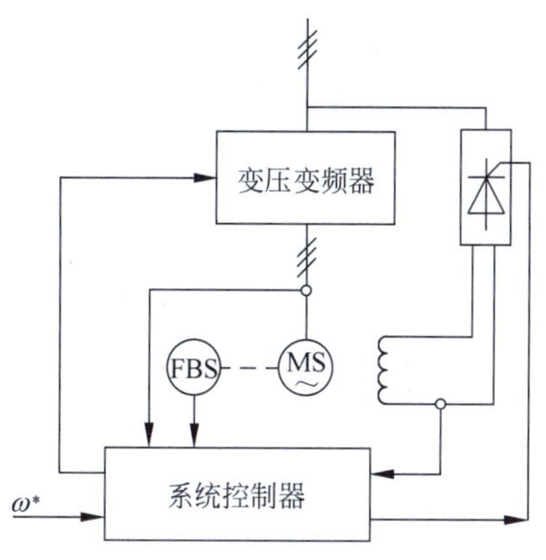

图 6-8 变压变频器供电的同步电动机调速系统

大功率同步电动机可以采用恒压频比控制。在起动过程中，同步电动机定子电源频率按斜坡规律变化，将动态转差限制在允许的范围内，以保证同步电动机顺利起动。待起动结束后，同步电动机转速等于同步转速，稳态转差等于零。一般说来，大功率同步电动机带有阻尼绕组，起动或制动时，阻尼绕组相当于异步电动机的转子绕组，有利于起动、制动；达到稳态时，同步电动机转差等于零，阻尼绕组不起作用。

大功率同步电动机也可以采用转速闭环控制的矢量控制[47,48]或直接转矩控制，在运行过程中，及时调整同步电动机定子电源频率，将矩角范围限制在 $0<\theta<\frac{\pi}{2}$，有效地抑制了失步现象。变频调速既能解决起动问题，又可抑制失步现象，可谓“一举两得”。转速闭环控制的同步电动机依据转速给定和转速反馈值，控制变频器输出的频率，从这个角度看来，转速闭环的同步电动机调速系统也是一种自控变频的同步电动机调速系统。

除了转速闭环控制外，还可能带有电枢（定子）电流、励磁（转子）电流、转矩和磁链的闭环控制，如同步电动机矢量控制系统和直接转矩控制系统（见本章 6.4 节、6.5 节）。图 6-8 绘出了这种系统的硬件结构图。

*6.3 自控变频同步电动机调速系统

他控变频同步电动机调速系统变频器的输出频率与转子位置无直接的关系，若控制不当，仍然会造成失步。如果能根据转子位置直接控制变频装置的输出电压或电流的相位，使矩角小于 90°，就能从根本上杜绝失步现象，这就是自控变频同步电动机的初衷。

6.3.1 自控变频同步电动机

自控变频同步电动机的特点是在电动机轴端装有一台转子位置检测器 BQ，由它发出的转子位置信号控制变频装置，保证转子转速与供电频率同步。

如图 6-9 所示，自控变频同步电动机由同步电动机 MS、转子位置检测器 BQ、逆变器 UI 和控制器 4 部分组成。

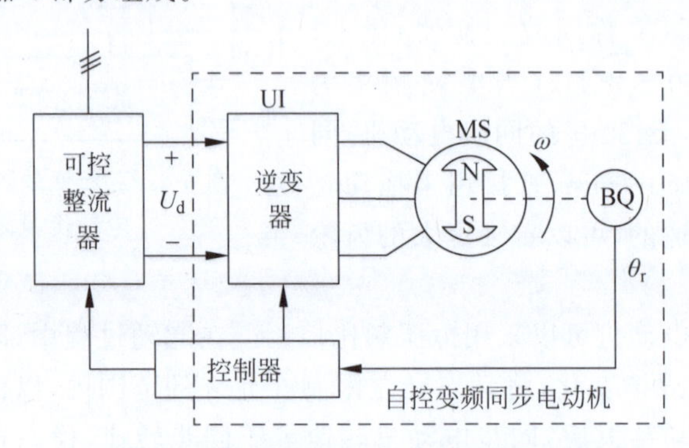

图 6-9 自控变频同步电动机调速原理图

(注：UI——逆变器；BQ——转子位置检测器。)

转子位置检测器与电动机同轴安装，当转子转动时，转子位置检测器能正确反映转子磁极的位置，根据转子磁极的位置信号控制逆变器输出电压的频率和相位，使同步电动机的功角(或矩角)θ 小于$\frac{\pi}{2}$。当电动机转速变化时，逆变器输出电压频率与转速同步变化，这从根本上消除了失步现象，保证同步电动机稳定运行。

由式(6-11)可知，在基频以下调速时，需要电压频率协调控制。因此，除了逆变器外，还需要一套调压装置，为逆变器提供可调的直流电源。可控整流器完成调压的功能。调速时改变直流电压，转速将随之变化，逆变器的输出频率自动跟踪转速。虽然在表面上只控制了电压，实际上也自动地控制了频率，这就是自控变频同步电动机变压变频调速。

图 6-9 中需要两套可控功率单元，系统结构复杂。现在可以改用 PWM 变频器取代原来的逆变器，既完成变频，又实现调压。可控整流器就可以用不可控整流器来代替，或直接由直流母线供电，系统结构简单，只需一套可控功率单元，改进的自

控变频同步电动机及调速原理如图 6-10 所示。

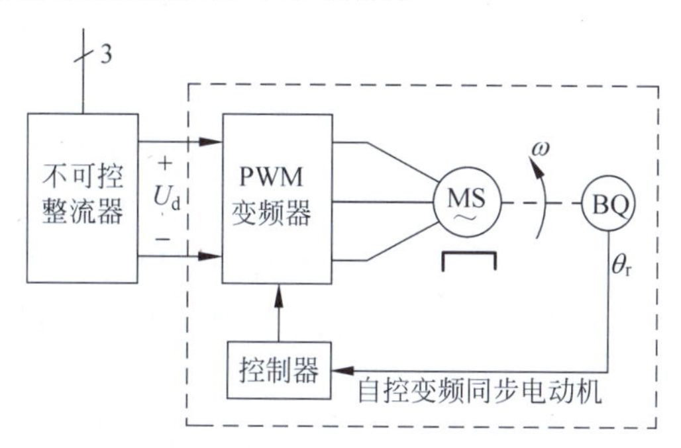

图 6-10 改进的自控变频同步电动机及调速原理图

从电动机本身看,自控变频同步电动机是一台同步电动机,可以是永磁式的,容量大时也可以用励磁式的。但是如果把它和逆变器 UI、转子位置检测器 BQ 合起来看,就像是一台直流电动机。从外部看来,改变直流电压 U_d,就可实现调速,相当于直流电动机的调压调速。从内部看来,直流电动机电枢里面的电流本来就是交变的,只是经过换向器和电刷才在外部电路表现为直流,换向器相当于机械式的逆变器,电刷相当于磁极位置检测器。与此相应,在自控变频同步电动机中采用电力电子逆变器和转子位置检测器,用静止的电力电子电路代替了容易产生火花的旋转接触式换向器,即用电子换向取代机械换向,显然具有很大的优越性。稍有不同的是,直流电动机的磁极在定子上,电枢是旋转的,而同步电动机的磁极一般都在转子上,电枢却是静止的,这只是相对运动不同,没有本质上的区别。

自控变频同步电动机因其核心部件的不同,略有差异。

(1) 无换向器电动机:由于采用电子换相取代了机械式的换向器,因而得名,多用于带直流励磁的同步电动机。

(2) 正弦波永磁自控变频同步电动机:以正弦波永磁同步电动机为核心,构成的自控变频同步电动机。正弦波永磁同步电动机是指当输入三相正弦波电流、气隙磁场为正弦分布,磁极采用永磁材料的同步电动机。

(3) 梯形波永磁自控变频同步电动机即无刷直流电动机:以梯形波永磁同步电动机为核心的自控变频同步电动机,由于输入方波电流,气隙磁场呈梯形波分布,性能更接近于直流电动机,但没有电刷,故称无刷直流电动机。

以上各种电动机尽管在名称上有区别,但本质上都是一样的,所以统称作"自控变频同步电动机"。

6.3.2 梯形波永磁同步电动机(无刷直流电动机)的自控变频调速系统

无刷直流电动机实质上是一种特定类型的同步电动机,永磁无刷直流电动机的转子磁极采用瓦形磁钢,经专门的磁路设计,可获得梯形波的气隙磁场,感应的电动势也是梯形波的。由逆变器提供与电动势严格同相的120°方波电流,同一相(例如A相)的电动势 e_A 和电流 i_A 波形图示于图6-11。

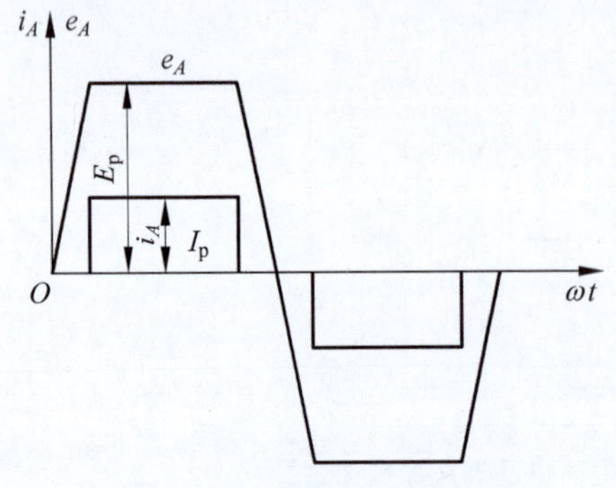

图6-11 梯形波永磁同步电动机的电动势与电流波形图

由三相桥式PWM逆变器供电的Y型梯形波永磁同步电动机的等效电路及逆变器主电路原理图如图6-12所示。U_d 为恒定的直流电压,PWM逆变器输出电压为120°的方波序列,换相的顺序与三相桥式晶闸管可控整流电路相同,并按直流PWM的方法对120°的方波进行调制,同时完成变压变频功能,图6-13为以直流母线负极为参考点的PWM逆变器A相输出电压波形。

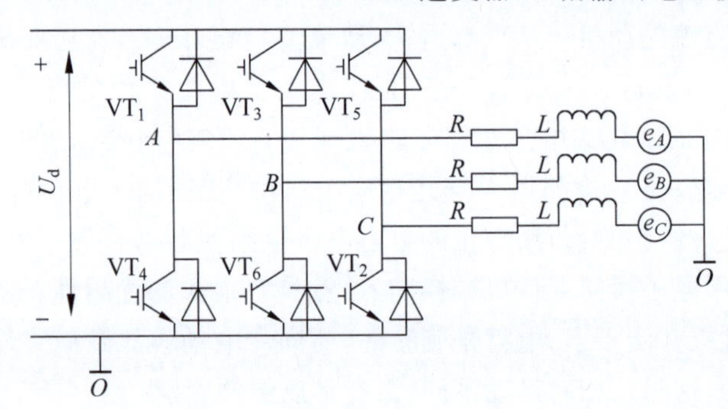

图6-12 梯形波永磁同步电动机的等效电路及逆变器主电路原理图

由于各相电流都是方波,逆变器的控制比交流PWM控制要简单得多,这是设计梯形波永磁同步电动机的初衷。然而由于绕组电感的作用,换相时电流波形不可能突跳,其波形实际上只能是近似梯形的,因而通过气隙传送到转子的电磁功率也是梯形波。每次换相时平均电磁转矩都会降低一些,如图6-14所示。由于PWM逆变器每隔60°换相一次,故实际的转矩波形每隔60°出现一个缺口,而用PWM调压调速又使平顶部分出现纹波,这样的转矩脉动使梯形波永磁同步电动机的调速性能低于真正的直流电动机。

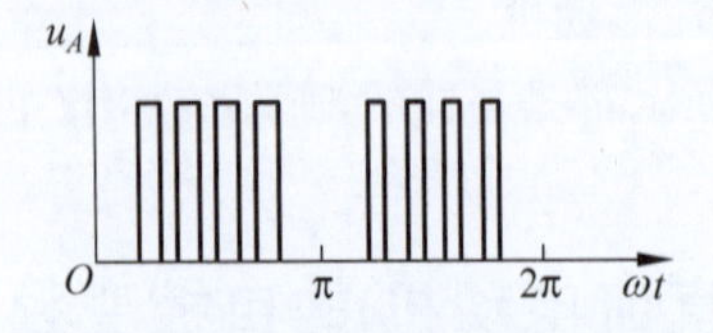

图6-13 PWM逆变器A相输出电压

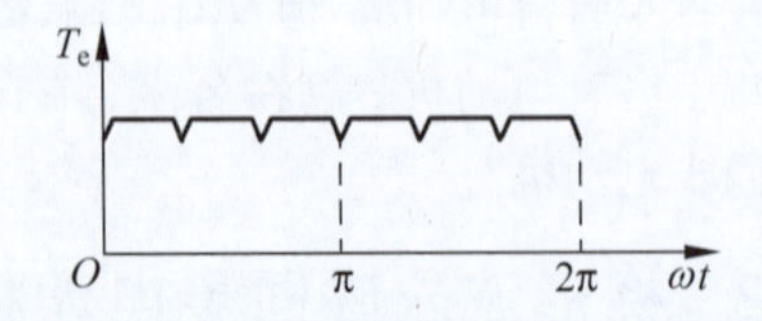

图6-14 梯形波永磁同步电动机的转矩脉动

为方便起见,在静止的 A-B-C 坐标上建立电机的数学模型,梯形波永磁同步电动机的电压方程可以用下式表示:

$$\begin{bmatrix} u_A \\ u_B \\ u_C \end{bmatrix} = \begin{bmatrix} R_s & 0 & 0 \\ 0 & R_s & 0 \\ 0 & 0 & R_s \end{bmatrix} \begin{bmatrix} i_A \\ i_B \\ i_C \end{bmatrix} + \begin{bmatrix} L_\sigma & 0 & 0 \\ 0 & L_\sigma & 0 \\ 0 & 0 & L_\sigma \end{bmatrix} \frac{\mathrm{d}}{\mathrm{d}t} \begin{bmatrix} i_A \\ i_B \\ i_C \end{bmatrix} + \begin{bmatrix} e_A \\ e_B \\ e_C \end{bmatrix} \tag{6-14}$$

式中，u_A、u_B、u_C——三相输入电压，i_A、i_B、i_C——三相电流，e_A、e_B、e_C——三相电动势，R_s——定子每相电阻，L_σ——定子绕组各相漏磁通所对应的电感。

设图6-11中方波电流的峰值为I_p，梯形波电动势的峰值为E_p，在非换相情况下，同时只有两相导通，从逆变器直流侧看进去为两相绕组串联，则电磁功率为$P_m=2E_pI_p$。电磁转矩为

$$T_e=\frac{P_m}{\omega_m}=\frac{P_m}{\omega/n_p}=\frac{2n_pE_pI_p}{\omega}=2n_p\psi_pI_p \tag{6-15}$$

式中，ψ_p——梯形波励磁磁链的峰值，ω_m——电源角频率，ω——电动机转子旋转角速度。

由此可见，梯形波永磁同步电动机（即无刷直流电动机）的转矩与电流I_p成正比，和一般的直流电动机相当。这样，其控制系统也和直流调速系统一样，要求不高时，可采用开环调速，对于动态性能要求较高的负载，可采用转速、电流双闭环控制系统。无论是开环还是闭环系统，都必须检测转子位置，并根据转子位置发出换相信号，使变频器输出与电动势严格同相的120°方波电压，而通过对120°方波电压的PWM调制控制方波电流的幅值，进而控制无刷直流电动机的电磁转矩。

不考虑换相过程及PWM波等因素的影响，当图6-12中的VT_1和VT_6导通时，A、B两相导通，而C相关断，则$i_A=-i_B=I_p$，$i_C=0$，且$e_A=-e_B$，由式(6-14)可得无刷直流电动机的动态电压方程为

$$u_A-u_B=2R_sI_p+2(L_s-L_m)\frac{\mathrm{d}I_p}{\mathrm{d}t}+2e_A \tag{6-16}$$

其中(u_A-u_B)是A、B两相之间输入的平均线电压，采用PWM控制时，设占空比为ρ，则$u_A-u_B=\rho U_d$，于是，式(6-16)可改写成

$$2R_sI_p+2(L_s-L_m)\frac{\mathrm{d}I_p}{\mathrm{d}t}=\rho U_d-2e_A \tag{6-17}$$

或写成状态方程

$$\frac{\mathrm{d}I_p}{\mathrm{d}t}=-\frac{1}{T_l}I_p-\frac{e_A}{(L_s-L_m)}+\frac{\rho U_d}{2(L_s-L_m)} \tag{6-18}$$

式中，$T_l=\dfrac{L_s-L_m}{R_s}$，为电枢漏磁时间常数。

其他5种工作状态均与此相同。

根据电机和电力拖动系统基本理论，可知

$$e_A=-e_B=k_e\omega \tag{6-19}$$

$$T_e = \frac{n_p}{\omega}(e_A i_A + e_B i_B) = 2n_p k_e I_p \tag{6-20}$$

$$\frac{d\omega}{dt} = \frac{n_p}{J}(T_e - T_L) \tag{6-21}$$

把式(6-19)至式(6-21)结合起来,可以得到无刷直流电动机的状态方程:

$$\begin{aligned} \frac{d\omega}{dt} &= \frac{n_p^2}{J} 2k_e I_p - \frac{n_p}{J} T_L \\ \frac{dI_p}{dt} &= -\frac{1}{T_l} I_p - \frac{k_e \omega}{(L_s - L_m)} + \frac{\rho U_d}{2(L_s - L_m)} \end{aligned} \tag{6-22}$$

无刷直流电动机动态结构图如图 6-15 所示。

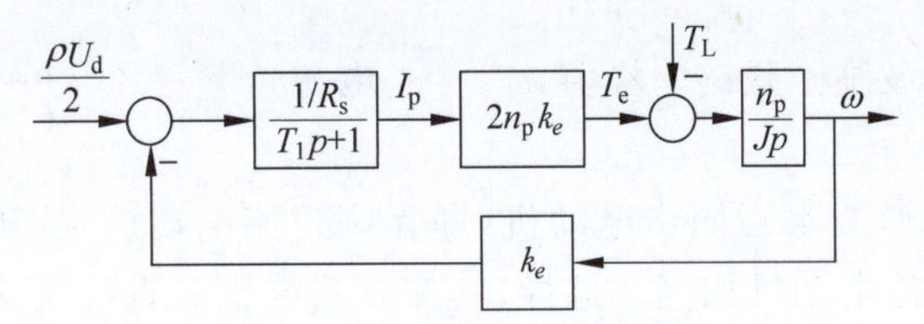

图 6-15 无刷直流电动机的动态结构图

实际上,换相过程中电流和转矩的变化、关断相电动势所引起的电流、PWM 调压对电流和转矩的影响等等都是使动态模型产生时变和非线性的因素,其后果是造成转矩和转速的脉动,严重时会使电机无法正常运行,必须设法予以抑制或消除。

无刷直流电动机调速系统如图 6-16 所示,图 6-17 为无刷直流电动机调速系统结构图。其中,转速调节器 ASR 和电流调节器 ACR 均为带有积分和输出限幅的 PI 调节器,调节器可参照直流调速系统的方法设计。

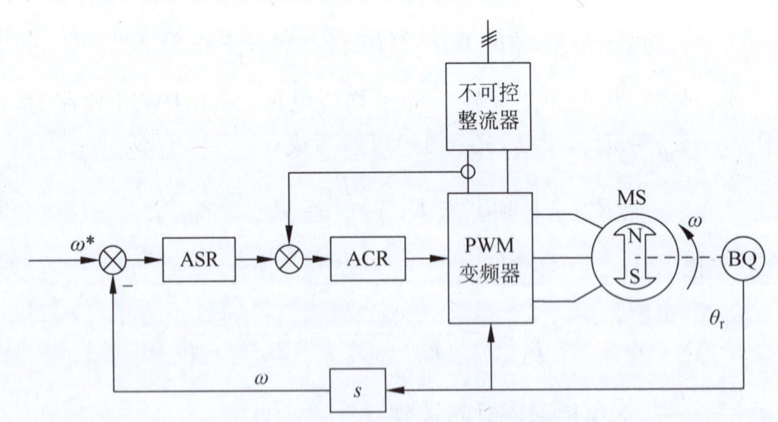

图 6-16 无刷直流电动机调速系统

最后,简单介绍一下用于无刷直流电动机的无位置传感器技术。由图 6-9 和图 6-10 可见,位置传感器 BQ 是构成自控变频同步电动机调速系统不可缺少的环

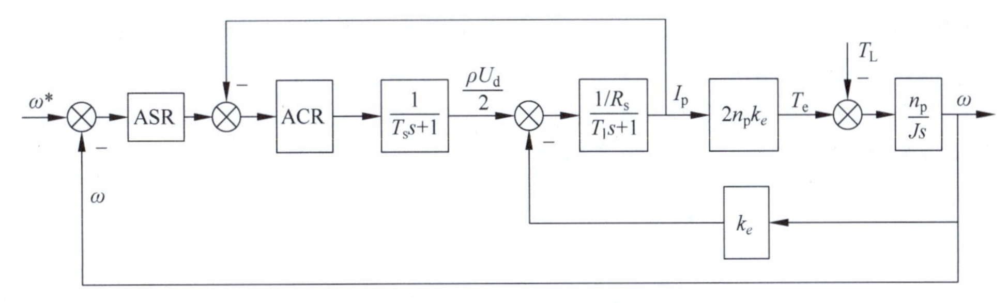

图 6-17　无刷直流电动机调速系统结构图

节,但在某些场合在电机轴上安装位置传感器并增加额外的引线会感到十分不便,于是便产生能否革去位置传感器的要求。前已指出,在 120°导通型的逆变器中,在任何时刻,三相中总有一相是被关断的,但该相绕组仍在切割转子磁场并产生电动势,如果能够检测出关断相电动势波形的过零点,就可以得到转子位置的信息,从而代替位置传感器的作用,完成无刷直流电动机的频率控制,这样的电动机称作无位置传感器的无刷直流电动机。

*6.4　同步电动机矢量控制系统

前面介绍了他控变频调速与直流无刷电动机的调速方法,为了获得高动态性能,应当从同步电动机的动态模型出发,研究同步电动机的调速系统,其基本原理和异步电动机相似,通过坐标变换,把同步电动机等效成直流电动机,再模仿直流电动机的控制方法进行控制。同步电动机的定子绕组与异步电动机相同,主要差异在转子部分,同步电动机转子为直流励磁或永磁体,为了解决启动问题和抑制失步现象,有些同步电动机在转子侧带有阻尼绕组。本节讨论可控励磁和正弦波永磁同步电动机的矢量控制系统。

在同步电动机矢量控制系统中,为了准确地定向,需要检测转子位置。因此,同步电动机矢量控制变频调速也可归属于自控变频同步电动机调速系统。

6.4.1　可控励磁同步电动机动态数学模型

与异步电动机相似,作如下假定。

(1) 忽略空间谐波,设定子三相绕组对称,在空间中互差 120°电角度,所产生的磁动势沿气隙按正弦规律分布;

(2) 忽略磁路饱和,各绕组的自感和互感都是恒定的;

(3) 忽略铁心损耗;

(4) 不考虑频率变化和温度变化对绕组电阻的影响。

如图 6-18 所示,定子三相绕组轴线 A、B、C 是静止的,u_A、u_B、u_C 为三相定子电压,i_A、i_B、i_C 为三相定子电流,转子以角速度 ω 旋转,转子上的励磁绕组在

励磁电压 U_f 供电下流过励磁电流 I_f。沿励磁磁极的轴线为 d 轴,与 d 轴正交的是 q 轴,dq 坐标系固定在转子上,与转子同步旋转,d 轴与 A 轴之间的夹角为变量 θ_r。阻尼绕组是多条类似笼型的绕组,把它等效成在 d 轴和 q 轴各自短路的两个独立的绕组,i_{rd}、i_{rq} 分别为阻尼绕组的 d 轴和 q 轴电流。

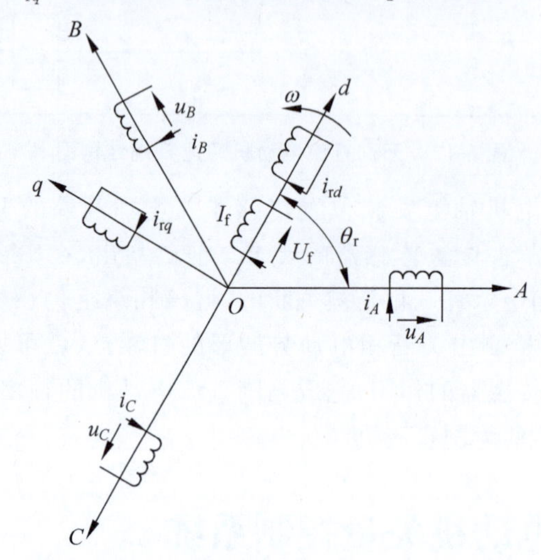

图 6-18 带有阻尼绕组的同步电动机物理模型

考虑同步电动机的凸极效应和阻尼绕组,同步电动机的定子电压方程为

$$
\begin{aligned}
u_A &= R_s i_A + \frac{\mathrm{d}\psi_A}{\mathrm{d}t} \\
u_B &= R_s i_B + \frac{\mathrm{d}\psi_B}{\mathrm{d}t} \\
u_C &= R_s i_C + \frac{\mathrm{d}\psi_C}{\mathrm{d}t}
\end{aligned}
\tag{6-23}
$$

R_s 为定子电阻,ψ_A、ψ_B 和 ψ_C 分别为三相定子磁链。转子电压方程为

$$
\begin{aligned}
U_f &= R_f I_f + \frac{\mathrm{d}\psi_f}{\mathrm{d}t} \\
0 &= R_{rd} i_{rd} + \frac{\mathrm{d}\psi_{rd}}{\mathrm{d}t} \\
0 &= R_{rq} i_{rq} + \frac{\mathrm{d}\psi_{rq}}{\mathrm{d}t}
\end{aligned}
\tag{6-24}
$$

转子电压方程中第一个方程是励磁绕组直流电压方程,R_f 是励磁绕组电阻,永磁同步电动机无此方程,后两个方程是阻尼绕组的等效电压方程,R_{rd}、R_{rq} 分别为阻尼绕组的 d 轴和 q 轴电阻,对于隐极式同步电动机 $R_{rd}=R_{rq}$。

按照坐标变换原理,将定子电压方程从 ABC 三相坐标系变换到 dq 二相旋转坐标系，则 3 个定子电压方程变换成 2 个方程[参看式(5-46)]：

$$
\begin{aligned}
u_{sd} &= R_s i_{sd} + \frac{\mathrm{d}\psi_{sd}}{\mathrm{d}t} - \omega\psi_{sq} \\
u_{sq} &= R_s i_{sq} + \frac{\mathrm{d}\psi_{sq}}{\mathrm{d}t} + \omega\psi_{sd}
\end{aligned}
\tag{6-25}
$$

由式(6-25)可以看出，从三相静止坐标系变换到二相旋转坐标系以后，dq 轴的电压方程等号右侧由电阻压降、脉变电动势和旋转电动势 3 项构成，其物理意义与异步电动机中相同。

在 dq 二相旋转坐标系上的磁链方程为

$$
\begin{aligned}
\psi_{sd} &= L_{sd} i_{sd} + L_{md} I_f + L_{md} i_{rd} \\
\psi_{sq} &= L_{sq} i_{sq} + L_{mq} i_{rq} \\
\psi_f &= L_{md} i_{sd} + L_f I_f + L_{md} i_{rd} \\
\psi_{rd} &= L_{md} i_{sd} + L_{md} I_f + L_{rd} i_{rd} \\
\psi_{rq} &= L_{mq} i_{sq} + L_{rq} i_{rq}
\end{aligned}
\tag{6-26}
$$

式中，L_{sd}——等效两相定子绕组 d 轴自感，$L_{sd}=L_{ls}+L_{md}$；

L_{sq}——等效两相定子绕组 q 轴自感，$L_{sq}=L_{ls}+L_{mq}$；

L_{ls}——等效两相定子绕组漏感；

L_{md}——d 轴定子与转子绕组间的互感，相当于同步电动机原理中的 d 轴电枢反应电感；

L_{mq}——q 轴定子与转子绕组间的互感，相当于 q 轴电枢反应电感；

L_f——励磁绕组自感，$L_f=L_{lf}+L_{md}$，L_{lf}——励磁绕组漏感；

L_{rd}——d 轴阻尼绕组自感，$L_{rd}=L_{lrd}+L_{md}$，L_{lrd}——d 轴阻尼绕组漏感；

L_{rq}——q 轴阻尼绕组自感，$L_{rq}=L_{lrq}+L_{mq}$，L_{lrq}——q 轴阻尼绕组漏感。

由于凸极效应，d 轴和 q 轴上的电感是不一样的，此外，由于阻尼绕组沿转子表面不对称分布，阻尼绕组 d 轴和 q 轴的等效电阻和漏感也不同。

同步电动机在 dq 轴上的转矩和运动方程分别为

$$
T_e = n_p(\psi_{sd} i_{sq} - \psi_{sq} i_{sd}) \tag{6-27}
$$

$$
\frac{\mathrm{d}\omega}{\mathrm{d}t} = \frac{n_p}{J}(T_e - T_L) = \frac{n_p^2}{J}(\psi_{sd} i_{sq} - \psi_{sq} i_{sd}) - \frac{n_p}{J}T_L \tag{6-28}
$$

把式(6-26)中的 ψ_d 和 ψ_q 表达式代入式(6-27)的转矩方程并整理后得

$$
T_e = n_p L_{md} I_f i_{sq} + n_p(L_{sd} - L_{sq}) i_{sd} i_{sq} + n_p(L_{md} i_{rd} i_{sq} - L_{mq} i_{rq} i_{sd}) \tag{6-29}
$$

观察式(6-29)，不难看出每一项转矩的物理意义。第一项 $n_p L_{md} I_f i_{sq}$ 是转子励磁磁动势和定子电枢反应磁动势转矩分量相互作用所产生的转矩，是同步电动机主要的电磁转矩。第二项 $n_p(L_{sd}-L_{sq}) i_{sd} i_{sq}$ 是由凸极效应造成的磁阻变化在电枢反应磁动势作用下产生的转矩,称作反应转矩或磁阻转矩,这是凸极电机特有的转矩,在隐极电机中,$L_{sd}=L_{sq}$,该项为零。第三项 $n_p(L_{md}i_{rd}i_{sq}-L_{mq}i_{rq}i_{sd})$ 是电枢反应磁动势与阻尼绕组磁动势相互作用的转矩,如果没有阻尼绕组,或者在稳态运行时阻尼绕组中没有感应电流,该项都是零。只有在动态过程中,产生阻尼电流,才有阻尼转矩,帮助同步电动机尽快达到新的稳态。

对式(6-26)求导后,代入式(6-24)和式(6-25),整理后可得同步电动机的电压矩阵方程式:

$$\begin{bmatrix} u_{sd} \\ u_{sq} \\ U_f \\ 0 \\ 0 \end{bmatrix} = \begin{bmatrix} R_s & -\omega L_{sq} & 0 & 0 & -\omega L_{mq} \\ \omega L_{sd} & R_s & \omega L_{md} & \omega L_{md} & 0 \\ 0 & 0 & R_f & 0 & 0 \\ 0 & 0 & 0 & R_{rd} & 0 \\ 0 & 0 & 0 & 0 & R_{rq} \end{bmatrix} \begin{bmatrix} i_{sd} \\ i_{sq} \\ I_f \\ i_{rd} \\ i_{rq} \end{bmatrix} + \begin{bmatrix} L_{sd} & 0 & L_{md} & L_{md} & 0 \\ 0 & L_{sq} & 0 & 0 & L_{mq} \\ L_{md} & 0 & L_f & L_{md} & 0 \\ L_{md} & 0 & L_{md} & L_{rd} & 0 \\ 0 & L_{mq} & 0 & 0 & L_{rq} \end{bmatrix} \frac{d}{dt} \begin{bmatrix} i_{sd} \\ i_{sq} \\ I_f \\ i_{rd} \\ i_{rq} \end{bmatrix} \tag{6-30}$$

相应的运动方程为

$$\frac{d\omega}{dt} = \frac{n_p}{J}(T_e - T_L) = \frac{n_p^2}{J}[L_{md}I_f i_{sq} + (L_{sd}-L_{sq})i_{sd}i_{sq} + (L_{md}i_{rd}i_{sq} - L_{mq}i_{rq}i_{sd})] - \frac{n_p}{J}T_L \tag{6-31}$$

式(6-30)和式(6-31)是带有阻尼绕组的凸极同步电动机动态数学模型。与笼型异步电动机相比较,励磁绕组的存在,增加了状态变量的维数,提高了微分方程的阶次,而凸极效应则使得 d 轴和 q 轴参数不等,这无疑增加了数学模型的复杂性。

隐极式同步电动机的 dq 轴对称,故 $L_{sd}=L_{sq}=L_s$,$L_{md}=L_{mq}=L_m$,若忽略阻尼绕组的作用,则动态数学模型为

$$\begin{bmatrix} u_{sd} \\ u_{sq} \\ U_f \end{bmatrix} = \begin{bmatrix} R_s & -\omega L_s & 0 \\ \omega L_s & R_s & \omega L_m \\ 0 & 0 & R_f \end{bmatrix} \begin{bmatrix} i_{sd} \\ i_{sq} \\ I_f \end{bmatrix} + \begin{bmatrix} L_s & 0 & L_m \\ 0 & L_s & 0 \\ L_m & 0 & L_f \end{bmatrix} \frac{d}{dt} \begin{bmatrix} i_{sd} \\ i_{sq} \\ I_f \end{bmatrix} \tag{6-32}$$

$$\frac{d\omega}{dt} = \frac{n_p}{J}(T_e - T_L) = \frac{n_p^2}{J}L_m I_f i_{sq} - \frac{n_p}{J}T_L \tag{6-33}$$

以 ω、i_{sd}、i_{sq}、I_f 为状态变量,u_{sd}、u_{sq}、U_f 为输入变量,T_L 为扰动输入。忽略阻尼绕组的作用时,隐极式同步电动机的状态方程为

$$
\begin{aligned}
\frac{\mathrm{d}\omega}{\mathrm{d}t} &= \frac{n_{\mathrm{p}}}{J}(T_{\mathrm{e}} - T_{\mathrm{L}}) = \frac{n_{\mathrm{p}}^{2}}{J}L_{\mathrm{m}}I_{\mathrm{f}}i_{sq} - \frac{n_{\mathrm{p}}}{J}T_{\mathrm{L}} \\
\frac{\mathrm{d}i_{sd}}{\mathrm{d}t} &= -\frac{L_{\mathrm{f}}R_{\mathrm{s}}}{L_{\mathrm{s}}L_{\mathrm{f}} - L_{\mathrm{m}}^{2}}i_{sd} + \frac{L_{\mathrm{f}}L_{\mathrm{s}}}{L_{\mathrm{s}}L_{\mathrm{f}} - L_{\mathrm{m}}^{2}}\omega i_{sq} + \\
&\quad \frac{L_{\mathrm{m}}R_{\mathrm{f}}}{L_{\mathrm{s}}L_{\mathrm{f}} - L_{\mathrm{m}}^{2}}I_{\mathrm{f}} + \frac{L_{\mathrm{f}}}{L_{\mathrm{s}}L_{\mathrm{f}} - L_{\mathrm{m}}^{2}}u_{sd} - \frac{L_{\mathrm{m}}}{L_{\mathrm{s}}L_{\mathrm{f}} - L_{\mathrm{m}}^{2}}U_{\mathrm{f}} \\
\frac{\mathrm{d}i_{sq}}{\mathrm{d}t} &= -\omega i_{sd} - \frac{R_{\mathrm{s}}}{L_{\mathrm{s}}}i_{sq} - \frac{L_{\mathrm{m}}}{L_{\mathrm{s}}}\omega I_{\mathrm{f}} + \frac{1}{L_{\mathrm{s}}}u_{sq} \\
\frac{\mathrm{d}I_{\mathrm{f}}}{\mathrm{d}t} &= \frac{L_{\mathrm{m}}R_{\mathrm{s}}}{L_{\mathrm{s}}L_{\mathrm{f}} - L_{\mathrm{m}}^{2}}i_{sd} - \frac{L_{\mathrm{f}}L_{\mathrm{m}}}{L_{\mathrm{s}}L_{\mathrm{f}} - L_{\mathrm{m}}^{2}}\omega i_{sq} - \\
&\quad \frac{L_{\mathrm{s}}R_{\mathrm{f}}}{L_{\mathrm{s}}L_{\mathrm{f}} - L_{\mathrm{m}}^{2}}I_{\mathrm{f}} - \frac{L_{\mathrm{m}}}{L_{\mathrm{s}}L_{\mathrm{f}} - L_{\mathrm{m}}^{2}}u_{sd} + \frac{L_{\mathrm{s}}}{L_{\mathrm{s}}L_{\mathrm{f}} - L_{\mathrm{m}}^{2}}U_{\mathrm{f}}
\end{aligned}
\tag{6-34}
$$

其中，漏磁系数 $\sigma=1-\frac{L_{\mathrm{m}}^{2}}{L_{\mathrm{s}}L_{\mathrm{f}}}$。隐极式同步电动机动态结构图见图 6-19，由式(6-34)和图 6-19 可知，同步电动机也是个非线性、强耦合的多变量系统，若考虑阻尼绕组

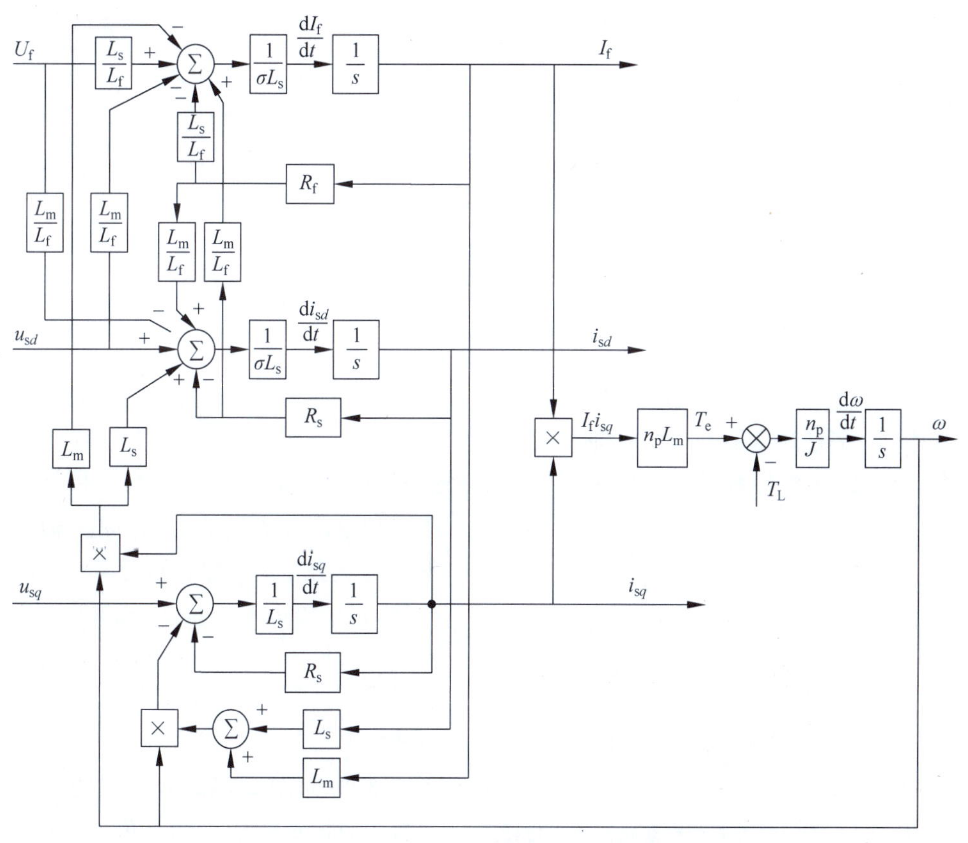

图 6-19　隐极式同步电动机动态结构图

的作用和凸极效应,动态模型更为复杂,与异步电动机相比,其非线性、强耦合的程度有过之而无不及。为了达到良好的控制效果,往往采用电流闭环控制的方式,实现对象的近似解耦。

6.4.2 可控励磁同步电动机按气隙磁链定向矢量控制系统

根据上述的同步电动机数学模型,可以求出矢量控制算法,得到相应的同步电动机矢量控制系统。可以选择不同的磁链矢量作为定向坐标轴,例如按气隙磁链定向、按定子磁链定向、按转子磁链定向、按阻尼磁链定向等。

现以可控励磁隐极式同步电动机为例,论述同步电动机按气隙磁链定向的矢量控制系统。在正常运行时,多希望保持同步电动机的气隙磁链恒定,因此采用按气隙磁链定向的矢量控制。忽略阻尼绕组的作用,在可控励磁同步电动机中,除转子直流励磁外,定子磁动势还产生电枢反应,直流励磁与电枢反应合成起来产生气隙磁链。

1. 按气隙磁链定向的电励磁同步电动机矢量控制基本原理

同步电动机气隙磁链$\boldsymbol{\psi}_g$是指与定子和转子交链的主磁链,沿dq轴分解得$\boldsymbol{\psi}_g$在dq坐标系的表达式

$$\begin{cases}\psi_{gd}=L_m i_{sd}+L_m I_f\\ \psi_{gq}=L_m i_{sq}\end{cases} \tag{6-35}$$

将定子磁链

$$\begin{cases}\psi_{sd}=L_{ls}i_{sd}+L_m i_{sd}+L_m I_f=L_{ls}i_{sd}+\psi_{gd}\\ \psi_{sq}=L_{ls}i_{sq}+L_m i_{sq}=L_{ls}i_{sq}+\psi_{gq}\end{cases} \tag{6-36}$$

代入式(6-27)得电磁转矩

$$T_e=n_p(\psi_{gd}i_{sq}-\psi_{gq}i_{sd}) \tag{6-37}$$

气隙磁链矢量可以用其幅值和角度来表示

$$\boldsymbol{\psi}_g=\psi_g e^{j\theta_g}=\sqrt{\psi_{gd}^2+\psi_{gq}^2}\,e^{j\arctan\frac{\psi_{gq}}{\psi_{gd}}} \tag{6-38}$$

其中,θ_g是气隙磁链矢量与d轴的夹角。

定义mt坐标系,使m轴与气隙合成磁链矢量重合,t轴与m轴正交。再将定子三相电流合成矢量$\boldsymbol{I}_s$沿m、t轴分解为励磁分量i_{sm}和转矩分量i_{st},同样地,将励磁电流矢量$\boldsymbol{I}_f$分解成i_{fm}和i_{ft},参见图6-20。其中,$\boldsymbol{\psi}_g$是气隙磁链,i_g是忽略铁损时的等效励磁电流。

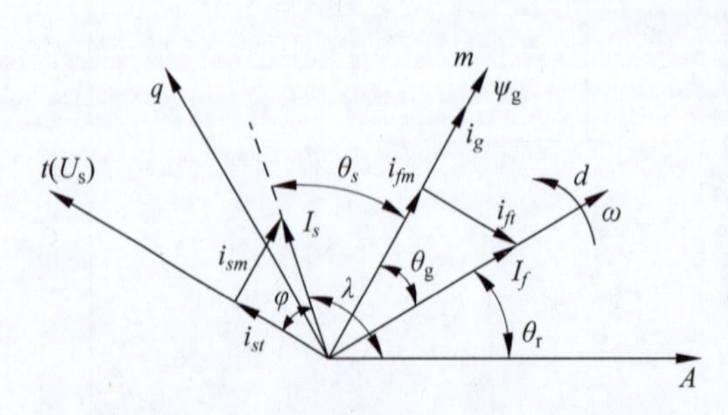

图6-20 可控励磁同步电动机空间矢量图

由图6-20可见,气隙磁链$\boldsymbol{\psi}_g$的空间位置角,即m轴与A的夹角为

$$\theta_m = \theta_r + \theta_g \tag{6-39}$$

因此，从 ABC 坐标系到 mt 坐标系的旋转矩阵为

$$\boldsymbol{C}_{3s/2r} = \sqrt{\frac{2}{3}} \begin{bmatrix} \cos\theta_m & \cos\left(\theta_m - \frac{2\pi}{3}\right) & \cos\left(\theta_m + \frac{2\pi}{3}\right) \\ \sin\theta_m & \sin\left(\theta_m - \frac{2\pi}{3}\right) & \sin\left(\theta_m + \frac{2\pi}{3}\right) \end{bmatrix} \tag{6-40}$$

其逆矩阵为

$$\boldsymbol{C}_{2r/2s} = \sqrt{\frac{2}{3}} \begin{bmatrix} \cos\theta_m & \sin\theta_m \\ \cos\left(\theta_m - \frac{2\pi}{3}\right) & \sin\left(\theta_m - \frac{2\pi}{3}\right) \\ \cos\left(\theta_m + \frac{2\pi}{3}\right) & \sin\left(\theta_m + \frac{2\pi}{3}\right) \end{bmatrix} \tag{6-41}$$

将定子电流矢量 $\boldsymbol{I}_s$ 和励磁电流矢量 $\boldsymbol{I}_f$ 变换到 mt 坐标系，即将这两个矢量沿气隙磁链方向分解，得到励磁分量和转矩分量与在 dq 坐标系中相应分量的关系为

$$\begin{bmatrix} i_{sm} \\ i_{st} \end{bmatrix} = \begin{bmatrix} \cos\theta_g & \sin\theta_g \\ -\sin\theta_g & \cos\theta_g \end{bmatrix} \begin{bmatrix} i_{sd} \\ i_{sq} \end{bmatrix} \tag{6-42}$$

$$\begin{bmatrix} i_{fm} \\ i_{ft} \end{bmatrix} = \begin{bmatrix} \cos\theta_g & \sin\theta_g \\ -\sin\theta_g & \cos\theta_g \end{bmatrix} \begin{bmatrix} I_f \\ 0 \end{bmatrix} \tag{6-43}$$

考虑到按气隙磁链定向，则

$$\begin{bmatrix} \psi_{gm} \\ \psi_{gt} \end{bmatrix} = \begin{bmatrix} \cos\theta_g & \sin\theta_g \\ -\sin\theta_g & \cos\theta_g \end{bmatrix} \begin{bmatrix} \psi_{gd} \\ \psi_{gq} \end{bmatrix} = \begin{bmatrix} L_m i_{sm} + L_m i_{fm} \\ L_m i_{st} + L_m i_{ft} \end{bmatrix} = \begin{bmatrix} L_m i_g \\ 0 \end{bmatrix} \tag{6-44}$$

由此导出

$$\begin{cases} i_g = i_{sm} + i_{fm} \\ i_{st} = -i_{ft} \end{cases} \tag{6-45}$$

式(6-42)和式(6-44)的逆变换分别为

$$\begin{bmatrix} i_{sd} \\ i_{sq} \end{bmatrix} = \begin{bmatrix} \cos\theta_g & -\sin\theta_g \\ \sin\theta_g & \cos\theta_g \end{bmatrix} \begin{bmatrix} i_{sm} \\ i_{st} \end{bmatrix} \tag{6-46}$$

$$\begin{bmatrix} \psi_{gd} \\ \psi_{gq} \end{bmatrix} = \begin{bmatrix} \cos\theta_g & -\sin\theta_g \\ \sin\theta_g & \cos\theta_g \end{bmatrix} \begin{bmatrix} \psi_{gm} \\ \psi_{gt} \end{bmatrix} \tag{6-47}$$

将式(6-46)和式(6-47)代入式(6-37)并整理得到同步电动机的电磁转矩

$$T_{\mathrm{e}} = n_p \psi_{gm} i_{st} = -n_p \psi_{gm} i_{ft} \tag{6-48}$$

由式(6-48)可见，通过气隙磁链定向，同步电动机的转矩公式与直流电动机转矩表达式相同。只要保证气隙磁链$\boldsymbol{\psi}_{gm}$ 恒定，控制定子电流的转矩分量 i_{st} 就可以方便灵活地控制同步电动机的电磁转矩。这个控制要求与异步电动机的矢量控

制相似,因此可以借鉴其实现方案。

异步电动机矢量控制有直接矢量控制和间接矢量控制两种方案,均可引入电励磁同步电动机调速系统中。本书采用直接矢量控制的方案,即有磁链闭环的控制方案。磁链闭环的电励磁同步电动机矢量控制系统的结构与异步电动机直接矢量控制有相同之处,也有不同的地方。相同之处在于,二者都需要构造转速和磁链两个闭环;转速调节器的输出作为定子电流转矩分量的给定。不同的地方是,异步电动机没有单独的励磁绕组,磁链调节器的输出作为定子电流励磁分量的给定;而电励磁同步电动机有可以独立控制的励磁绕组,磁链调节器的输出作为励磁电流的给定。

2. 磁链闭环的实现

气隙磁链的给定值可以通过转速-磁链曲线进行规划:在基速以下气隙磁链给定值为恒定值,此时电动机为恒转矩工作模式;在基速以上则按电压恒定的基本原理计算气隙磁链给定值进行弱磁调速,此时电动机为恒功率工作模式。

气隙磁链的实际值很难通过直接测量获取,因此需要通过相关数学模型进行估算。同步电动机磁链估算的方法与异步电动机相似,也可以分为电流模型和电压模型。按照式(6-35)直接估算气隙磁链的方法,就是所谓的电流模型。电压模型与异步电动机定子磁链电压估算模型非常相似,这里不再介绍。

由式(6-35),利用Park变换可以获得气隙磁链的幅值为

$$\psi_g = \sqrt{\psi_{dg}^2 + \psi_{qg}^2} \tag{6-49}$$

气隙磁链矢量与 d 轴的空间位置夹角 θ_g 可按式(6-50)计算

$$\theta_g = \arctan\frac{\psi_{gq}}{\psi_{gd}} \tag{6-50}$$

气隙磁链的估计值不仅用于构成磁链闭环,还用于定子电流转矩分量给定值和励磁电流转矩分量给定值的计算。

3. 定子电流闭环的实现及功率因数的控制

在气隙磁链恒定的条件下,可依据式(6-48)计算定子电流转矩分量的给定值 i_{st}^*。与异步电动机矢量控制系统类似,转速调节器的输出为电磁转矩的计算值。

而定子电流的励磁分量 i_{sm} 与系统功率因数的控制有关。为方便解释说明这一问题,图6-20给出了气隙磁链定向时各矢量与轴系的空间关系。其中,θ_r 为转子空间位置与 A 轴夹角,θ_g 为气隙磁链矢量 ψ_g(m 轴)与 d 轴夹角。

图6-20中,I_s 为定子电流矢量,其在 m 轴的分量 i_{sm} 为定子电流励磁分量,在 t 轴的分量 i_{st} 为定子电流转矩分量;I_s 与 m 轴的夹角 θ_s 为

$$\theta_s = \arctan\frac{i_{st}}{i_{sm}} \tag{6-51}$$

由电磁感应定律可知,同步电动机的感应电动势矢量与气隙磁链矢量在空间上相互垂直,感应电动势矢量超前气隙磁链矢量90°。而在图6-20中,t 轴恰好超

前气隙磁链矢量90°。忽略定子电阻和漏抗，同步电动机感应电动势矢量与定子电压矢量$\boldsymbol{U}_s$重合，也就是说，t轴与$\boldsymbol{U}_s$重合。而定子电压矢量$\boldsymbol{U}_s$与定子电流矢量$\boldsymbol{I}_s$之间的夹角φ就是功率因数角。因此，由图6-20可以求得

$$\varphi = 90° - \theta_s \tag{6-52}$$

由式(6-51)和式(6-52)可求得励磁电流分量为

$$i_{sm} = i_{st}\tan\varphi \tag{6-53}$$

定子电流励磁量的给定i_{sm}^*可以根据设定的功率因数角φ和由式(6-51)计算得到的i_{st}^*后，再通过式(6-53)计算得到。一般说来，希望功率因数$\cos\varphi=1$，即$\theta_s=90°$，$\varphi=0°$，也就是说，希望$i_{sm}=0$。因此，由期望功率因数确定的i_{sm}可作为矢量控制系统的一个给定值。

4. 励磁电流闭环的实现

磁链调节器的输出量就是励磁电流的给定量i_g^*。由于定子电流励磁分量的给定值i_{sm}^*已经由式(6-53)确定，励磁绕组电流给定I_f^*在m轴的分量i_{fm}^*可通过式(6-45)第一行求得，即

$$i_{fm}^* = i_g^* - i_{sm}^* \tag{6-54}$$

励磁绕组电流给定I_f^*在t轴的分量i_{ft}^*可通过式(6-45)第二行求得，即

$$i_{ft}^* = -i_{st}^* \tag{6-55}$$

于是，励磁绕组电流给定I_f^*的计算公式为

$$I_f^* = \sqrt{(i_{fm}^*)^2 + (i_{ft}^*)^2} \tag{6-56}$$

电励磁同步电动机按气隙磁链定向的矢量控制系统的总体结构图如图6-21所示，其中变频器采用电压型两电平变频器，励磁绕组控制采用不控整流加直流斩波器。

6.4.3 正弦波永磁同步电动机矢量控制系统

正弦波永磁同步电动机具有定子三相分布绕组，在磁路结构和绕组分布上保证定子绕组中的感应电动势具有正弦波形，外施的定子电压和电流也应为正弦波，一般靠交流PWM变压变频器提供。永磁同步电动机一般没有阻尼绕组，转子由永磁体材料构成，无励磁绕组。永磁同步电动机具有幅值恒定、方向随转子位置变化(位于d轴)的转子磁动势$\boldsymbol{F}_r$，图6-22为永磁同步电动机物理模型。

假想永磁同步电动机的转子由一般导磁材料构成，转子带有一个虚拟的励磁绕组，该绕组在通以虚拟的励磁电流I_f时，产生的转子磁动势与永磁同步电动机的转子磁动势$\boldsymbol{F}_r$相等，L_f为虚拟励磁绕组的等效电感。由此可知，永磁同步电动机可以与一般的电励磁同步电动机等效，唯一的差别是虚拟励磁电流I_f恒定，即I_f=常数，且$\dfrac{\mathrm{d}I_f}{\mathrm{d}t}=0$，相当于虚拟励磁绕组由恒定的电流源供电。

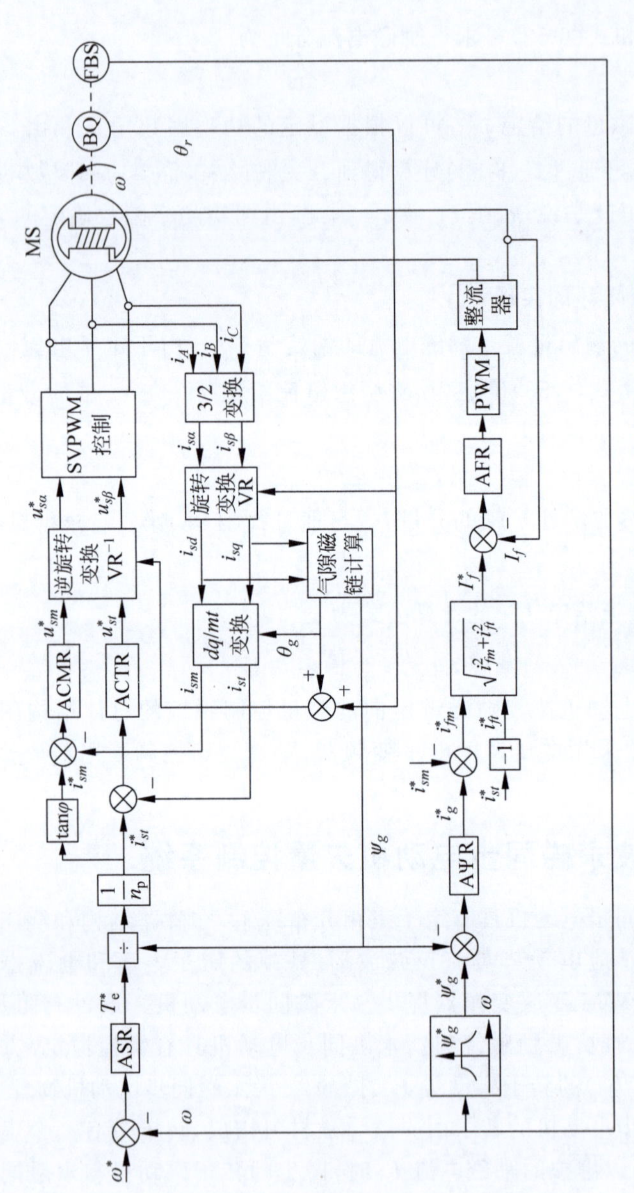

图 6-21 电励磁同步电动机气隙磁链定向的矢量控制系统原理图

由于定子绕组与电励磁同步电动机相同，故定子电压方程式(6-25)也适用于永磁同步电动机，现重写如下：

$$\begin{cases} u_{sd}=R_s i_{sd}+\dfrac{d\psi_{sd}}{dt}-\omega\psi_{sq} \\ u_{sq}=R_s i_{sq}+\dfrac{d\psi_{sq}}{dt}+\omega\psi_{sd} \end{cases}$$

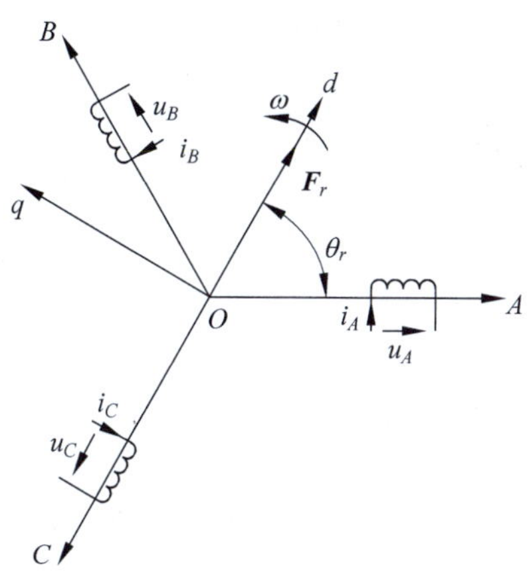

图6-22 永磁同步电动机物理模型

考虑凸极效应时，磁链方程为

$$\begin{aligned} \psi_{sd}&=L_{sd}i_{sd}+L_{md}I_f \\ \psi_{sq}&=L_{sq}i_{sq} \\ \psi_f&=L_{md}i_{sd}+L_f I_f \end{aligned} \tag{6-57}$$

转矩方程为

$$T_e=n_p(\psi_{sd}i_{sq}-\psi_{sq}i_{sd})=n_p[L_{md}I_f i_{sq}+(L_{sd}-L_{sq})i_{sd}i_{sq}] \tag{6-58}$$

将磁链方程式(6-57)代入电压方程式(6-25)，并考虑到$\dfrac{dI_f}{dt}=0$，得

$$\begin{bmatrix} u_{sd} \\ u_{sq} \end{bmatrix}=\begin{bmatrix} R_s & -\omega L_{sq} \\ \omega L_{sd} & R_s \end{bmatrix}\begin{bmatrix} i_{sd} \\ i_{sq} \end{bmatrix}+\begin{bmatrix} L_{sd} & 0 \\ 0 & L_{sq} \end{bmatrix}\frac{d}{dt}\begin{bmatrix} i_{sd} \\ i_{sq} \end{bmatrix}+\begin{bmatrix} 0 \\ \omega L_{md} \end{bmatrix}I_f \tag{6-59}$$

以ω、i_{sd}、i_{sq}为状态变量，u_{sd}、u_{sq}、I_f为输入变量，T_L为扰动输入，则永磁同步电动机的状态方程为

$$\begin{cases} \dfrac{d\omega}{dt}=\dfrac{n_p}{J}(T_e-T_L)=\dfrac{n_p^2}{J}[L_{md}I_f i_{sq}+(L_{sd}-L_{sq})i_{sd}i_{sq}]-\dfrac{n_p}{J}T_L \\ \dfrac{di_{sd}}{dt}=-\dfrac{R_s}{L_{sd}}i_{sd}+\dfrac{L_{sq}}{L_{sd}}\omega i_{sq}+\dfrac{1}{L_{sd}}u_{sd} \\ \dfrac{di_{sq}}{dt}=-\dfrac{L_{sd}}{L_{sq}}\omega i_{sd}-\dfrac{R_s}{L_{sq}}i_{sq}-\dfrac{L_{md}}{L_{sq}}\omega I_f+\dfrac{1}{L_{sq}}u_{sq} \end{cases} \tag{6-60}$$

与电励磁的隐极式同步电动机相比较，隐极式永磁同步电动机的阶次低，非线性强耦合程度有所减弱。

永磁同步电动机常采用按转子磁链定向控制，由式(6-57)求得

$$I_f=\frac{\psi_f-L_{md}i_{sd}}{L_f} \tag{6-61}$$

代入转矩方程式(6-58)，得

$$T_e=n_p\left[\frac{L_{md}}{L_f}\psi_f i_{sq}-\frac{L_{md}^2}{L_f}i_{sd}i_{sq}+(L_{sd}-L_{sq})i_{sd}i_{sq}\right] \tag{6-62}$$

在基频以下的恒转矩工作区中，控制定子电流矢量使之落在q轴上，即令$i_{sd}=0$，$i_{sq}=i_s$，图6-23(a)是永磁同步电动机按转子磁链定向并使$i_{sd}=0$时空间

矢量图。此时,磁链方程成为

$$\begin{aligned}\psi_{sd} &= L_{md}I_{f}\\ \psi_{sq} &= L_{sq}i_{s}\\ \psi_{f} &= L_{f}I_{f}\end{aligned} \tag{6-63}$$

电磁转矩方程为

$$T_{e} = n_{p}\frac{L_{md}}{L_{f}}\psi_{f}i_{s} \tag{6-64}$$

由于 ψ_f 恒定,电磁转矩与定子电流的幅值成正比,控制定子电流幅值就能很好地控制电磁转矩,和直流电动机完全一样。问题是要准确地检测出转子 d 轴的空间位置,控制逆变器使三相定子的合成电流矢量位于 q 轴上(领先于 d 轴 90°)就可以了,比异步电动机矢量控制要简单得多。

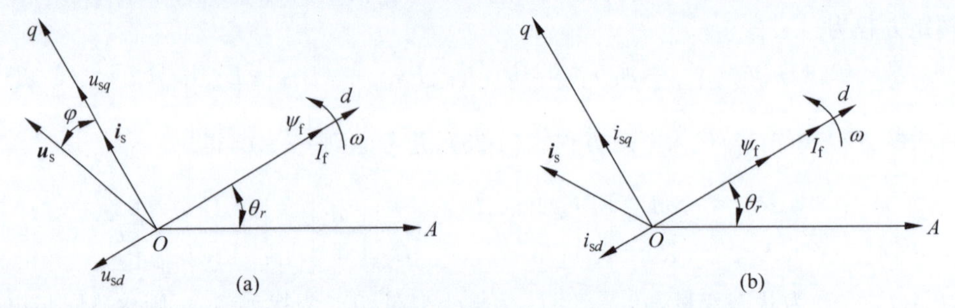

图 6-23 永磁同步电动机转子磁链定向空间矢量图

(a) $i_{sd}=0$,恒转矩调速;(b) $i_{sd}<0$,弱磁恒功率调速

按转子磁链定向并使 $i_{sd}=0$ 的永磁同步电动机矢量控制系统原理框图如图 6-24 所示,其结构与异步电动机矢量控制系统非常类似。

与异步电动机矢量控制系统最显著的区别在于:永磁同步电动机矢量控制系统中用于旋转坐标变换的转子磁场位置 θ_r 可以直接从同步电动机获得。需要注意的是,在安装位置传感器 BQ 时,需要能保证将其零位置与转子磁场的零位置完全吻合,否则需要进行修正。

到达稳定时,电压方程为

$$\begin{cases} u_{sd} = -\omega\psi_{sq} = -\omega L_{sq}i_{s} \\ u_{sq} = R_{s}i_{sq} + \omega\psi_{sd} = R_{s}i_{s} + \omega L_{md}I_{f} \end{cases} \tag{6-65}$$

由式(6-63)和式(6-65)可知,当负载增加时,定子电流 i_s 增大,使定子磁链和反电动势加大,迫使定子电压升高。定子电压矢量和电流矢量的夹角 φ 增大,造成功率因数降低,其空间矢量图如图 6-23(a)所示。$i_{sd}=0$ 使得恒转矩控制变得很简单,却损失了式(6-62)中第二项表示的磁阻转矩。如果要获得单位电流下的最大转矩输出,需要采用更复杂的控制方式,此时 i_{sd} 不再等于 0,需要找出最大转矩与电流的关系;这种控制方式称为最大转矩控制方式。此外,还有最大功率因数控制方式等。

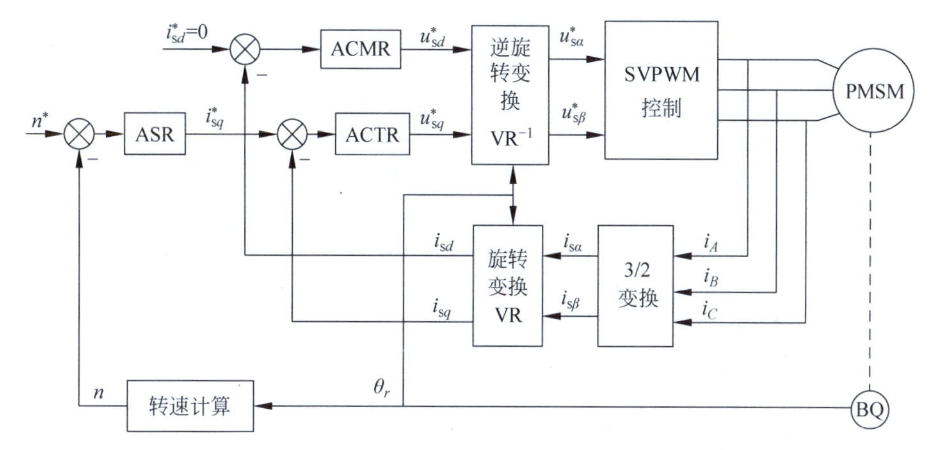

图 6-24 转子磁链定向，且 $i_{sd}=0$ 的永磁同步电动机矢量控制系统结构图

若要使永磁同步电动机运行在基速以上，就需要进行弱磁控制。由于永磁同步电动机的转子励磁由永磁体提供，因此不能通过控制励磁电流 I_f 进行弱磁控制，而只能利用电枢反应削弱定子磁链，具体办法就是使定子电流励磁分量 $i_{sd}<0$，相应的矢量图如图 6-23(b)所示。i_{sd} 的方向与 ψ_f 相反，起到去磁作用。而图 6-24 的 i_{sd}^* 也应作相应的变化。但是，由于稀土永磁材料的磁导率与空气相仿，磁阻很大，相当于定转子间有很大的等效气隙，利用电枢反应弱磁的方法需要较大的定子电流直轴去磁分量，因此常规的正弦波永磁同步电动机在弱磁恒功率区运行的效果很差，调速范围很小，只有在短期运行时才可以接受。如果要长期弱磁工作，必须采用特殊的弱磁方法，这是永磁同步电动机设计的专门问题。

在按转子磁链定向并使 $i_{sd}=0$ 的正弦波永磁同步电动机自控变频调速系统中，定子电流与转子永磁磁通互相独立，控制系统简单，转矩恒定性好，脉动小，可以获得很宽的调速范围，适用于要求高性能的数控机床、机器人等场合。

但是，它的缺点是：

(1) 当负载增加时，定子电压升高。为了保证足够的电源电压，电控装置须有足够的容量，而有效利用率却不大。

(2) 负载增加时，定子电压矢量和电流矢量的夹角也会增大，造成功率因数降低。

(3) 在常规情况下，弱磁恒功率的长期运行范围不大。

由于上述缺点，这种控制系统的适用范围受到限制，这是当前研究工作需要解决的问题。

6.5 同步电动机直接转矩控制系统

前面介绍了同步电动机的矢量控制，同步电动机也可采用直接转矩控制，以下分析可控励磁同步电动机和正弦波永磁同步电动机的直接转矩控制系统。

6.5.1 可控励磁同步电动机直接转矩控制系统

以可控励磁隐极式同步电动机为例,论述同步电动机直接转矩控制系统。同步电动机定子磁链

$$\boldsymbol{\psi}_s=\psi_s e^{j\theta}=\sqrt{\psi_{sd}^2+\psi_{sq}^2}\,e^{j\arctan\frac{\psi_{sq}}{\psi_{sd}}} \tag{6-66}$$

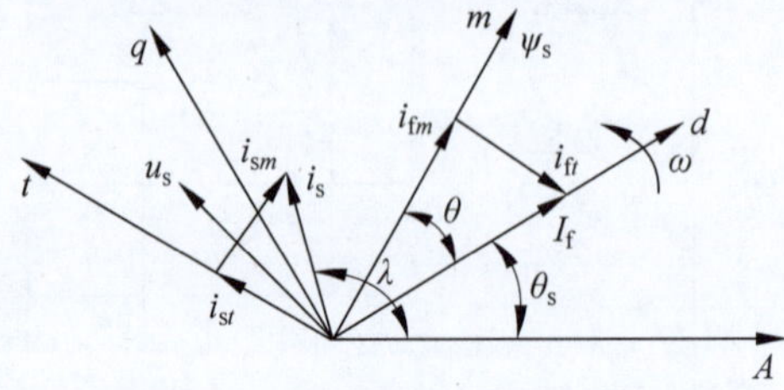

图 6-25 可控励磁隐极式同步电动机空间矢量图

按定子定向磁链坐标系(仍称作 mt 坐标系),使 m 轴与定子合成磁链矢量重合,t 轴与 m 轴正交,见图 6-25。

考虑到按定子磁链定向,则

$$\begin{bmatrix}\psi_{sm}\\ \psi_{st}\end{bmatrix}=\begin{bmatrix}\cos\theta & \sin\theta\\ -\sin\theta & \cos\theta\end{bmatrix}\begin{bmatrix}\psi_{sd}\\ \psi_{sq}\end{bmatrix}=\begin{bmatrix}L_s i_{sm}+L_m i_{fm}\\ L_s i_{st}+L_m i_{ft}\end{bmatrix}=\begin{bmatrix}L_s i_{sm}+L_m i_{fm}\\ 0\end{bmatrix}=\begin{bmatrix}\psi_s\\ 0\end{bmatrix} \tag{6-67}$$

由此导出

$$i_{st}=-\frac{L_m}{L_s}i_{ft} \tag{6-68}$$

将

$$\begin{bmatrix}i_{sd}\\ i_{sq}\end{bmatrix}=\begin{bmatrix}\cos\theta & -\sin\theta\\ \sin\theta & \cos\theta\end{bmatrix}\begin{bmatrix}i_{sm}\\ i_{st}\end{bmatrix}$$

$$\begin{bmatrix}\psi_{sd}\\ \psi_{sq}\end{bmatrix}=\begin{bmatrix}\cos\theta & -\sin\theta\\ \sin\theta & \cos\theta\end{bmatrix}\begin{bmatrix}\psi_s\\ 0\end{bmatrix}$$

代入式(6-24),并整理得到同步电动机的电磁转矩

$$T_e=n_p\psi_s i_{st}=-n_p\frac{L_m}{L_s}\psi_s i_{ft} \tag{6-69}$$

按定子磁链定向坐标系(mt 坐标系)的状态方程

$$\begin{cases}\dfrac{d\omega}{dt}=\dfrac{n_p^2}{J}i_{st}\psi_s-\dfrac{n_p}{J}T_L\\[2mm] \dfrac{d\psi_s}{dt}=-R_s i_{sm}+u_{sm}\\[2mm] \dfrac{di_{sm}}{dt}=\dfrac{1}{\sigma L_s T_r}\psi_s-\dfrac{R_s L_r+R_r L_s}{\sigma L_s L_r}i_{sm}+(\omega_1-\omega)i_{st}-\dfrac{L_m}{\sigma L_r L_s}u_{fm}+\dfrac{u_{sm}}{\sigma L_s}\\[2mm] \dfrac{di_{st}}{dt}=\dfrac{1}{\sigma L_s}\omega\psi_s-\dfrac{R_s L_r+R_r L_s}{\sigma L_s L_r}i_{st}+(\omega_1-\omega)i_{sm}-\dfrac{L_m}{\sigma L_r L_s}u_{ft}+\dfrac{u_{st}}{\sigma L_s}\end{cases} \tag{6-70}$$

坐标系旋转角速度

$$\omega_1 = \frac{u_{st} - R_s i_{st}}{\psi_s} \tag{6-71}$$

由式(6-70)和式(6-71)可知,定子电压矢量对磁链和转矩的控制作用与异步电动机相同,不再重述,着重讨论励磁电流的控制。

励磁电流

$$I_f = \sqrt{i_{fm}^2 + i_{ft}^2} = \sqrt{i_{fm}^2 + \left(-\frac{L_s}{L_m} i_{st}\right)^2} \tag{6-72}$$

在理想空载时,$T_e^* = 0, i_{st} = 0, I_f = i_{fm}, \psi_{sm} = L_s i_{sm} + L_m i_{fm}$,$i_{fm}$ 对定子磁链起主导作用,通过电压矢量的作用,对 i_{sm} 作适当调整,把定子磁链 ψ_{sm} 限定在一定的范围内。当 $T_e^* \neq 0$,定子侧施加合适的电压矢量,使电磁转矩快速跟随给定值,由于 $T_e = n_p \psi_{sm} i_{st} = -n_p \frac{L_m}{L_s} \psi_{sm} i_{ft}$,所以,必须及时调整 i_{ft}。由此可知,励磁电流给定

$$I_f^* = \sqrt{i_{fm}^{*2} + i_{ft}^{*2}} = \sqrt{\left(\frac{\psi_{sm}^*}{L_m}\right)^2 + \left(\frac{-L_s T_e^*}{n_p L_m \psi_{sm}^*}\right)^2} \tag{6-73}$$

图 6-26 为可控励磁隐极式同步电动机直接转矩控制系统,采用励磁电流 I_f 闭环控制,其他与异步电动机直接转矩控制系统相同,不再重复。

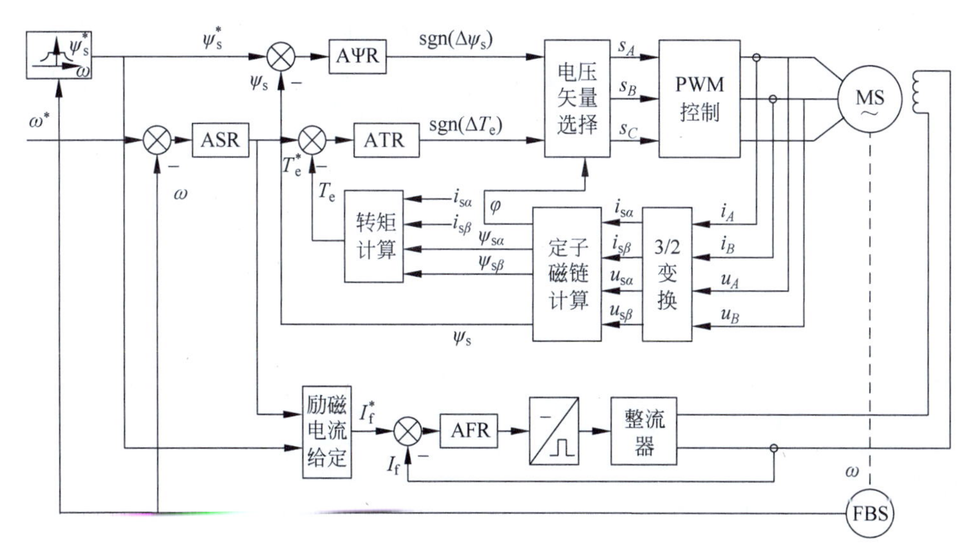

图 6-26　可控励磁隐极式同步电动机直接转矩控制系统

6.5.2　永磁同步电动机直接转矩控制系统

与 6.4.2 节相同,永磁同步电动机的转子磁动势 $\boldsymbol{F}_r$,虚拟励磁电流 I_f,虚拟励磁绕组的等效电感 L_f。

永磁同步电动机的状态方程为

$$\begin{cases} \dfrac{\mathrm{d}\omega}{\mathrm{d}t}=\dfrac{n_{\mathrm{p}}}{J}(T_{\mathrm{e}}-T_{\mathrm{L}})=\dfrac{n_{\mathrm{p}}^{2}}{J}[L_{md}I_{\mathrm{f}}i_{sq}+(L_{sd}-L_{sq})i_{sd}i_{sq}]-\dfrac{n_{\mathrm{p}}}{J}T_{\mathrm{L}} \\ \dfrac{\mathrm{d}i_{sd}}{\mathrm{d}t}=-\dfrac{R_{\mathrm{s}}}{L_{sd}}i_{sd}+\dfrac{L_{sq}}{L_{sd}}\omega i_{sq}+\dfrac{1}{L_{sd}}u_{sd} \\ \dfrac{\mathrm{d}i_{sq}}{\mathrm{d}t}=-\dfrac{L_{sd}}{L_{sq}}\omega i_{sd}-\dfrac{R_{\mathrm{s}}}{L_{sq}}i_{sq}-\dfrac{L_{md}}{L_{sq}}\omega I_{\mathrm{f}}+\dfrac{1}{L_{sq}}u_{sq} \end{cases} \tag{6-74}$$

转矩方程

$$T_{\mathrm{e}}=n_{\mathrm{p}}(\psi_{sd}i_{sq}-\psi_{sq}i_{sd})=n_{\mathrm{p}}[L_{md}I_{\mathrm{f}}i_{sq}+(L_{sd}-L_{sq})i_{sd}i_{sq}] \tag{6-75}$$

其主导转矩

$$T_{\mathrm{e1}}=n_{\mathrm{p}}L_{md}I_{\mathrm{f}}i_{sq} \tag{6-76}$$

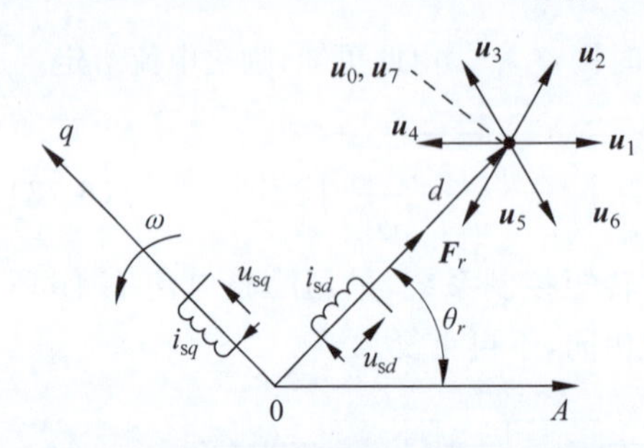

图 6-27 永磁同步电动机空间矢量图

由于虚拟励磁电流 I_{f} 为常数，无法改变，只能通过 i_{sq} 控制转矩。图 6-27 为永磁同步电动机空间矢量图，与异步电动机分析方法相同，选取合适的电压矢量就可控制转矩。永磁同步电动机直接转矩控制系统如图 6-28 所示，定子磁链计算与异步电动机相同，依据式(6-62)计算电磁转矩 T_{e}，控制部分与异步电动机直接转矩控制相同。

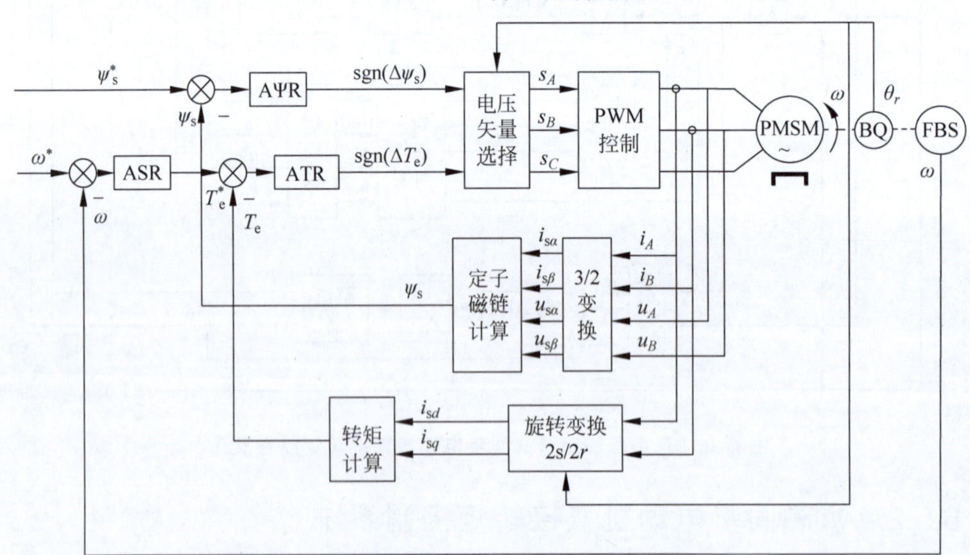

图 6-28 永磁同步电动机直接转矩控制系统

思考题

6.1　比较同步电动机与异步电动机的本质差异。

6.2　同步电动机稳定运行时，转速 n 等于同步转速 n_1，电磁转矩的变化体现在哪里？

6.3　何谓同步电动机的失步与启动问题，如何克服解决？

6.4　说明无刷直流电动机出现转矩脉动的原因。

6.5　电励磁同步电动机的功率因数是否可调，如何调？

6.6　从非线性、强耦合、多变量的基本特征出发，比较同步电动机和异步电动机的动态数学模型。

6.7　论述同步电动机按气隙磁链定向和按转子磁链定向矢量控制系统的工作原理，并与异步电动机矢量控制系统作比较。

6.8　直接转矩控制的方法是否适用于同步电动机？

习题

6.1　三相隐极式同步电动机的参数为：额定电压 $U_N=380V$，额定电流 $I_N=23A$，额定频率 $f_N=50Hz$，额定功率因数 $\cos\varphi=0.8$（超前），定子绕组 Y 连接，电机极对数 $n_p=2$，同步电抗 $x_c=10.4\Omega$，忽略定子电阻。

（1）当这台同步电动机运行在额定状态时，求电磁功率 P_M，电磁转矩 T_e，功角或矩角 θ，转子磁势在定子绕组产生的感应电势 E_s，最大转矩 T_{emax}。

（2）若电磁转矩为额定值，功率因数 $\cos\varphi=1$，求电磁功率 P_M，定子电流 I_s，功角或矩角 θ，转子磁势在定子绕组产生的感应电势 E_s，最大转矩 T_{emax}。

6.2　从电压频率协调控制而言，同步电动机的调速与异步电动机的调速有何差异？

6.3　同步电动机调速系统可分为他控制式和自控式，分析并比较两种方法的基本特征，各自的优缺点。

6.4　分析与比较无刷直流电机和有刷直流电机与相应的调速系统的相同与不同之处。

6.5　在动态过程中，同步电动机的电流角频率 ω_{is}、气隙磁链的角频率 ω_1 和转子旋转角速度 ω 是否相等，若不等，ω_{is} 和 ω_1 各为多大，为什么？达到稳态时，三者是否相等，为什么？

6.6　试画出可控励磁同步电动机功率因数超前时的空间矢量图。

6.7　按题 6.1 同步电动机参数，工作在额定状态时，定子电流的转矩分量 i_{st} 与励磁分量 i_{sm} 各为多大？（需考虑三相到二相的变换，变换的原则按功率相等。）

6.8 构建无刷直流同步电动机的电流滞环控制系统的仿真模型,对比不同转速下的系统运行动态和稳态性能。

6.9 构建电励磁同步电动机矢量控制系统的仿真模型,对比不同转速下的系统运行动态和稳态性能。

6.10 构建永磁同步电动机矢量控制系统的仿真模型,对比不同转速下的系统运行动态和稳态性能。

6.11 构建电励磁同步电动机直接转矩控制系统的仿真模型,对比不同转速下的系统运行动态和稳态性能。

6.12 构建永磁同步电动机直接转矩控制系统的仿真模型,对比不同转速下的系统运行动态和稳态性能。

*第3篇

无传感器控制

在高性能异步电机矢量控制系统中，转子转速的闭环控制环节一般是必不可少的。通常采用同轴安装的光电编码器等机械式的速度传感器来进行转速检测，并反馈转速信号。但是，速度传感器的安装会给系统带来一些问题，包括系统的成本和体积增加、调试工作复杂、可靠性降低、环境适应性差等。在永磁同步电机控制系统中，同样也需要在转子轴上安装机械式传感器，以测量电机转子的转速和位置，这些机械式传感器通常为光电编码器或旋转变压器，可以为电机控制提供所需的转子信息。然而，高精度、高分辨率的转子速度和位置传感器价格昂贵，不仅提高了交流驱动系统的成本，还限制了交流调速装置在恶劣环境下的应用。生产实践中的众多需求，使得人们进而研究无须采用速度传感器或位置传感器的电机转速和位置估计方法，这也是交流调速传动领域广受关注的研究热点。无机械式传感器控制技术，一般简称为无传感器控制，可以在线估计电机转子的转速和位置，从而省去了机械式传感器。

围绕交流电机的转子转速和位置的估计和辨识，人们已经做了大量工作，提出了很多种无传感器控制方法，诸如基于电机数学模型的直接估计、模型参考自适应、状态观测器、扩展卡尔曼滤波，以及转子槽谐波检测和高频信号注入等。总体而言，无传感器控制的高性能交流电机调速系统获得转子信息的方法基本可以归纳为三种类型：①基于电机数学模型计算(开环计算转速或位置)；②基于闭环控制作用构造(闭环构造转速或位置)；③利用电机结构上的特征提取(特征信号处理)。随着现代控制理论、微处理技术、电力电子技术的不断发展及应用，经过多年的努力，“只用电机三根线控制”的无传感器矢量控制已经得到了广泛应用。

第7章 无传感器控制

内容提要

无论异步电动机还是同步电动机,在实现高性能转速闭环控制过程中,都需要在转子轴端安装机械式传感器,如用光电编码器来测量电机的转子转速或转子位置,用于系统控制。然而,机械式传感器的安装也给电机调速系统带来一些问题:(1)传感器易受到温度、湿度和振动等使用条件的约束,限制了电机的应用范围;(2)传感器安装时的初始位置容易出现偏差,需要在控制程序中进行补偿,增加了调试的复杂程度;(3)电机与控制系统之间的连接线数量增加,其接口电路易受外界干扰,降低了系统的可靠性;(4)电机调速系统的成本、重量以及体积增加,在一些小功率应用场合的性价比较低。

为了满足实际需求,国内外学者们围绕交流电动机的转子转速和转子位置的估计与辨识做了大量工作,提出了很多种无传感器控制方法,省去了机械式传感器,使得采用无传感器控制技术的交流电机调速系统得到了广泛应用。需要说明的是,交流电机无传感器控制技术在异步电机控制系统中一般称为无速度传感器控制,而在同步电机控制系统中则称为无位置传感器控制。无传感器控制技术还处于不断发展和完善的阶段,新的原理和方法仍不断出现。

本章接下来将针对三相异步电动机和永磁同步电动机的转子转速和转子位置估计介绍几种典型方法。7.1节介绍异步电机转速直接估计方法,用于电机定子和转子磁链估计的改进电压模型方案。7.2节介绍转速自适应的全阶磁链观测器原理,给出了转速自适应律的设计过程和无速度传感器的异步电机矢量控制系统构成。7.3节介绍了滑模变结构控制基本原理,给出基于滑模控制原理的永磁同步电机滑模观测器设计过程和无位置传感器的按转子位置定向的矢量控制系统。

7.1 三相异步电动机转速直接估计

7.1.1 转速直接估计

转速直接估计是一种简便易行的异步电机无速度传感器控制方法,该方法可以根据转子磁链定向或定子磁链定向控制方案,利用同步角速度 ω_1 减去转差角速度 ω_s,直接计算出转子转速。

$$\omega = \omega_1 - \omega_s \tag{7-1}$$

其中,同步角速度可由静止坐标系电机模型的电压方程计算得到,转差角速度由同步旋转坐标系方程模型得到,具体过程如下。

在静止两相 α-β 坐标系下,三相异步电机的定子电压方程为

$$\begin{cases} u_{s\alpha} = R_s i_{s\alpha} + p\psi_{s\alpha} \\ u_{s\beta} = R_s i_{s\beta} + p\psi_{s\beta} \end{cases} \tag{7-2}$$

其中,p 为微分算子,其他变量与5.1.5节相同。由定子磁链的 α-β 分量可得出定子磁链矢量的角度为

$$\theta_{\psi s} = \arctan \frac{\psi_{s\beta}}{\psi_{s\alpha}} \tag{7-3}$$

对定子磁链角度 $\theta_{\psi s}$ 作微分处理,可计算出同步角速度 ω_1

$$\omega_1 = \frac{\mathrm{d}}{\mathrm{d}t}\theta_{\psi s} = \frac{\mathrm{d}}{\mathrm{d}t}\left[\arctan \frac{\psi_{s\beta}}{\psi_{s\alpha}}\right] = \frac{p\psi_{s\beta}\psi_{s\alpha} - p\psi_{s\alpha}\psi_{s\beta}}{\psi_{s\alpha}^2 + \psi_{s\beta}^2} \tag{7-4}$$

将式(7-2)代入式(7-4),得同步角转速 ω_1 最终表达式

$$\omega_1 = \frac{(u_{s\beta} - R_s i_{s\beta})\psi_{s\alpha} - (u_{s\alpha} - R_s i_{s\alpha})\psi_{s\beta}}{\psi_{s\alpha}^2 + \psi_{s\beta}^2} \tag{7-5}$$

转差角速度在不同的参考坐标系下有不同的计算公式。在转子磁链定向控制系统中,转差角速度 ω_s 可写为

$$\omega_s = \frac{L_m}{T_r \psi_{rd}} i_{st} \tag{7-6}$$

因此,转子角速度估计表达式为

$$\omega = \frac{(u_{s\beta} - R_s i_{s\beta})\psi_{s\alpha} - (u_{s\alpha} - R_s i_{s\alpha})\psi_{s\beta}}{\psi_{s\alpha}^2 + \psi_{s\beta}^2} - \frac{L_m}{T_r \psi_{rd}} i_{st} \tag{7-7}$$

在5.3.1节的按定子磁链定向的动态数学模型中,可推导得出转差角速度 ω_s 为

$$\omega_s = \frac{(1 + \sigma T_r p) L_s i_{sq}}{T_r(\psi_{sd} - \sigma L_s i_{sd})} \tag{7-8}$$

则转子角速度估计表达式为

$$\omega=\frac{(u_{s\beta}-R_s i_{s\beta})\psi_{s\alpha}-(u_{s\alpha}-R_s i_{s\alpha})\psi_{s\beta}}{\psi_{s\alpha}^2+\psi_{s\beta}^2}-\frac{(1+\sigma T_r p)L_s i_{sq}}{T_r(\psi_{sd}-\sigma L_s i_{sd})} \tag{7-9}$$

7.1.2 异步电机磁链估计

异步电机磁链观测的方法种类很多，第 5 章给出了计算转子磁链的电压模型和电流模型以及计算定子磁链的电压模型。电压模型不含转速信息，理想情况下可以直接用于电动机的无速度传感器控制，但由于实际中存在纯积分的初值和直流偏移问题，因而其应用范围受限。电流模型由于包含了转速信息，无法独立应用于无速度传感器控制。本节接下来介绍一种改进电压模型估计方法，可以估算得出定子磁链。

由电机动态数学模型可以知道，定子磁链是定子反电势 $\boldsymbol{e}_s$ 的积分，鉴于积分器存在误差积累和积分漂移现象，因而对反电势 $\boldsymbol{e}_s$ 的积分改由时间常数为 T_c 的低通滤波器完成，所带来的幅值和相位的偏差用磁链参考值 $\boldsymbol{\psi}_s^*$ 进行相应补偿，最后通过直角坐标到极坐标的转换环节 K/P 模块，得到定子磁链的幅值和角度信息，如图 7-1 所示。

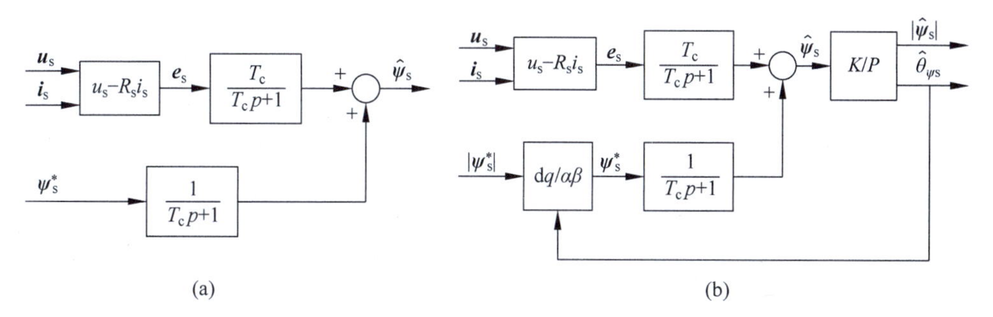

图 7-1　定子磁链估计模型

(a) 定子磁链估计的改进电压模型；(b) 改进电压模型的一种实现方案

与式(7-3)类似，采用转子磁链的 α-β 分量信息计算同步角频率也是可以的，具体公式如下

$$\omega_1=\frac{\mathrm{d}}{\mathrm{d}t}\theta_{\psi r}=\frac{\mathrm{d}}{\mathrm{d}t}\left[\arctan\frac{\psi_{r\beta}}{\psi_{r\alpha}}\right]=\frac{p\psi_{r\beta}\psi_{r\alpha}-p\psi_{r\alpha}\psi_{r\beta}}{\psi_{r\alpha}^2+\psi_{r\beta}^2} \tag{7-10}$$

其中，涉及转子磁链的 α-β 分量，可以通过类似的改进电压模型估算得出，其原理如图 7-2 所示。

在图 7-2 所示转子磁链估计模型中，通过直角坐标到极坐标的 K/P 转换环节，得到矢量控制系统所需的转子磁链的幅值和位置角。此时的转子磁链状态估计方程为

$$\hat{\boldsymbol{\psi}}_r=\frac{T_c}{T_c p+1}\boldsymbol{e}_r+\frac{1}{T_c p+1}\boldsymbol{\psi}_r^*=\frac{T_c p\boldsymbol{\psi}_r+\boldsymbol{\psi}_r^*}{T_c p+1}=\boldsymbol{\psi}_r+(\boldsymbol{\psi}_r^*-\boldsymbol{\psi}_r)\frac{1}{T_c p+1} \tag{7-11}$$

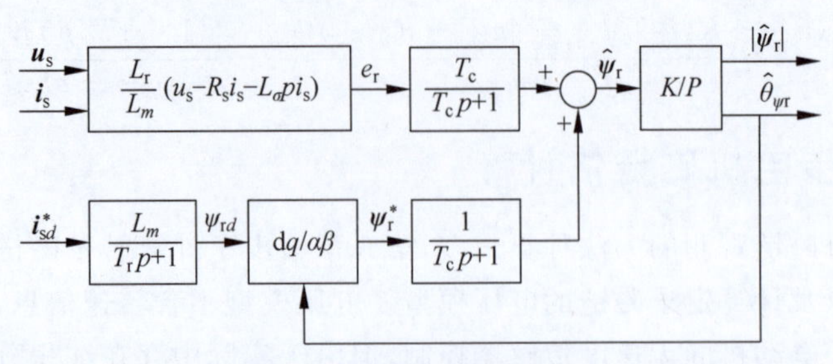

图 7-2 转子磁链估计模型

由上式可以看出,在理想情况下假设转子磁链初始值与参考给定值$\boldsymbol{\psi}_r^*$ 相等,则误差为零,即有$\hat{\boldsymbol{\psi}}_r=\boldsymbol{\psi}_r$。在一般情况下,磁链初始值与参考给定值$\boldsymbol{\psi}_r^*$ 不相等,则必将引起$\boldsymbol{\psi}_r$ 的动态收敛过程,其收敛特性取决于滤波环节的时间常数 T_c,但这并不影响$\hat{\boldsymbol{\psi}}_r$ 对$\boldsymbol{\psi}_r$ 的绝对收敛性。滤波器时间常数 T_c 的选取很关键,若取 T_c 为转子时间常数 τ_r,可以削弱由定子电阻 R_s 变化所引起的磁链估计偏差,但在高速运行时,减小滤波器时间常数 T_c 有利于系统稳定运行。

静止 α-β 坐标系下式(7-11)的标量形式为

$$\begin{cases}\hat{\psi}_{r\alpha}=\dfrac{T_c}{T_cp+1}e_{r\alpha}+\dfrac{1}{T_cp+1}\psi_{r\alpha}^*\\[2ex]\hat{\psi}_{r\beta}=\dfrac{T_c}{T_cp+1}e_{r\beta}+\dfrac{1}{T_cp+1}\psi_{r\beta}^*\end{cases}\tag{7-12}$$

则转子磁链的幅值和角度分别为

$$|\hat{\boldsymbol{\psi}}_r|=\sqrt{\hat{\psi}_{r\alpha}^2+\hat{\psi}_{r\beta}^2}\tag{7-13}$$

$$\hat{\theta}_{\psi r}=\arctan\left(\frac{\hat{\psi}_{r\beta}}{\hat{\psi}_{r\alpha}}\right)\tag{7-14}$$

转速直接估计法从电机数学模型推导得出转速公式,其优点是直观和方便。但它属于开环估计方案,缺乏对各种干扰进行抑制的机制,抗干扰能力弱,对于实际系统中的干扰和非理想因素无能为力。

7.2 转速自适应的全阶状态观测器

线性系统状态观测器也称为龙贝格状态观测器,依据其基本原理可以设计出用于异步电机矢量控制或直接转矩控制的全阶状态观测器,在观测电机磁链信息的同时,又可辨识转子转速,且具有自适应性质,因此又称为转速自适应的全阶磁链观测器。参考第5.1.5节异步电机在两相坐标系上的动态方程,按照状态变量不同选取方式,可分为 ω-$\boldsymbol{i}_s$-$\boldsymbol{\psi}_r$、ω-$\boldsymbol{i}_s$-$\boldsymbol{\psi}_s$ 及 ω-$\boldsymbol{\psi}_s$-$\boldsymbol{\psi}_r$ 三种类型。本节以 ω-$\boldsymbol{i}_s$-$\boldsymbol{\psi}_r$ 为状态变量讲述全阶磁链观测器的原理和设计方法。

7.2.1　以定子电流 i_s 和转子磁链 ψ_r 为状态变量的全阶磁链观测器

在两相静止参考坐标系下，异步电机的状态方程和输出方程可表示为

$$\frac{\mathrm{d}}{\mathrm{d}t}\begin{bmatrix}\boldsymbol{i}_s\\ \boldsymbol{\psi}_r\end{bmatrix}=\begin{bmatrix}\boldsymbol{A}_{11} & \boldsymbol{A}_{12}\\ \boldsymbol{A}_{21} & \boldsymbol{A}_{22}\end{bmatrix}\begin{bmatrix}\boldsymbol{i}_s\\ \boldsymbol{\psi}_r\end{bmatrix}+\begin{bmatrix}\boldsymbol{B}_1\\ \boldsymbol{B}_2\end{bmatrix}\boldsymbol{u}_s \tag{7-15}$$

$$\boldsymbol{i}_s=\begin{bmatrix}\boldsymbol{C}_1 & \boldsymbol{C}_2\end{bmatrix}\begin{bmatrix}\boldsymbol{i}_s\\ \boldsymbol{\psi}_r\end{bmatrix} \tag{7-16}$$

其中，$\boldsymbol{A}=\begin{bmatrix}\boldsymbol{A}_{11} & \boldsymbol{A}_{12}\\ \boldsymbol{A}_{21} & \boldsymbol{A}_{22}\end{bmatrix}=\begin{bmatrix}-\dfrac{R_sL_r^2+R_rL_m^2}{\sigma L_sL_r^2} & 0 & \dfrac{L_m}{\sigma L_sL_rT_r} & \dfrac{L_m}{\sigma L_sL_r}\omega_r\\ 0 & -\dfrac{R_sL_r^2+R_rL_m^2}{\sigma L_sL_r^2} & -\dfrac{L_m}{\sigma L_sL_r}\omega_r & \dfrac{L_m}{\sigma L_sL_rT_r}\\ \dfrac{L_m}{T_r} & 0 & -\dfrac{1}{T_r} & -\omega_r\\ 0 & \dfrac{L_m}{T_r} & \omega_r & -\dfrac{1}{T_r}\end{bmatrix}$

$\boldsymbol{B}=\begin{bmatrix}\boldsymbol{B}_{11}\\ \boldsymbol{B}_{12}\end{bmatrix}=\begin{bmatrix}\dfrac{1}{\sigma L_s} & 0\\ 0 & \dfrac{1}{\sigma L_s}\\ 0 & 0\\ 0 & 0\end{bmatrix}$，$\boldsymbol{C}=\begin{bmatrix}\boldsymbol{C}_1 & \boldsymbol{C}_2\end{bmatrix}=\begin{bmatrix}1 & 0 & 0 & 0\\ 0 & 1 & 0 & 0\end{bmatrix}$

式中，变量 $\boldsymbol{i}_s=\begin{bmatrix}i_{s\alpha} & i_{s\beta}\end{bmatrix}^{\mathrm{T}}$，$\boldsymbol{\psi}_r=\begin{bmatrix}\psi_{r\alpha} & \psi_{r\beta}\end{bmatrix}^{\mathrm{T}}$，$\boldsymbol{u}_s=\begin{bmatrix}u_{s\alpha} & u_{s\beta}\end{bmatrix}^{\mathrm{T}}$ 分别为两相静止 α-β 坐标系下的定子电流、转子磁链和定子电压矢量；$T_r=\dfrac{L_r}{R_r}$，$\sigma=1-\dfrac{L_m^2}{L_sL_r}$。$R_s$、$R_r$ 分别为定子电阻和转子电阻，L_s、L_r、L_m 分别为定子电感、转子电感和互感，σ 为漏感系数，ω_r 为转子电角速度。

式(7-15)可进一步表示为

$$\frac{\mathrm{d}\boldsymbol{x}}{\mathrm{d}t}=\boldsymbol{A}\boldsymbol{x}+\boldsymbol{B}\boldsymbol{u}_s \tag{7-17}$$

其中，$\boldsymbol{x}=\begin{bmatrix}i_{s\alpha} & i_{s\beta} & \psi_{s\alpha} & \psi_{s\beta}\end{bmatrix}^{\mathrm{T}}$。

根据上式所给出的电机状态方程，构造的电机全阶磁链观测器可由下式表示

$$\frac{\mathrm{d}\hat{\boldsymbol{x}}}{\mathrm{d}t}=\boldsymbol{A}\hat{\boldsymbol{x}}+\boldsymbol{B}\boldsymbol{u}_s-\boldsymbol{K}(\hat{\boldsymbol{i}}_s-\boldsymbol{i}_s) \tag{7-18}$$

$$\hat{\boldsymbol{i}}_s=\boldsymbol{C}\hat{\boldsymbol{x}} \tag{7-19}$$

式中,$\hat{\boldsymbol{x}}=\begin{bmatrix}\hat{\boldsymbol{i}}_{s} & \hat{\boldsymbol{\psi}}_{r}\end{bmatrix}^{T}=[\hat{i}_{s\alpha} \quad \hat{i}_{s\beta} \quad \hat{\psi}_{s\alpha} \quad \hat{\psi}_{s\beta}]^{T}$,“^”表示相关变量的估计值,即观测值,$\boldsymbol{A}=\begin{bmatrix}\boldsymbol{A}_{11} & \boldsymbol{A}_{12}\\ \boldsymbol{A}_{21} & \boldsymbol{A}_{22}\end{bmatrix}$,$\boldsymbol{B}=\begin{bmatrix}\boldsymbol{B}_{1}\\ \boldsymbol{B}_{2}\end{bmatrix}$,$\boldsymbol{C}=[\boldsymbol{C}_{1} \quad \boldsymbol{C}_{2}]$,$\boldsymbol{K}$ 是误差反馈矩阵。

异步电机状态观测器原理框图如图 7-3 所示。这里系统的输入是定子电压,系统的状态变量是电机定子电流和转子磁链,其特点在于利用状态观测器的定子电流估计值与定子电流实际值之间的偏差进行反馈校正,目的是实现转子磁链状态的观测值快速逼近真实状态。这是一种闭环估计方案,因此也称为闭环磁链观测器。需要指出,这里给出的电机模型是静止两相坐标系下的数学模型,因此系统的输入和输出矢量都是二维的,而系统的阶数则是四阶的。

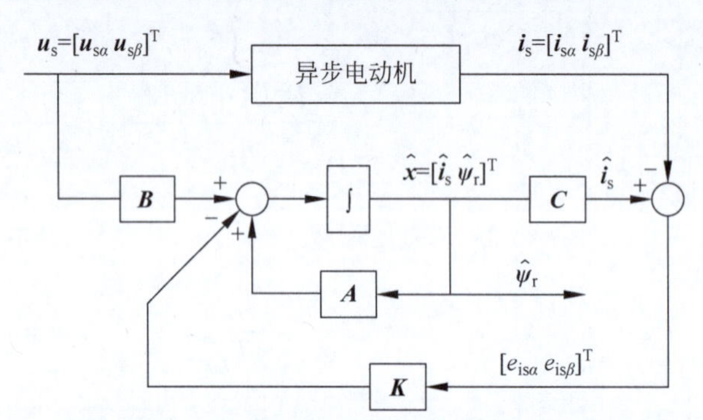

图 7-3 异步电动机状态观测器原理框图

图中受控对象电机的定子电流真实值 $\boldsymbol{i}_s$ 与状态观测器输出的定子电流估计值$\hat{\boldsymbol{i}}_s$ 之差,与反馈增益矩阵 $\boldsymbol{K}$ 相乘以后,作为修正项送入状态观测器系统的输入端,从而构成一个闭环控制系统,与控制输入电压一起驱动观测器系统,使得系统状态变量的估计值与真实值之间的偏差收敛于零。这里反馈增益矩阵 $\boldsymbol{K}$ 的选择非常关键,$\boldsymbol{K}$ 矩阵首先应保证系统的稳定,其次要保证系统状态变量估值与真值之间的偏差以足够快的速度收敛于零,并兼顾观测器系统的抗干扰能力和系统实现的便易性。此时,观测器的设计问题就转化为对 $\boldsymbol{K}$ 矩阵的设计。

7.2.2 反馈增益矩阵

由现代控制理论知道,系统[$\boldsymbol{A}$, $\boldsymbol{B}$,$\boldsymbol{C}$]存在状态观测器且其极点可以任意配置的充分必要条件是该系统完全能观,即系统的能观性直接决定了状态观测器的极点配置。由异步电机系统矩阵 $\boldsymbol{A}$ 和 $\boldsymbol{C}$,可以验证得出系统能观性矩阵满秩,系统完全能观,状态观测器存在且其极点可以任意配置。此时状态观测器的设计问题实际上就转化为根据系统的控制要求对反馈增益矩阵 $\boldsymbol{K}$ 的设计,这和观测器的极点配置问题是紧密相连的。矩阵 $\boldsymbol{K}$ 是一个 4×2 矩阵,合理地选择 $\boldsymbol{K}$ 阵即适当地配置观测器的极点,以使观测器具有期望的状态误差收敛速度。一般矩阵 $\boldsymbol{K}$ 采用如下形式

$$\boldsymbol{K}=\begin{bmatrix} k_1 & -k_2 \\ k_2 & k_1 \\ k_3 & -k_4 \\ k_4 & k_3 \end{bmatrix} \tag{7-20}$$

在观测器的设计中，考虑到电机模型本身是稳定的，其系统极点的位置处于 s 平面的左半部分，并且随着电机转速的变化而变化。为了保证观测器状态稳定且以足够快的速度收敛，则一般设置其极点与电机极点成正比，设比例系数为 $k(k>1)$。根据这一极点配置要求可以设计得出

$$\begin{cases} k_1=(k-1)\dfrac{R_sL_r+R_rL_s}{\sigma L_sL_r} \\ k_2=(1-k)\omega_r \\ k_3=(1-k)\dfrac{R_sL_r+R_rL_s}{L_m}+(k^2-1)\dfrac{R_sL_r^2+R_rL_m^2}{L_mL_r} \\ k_4=(1-k)\dfrac{\sigma L_sL_r}{L_m}\omega_r \end{cases} \tag{7-21}$$

将式(7-23)中的 $\boldsymbol{K}$ 阵各参数代入观测器模型式(7-20)，可以得到异步电机的观测器方程，这样就完成了观测器的极点配置工作。为了保证足够的收敛速度，正比系数 k 的取值很关键。正比系数 k 越大，观测器收敛速度越快，但通常情况下 k 值不能太大，否则系统对于干扰信号会过于敏感，系统稳定性反而会下降。

7.2.3 全阶磁链观测器的转速辨识

图 7-3 中的异步电机磁链观测器的转速信息是已知的，若将转速 ω_r 看作系统的一个参数，则通过利用自适应控制原理，可以设计出一个参数自适应系统，从而辨识出转速 $\hat{\omega}_r$ 实现异步电机的无速度传感器控制。由于将转速 ω_r 看作一个待辨识的系统参数，如果无速度传感器运行下的辨识转速与实际转速之间存在偏差，则系统矩阵 $\boldsymbol{A}$ 将发生变化，故而式(7-18)观测器的系统矩阵应以 $\hat{\boldsymbol{A}}$ 代替，因此将观测器模型重新写为

$$\frac{\mathrm{d}\hat{\boldsymbol{x}}}{\mathrm{d}t}=\hat{\boldsymbol{A}}\hat{\boldsymbol{x}}+\boldsymbol{B}\boldsymbol{u}_s-\boldsymbol{K}(\hat{\boldsymbol{i}}_s-\boldsymbol{i}_s) \tag{7-22}$$

转速自适应的全阶磁链观测器(见图 7-4)本质上是一个非线性系统，其稳定性可通过李雅普洛夫(Lyapunov)稳定性理论或波波夫(Popov)超稳定理论来分析。在本节中，自适应观测器系统的动态渐近稳定性由李雅普洛夫理论保证，系统状态的观测误差渐近收敛到零。由式(7-22)减去式(7-17)可以得到如下系统误差动态方程

$$\frac{\mathrm{d}\boldsymbol{e}}{\mathrm{d}t}=\frac{\mathrm{d}(\hat{\boldsymbol{x}}-\boldsymbol{x})}{\mathrm{d}t}=(\boldsymbol{A}-\boldsymbol{KC})\boldsymbol{e}-\Delta\boldsymbol{A}\hat{\boldsymbol{x}} \tag{7-23}$$

其中,$\boldsymbol{e}$ 为状态估计误差矢量,即 $\boldsymbol{e}=\hat{\boldsymbol{x}}-\boldsymbol{x}$,而 $\Delta\boldsymbol{A}$ 为系统状态矩阵误差。

$$\Delta\boldsymbol{A}=\hat{\boldsymbol{A}}-\boldsymbol{A}=\begin{bmatrix}0 & 0 & 0 & \frac{L_m}{\sigma L_s L_r}(\hat{\omega}_r-\omega_r)\\ 0 & 0 & -\frac{L_m}{\sigma L_s L_r}(\hat{\omega}_r-\omega_r) & 0\\ 0 & 0 & 0 & -(\hat{\omega}_r-\omega_r)\\ 0 & 0 & \hat{\omega}_r-\omega_r & 0\end{bmatrix} \tag{7-24}$$

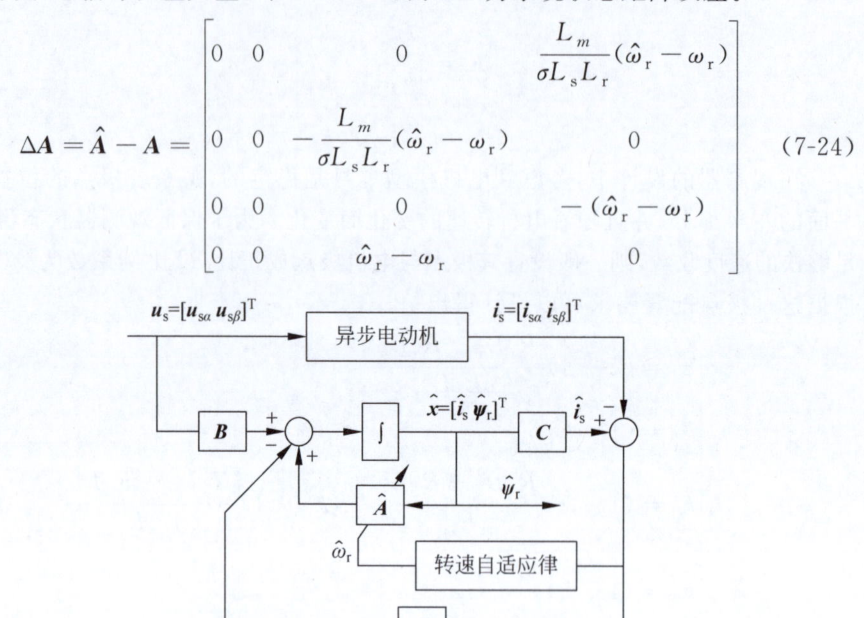

图 7-4　转速自适应的全阶磁链观测器

定义如下形式的李雅普洛夫函数

$$\boldsymbol{V}(\boldsymbol{e})=\boldsymbol{e}^T\boldsymbol{e}+(\hat{\omega}_r-\omega_r)^2/\lambda \tag{7-25}$$

式中,λ 是正的常数。

上述李雅普诺夫函数对时间求微分,且假设未知转速 ω_r(机械量)的变化速度远低于状态变量(电气量)变化速度,近似认为常数。可以看出,$\boldsymbol{V}$ 是正定的,当误差 $\boldsymbol{e}$ 为零且估计转速 $\hat{\omega}_r$ 等于实际转速 ω_r 时,函数 $\boldsymbol{V}$ 为零。而按照状态观测器系统稳定性的要求,$\mathrm{d}\boldsymbol{V}/\mathrm{d}t$ 必须是负定的,对 $\mathrm{d}\boldsymbol{V}/\mathrm{d}t$ 作如下推导

$$\begin{aligned}\frac{\mathrm{d}\boldsymbol{V}}{\mathrm{d}t}&=\boldsymbol{e}^T\frac{\mathrm{d}\boldsymbol{e}}{\mathrm{d}t}+\frac{\mathrm{d}\boldsymbol{e}^T}{\mathrm{d}t}\boldsymbol{e}+\frac{\mathrm{d}}{\mathrm{d}t}\frac{(\hat{\omega}_r-\omega_r)^2}{\lambda}\\&=\boldsymbol{e}^T[(\boldsymbol{A}-\boldsymbol{KC})\boldsymbol{e}-\Delta\boldsymbol{A}\hat{\boldsymbol{x}}]+[\boldsymbol{e}^T(\boldsymbol{A}-\boldsymbol{KC})^T-\hat{\boldsymbol{x}}^T\Delta\boldsymbol{A}^T]\boldsymbol{e}+\\&\quad\frac{2}{\lambda}(\hat{\omega}_r-\omega_r)\frac{\mathrm{d}\hat{\omega}_r}{\mathrm{d}t}\\&=\boldsymbol{e}^T[(\boldsymbol{A}-\boldsymbol{KC})+(\boldsymbol{A}-\boldsymbol{KC})^T]\boldsymbol{e}-(\boldsymbol{e}^T\Delta\boldsymbol{A}\hat{\boldsymbol{x}}+\hat{\boldsymbol{x}}^T\Delta\boldsymbol{A}^T\boldsymbol{e})+\\&\quad\frac{2}{\lambda}(\hat{\omega}_r-\omega_r)\frac{\mathrm{d}\hat{\omega}_r}{\mathrm{d}t}\end{aligned} \tag{7-26}$$

通过对全阶磁链观测器进行合理的极点配置,可以使矩阵$(\boldsymbol{A}-\boldsymbol{KC})$负定,则$[(\boldsymbol{A}-\boldsymbol{KC})+(\boldsymbol{A}-\boldsymbol{KC})^T]$也负定。因此,式(7-26)最末一行的第一项总是负的,如果令后两项之和为零,则可以保证 $\mathrm{d}\boldsymbol{V}/\mathrm{d}t$ 为负,即

$$-(\boldsymbol{e}^{\mathrm{T}}\Delta\boldsymbol{A}\hat{\boldsymbol{x}}+\hat{\boldsymbol{x}}^{\mathrm{T}}\Delta\boldsymbol{A}^{\mathrm{T}}\boldsymbol{e})+\frac{2}{\lambda}(\hat{\omega}_{\mathrm{r}}-\omega_{\mathrm{r}})\frac{\mathrm{d}\hat{\omega}_{\mathrm{r}}}{\mathrm{d}t}=0 \tag{7-27}$$

通过对式(7-26)进行矩阵推导计算可得

$$\begin{aligned}\boldsymbol{e}^{\mathrm{T}}\Delta\boldsymbol{A}\hat{\boldsymbol{x}}&=\hat{\boldsymbol{x}}^{\mathrm{T}}\Delta\boldsymbol{A}^{\mathrm{T}}\boldsymbol{e}\\&=(\hat{\boldsymbol{\omega}}_{\mathrm{r}}-\boldsymbol{\omega}_{\mathrm{r}})\frac{L_m}{\sigma L_{\mathrm{s}}L_{\mathrm{r}}}[\hat{\boldsymbol{\psi}}_{\mathrm{r}\beta}(\boldsymbol{i}_{\mathrm{s}\alpha}-\hat{\boldsymbol{i}}_{\mathrm{s}\alpha})-\hat{\boldsymbol{\psi}}_{\mathrm{r}\alpha}(\boldsymbol{i}_{\mathrm{s}\beta}-\hat{\boldsymbol{i}}_{\mathrm{s}\beta})]+\\&\quad(\hat{\boldsymbol{\omega}}_{\mathrm{r}}-\boldsymbol{\omega}_{\mathrm{r}})[\hat{\boldsymbol{\psi}}_{\mathrm{r}\alpha}(\boldsymbol{\psi}_{\mathrm{r}\beta}-\hat{\boldsymbol{\psi}}_{\mathrm{r}\beta})-\hat{\boldsymbol{\psi}}_{\mathrm{r}\beta}(\boldsymbol{\psi}_{\mathrm{r}\alpha}-\hat{\boldsymbol{\psi}}_{\mathrm{r}\alpha})]\end{aligned} \tag{7-28}$$

将式(7-28)代入式(7-27)可得

$$\begin{aligned}&-2(\hat{\boldsymbol{\omega}}_{\mathrm{r}}-\boldsymbol{\omega}_{\mathrm{r}})\frac{L_m}{\sigma L_{\mathrm{s}}L_{\mathrm{r}}}[\hat{\boldsymbol{\psi}}_{\mathrm{r}\beta}(\boldsymbol{i}_{\mathrm{s}\alpha}-\hat{\boldsymbol{i}}_{\mathrm{s}\alpha})-\hat{\boldsymbol{\psi}}_{\mathrm{r}\alpha}(\boldsymbol{i}_{\mathrm{s}\beta}-\hat{\boldsymbol{i}}_{\mathrm{s}\beta})]\\&-2(\hat{\boldsymbol{\omega}}_{\mathrm{r}}-\boldsymbol{\omega}_{\mathrm{r}})[\hat{\boldsymbol{\psi}}_{\mathrm{r}\alpha}(\boldsymbol{\psi}_{\mathrm{r}\beta}-\hat{\boldsymbol{\psi}}_{\mathrm{r}\beta})-\hat{\boldsymbol{\psi}}_{\mathrm{r}\beta}(\boldsymbol{\psi}_{\mathrm{r}\alpha}-\hat{\boldsymbol{\psi}}_{\mathrm{r}\alpha})]+\frac{2}{\lambda}(\hat{\boldsymbol{\omega}}_{\mathrm{r}}-\boldsymbol{\omega}_{\mathrm{r}})\frac{\mathrm{d}\hat{\boldsymbol{\omega}}_{\mathrm{r}}}{\mathrm{d}t}=0\end{aligned} \tag{7-29}$$

则有

$$\begin{aligned}\frac{\mathrm{d}\hat{\boldsymbol{\omega}}_{\mathrm{r}}}{\mathrm{d}t}&=\frac{\lambda L_m}{\sigma L_{\mathrm{s}}L_{\mathrm{r}}}[\hat{\boldsymbol{\psi}}_{\mathrm{r}\beta}(\boldsymbol{i}_{\mathrm{s}\alpha}-\hat{\boldsymbol{i}}_{\mathrm{s}\alpha})-\hat{\boldsymbol{\psi}}_{\mathrm{r}\alpha}(\boldsymbol{i}_{\mathrm{s}\beta}-\hat{\boldsymbol{i}}_{\mathrm{s}\beta})]+\\&\quad[\hat{\boldsymbol{\psi}}_{\mathrm{r}\alpha}(\boldsymbol{\psi}_{\mathrm{r}\beta}-\hat{\boldsymbol{\psi}}_{\mathrm{r}\beta})-\hat{\boldsymbol{\psi}}_{\mathrm{r}\beta}(\boldsymbol{\psi}_{\mathrm{r}\alpha}-\hat{\boldsymbol{\psi}}_{\mathrm{r}\alpha})]\end{aligned} \tag{7-30}$$

考虑到式(7-30)等号右端的左边项的系数远大于右边项的系数,而且转子磁链实际值难以测量,因此忽略其中的右边项,则式(7-30)可简化为

$$\frac{\mathrm{d}\hat{\boldsymbol{\omega}}_{\mathrm{r}}}{\mathrm{d}t}\approx\frac{\lambda L_m}{\sigma L_{\mathrm{s}}L_{\mathrm{r}}}[\hat{\boldsymbol{\psi}}_{\mathrm{r}\beta}(\boldsymbol{i}_{\mathrm{s}\alpha}-\hat{\boldsymbol{i}}_{\mathrm{s}\alpha})-\hat{\boldsymbol{\psi}}_{\mathrm{r}\alpha}(\boldsymbol{i}_{\mathrm{s}\beta}-\hat{\boldsymbol{i}}_{\mathrm{s}\beta})] \tag{7-31}$$

或

$$\hat{\boldsymbol{\omega}}_{\mathrm{r}}\approx\int\frac{\lambda L_m}{\sigma L_{\mathrm{s}}L_{\mathrm{r}}}[\hat{\boldsymbol{\psi}}_{\mathrm{r}\beta}(\boldsymbol{i}_{\mathrm{s}\alpha}-\hat{\boldsymbol{i}}_{\mathrm{s}\alpha})-\hat{\boldsymbol{\psi}}_{\mathrm{r}\alpha}(\boldsymbol{i}_{\mathrm{s}\beta}-\hat{\boldsymbol{i}}_{\mathrm{s}\beta})]\mathrm{d}t \tag{7-32}$$

为了改善观测器的响应性能,将式(7-32)修正为

$$\begin{aligned}\hat{\boldsymbol{\omega}}_{\mathrm{r}}&=K_{\mathrm{p}}[\hat{\boldsymbol{\psi}}_{\mathrm{r}\beta}(\boldsymbol{i}_{\mathrm{s}\alpha}-\hat{\boldsymbol{i}}_{\mathrm{s}\alpha})-\hat{\boldsymbol{\psi}}_{\mathrm{r}\alpha}(\boldsymbol{i}_{\mathrm{s}\beta}-\hat{\boldsymbol{i}}_{\mathrm{s}\beta})]+\\&\quad K_{\mathrm{i}}\int[\hat{\boldsymbol{\psi}}_{\mathrm{r}\beta}(\boldsymbol{i}_{\mathrm{s}\alpha}-\hat{\boldsymbol{i}}_{\mathrm{s}\alpha})-\hat{\boldsymbol{\psi}}_{\mathrm{r}\alpha}(\boldsymbol{i}_{\mathrm{s}\beta}-\hat{\boldsymbol{i}}_{\mathrm{s}\beta})]\mathrm{d}t\end{aligned} \tag{7-33}$$

其中,K_{p} 和 K_{i} 分别是比例调节系数和积分调节系数。式(7-33)即构成了转速自适应律,由此辨识得出的转子转速$\hat{\boldsymbol{\omega}}_{\mathrm{r}}$ 趋近于真实转速$\boldsymbol{\omega}_{\mathrm{r}}$。

异步电机无速度传感器的矢量控制系统框图如图 7-5 所示(图中 IM 表示异步电机,为 Induction Motor 缩写),闭环负反馈转速和旋转变换与逆变换所需的角度由转速自适应全阶磁链观测器给出,其中转速和变换角度信息也可以由改进电压模型法得到。静止坐标系下的定子电压给定量 $\boldsymbol{u}_{\mathrm{s}}^{*}$ 与电机电流 $\boldsymbol{i}_{\mathrm{s}}$ 作为全阶磁链观测器的输入,通过观测器状态方程式(7-22)求解得到转子磁链信息,利用式(7-14)计算得出转子磁链角度,并基于转速自适应律式(7-33)得到转子转速,从而实现无速度传感器的异步电机矢量控制。

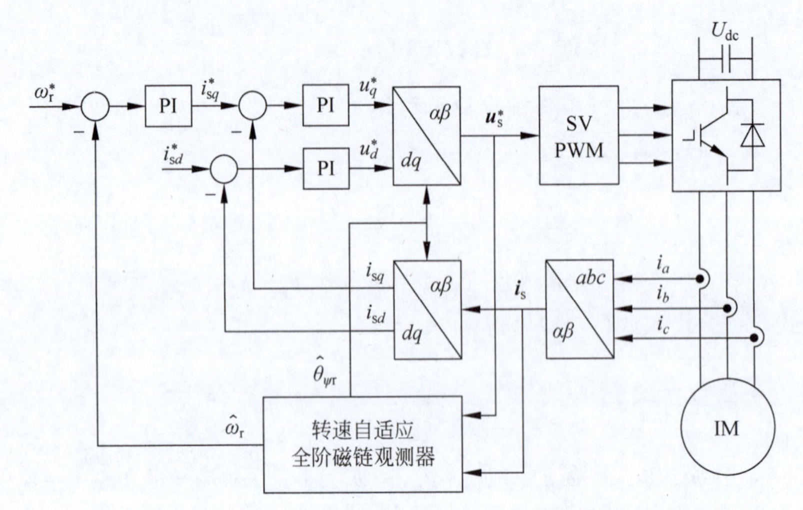

图 7-5　基于转速自适应全阶磁链观测器的异步电机无速度传感器控制框图

7.3　永磁同步电机无位置传感器矢量控制

工作在中高速工况下的三相永磁同步电机(PMSM)无位置传感器控制方法主要包括滑模观测器法、状态观测器法、模型参考自适应法和扩展卡尔曼滤波器法等。滑模控制方法由于其对内部参数摄动和外部扰动具有不变性,故稳定性强,广泛用于非线性控制系统中。电机在运行时某些参数会随着运行环境不断发生变化,因而在PMSM无位置传感器控制中采用基于滑模控制原理的滑模观测器估计转子转速和转子位置,可以很好地抑制参数变化对估计系统带来的影响,增强系统运行的稳定性。

滑模观测器在设计时主要包含三方面,分别是切换面的选取、控制函数的设计和稳定性的证明。这三方面又对应着滑模控制的三个要素,分别是存在性(切换面存在滑动模态区)、可达性(通过控制函数的作用,所有相轨迹于有限时间到达切换面)和稳定性(滑模运动稳定并满足期望的动态品质),只有满足这三项特性条件的变结构控制才称为滑模变结构控制。

抖振现象是滑模控制固有的缺点,它使系统振荡,稳定性被破坏。目前抑制抖振的常用方法包括准滑动模态方法和滑模趋近律方法,这两种方法都可以有效削弱抖振带来的影响。本节根据滑模控制原理和三相永磁同步电机动态方程,详细讲述基于滑模观测器的三相永磁同步电机无位置传感器控制方法。

7.3.1　滑模控制原理

滑模控制(Sliding Mode Control,SMC)又称作变结构控制,是在20世纪60年代提出的一种控制方法,它是一种特殊的非线性控制,其特点在于控制过程的不连续性。

假设一般的情况，控制系统表示为

$$\dot{x}=f(x,u,t)\quad (x\in R^{n},u\in R^{m},t\in R) \tag{7-34}$$

式中：x 为系统状态，u 为系统输入。

在系统的状态空间中，假设存在一个切换函数 $s(x)=s(x_1,x_2,\cdots,x_n)$，令切换函数 $s(x)=0$ 则状态空间由此形成的超平面分为 $s>0$ 和 $s<0$ 两部分，如图 7-6 所示。

在切换面 $s=0$ 上，系统轨迹有三种状态点。

(1) 通常点(A)：在切换面 $s=0$ 附近，系统轨迹作穿越切换面的运动；

(2) 起始点(B)：在切换面 $s=0$ 附近，系统轨迹作远离切换面的运动；

(3) 终止点(C)：在切换面 $s=0$ 附近，系统轨迹作趋向切换面的运动。

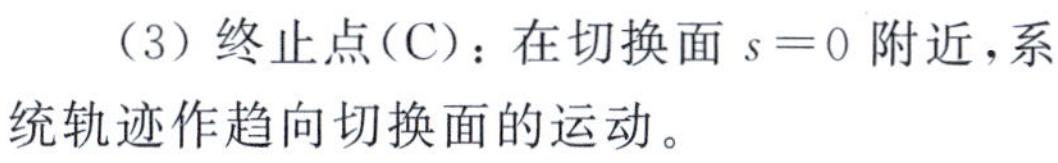

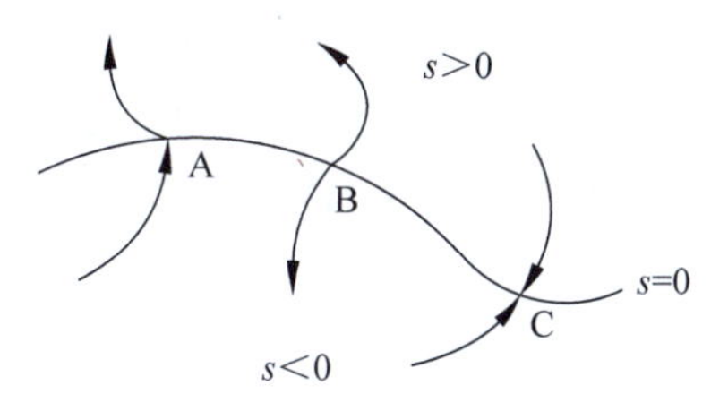

图 7-6　切换面上的三种状态点

在这三种状态点中，若能够使 $s=0$ 的切换面上都是终止点，那么在切换面附近的所有运动点都会趋近到切换面上，呈现一种"吸引"现象。在切换面 $s=0$ 上，所有终止点构成的区域称为"滑动模态区"，简称为滑模区间，系统在滑模区间的运动就叫作滑模运动。

在设计滑模控制器时，需要确定切换函数 $s(\boldsymbol{x})$ 和求解控制函数 $u(\boldsymbol{x})$：

$$s=s(\boldsymbol{x}),\quad (s\in R^{m}) \tag{7-35}$$

$$u(\boldsymbol{x})=\begin{cases}u^{+}(\boldsymbol{x}),s(\boldsymbol{x})>0\\u^{-}(\boldsymbol{x}),s(\boldsymbol{x})<0\end{cases},\quad u^{+}(\boldsymbol{x})\neq u^{-}(\boldsymbol{x}) \tag{7-36}$$

切换函数和控制函数的设计需要满足滑模变结构控制的三个要素：切换面存在滑动模态区(存在性)、所有相轨迹于有限时间到达切换面(可达性)及滑模运动稳定并满足期望的动态品质(稳定性)。

1) 滑动模态的存在性

滑动模态的存在性是指在切换面上存在满足终止点的区域。因为只有当切换面附近的区域均为终止点时，系统的运行轨迹才会渐进趋近于切换面，进行滑模运动。根据终止点的定义，当运动点到达切换面 $s=0$ 附近时，必将满足：

$$\begin{cases}\lim\limits_{s\to 0^{+}}\dot{s}\leqslant 0\\ \lim\limits_{s\to 0^{-}}\dot{s}\geqslant 0\end{cases} \tag{7-37}$$

又可以写成：

$$\lim_{s\to 0}s\dot{s}\leqslant 0 \tag{7-38}$$

式(7-38)便是滑动模态存在的充分条件。

2) 滑动模态的可达性

滑动模态的可达性是指系统的运行轨迹必须在有限时间内到达滑动模态区。因为系统的初始状态点 $\boldsymbol{x}(0)$ 在状态空间里是任意位置的,不一定在滑动模态附近,这就要求系统启动后,系统运行轨迹必须在有限时间内到达滑动模态,否则系统将无法进入滑模运动,即必须满足可达性条件:

$$s\frac{\mathrm{d}s}{\mathrm{d}t}\leqslant 0 \tag{7-39}$$

其中,切换函数 $s(x)$ 应满足两个条件——可微和过原点 $s(0)=0$。

由于状态 $\boldsymbol{x}$ 可取任意值,也就是说,$\boldsymbol{x}$ 可以离切换面任意远,因此也将式(3-6)称为全局到达条件或广义到达条件。通常将可达性条件表达为李雅普诺夫函数的形式,即

$$V(x)=\frac{1}{2}s^2,\quad \dot{V}=s\dot{s}<0 \tag{7-40}$$

式中,$V(x)$ 为李雅普诺夫函数。

以图 7-7 为例,系统初始点是位于 $s>0$ 的 M 点,它不是系统的平衡点,在全局到达条件 $s\dot{s}<0$ 的约束下,系统由 M 点向切换面 $s=0$ 的方向运动,一直运动至切换面 $s=0$ 附近,到达 N 点,然后在滑模区间内,沿着切换面趋向于平衡点 O。

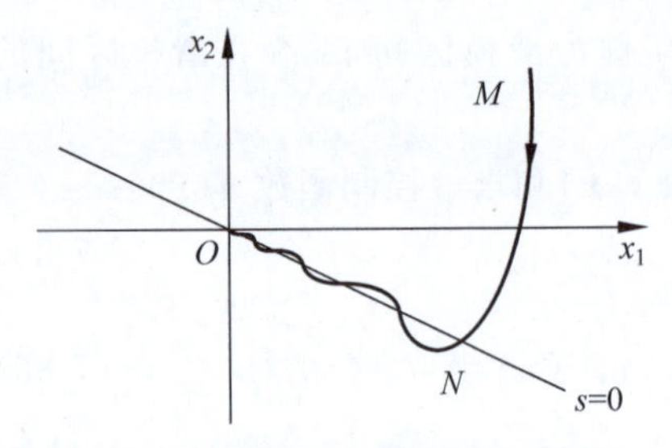

图 7-7 滑模控制的可达性示意图

3) 滑模运动的稳定性及动态品质

系统运动轨迹到达滑动模态后,由于终止点的“吸引”作用,会沿着切换面 $s=0$ 运动,这个时候就可以认为滑模控制系统满足了滑动模态的存在性条件和可达性条件。假设切换面 $s=0$ 上存在着系统状态的一个平衡点(对应图 7-7 中的 O 点),即 $\boldsymbol{x}=0$,如果滑动模态运动方程在平衡点 $\boldsymbol{x}=0$ 附近渐进稳定,则控制系统的滑模运动是渐进稳定的,到达平衡点时系统满足 $s=0$、$\dot{s}=0$。

由图 7-7 描述的滑模运动主要分为两个阶段:趋近运动(MN 段)和滑模运动(NO 段)。第一阶段是趋近运动,此时系统轨迹距离切换面较远,所以控制函数为连续控制律,在可达性条件的约束下,系统的运行轨迹从初始时刻的任意位置开始向切换面趋近,直至到达切换面 $s=0$ 后,进入滑动模态区域。根据滑模变结构控制原理,可达性条件可以保证在有限时间内系统轨迹由状态空间中的任意位置能够到达切换面,但是对于趋近运动的趋近轨迹和趋近速度没有给出任何限制。在趋近运动阶段,如果 $\mathrm{d}s/\mathrm{d}t$ 太大,那么趋近速度会很大,可以让系统轨迹快速地到达切换面,动态响应快,但是此时会产生剧烈的抖振;如果 $\mathrm{d}s/\mathrm{d}t$ 太小,那么趋近速度会变小,系统到达切换面的时间较长,动态响应差,但是运行过程比较平缓。第二阶段是滑模运动,这段运动是指系统在滑动模态区域内不断受到“吸引”作用,

运行轨迹沿着切换面 $s=0$，最终到达系统平衡点 O 点，稳定后满足 $s=0$、$\dot{s}=0$。

在滑模控制系统中，如果控制函数的切换具有理想的开关特性，则能在切换面上形成理想的滑动模态，这是一种光滑的运动，渐进趋于原点。而在实际系统中，由于开关切换的时间滞后和空间滞后、系统惯性、系统延迟及测量误差等因素，变结构控制在滑动模态下伴随着高频的抖振。抖振现象不仅会影响滑模控制系统的精确性，还会增加系统的能量消耗，而且高频的抖振容易激发系统中未建模的高频动态，破坏系统的性能，甚至使系统产生振荡或失衡，损坏控制器。

抖振问题是滑模控制的固有问题，为了削弱抖振、改善滑模控制的运动品质，下面简单介绍一下准滑动模态方法与趋近律方法。

7.3.2　滑模控制函数

传统滑模观测器使用符号函数 $\text{sgn}(x)$ 作为控制函数，其切换动作不连续。滑模变结构控制系统抖振产生的根本原因在于控制函数开关动作导致的控制不连续，因此选择符号函数 $\text{sgn}(x)$ 作为滑模控制函数会导致系统在原点附近做不连续的切换动作并伴随高频抖振。作为一种改进措施，可将控制函数选取为饱和函数 $\text{sat}(x)$。这两种控制函数如图 7-8 所示，可以看出饱和函数的开关切换过程是连续的，并可通过改变饱和函数的边界厚度 δ 来调节函数开关特性。边界厚度 δ 值越大，饱和函数的开关特性越弱，此时系统鲁棒性变差，但抑制系统抖振现象的效果越好。在实际应用过程中，应参照控制效果合理选择 δ 值，在保证系统鲁棒性的同时抑制系统抖振。

$$\text{sgn}(x)=\begin{cases}1, & x>0\\ 0, & x=0\\ -1, & x<0\end{cases} \tag{7-41}$$

$$\text{sat}(x)=\begin{cases}1, & x>\delta\\ \dfrac{x}{\delta}, & |x|\leqslant\delta\\ -1, & x<-\delta\end{cases} \tag{7-42}$$

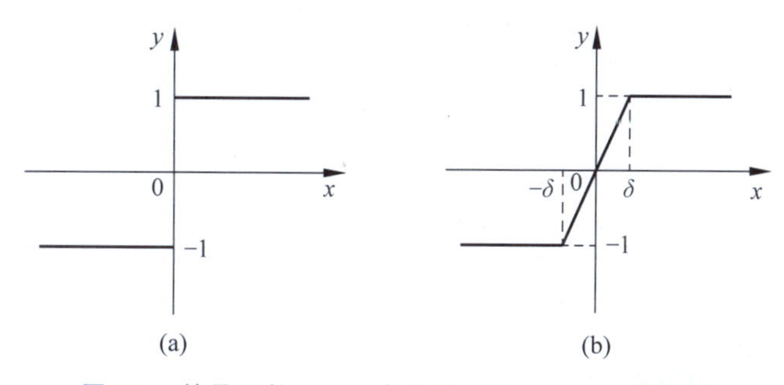

图 7-8　符号函数 sgn(x)与饱和函数 sat(x)的示意图

(a) 符号函数 $\text{sgn}(x)$；(b) 饱和函数 $\text{sat}(x)$

采用饱和函数作为滑模控制函数时,系统工作于准滑动模态,指系统轨迹的状态点均被吸引至切换面的某一 δ 邻域内,此时系统状态 $|s|\leqslant\delta$,通常称此 δ 邻域为滑动模态切换面的边界层。在边界层上,系统可能进行切换控制,也可能不进行切换控制。而在边界层内,此时的系统是连续状态下的控制过程,不存在切换控制。准滑动模态控制所具有的这个特性,使它从根本上避免或削弱了抖振,从而得到广泛的应用。具有这种控制效果的准滑动模态控制函数还有 sigmoid 函数、双曲正切函数 $\tanh(x)$、正弦饱和函数 $\sin(x,a)$等。

7.3.3 滑模趋近律方法

根据滑模变结构控制原理,系统趋近运动阶段必须满足滑动模态的可达性条件 $s\dot{s}<0$,才能实现系统的状态空间变量由任意初始状态在有限时间内到达切换面(也称滑模面)。因此,为了改善滑模控制的运动品质,可以设计不同的"趋近律"加以控制,常见的有以下几种趋近律。

(1) 等速趋近律。

$$\frac{\mathrm{d}s}{\mathrm{d}t}=-\varepsilon\cdot\operatorname{sgn}(s),\quad \varepsilon>0 \tag{7-43}$$

式中的常数 ε 称为趋近速率常数,表示系统轨迹趋近于切换面 $s=0$ 的速率,ε 越大趋近速率越快,系统响应也越快,但是引起的抖振也越大。ε 越小趋近速率越慢,系统响应也越差。

(2) 指数趋近律。

$$\frac{\mathrm{d}s}{\mathrm{d}t}=-\varepsilon\cdot\operatorname{sgn}(s)-ks,\quad \varepsilon>0,k>0 \tag{7-44}$$

其中,指数项 $-ks$ 能保证当 s 较大时,系统能以较高的速度趋近于滑动模态。为了保证快速趋近的同时削弱抖振,应当增加 k 且减小 ε。

(3) 幂次趋近律。

$$\frac{\mathrm{d}s}{\mathrm{d}t}=-k\mid s\mid^{\alpha}\operatorname{sgn}(s),\quad k>0,1>\alpha>0 \tag{7-45}$$

式中,通过调整 α 的值,可保证当系统状态远离滑动模态(s 较大)时,能以较大的速度趋近于滑动模态。当系统状态趋近滑动模态(s 较小)时,保证较小的增益控制,以降低抖振。

(4) 一般趋近律。

$$\frac{\mathrm{d}s}{\mathrm{d}t}=-\varepsilon\cdot\operatorname{sgn}(s)-f(s),\quad \varepsilon>0,f(0)=0 \tag{7-46}$$

其中,当 $s\neq0$ 时,$s\cdot f(s)>0$。

7.3.4 滑模观测器

龙伯格状态观测器(全阶磁链观测器)的设计本质即选择反馈矩阵 $\boldsymbol{K}$ 使状态

观测误差能够渐进稳定于零。但是龙伯格状态观测器对于系统参数变化的适应性较差，特别是当系统参数矩阵 $\boldsymbol{A}$、$\boldsymbol{B}$、$\boldsymbol{C}$ 的摄动较大时，很难保证通过反馈矩阵 $\boldsymbol{K}$ 可以使状态观测误差渐近为零。考虑到滑模变结构控制对参数摄动的不变性，可以将龙伯格状态观测器中的控制回路修改为滑模变结构控制的形式，如图7-9所示。

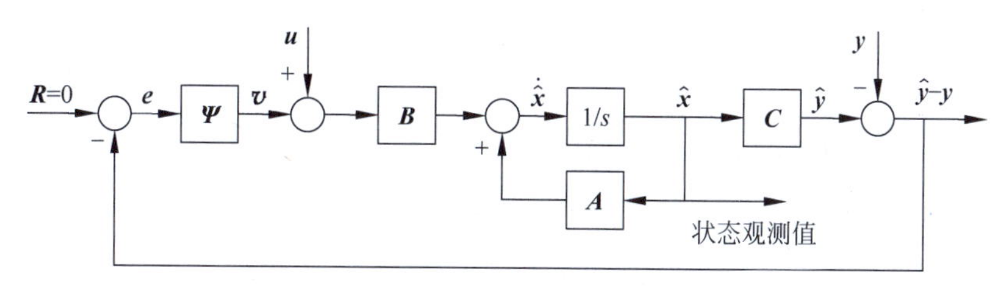

图 7-9　采用滑模控制形式的状态观测器结构

在图7-9中，$\boldsymbol{R}=0$ 是状态观测器的参考输入，其目的是使输出值的观测误差 $\hat{\boldsymbol{y}}-\boldsymbol{y}$ 可以趋近于0，$\boldsymbol{e}$ 为参考输入与反馈信号的差值，而 $\boldsymbol{v}$ 为滑模变结构控制器 $\boldsymbol{\Psi}$ 的输出。由滑模控制原理可知，如果能够设计合适的滑模变结构控制器 $\boldsymbol{\Psi}$，使系统的偏差 $\boldsymbol{e}$ 按滑模运动渐进稳定于0，那么 $\boldsymbol{e}=\boldsymbol{y}-\hat{\boldsymbol{y}}=0$，即 $\boldsymbol{C}(\hat{\boldsymbol{x}}-\boldsymbol{x})=0$。因此，$\hat{\boldsymbol{x}}$ 渐进于 $\boldsymbol{x}$，即状态观测值渐进于状态实际值。将图7-9进一步简化处理可得到图7-10，此时的状态观测器成为一个输出反馈的滑模变结构控制系统，因此也称为滑模状态观测器，或滑模观测器(Sliding Mode Observer，SMO)。其中，实际系统的输出量 $\boldsymbol{y}$ 作为滑模观测器的参考输入，实际系统的控制量 $\boldsymbol{u}$ 可作为观测器的外部扰动，$\boldsymbol{\Psi}$ 是滑模变结构控制器，观测器的输出为实际系统的状态观测值。

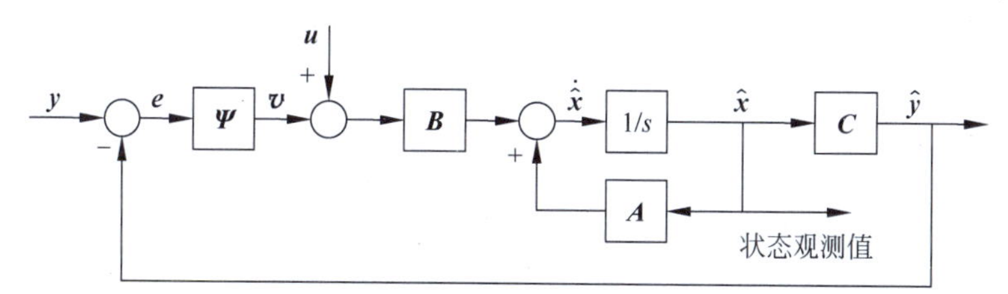

图 7-10　滑模观测器结构

此时，图7-10中滑模观测器的动态方程可以表述为

$$\begin{cases}\dfrac{\mathrm{d}\hat{\boldsymbol{x}}}{\mathrm{d}t}=\boldsymbol{A}\hat{\boldsymbol{x}}+\boldsymbol{B}\boldsymbol{u}+\boldsymbol{B}\boldsymbol{v}\\ \hat{\boldsymbol{y}}=\boldsymbol{C}\hat{\boldsymbol{x}}\end{cases}\tag{7-47}$$

$$\boldsymbol{e}=\boldsymbol{y}-\hat{\boldsymbol{y}}=\boldsymbol{y}-\boldsymbol{C}\hat{\boldsymbol{x}}\tag{7-48}$$

在该观测器系统中，当 $\boldsymbol{C}=\boldsymbol{I}$ 时有 $\hat{\boldsymbol{y}}=\hat{\boldsymbol{x}}$，即所设计的滑模观测器状态输出为电流状态量。本节基于静止坐标系下的永磁电机电压方程，所研究的滑模观测器设计结构与式(7-47)类似。观测的状态变量为静止坐标系中的电流 $\boldsymbol{i}_{\alpha\text{-}\beta}$，选取电流观测误差为切换函数，采用符号函数 sgn(•)作为控制函数。接下来给出基于滑

模观测器的无位置传感器控制系统结构和滑模观测器的设计过程。

7.3.5 基于滑模观测器的 PMSM 无位置传感器矢量控制系统

基于滑模观测器的三相 PMSM 无位置传感器矢量控制系统框图如图 7-11 所示。三相 PMSM 控制系统采用 $i_d=0$ 的转子位置定向矢量控制方式,其中包括三个闭环反馈环节,分别是转速闭环控制和两个电流闭环控制。转速闭环中的比例积分(PI)控制器输出为转矩电流给定量 i_q^*,两个电流比例积分(PI)控制器输出形成了参考电压控制量(u_d^*、u_q^*),经过旋转逆变换得到两相静止坐标系下的电压控制量(u_α^*、u_β^*),并通过空间矢量脉宽调制(SVPWM)算法,输出电压型逆变器的三相桥臂开关控制信号 S_{ABC},实现对永磁同步电机的每相电压输出。

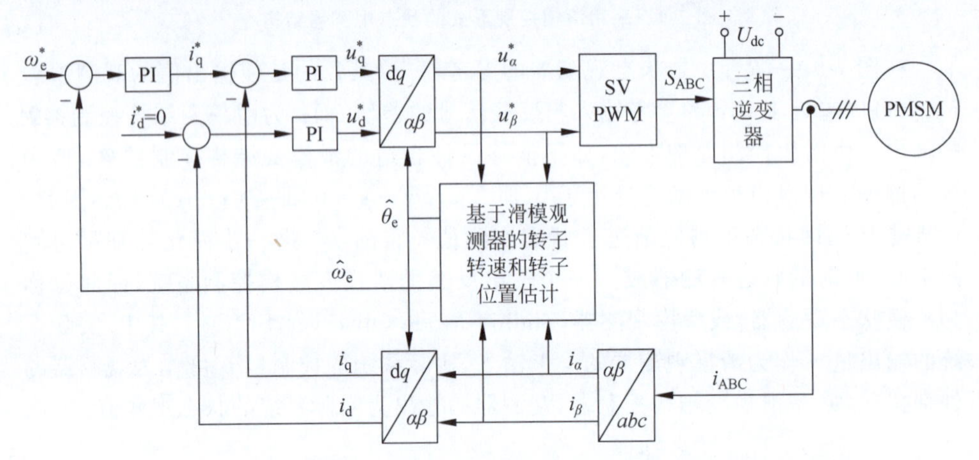

图 7-11 基于滑模观测器的无位置传感器永磁同步电机矢量控制框图

基于滑模观测器的转子转速和转子位置估计环节的输入包括三相定子电流 $\boldsymbol{i}_{ABC}$ 经过 3/2 坐标变换后的 i_α、i_β,及参考给定电压 u_α^*、u_β^*。其输出的转子角速度 $\hat{\omega}_e$ 反馈至转速控制环,而转子位置角 $\hat{\theta}_e$ 作为旋转变换与逆变换所需的变换角度。可以看到,与全阶磁链观测器方案类似,这里用于转速和位置估计的滑模观测器方案也是在两相静止 α-β 坐标系下进行的,在同步旋转 d-q 坐标系下也有相应的实现方案。

需要指出的是,在实际的电机控制系统中,三相电流可以通过常用的霍尔电流传感器获取,而对于电机端电压,由于三相电压型逆变器输出的是 PWM 电压波,不能直接用于状态观测器的算法计算,因此这里采用参考给定电压代替电机输入端电压。这种电压替代方法在电机中高速工况运行条件下效果良好,但在低速工况下电机所需的输入端电压较低,而由于逆变器死区时间和功率器件管压降等非理想因素,采用参考给定电压代替电机实际电压会形成较大的误差,因而对转速和位置信息的估计精度也带来不良影响,进而使得电机驱动控制系统的运行性能下降。实际上,如何保证低转速甚至零转速下的运行性能,是电机驱动控制领域值得深入研究的课题，在这方面已有很多研究成果，有兴趣的读者可以参考相关文献进一步研究学习。

1. 滑模观测器设计

内置式永磁同步电机数学模型通过坐标变换可以得到如下静止坐标系的电压方程

$$\begin{bmatrix} u_\alpha \\ u_\beta \end{bmatrix} = \begin{bmatrix} R + pL_d & \omega_e(L_d - L_q) \\ -\omega_e(L_d - L_q) & R + pL_d \end{bmatrix} \begin{bmatrix} i_\alpha \\ i_\beta \end{bmatrix} + \begin{bmatrix} E_\alpha \\ E_\beta \end{bmatrix} \tag{7-49}$$

式中，u_α、u_β 为 α-β 轴电压分量；i_α、i_β 为 α-β 轴电流分量；p 为微分算子；E_α、E_β 为 α-β 轴扩展反电动势分量。

$$\begin{bmatrix} E_\alpha \\ E_\beta \end{bmatrix} = [(L_d - L_q)(\omega_e i_d - p i_q) + \omega_e \psi_f] \begin{bmatrix} -\sin\theta_e \\ \cos\theta_e \end{bmatrix} \tag{7-50}$$

从式(7-50)可以看出，扩展反电动势包含电机转速 ω_e 与转子位置 θ_e 的信息。当稳态工作时忽略 pi_q 项，扩展反电动势幅值与电机转速 ω_e 成正比，转速 ω_e 越高，扩展反电动势幅值越大。同时，E_α、E_β 的相位相差 90°电角度，对其做反正切计算即可得出转子位置。

如果滑模观测器可以准确估算扩展反电动势，那么从扩展反电动势的幅值或者相位信息可得出电机转速和转子位置，这就是在静止坐标系下滑模观测器用于 PMSM 无位置传感器控制的基本思路。由于在低转速工况下，扩展反电动势的幅值较小，用上述方法估计电机转速和转子位置会引起较大误差，因此通过估算反电动势求解转子转速和转子位置的方法适用于电机运行在中高速工况。

将式(7-49)改写成状态方程形式

$$\begin{aligned} \frac{d}{dt}\begin{bmatrix} i_\alpha \\ i_\beta \end{bmatrix} &= \frac{1}{L_d}\begin{bmatrix} -R & -\omega_e(L_d - L_q) \\ \omega_e(L_d - L_q) & -R \end{bmatrix} \begin{bmatrix} i_\alpha \\ i_\beta \end{bmatrix} + \frac{1}{L_d}\begin{bmatrix} u_\alpha \\ u_\beta \end{bmatrix} - \frac{1}{L_d}\begin{bmatrix} E_\alpha \\ E_\beta \end{bmatrix} \\ &= \mathbf{A}\begin{bmatrix} i_\alpha \\ i_\beta \end{bmatrix} + \frac{1}{L_d}\begin{bmatrix} u_\alpha \\ u_\beta \end{bmatrix} - \frac{1}{L_d}\begin{bmatrix} E_\alpha \\ E_\beta \end{bmatrix} \end{aligned} \tag{7-51}$$

进一步地，为获取永磁同步电机的实时运行状态，参照图 7-10 描述的滑模观测器原理框图，设计滑模观测器如下

$$\begin{aligned} \frac{d}{dt}\begin{bmatrix} \hat{i}_\alpha \\ \hat{i}_\beta \end{bmatrix} &= \frac{1}{L_d}\begin{bmatrix} -R & -\hat{\omega}_e(L_d - L_q) \\ \hat{\omega}_e(L_d - L_q) & -R \end{bmatrix} \begin{bmatrix} \hat{i}_\alpha \\ \hat{i}_\beta \end{bmatrix} + \frac{1}{L_d}\begin{bmatrix} u_\alpha \\ u_\beta \end{bmatrix} - \frac{1}{L_d}\begin{bmatrix} v_\alpha \\ v_\beta \end{bmatrix} \\ &= \hat{\mathbf{A}}\begin{bmatrix} \hat{i}_\alpha \\ \hat{i}_\beta \end{bmatrix} + \frac{1}{L_d}\begin{bmatrix} u_\alpha \\ u_\beta \end{bmatrix} - \frac{1}{L_d}\begin{bmatrix} v_\alpha \\ v_\beta \end{bmatrix} \end{aligned} \tag{7-52}$$

式中，$\hat{i}_\alpha$、$\hat{i}_\beta$ 为 α-β 轴的电流观测值；$\hat{\omega}_e$ 为转速估计值；v_α、v_β 为 α-β 轴的扩展反

电动势观测值,即滑模控制器的输出。

将式(7-52)与式(7-51)相减,可得状态观测误差方程

$$\frac{\mathrm{d}}{\mathrm{d}t}\begin{bmatrix}\tilde{i}_\alpha \\ \tilde{i}_\beta\end{bmatrix}=\hat{\boldsymbol{A}}\begin{bmatrix}\tilde{i}_\alpha \\ \tilde{i}_\beta\end{bmatrix}+\frac{1}{L_\mathrm{d}}\begin{bmatrix}-\Delta\omega_\mathrm{e}(L_\mathrm{d}-L_\mathrm{q})i_\beta \\ \Delta\omega_\mathrm{e}(L_\mathrm{d}-L_\mathrm{q})i_\alpha\end{bmatrix}+\frac{1}{L_\mathrm{d}}\begin{bmatrix}E_\alpha-v_\alpha \\ E_\beta-v_\beta\end{bmatrix} \tag{7-53}$$

式中,$\tilde{i}_\alpha=\hat{i}_\alpha-i_\alpha$、$\tilde{i}_\beta=\hat{i}_\beta-i_\beta$ 为电流观测误差。

选取电流观测误差作为切换函数

$$\begin{bmatrix}s_\alpha \\ s_\beta\end{bmatrix}=\begin{bmatrix}\tilde{i}_\alpha \\ \tilde{i}_\beta\end{bmatrix}=\begin{bmatrix}\hat{i}_\alpha-i_\alpha \\ \hat{i}_\beta-i_\beta\end{bmatrix} \tag{7-54}$$

以符号函数为控制函数,即

$$\begin{bmatrix}v_\alpha \\ v_\beta\end{bmatrix}=\begin{bmatrix}m_\alpha\cdot\mathrm{sgn}(s_\alpha) \\ m_\beta\cdot\mathrm{sgn}(s_\beta)\end{bmatrix} \tag{7-55}$$

式中,m_α、m_β 为滑模增益;sgn(·)为符号函数。

将式(7-54)、式(7-55)代入式(7-53)中,可得:

$$\begin{bmatrix}\dot{s}_\alpha \\ \dot{s}_\beta\end{bmatrix}=\hat{\boldsymbol{A}}\begin{bmatrix}s_\alpha \\ s_\beta\end{bmatrix}+\frac{1}{L_\mathrm{d}}\begin{bmatrix}-\Delta\omega_\mathrm{e}(L_\mathrm{d}-L_\mathrm{q})i_\beta+E_\alpha-m_\alpha\cdot\mathrm{sgn}(s_\alpha) \\ \Delta\omega_\mathrm{e}(L_\mathrm{d}-L_\mathrm{q})i_\alpha+E_\beta-m_\beta\cdot\mathrm{sgn}(s_\beta)\end{bmatrix} \tag{7-56}$$

可以看到,式(7-56)与式(7-46)具有类似的形式,即上述在静止坐标系下的滑模观测器设计采用趋近律为一般趋近律。

定义李雅普诺夫函数为

$$V=\frac{1}{2}\boldsymbol{s}^\mathrm{T}\boldsymbol{s}=\frac{1}{2}(s_\alpha^2+s_\beta^2) \tag{7-57}$$

式中,$\boldsymbol{s}=[s_\alpha \quad s_\beta]^\mathrm{T}$。

为了说明滑模观测器系统的稳定性,将式(7-56)展开并改写为一般趋近律的形式

$$\begin{cases}\dot{s}_\alpha=\dfrac{1}{L_\mathrm{d}}[-Rs_\alpha-\hat{\omega}_\mathrm{e}(L_\mathrm{d}-L_\mathrm{q})s_\beta-\Delta\omega_\mathrm{e}(L_\mathrm{d}-L_\mathrm{q})i_\beta+ \\ \qquad E_\alpha-m_\alpha\cdot\mathrm{sgn}(s_\alpha)] \\ \quad=\dfrac{1}{L_\mathrm{d}}[f(s_\alpha)-m_\alpha\cdot\mathrm{sgn}(s_\alpha)] \\ \dot{s}_\beta=\dfrac{1}{L_\mathrm{d}}[\hat{\omega}_\mathrm{e}(L_\mathrm{d}-L_\mathrm{q})s_\alpha-Rs_\beta+\Delta\omega_\mathrm{e}(L_\mathrm{d}-L_\mathrm{q})i_\alpha+ \\ \qquad E_\beta-m_\beta\cdot\mathrm{sgn}(s_\beta)] \\ \quad=\dfrac{1}{L_\mathrm{d}}[f(s_\beta)-m_\beta\cdot\mathrm{sgn}(s_\beta)]\end{cases} \tag{7-58}$$

当滑模增益 m_α、m_β 为足够大的正数时,有如下关系式成立

$$\begin{cases} s_\alpha < 0, & \dot{s}_\alpha > 0 \\ s_\alpha > 0, & \dot{s}_\alpha < 0 \end{cases} \tag{7-59}$$

$$\begin{cases} s_\beta < 0, & \dot{s}_\beta > 0 \\ s_\beta > 0, & \dot{s}_\beta < 0 \end{cases} \tag{7-60}$$

可得 $\dot{V}=s_\alpha \dot{s}_\alpha + s_\beta \dot{s}_\beta < 0$，由此可以保证系统渐进稳定性。

当系统进入滑模稳态时，有 $s_\alpha=0$、$s_\beta=0$、$\Delta\omega_e=0$ 成立，可以得出 m_α、m_β 的取值范围：$m_\alpha > |f(s_\alpha)|_{\max} \approx |E_\alpha|_{\max}$，$m_\beta > |f(s_\beta)|_{\max} \approx |E_\beta|_{\max}$。此外，根据滑模控制的等效控制原理，将 $s_\alpha=0$、$s_\beta=0$ 及 $\Delta\omega_e=0$ 代入式(7-56)中，可以得到等效的连续控制信号为

$$\begin{bmatrix} E_\alpha \\ E_\beta \end{bmatrix} = \begin{bmatrix} v_\alpha \\ v_\beta \end{bmatrix}_{\mathrm{eq}} = \begin{bmatrix} m_\alpha \cdot \mathrm{sgn}(s_\alpha) \\ m_\beta \cdot \mathrm{sgn}(s_\beta) \end{bmatrix}_{\mathrm{eq}} \tag{7-61}$$

由于采用符号函数作为控制函数，控制器 $\boldsymbol{\psi}$ 给出的控制量为不连续的高频脉冲信号，这里的等效控制量实质上为剔除高频分量后的低频分量信号，即对应于反电动势的基波分量。

图 7-12 是静止坐标系下的滑模观测器的系统结构图，滑模观测器的输入为电压 u_α 和 u_β、电流 i_α 和 i_β 及估计转速 $\hat{\omega}_e$，输出是 α-β 轴的反电动势估计值 v_α 和 v_β。

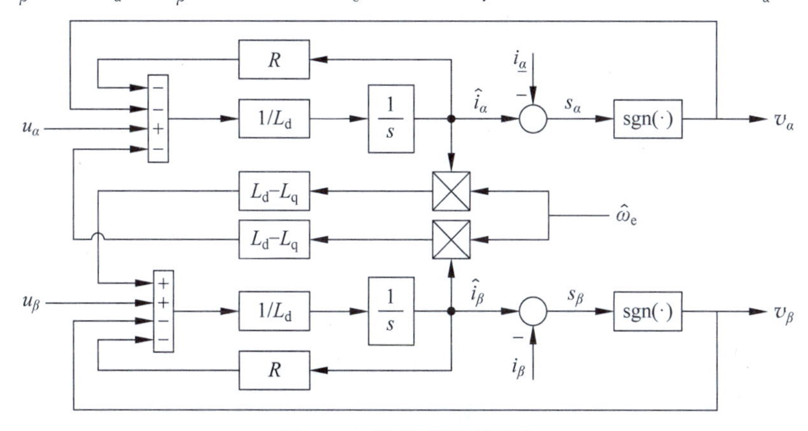

图 7-12　滑模观测器结构

2. 基于反正切函数的转子位置估计

当系统轨迹运行在滑模面时，有 $\dot{s}_\alpha=s_\alpha=0$，$\dot{s}_\beta=s_\beta=0$。由于符号函数的存在，滑模控制器的输出 $\boldsymbol{v}_{\alpha\text{-}\beta}$ 包含大量的高频信号，不利于转子位置的估计，故需要采用低通滤波器(LPF)滤除高频信号，见图 7-13。

$$\begin{bmatrix} \hat{E}_\alpha \\ \hat{E}_\beta \end{bmatrix} = \mathrm{LPF}\begin{bmatrix} v_\alpha \\ v_\beta \end{bmatrix} = \mathrm{LPF}\begin{bmatrix} m_\alpha \cdot \mathrm{sgn}(s_\alpha) \\ m_\beta \cdot \mathrm{sgn}(s_\beta) \end{bmatrix} \tag{7-62}$$

式中，$\hat{E}_{\alpha}$、$\hat{E}_{\beta}$ 为滤波后的反电动势估计值。

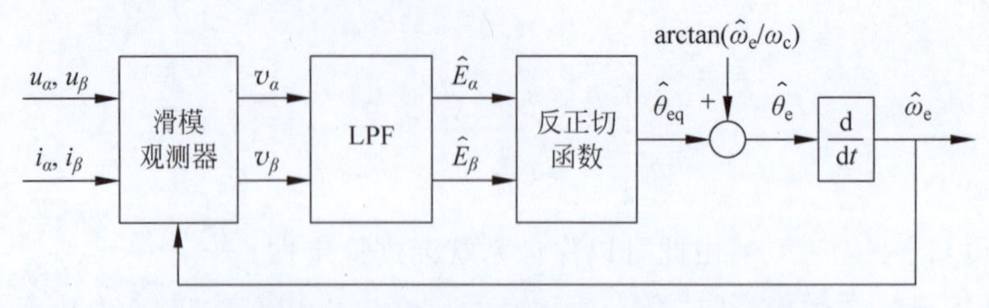

图 7-13　基于反正切函数的转子位置估计(符号函数)

根据式(7-50)，可知滤波后的转子位置为

$$\hat{\theta}_{eq}=-\arctan\left(\frac{\hat{E}_{\alpha}}{\hat{E}_{\beta}}\right) \tag{7-63}$$

采用低通滤波器会带来相位滞后，需要对其进行补偿。设一阶低通滤波器的截止频率为 ω_{c}，则低通滤波器的传递函数可表示为 $\mathrm{LPF}(s)=\omega_{c}/(s+\omega_{c})$，将 $s=\mathrm{j}\hat{\omega}_{e}$ 代入其中，可知滑模观测器输出在经过低通滤波器后相位延迟为 $\arctan(\hat{\omega}_{e}/\omega_{c})$，故转子位置估计值 $\hat{\theta}_{e}=\hat{\theta}_{eq}+\arctan(\hat{\omega}_{e}/\omega_{c})$。

需要说明的是，如果使用饱和函数 sat(•)代替符号函数 sgn(•)作为控制函数，则可以取消使用低通滤波器，避免相位延迟，同时可以削弱滑模的抖振现象。但使用饱和函数会使估计误差 s 不能趋近于 0，而是稳定在 $s=0$ 附近的某一邻域处，即系统处于准滑动模态。这种情况下的基于反正切函数的转子位置估计如图 7-14 所示。

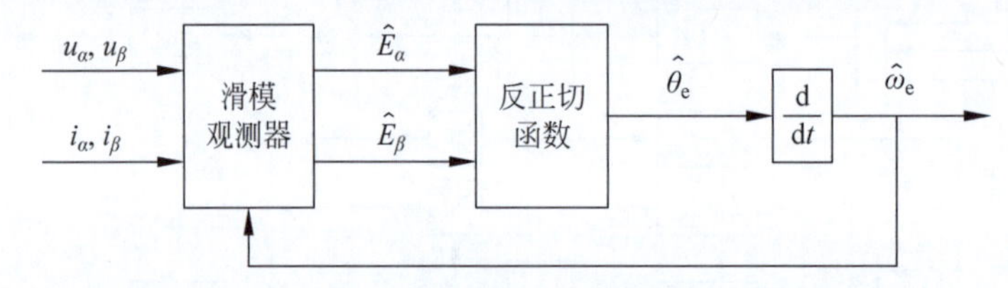

图 7-14　基于反正切函数的转子位置估计(饱和函数)

图中的滑模观测器采用饱和函数作为控制函数，滑模输出的反电动势估计值为

$$\begin{cases}\hat{E}_{\alpha}=\tilde{i}_{\alpha}\cdot m_{\alpha}/\delta_{\alpha}\\ \hat{E}_{\beta}=\tilde{i}_{\beta}\cdot m_{\beta}/\delta_{\beta}\end{cases} \tag{7-64}$$

选择滑模增益 $m_{\alpha}=m_{\beta}=m$、饱和函数边界层 $\delta_{\alpha}=\delta_{\beta}=\delta$，可以认为系统稳定时有 $s_{\alpha}\approx s_{\beta}\approx 0$(即 $\tilde{i}_{\alpha}\approx\tilde{i}_{\beta}\approx 0$)、$\Delta\omega_{e}\approx 0$，代入式(7-53)可得：

$$\begin{cases}L_{d}\dfrac{\mathrm{d}\tilde{i}_{\alpha}}{\mathrm{d}t}\approx E_{\alpha}-\hat{E}_{\alpha}\\ L_{d}\dfrac{\mathrm{d}\tilde{i}_{\beta}}{\mathrm{d}t}\approx E_{\beta}-\hat{E}_{\beta}\end{cases} \tag{7-65}$$

对上式进行拉普拉斯变换有

$$\begin{cases} L_{\mathrm{d}} s \cdot \tilde{i}_{\alpha}(s) \approx E_{\alpha}(s) - \hat{E}_{\alpha}(s) \\ L_{\mathrm{d}} s \cdot \tilde{i}_{\beta}(s) \approx E_{\beta}(s) - \hat{E}_{\beta}(s) \end{cases} \tag{7-66}$$

将式(7-64)代入式(7-66)得到

$$\begin{cases} \hat{E}_{\alpha}(s) \approx \dfrac{m/\delta}{L_{\mathrm{d}} s + m/\delta} \cdot E_{\alpha}(s) = \dfrac{m/(\delta L_{\mathrm{d}})}{s + m/(\delta L_{\mathrm{d}})} \cdot E_{\alpha}(s) \\ \hat{E}_{\beta}(s) \approx \dfrac{m/\delta}{L_{\mathrm{d}} s + m/\delta} \cdot E_{\beta}(s) = \dfrac{m/(\delta L_{\mathrm{d}})}{s + m/(\delta L_{\mathrm{d}})} \cdot E_{\beta}(s) \end{cases} \tag{7-67}$$

由式(7-67)可以看出，饱和函数的等效传递函数与低通滤波器的传递函数类似，使用饱和函数的滑模输出 $\hat{E}_{\alpha\text{-}\beta}$ 可以理解为真实的反电动势 $E_{\alpha\text{-}\beta}$ 经过低通滤波器的信号输出。改变 $m/(\delta L_{\mathrm{d}})$ 的值，相当于改变低通滤波器的截止频率，$m/(\delta L_{\mathrm{d}})$ 的取值越小，对高频信号的滤波效果越好，但会存在相位延迟，所以在设计滑模观测器时，需要考虑滑模增益 m 与饱和函数边界层 δ 的比值大小。

本节所选取的 $m/(\delta L_{\mathrm{d}})$ 足够大，所以可以忽略相位延迟带来的影响。取 $L_{\mathrm{d}}=0.012\mathrm{H}$，选取不同的 m/δ 时，式(7-67)中饱和函数的等效传递函数的幅频和相频特性曲线如图 7-15 所示。

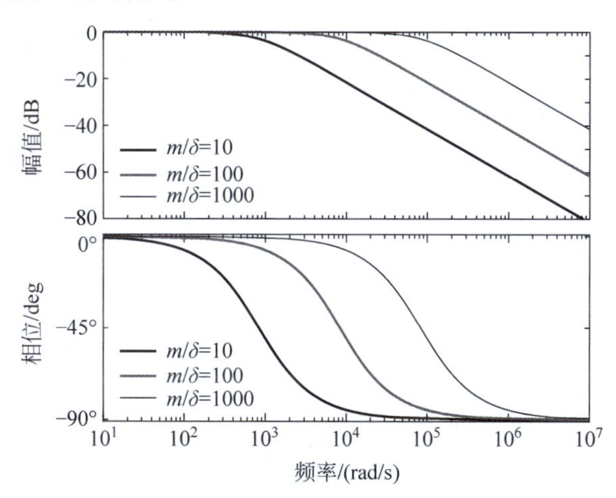

图 7-15 基于饱和函数的等效传递函数波特图

3. 基于锁相环的转子位置估计

由于高频信号的存在，基于反正切函数的转子位置估计误差较大，特别是当 E_{β} 接近零时，转子位置估计会因为滤波不彻底而产生显著的抖动，不利于系统的稳定运行。为了更好地获取转子位置信息，下面介绍一种基于锁相环(Phase-locked Loop，PLL)的转子位置估计方法。所谓锁相环，就是将估计的转子位置反馈到系统中，再通过 PI 调节器动态调节转子位置估计误差。相较于反正切函数的转速提取方法，锁相环输出的转子位置估计结果更为平滑，抖动更小。

由于滑模观测器的输出为估计的 α-β 轴反电动势信号，两者幅值相同、相位相差 90°,故可以利用这一特性提取转子位置。当系统稳定后,有 $\hat{E}_\alpha \approx E_\alpha$、$\hat{E}_\beta \approx E_\beta$、$\hat{\theta}_e - \theta_e \approx 0$,结合式(7-50)构造如下方程:

$$\begin{aligned}\Delta E &= -\hat{E}_\alpha \cos\hat{\theta}_e - \hat{E}_\beta \sin\hat{\theta}_e \\ &\approx [(L_d - L_q)(\omega_e i_d - p i_q) + \omega_e \psi_f] \cdot (\sin\theta_e \cos\hat{\theta}_e - \cos\theta_e \sin\hat{\theta}_e) \\ &= [(L_d - L_q)(\omega_e i_d - p i_q) + \omega_e \psi_f] \cdot \sin(\theta_e - \hat{\theta}_e) \\ &\approx [(L_d - L_q)(\omega_e i_d - p i_q) + \omega_e \psi_f] \cdot (\theta_e - \hat{\theta}_e)\end{aligned} \tag{7-68}$$

基于锁相环的滑模观测器如图 7-16 所示,其中图 7-16(a)是转子位置估计系统的结构框图,而图 7-16(b)为锁相环的具体实现的结构框图。

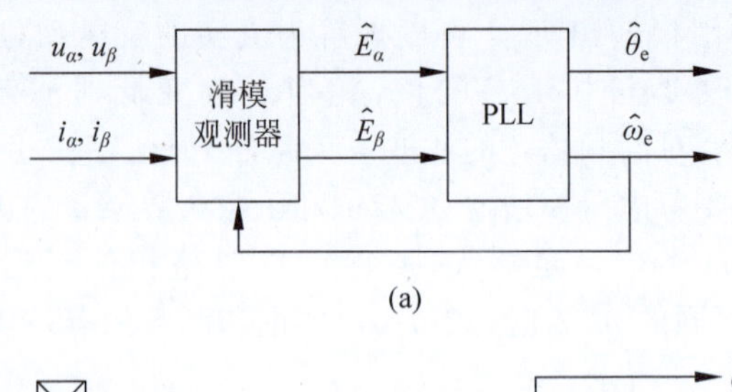

(a)

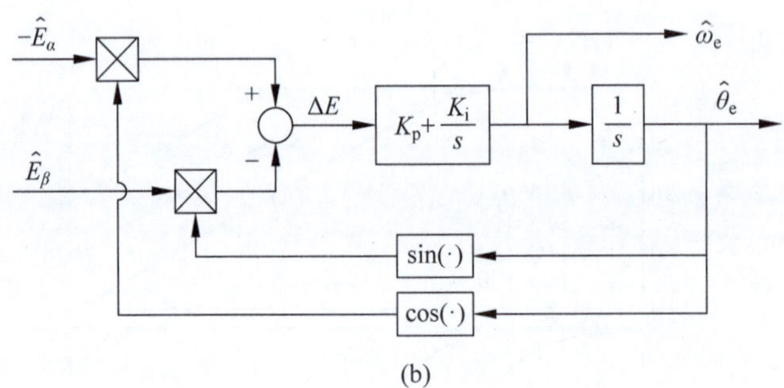

(b)

图 7-16 基于锁相环的转子位置估计与锁相环结构框图

(a) 基于锁相环的转子位置估计;(b) 锁相环结构框图

令 $k = (L_d - L_q)(\omega_e i_d - p i_q) + \omega_e \psi_f$,则式(7-68)的等效框图可表示为图 7-17。

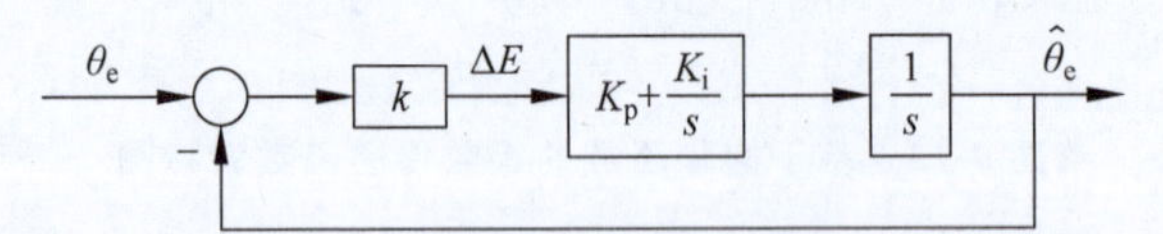

图 7-17 锁相环的等效传递函数框图

由此可得 θ_e 的传递函数

$$G(s) = \frac{\hat{\theta}_e}{\theta_e} = \frac{2\xi\omega_n s + \omega_n^2}{s^2 + 2\xi\omega_n s + \omega_n^2}, \quad \xi = \sqrt{kK_i}, \quad \omega_n = \frac{K_p}{2}\sqrt{\frac{k}{K_i}} \tag{7-69}$$

4. 基于归一化锁相环的转子位置估计

由式(7-69)可知,当 PI 参数 K_p、K_i 整定以后,锁相环带宽 ω_n 会随着 k 的变化而变化,也就意味着 ω_n 是随着转速 ω_e 的增加而增加的,故不同转速会影响

PLL 的带宽。为避免这一现象，可以采用归一化 PLL 的方式，对 ΔE 做标幺化处理，以消除 k 值的影响。

图 7-18 是基于归一化锁相环的转子位置估计框图，其中图 7-18(a)是基于归一化锁相环的转子位置估计，而图 7-18(b)为归一化锁相环的结构框图。可以看出，将式(7-68)构造得到的 ΔE 进行标幺化处理，新的 ΔE 信号不再受到转速变化的影响。

$$\begin{aligned}\Delta E &= (-\hat{E}_\alpha\cos\hat{\theta}_e - \hat{E}_\beta\sin\hat{\theta}_e)\Big/\sqrt{\hat{E}_\alpha^2+\hat{E}_\beta^2}\\ &= (\sin\theta_e\cos\hat{\theta}_e - \cos\theta_e\sin\hat{\theta}_e)\\ &= \sin(\theta_e - \hat{\theta}_e)\\ &\approx \theta_e - \hat{\theta}_e\end{aligned} \tag{7-70}$$

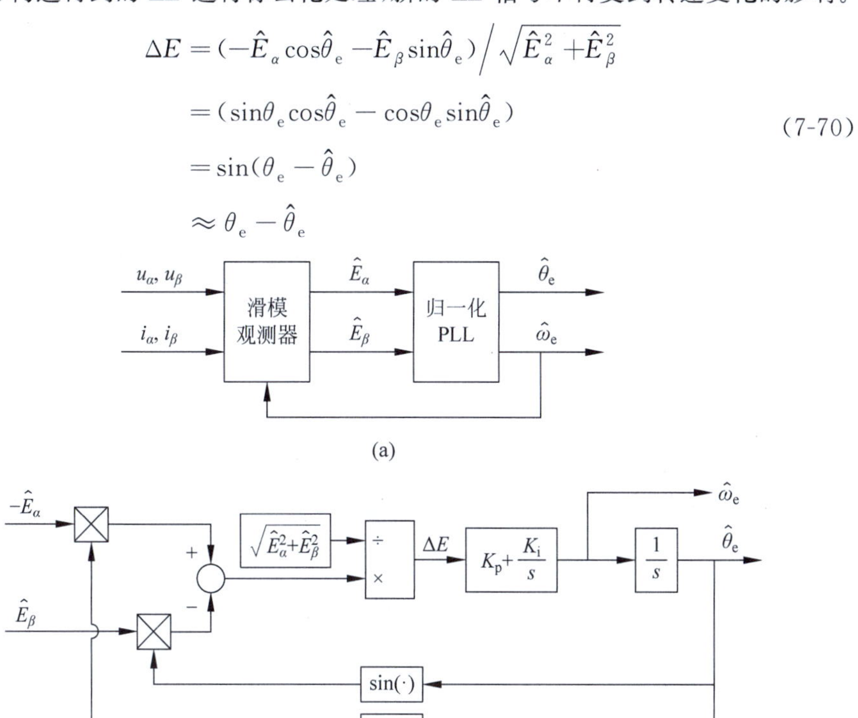

图 7-18 基于归一化锁相环的转子位置估计及归一化锁相环的结构框图

(a) 基于归一化锁相环的转子位置估计；(b) 归一化锁相环的结构框图

式(7-70)的等效传递函数框图见图 7-19。

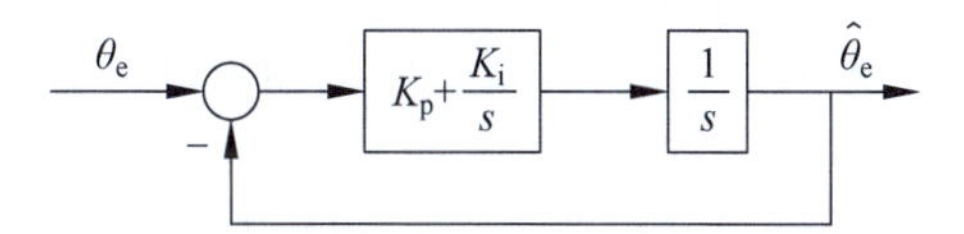

图 7-19 归一化锁相环的等效传递函数框图

由此可得 θ_e 的传递函数为

$$G(s) = \frac{\hat{\theta}_e}{\theta_e} = \frac{2\xi\omega_n s + \omega_n^2}{s^2 + 2\xi\omega_n s + \omega_n^2}, \quad \xi = \frac{K_p}{2\sqrt{K_i}}, \quad \omega_n = \sqrt{K_i} \tag{7-71}$$

通过上式可以看出，标幺化处理之后的锁相环带宽只与 PI 参数有关，而与实际转速无关。

思考题

7.1 异步电机的开环状态估计和闭环状态估计各有什么特点?

7.2 电机状态估计模型中提到采用给定电压代替实际电压在中高速工况下效果较好,试说明其原因。

7.3 从电机数学模型出发,对表贴式与内置式的永磁同步电机无位置传感器估计不同之处进行比较。

7.4 滑模观测器的特点在于对电机参数变化不敏感表现出较强的稳健性,其原因是什么?

7.5 采用符号函数与饱和函数的永磁电机状态滑模观测器有何不同?

7.6 在滑模观测器中若采用饱和函数作为控制函数,其边界厚度的选择对系统估计性能有何影响?如何对其做合适的选择?

习题

7.1 根据异步电动机状态方程,对其能观性给予验证。

7.2 对状态变量为定子电流和定子磁链的全阶状态观测器的反馈增益矩阵 $\boldsymbol{K}$ 的进行设计,求解出矩阵4个参数。

7.3 根据李雅普洛夫渐进稳定性理论,对状态变量为定子电流和定子磁链的全阶状态观测器的转速自适应律进行推导。

7.4 以定子磁链和转子磁链为状态变量,如何设计出相应的全阶磁链观测器?注:应包括反馈增益矩阵 $\boldsymbol{K}$ 的求解和转速自适应律的推导。

7.5 构建相应的异步电机转子磁链估计的改进电压仿真模型,并对采用不同的低通滤波器截止频率 ω_c 的估计性能进行对比。

7.6 构建以定子电流和转子磁链为状态变量的全阶状态观测器仿真模型,并对采用不同 k 值的观测器性能进行对比和分析。

7.7 分别构建以定子电流和定子磁链为状态变量、以定子磁链和转子磁链为状态变量的全阶状态观测器仿真模型,并对采用不同 k 值的观测器性能进行对比和分析。

7.8 构建基于异步电机转子磁链估计改进电压模型的无速度传感器矢量控制仿真模型,对比不同转速下的系统运行动态和稳态性能。

7.9 构建基于异步电机全阶磁链观测器的无速度传感器矢量控制仿真模型,对比不同状态变量选取下的系统运行动态和稳态性能。

7.10 构建基于永磁同步电机滑模观测器的无位置传感器矢量控制仿真模型,对比采用符号函数、饱和函数、sigmoid 函数等不同滑模控制函数的系统运行动态和稳态性能。

附录与教学实验参考

本部分包括以下具体内容,可扫码获取详情。

附录

附录1　三相/两相坐标变换

附录1.1　不同坐标系中的电功率

附录1.2　三相到两相坐标系的变换

附录1.3　功率不变时的坐标变换阵

附录1.4　匝数不变时的坐标变换阵

附录1.5　两种坐标变换的比较

附录2　由三相静止坐标系到两相任意旋转坐标系上的变换(3s/2r变换)

附录2.1　3s/2r旋转变换阵

附录2.2　电压方程的变换

附录2.3　磁链方程的变换

附录2.4　转矩方程的变换

附录3　同步电动机调速系统MATLAB仿真

附录3.1　电励磁同步电动机矢量控制

附录3.2　永磁同步电动机矢量控制

附录3.3　电励磁同步电动机直接转矩控制

附录3.4　永磁同步电动机直接转矩控制

附录4　无传感器控制MATLAB仿真

附录4.1　异步电动机转速直接估计法

附录4.2　异步电动机转速自适应全阶状态观测器

附录4.3　永磁同步电动机滑模观测器

教学实验参考

实验1　带电流截止负反馈的转速单闭环直流调速系统

实验2　转速、电流双闭环直流调速系统

实验3　转速、电流双闭环可逆直流PWM调速系统

实验4　异步电动机转速开环变压变频调速系统

实验5　永磁同步电动机转速开环变压变频调速系统

参 考 文 献

[1] 陈伯时. 自动控制系统[M]. 北京：机械工业出版社，1981.

[2] 陈伯时. 电力拖动自动控制系统[M]. 2 版. 北京：机械工业出版社，1992.

[3] 陈伯时. 电力拖动自动控制系统—运动控制系统[M]. 3 版. 北京：机械工业出版社，2003.

[4] Leonhard, W. 电气传动控制[M]. 吕嗣杰，译. 北京：科学出版社，1988.

[5] Leonhard, W. Control of Electrical Drives [M]. 3rd ed. Berlin: Springer-Verlag, 2001.

[6] 李发海，王岩编. 电机与拖动基础[M]. 2 版. 北京：清华大学出版社，1994.

[7] 彭鸿才. 电机原理及拖动[M]. 北京：机械工业出版社，1996.

[8] 汤蕴璆，史乃. 电机学[M]. 北京：机械工业出版社，1999.

[9] 王兆安，黄俊. 电力电子技术[M]. 4 版. 北京：机械工业出版社，2000.

[10] 李友善. 自动控制原理[M]. 北京：国防工业出版社，1981.

[11] 夏德钤. 自动控制理论[M]. 北京：机械工业出版社，1990.

[12] 吴麒. 自动控制原理[M]. 北京：清华大学出版社，1992.

[13] 徐蔚莉，曹柱中，田作华. 自动控制理论与设计[M]. 上海：交通大学出版社，2001.

[14] 徐邦荃，李浚源，詹琼华. 直流调速系统与交流调速系统[M]. 武汉：华中理工大学出版社，2000.

[15] 周渊深. 交直流调速系统与 MATLAB 仿真[M]. 北京：中国电力出版社，2004.

[16] 张崇巍，李汉强. 运动控制系统[M]. 武汉：武汉理工大学出版社，2002.

[17] 尔桂花，窦曰轩. 运动控制系统[M]. 北京：清华大学出版社，2002.

[18] 阮毅，陈伯时. 电力传动系统的转矩控制规律. 电气传动，1999(5)：3-5.

[19] 陈伯时，韩曾晋，窦曰轩，等. 双闭环调速系统的工程设计(讲座上)[J]. 冶金自动化，1983(01)：33-37.

[20] 陈伯时，韩曾晋，窦曰轩，等. 双闭环调速系统的工程设计(讲座下)[J]. 冶金自动化，1983(02)：47-52.

[21] 冯培悌. 计算机控制技术[M]. 杭州：浙江大学出版社，1990.

[22] 苏彦民. 电力拖动系统的微型计算机控制[M]. 西安：西安交通大学出版社，1988.

[23] 赖寿宏. 微型计算机控制技术[M]. 北京：机械工业出版社，1999.

[24] 李仁定. 电机的微机控制[M]. 北京：机械工业出版社，1999.

[25] Bose, B. K. Power Electronics and AC Drives[M]. 朱仁初，等译. 电力电子学与交流传动. 西安：西安交通大学出版社，1990.

[26] Bose, B. K. Modern Power Electronics and AC Drives[M]. 北京：机械工业出版社，2003.

[27] Yamamura S. AC Motor for High-performance Applications (Analysis and Control) [M]. Newyork: Marcel Dekker, 1986.

[28] 陈国呈. PWM 变频调速及软开关电力变换技术[M]. 北京：机械工业出版社，2001.

[29] Bord D. M. , Novotny D. W. Current Control of VSI-PWM Inverter[J]. IEEE Transactions on Industry Applications, 1985, 21(4): 562-570.

[30] 马立华，陈伯时. 电流滞环跟踪控制分析[J]. 电气自动化，1995，17(1)：4-7.

[31] 李永东. 交流电机数字控制系统[M]. 北京：机械工业出版社，2002.
[32] 陶永华，尹怡欣，葛芦生. 新型 PID 控制及其应用[M]. 北京：机械工业出版社，1998.
[33] 曲家骐，王季秩. 伺服控制系统中的传感器[M]. 北京：机械工业出版社，1998.
[34] 郭庆鼎，王成元. 交流伺服系统[M]. 北京：机械工业出版社，1994.
[35] 吴守箴，臧英杰. 电气传动的脉宽调制控制技术[M]. 北京：机械工业出版社，1995.
[36] 刘竞成. 交流调速系统[M]. 上海：上海交通大学出版社，1984.
[37] 陈坚. 交流电机数学模型及调速系统[M]. 北京：国防工业出版社，1989.
[38] 许大中. 交流电机调速理论[M]. 杭州：浙江大学出版社，1991.
[39] 郭庆鼎，王成元. 异步电动机的矢量变换控制原理及应用[M]. 沈阳：辽宁民族出版社，1988.
[40] 马小亮. 大功率交-交变频调速及矢量控制技术[M]. 2 版. 北京：机械工业出版社，1996.
[41] 陈伯时，陈敏逊. 交流调速系统[M]. 2 版. 北京：机械工业出版社，2005.
[42] Depenbrock M. Direct Self Control (DSC) of Inverter-fed Induction Machines[J]. IEEE Transactions on Power Electronics, 1988,3(4): 420-429.
[43] 李夙. 异步电动机直接转矩控制[M]. 北京：机械工业出版社，1994.
[44] 李志民，张遇杰. 同步电动机调速系统[M]. 北京：机械工业出版社，1996.
[45] 张崇巍，张兴. PWM 整流器及其控制[M]. 北京：机械工业出版社，2005.
[46] 冯垛生，曾岳南. 无速度传感器矢量控制原理与实践[M]. 北京：机械工业出版社，1998.
[47] 张晓华. 控制系统数字仿真与 CAD[M]. 2 版. 北京：机械工业出版社，2005.
[48] 薛定宇. 控制系统仿真与计算机辅助设计[M]. 北京：机械工业出版社，2005.
[49] 楼顺天，于卫. 基于 MATLAB 的系统分析与设计——控制系统[M]. 西安：西安电子科技大学出版社，1999.
[50] 童福尧. 电力拖动自动控制系统习题例题集[M]. 北京：机械工业出版社，1993.
[51] 钱平. 伺服系统[M]. 北京：机械工业出版社，2005.
[52] 阮毅，张晓华. 异步电机磁场定向模型及其控制策略[J]. 电气传动，2002(3): 3-5.
[53] 夏雷，周国兴，吴启迪. 直接转矩控制的 ISR 方法[J]. 电力电子技术，1998(4): 26-29.
[54] 阮毅，张晓华，徐静，等. 感应电动机按定子磁场定向控制[J]. 电工技术学报，2003(2): 1-4.
[55] 王宏岩. 基于 PLC 的多泵循环变频恒压供水系统[J]. 变频器世界，2004(8): 27-29.
[56] Ohtani T., Takada N. and Tanaka K. Vector control of induction motor without shaft encoder[J]. IEEE Transactions on Industry Applications, 1992, 28(1): 157-164.
[57] Kubota H., Matsuse K., Nakano T. DSP-Based Speed Adaptive Flux Observer of Induction Motor[J]. IEEE Trans. on Industry Applications, 1993, 29(2): 344-348.
[58] Yang Geng, Chin Tunghai. Adaptive-speed Identification Scheme for an Inverter Induction Motor Drive[J]. IEEE Trans. on Industry Applications, 1993, 29(4): 820-825.
[59] 陈伯时，杨耕. 无速度传感器高性能交流调速控制的三条思路及其发展建议[J]. 电气传动，2006,36(1): 3-8.
[60] 李永东. 交流电机数字控制系统[M]. 2 版. 北京：机械工业出版社，2012.
[61] 李永东，李明才，郑泽东. 异步电机无速度传感器矢量控制低速发电不稳定问题研究[J]. 变频器世界，2005,3(2): 33-37.
[62] 张永昌，张虎，李正熙. 异步电机无速度传感器高性能控制技术[M]. 北京：机械工业出

版社,2015.

[63] 王高林,陈伟,杨荣峰,等.无速度传感器感应电机改进转子磁链观测器[J].电机与控制学报,2009,13(5):638-642.

[64] 宋文祥,姚钢,周文生,等.异步电机全阶状态观测器极点配置方法[J].电机与控制应用,2008,35(9):6-10.

[65] 宋文祥,周杰,尹赟.感应电机转速自适应全阶磁链观测器的离散化[J].上海大学学报(自然科学版),2012,18(6):582-588.

[66] 宋文祥,任航,叶豪.基于MRAS的双三相永磁同步电机无位置传感器控制研究[J].中国电机工程学报,2022,42(3):1164-1174.

[67] 简晗颖.永磁同步电机无位置传感器控制及启动方法研究[D].上海:上海大学,2021.

[68] 杨煜.基于滑模观测器的双三相PMSM无位置传感器控制研究[D].上海:上海大学,2022.

[69] 马博为,宋文祥,阮志煌.基于预测占空比的无刷直流电机转矩脉动抑制[J].微电机,2022,55(11):82-91.

[70] 王高林,杨荣峰,于泳,等.内置式永磁同步电机无位置传感器控制[J].中国电机工程学报,2010,30(30):93-98.

[71] 张国强,王高林,徐殿国.基于无滤波器方波信号注入的永磁同步电机初始位置检测方法[J].电工技术学报,2017,32(13):162-168.

[72] 高为炳.变结构控制理论基础[M].北京:中国科学技术出版社,1990.

[73] 王丰尧.滑模变结构控制[M].北京:机械工业出版社,1995.

[74] 王成元,夏加宽,孙宜标.现代电机控制技术[M].2版.北京:机械工业出版社,2017.

[75] 王立乔,沈虹,吴俊娟.电力传动与调速控制系统及应用[M].北京:化学工业出版社,2017.